SAP-S/4HANA®-Projekte erfolgreich managen

SAP PRESS

SAP PRESS ist eine gemeinschaftliche Initiative von SAP SE und der Rheinwerk Verlag GmbH. Unser Ziel ist es, Ihnen als Anwendern qualifiziertes SAP-Wissen zur Verfügung zu stellen. SAP PRESS vereint das Know-how der SAP und die verlegerische Kompetenz von Rheinwerk. Die Bücher bieten Ihnen Expertenwissen zu technischen wie auch zu betriebswirtschaftlichen SAP-Themen.

Damit Sie nach weiteren Büchern Ihres Interessengebiets nicht lange suchen müssen, haben wir eine kleine Auswahl zusammengestellt:

Ulf Koglin
SAP S/4HANA. Voraussetzungen, Nutzen, Erfolgsfaktoren
490 Seiten, 3., aktualisierte und erweiterte Auflage 2020, gebunden
ISBN 978-3-8362-7574-3
https://www.sap-press.de/5088

Frank Densborn, Frank Finkbohner, Jochen Freudenberg, Kim Mathäß, Frank Wagner
Migration nach SAP S/4HANA
670 Seiten, 3., aktualisierte und erweiterte Auflage 2020, gebunden
ISBN 978-3-8362-6316-0
https://www.sap-press.de/4645

Marc. O. Schäfer, Matthias Melich
SAP Solution Manager für SAP S/4HANA
436 Seiten, 2016, gebunden
ISBN 978-3-8362-4389-6
https://www.sap-press.de/4264

Mario Destradi, Stephan Kiesel, Christian Lorey, Stefano Schütte, Bernd Lauterbach
Logistik mit SAP S/4HANA
616 Seiten, 2. aktualisierte und erweiterte Auflage 2019, gebunden
ISBN 978-3-8362-6771-0
https://www.sap-press.de/4789

Denise Banks-Grasedyck, Hans Oelfin, Reinhold Schwaiger, Volker Seemann
Erfolgreiche SAP-Projekte. Aufwände einschätzen, Kapazitäten planen und Ziele erreichen
368 Seiten, 2015, gebunden
ISBN 978-3-8362-3722-2
https://www.sap-press.de/3825

Banks-Grasedyck et al.

SAP-S/4HANA®-Projekte erfolgreich managen

Aufwände einschätzen, Kapazitäten planen und Ziele erreichen

Rheinwerk
Publishing

Liebe Leserin, lieber Leser,

SAP-Projekten eilt ein gewisser Ruf voraus: Sie drehen die Abläufe im Unternehmen auf links, dauern mitunter länger, als es ursprünglich geplant war, und verschlingen mehr als das ihnen zugedachte Budget. Gerade die Einführung von SAP S4/HANA geht mit einer fundamentalen Unternehmenstransformation einher. Hier ist es unerlässlich, sorgfältig und vorausschauend zu planen und auch im Verlauf des Projekts professionell auf Veränderungen zu reagieren.

Es gibt Mittel und Wege, auch solche komplexen Projekte in den Griff zu bekommen. Unser Autorenteam zeigt Ihnen anhand zahlreicher Erfahrungsberichte, wie Sie Ihr SAP-Projekt planen sollten, welchen Hürden Sie begegnen müssen und wie Sie Ihr Projektteam zu Höchstleistungen anspornen. Dabei lernen Sie auch, was Sie beachten sollten, wenn Sie einen internationalen Roll-out planen, wie Sie externe Kolleginnen und Kollegen am besten einbinden und welche Softwarewerkzeuge Sie im Projekt unterstützen können.

Natürlich ist auch Zeit im SAP-Projekt ein knappes Gut, deshalb stellen wir Ihnen viele Checklisten und Vorlagen zur Verfügung, die Sie direkt einsetzen können. Auf der Website des Rheinwerk Verlags können Sie sich Vorlagen für Projekt- und Kommunikationspläne, den Projektauftrag, Qualitäts-Reviews, die Aufwandsschätzung und vieles mehr herunterladen.

Jetzt wünsche ich Ihnen viel Spaß beim Lesen und viel Erfolg bei Ihrem SAP-Projekt! Wenn Sie dieses Buch gelesen (und Ihr Projekt gemeistert) haben, freuen wir uns über eine Rückmeldung. Schreiben Sie uns, wenn Sie Fragen, Kritik oder Verbesserungsvorschläge haben oder von Ihrem Projekt berichten möchten – wir sind gespannt auf Ihr Feedback!

Ihre Maike Lübbers
Lektorat SAP PRESS

maike.luebbers@rheinwerk-verlag.de
www.rheinwerk-verlag.de
Rheinwerk Verlag · Rheinwerkallee 4 · 53227 Bonn

Auf einen Blick

Wir hoffen, dass Sie Freude an diesem Buch haben und sich Ihre Erwartungen erfüllen. Ihre Anregungen und Kommentare sind uns jederzeit willkommen. Bitte bewerten Sie doch das Buch auf unserer Website unter **www.rheinwerk-verlag.de/feedback**.

An diesem Buch haben viele mitgewirkt, insbesondere:

Lektorat Maike Lübbers
Korrektorat Monika Klarl, Köln
Herstellung Nadine Preyl
Typografie und Layout Vera Brauner
Einbandgestaltung Bastian Illerhaus
Coverbilder iStock: 638681522 © alvarez, 498571761 © Aslan Alphan;
Shutterstock: 362171267 © Sergey Nivens, 1498583432 © REDPIXEL.PL
Satz SatzPro, Krefeld
Druck Beltz Grafische Betriebe, Bad Langensalza

Dieses Buch wurde gesetzt aus der TheAntiquaB (9,35/13,7 pt) in FrameMaker. Gedruckt wurde es auf chlorfrei gebleichtem Offsetpapier (90 g/m²). Hergestellt in Deutschland.

Bibliografische Information der Deutschen Nationalbibliothek:
Die Deutsche Nationalbibliothek verzeichnet diese Publikation in der Deutschen Nationalbibliografie; detaillierte bibliografische Daten sind im Internet über *http://dnb.dnb.de* abrufbar.

ISBN 978-3-8362-7537-8

2., aktualisierte und erweiterte Auflage 2020

Informationen zu unserem Verlag und Kontaktmöglichkeiten finden Sie auf unserer Verlagswebsite **www.rheinwerk-verlag.de**. Dort können Sie sich auch umfassend über unser aktuelles Programm informieren und unsere Bücher und E-Books bestellen.

Inhalt

Kapitel 1
Einleitung

*Bevor wir Sie in die Tiefen des SAP-Projektmanagements führen und Ihnen dabei auch von unseren Erfahrungen in SAP-(S/4HANA-)Projekten berichten, erklären wir kurz, wie dieses Buch aufgebaut ist und was Sie davon erwarten können. Für geneigte Leser*innen gibt es außerdem einen kleinen Exkurs in die SAP-Historie.*

Als wir 2015/2016 die erste Auflage dieses Buches geschrieben haben, wollten wir eigentlich nur einen Artikel über SAP-Projekte schreiben – aber dann hatten wir einfach zu viel Spaß am Schreiben, um aufzuhören. In einem Artikel mussten zu viele Aspekte unerwähnt bleiben, die für den Erfolg eines großen SAP-Projekts unabdingbar sind. Deshalb haben wir weitergemacht und gleich ein ganzes Buch geschrieben.

Technologischer Wandel

Seitdem hat sich die Welt enorm verändert. Der technologische Fortschritt in der letzten Dekade hat zu drastischen Umwälzungen geführt: Firmen steigern ihre Produktivität durch immer weitergehende Automatisierung, wodurch der Bedarf an menschlicher Arbeitskraft schwindet. Cloud-Anbieter wie Facebook, Uber, Workday, Airbnb und viele andere haben Plattformen geschaffen, die die Art, wie wir leben, arbeiten, reisen und mit anderen kommunizieren, grundlegend verändern. KI-Anwendungen (*künstliche Intelligenz*) sind selbstverständlicher Teil unseres Alltags geworden (»googlen« Sie noch, oder fragen Sie schon Siri oder Alexa?). Milliarden Menschen tragen kleine Computer (Smartphones) bei sich, von denen jeder einzelne mehr Rechenpower hat als die Supercomputer, die genutzt wurden, um 1969 die ersten Menschen zum Mond zu schicken – und telefonieren kann man mit ihnen außerdem.

Diese rasanten Entwicklungen werfen viele gesellschaftliche Fragen auf, aber in diesem Buch soll es vor allem darum gehen, wie Sie als Projektleiter bzw. Projektleiterin einen Beitrag dazu leisten können, dass sich Ihr Unternehmen in diesem globalen Wettbewerb der besten Ideen, der besten Dienstleistungen, der besten Produkte und fähigsten Anbieter durch eine moderne und leistungsfähige IT behauptet. Auch wenn eine Unternehmens-IT häufig noch als Kostenfaktor gesehen wird, kann sie ein wichtiger

»Enabler« werden, der es Unternehmen ermöglicht, neue Angebote, Geschäftsfelder und Kunden zu erschließen.

Wie kann sich Ihr Unternehmen in einer globalen, digitalisierten Welt behaupten?

Die Welt ist eine andere geworden, aber auch die Unternehmen, die SAP-Software einsetzen, und SAP selbst haben sich massiv verändert, sodass eine grundlegend überarbeitete Neuauflage geboten schien. Viele Unternehmen haben SAP-Software seit Jahren erfolgreich im Einsatz und sehen sich nun einer neuen Herausforderung gegenüber, dem Umstieg von der klassischen SAP Business Suite zu SAP S/4HANA – dem neuen SAP-Flaggschiff und SAP-Kernprodukt. Es stellt sich die Frage, ob es besser ist, damit noch zu warten, oder ob jetzt der richtige Zeitpunkt gekommen ist, um diese Aufgabe anzugehen.

Aber auch die SAP-Cloud-Angebote, angefangen bei der SAP HANA Enterprise Cloud über die Integrationsplattform SAP Cloud Platform bis hin zu SAP Cloud for Customer und SAP Analytics Cloud, müssen evaluiert werden. Technologien wie Machine Learning, Spracherkennung, Robotic Process Automation, Blockchain usw. versprechen ganz neue Möglichkeiten, um sich von der Konkurrenz abzusetzen und neue Kunden und Geschäftsfelder zu erobern. Diese Entwicklungen zu ignorieren, kann sich heute kein Unternehmen mehr leisten, ohne die eigene Wettbewerbsfähigkeit und damit die eigene Zukunft aufs Spiel zu setzen. SAP hat viele interessante Produkte im Angebot, aber es ist davon auszugehen, dass Sie den größten Nutzen nur daraus ziehen, wenn Sie diese gemeinsam mit SAP S/4HANA einsetzen.

Zukunftswette und Unternehmenstransformation

SAP S/4HANA ist nicht nur die neueste ERP-Business-Suite von SAP, sondern der neue Kern der SAP-Strategie, SAPs größte und wichtigste Wette auf die Zukunft. Obwohl SAP bemüht ist, die Migration nach SAP S/4HANA so einfach wie möglich zu gestalten, steckt bei genauerem Hinsehen viel mehr dahinter. Eine Einführung von SAP S/4HANA geht – wenn sie sich auszahlen soll – mit einer fundamentalen Unternehmenstransformation einher:

- **ERP in der Cloud**
  SAP ist seit Jahren Marktführer für geschäftskritische Systeme und Daten in On-Premise-ERP-Systemen. Möglichst viele Kunden sollen nun ermutigt werden, auch geschäftskritische Daten und Prozesse in die (von SAP bereitgestellte) Cloud zu migrieren. *SAP S/4HANA Cloud* in einer Essentials Edition bzw. einer Extended Edition sind SAPs Angebote für diese Unternehmen.

  Dahinter steckt eine neue ERP-Philosophie: ein standardisiertes ERP-System als Herz des Unternehmens, umgeben von weiteren, spezialisierten SAP-Cloud-Lösungen und ergänzt durch kundenspezifische Erweiterungen in PaaS- oder On-Premise-SAP-Anwendungen.

- **O-Daten und X-Daten**
  SAP S/4HANA schafft die Möglichkeit, Operational Data (O-Data) mit Experience Data (X-Data), d. h. klassische Unternehmensreports mit zeitnahen Auswertungen über Kundenpräferenzen und Kundenzufriedenheit zu verbinden. Dadurch können Unternehmen sehr schnell und flexibel auf veränderte Kundenwünsche reagieren.
- **Künstliche Intelligenz, Robotic Process Automation, Machine Learning**
  Mit SAP S/4HANA eröffnet sich für Unternehmen die Möglichkeit, Zukunftsthemen wie künstliche Intelligenz (KI), Robotic Process Automation (RPA), Machine Learning (ML) usw. als Teile der Industrie 4.0 Realität werden zu lassen und von ihnen zu profitieren.

Diese massiven Veränderungen, die bei vielen Unternehmen in den nächsten Jahren anstehen, haben das Potenzial, genauso schmerzhaft, revolutionär, zeit- und kostenintensiv zu werden wie die erste unternehmensweite Einführung von SAP-ERP-Software vor vielen Jahren – oder auch nicht, wenn man es richtig angeht: Chancen und Risiken sorgfältig abwägt und handwerkliche Projektmanagementfehler vermeidet. Wir wollen Ihnen in diesem Buch zeigen, wie das geht.

Und SAP? SAP hat sich vom etwas biederen, aber soliden badischen Anbieter integrierter Enterprise-Resource-Planning-Software der 90er- und frühen 2000er-Jahre zu einem globalen Softwarehersteller, Cloud-Anbieter und Serviceprovider entwickelt. Deutschland ist heute weiterhin ein wichtiger, aber beileibe nicht mehr der wichtigste Absatzmarkt für SAP-Produkte und -Lösungen. SAP hat sich in einer Geschwindigkeit verändert, dass sich manche Kunden die Augen reiben und fürchten, den Anschluss zu verlieren. Im Jahr 2016, als die erste Version dieses Buches erschien, hatte SAP ca. 66.000 Mitarbeiter*innen – heute, sieben Jahre später, sind es, bedingt durch organisches Wachstum und zahlreiche Zukäufe bzw. Firmenübernahmen, mehr als 100.000.

SAP: In 32 Jahren von SAP R/3 zum Full-Service-Cloud-Anbieter

Die Produktpalette bestand in den 90er-Jahren im Wesentlichen aus dem Kernprodukt SAP R/3 und wurde Anfang der 2000er-Jahre zunächst durch logische Weiterentwicklungen für das Kundenmanagement (SAP Customer Relationship Management, SAP CRM), für das Berichtswesen (SAP Business Warehouse, SAP BW, vormals SAP BI (SAP Business Intelligence), das Lieferantenmanagement (SAP Supplier Relationship Management, SAP SRM) und das Lieferkettenmanagement (SAP Supply Chain Management, SAP

SCM) usw. erweitert. Ab 2008 begann eine Neuausrichtung auf Cloud-Software und Serviceangebote und damit einhergehend eine enorme Verbreiterung des Produktportfolios (siehe auch Abbildung 1.1).

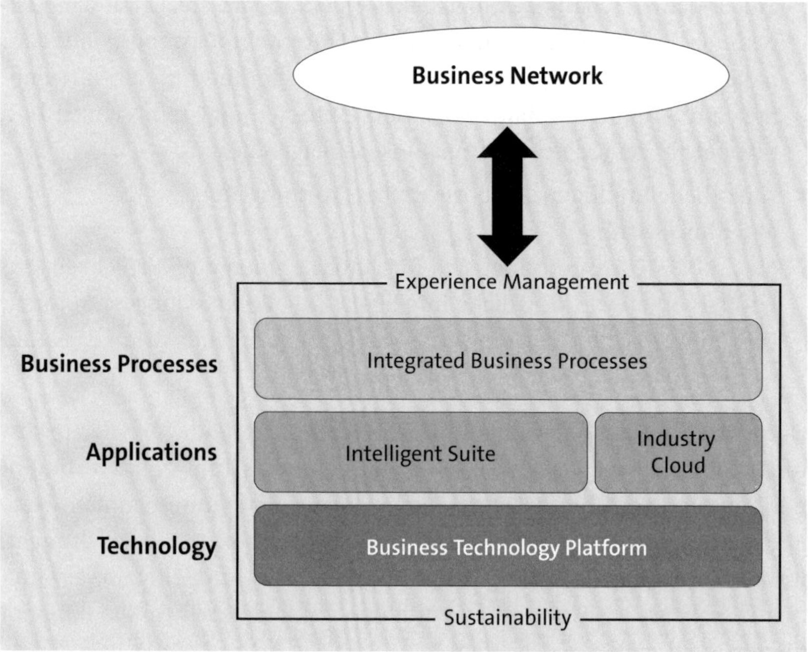

Abbildung 1.1 Überblick über die SAP-Produktstrategie

Damit ging auch die Abkehr vom reinen Softwarehersteller zum Anbieter von Cloud-Lösungen und IT-Services für Infrastruktur und Softwaremanagement einher. Lizenzverkäufe sind weiterhin wichtig, aber mit fast 70 % des Umsatzes verdient SAP heute das Geld vor allem mit »wiederkehrenden Erlösen«, d. h. langfristigen Kundenverträgen mit regelmäßig wiederkehrenden Zahlungen, wie sie z. B. bei Cloud-Angeboten üblich sind.

Fest steht, dass sich SAP als Unternehmen stark verändert und auch seinen Fokus neu ausgerichtet hat. Dies schlägt sich z. B. auch im Unternehmensmotto nieder, das 2013 noch »The Best-Run Businesses Run SAP« war, 2016 in »The Cloud Company powered by SAP HANA« geändert wurde und inzwischen (seit 2019) – zugegeben etwas weniger eingängig – »The Experience Company powered by the Intelligent Enterprise« lautet. Schlagwörter der technologischen Entwicklung werden hier aufgegriffen und weisen den Weg in die Zukunft des Unternehmens.

Auch ein Blick in die Umsatzzahlen (Jahresbericht 2019) zeigt die Veränderungen, die SAP in den letzten Jahren durchlaufen hat: Cloud-Erlöse wachsen um fast 40 % gegenüber dem Vorjahr und erreichen ca. 7 Mrd. Euro, während die Erlöse aus klassischen Softwarelizenzen im gleichen Zeitraum ca. 4,5 Mrd. Euro betragen und damit leicht sinken.

Fazit: SAP hat im letzten Jahrzehnt einen dramatischen Wandel durchlaufen. Man könnte auch sagen, SAP hat sich als Unternehmen selbst neu erfunden und bietet seinen Kunden an, diese Veränderungen mitzugehen und von ihnen zu profitieren.

1.1 Über dieses Buch

Bevor wir uns nach der Einführung kopfüber in die Welt der SAP-Projekte stürzen, möchten wir die folgenden Fragen beantworten: Für wen ist dieses Buch geschrieben? Was ist das Besondere daran? Welche Kapitel gibt es, und wie soll man das Buch am besten lesen?

Was verstehen wir unter einem SAP-Projekt?

Wir schreiben in diesem Buch viel über SAP-Projekte – darüber, was SAP-Projekte so besonders macht, und darüber, was sie von »normalen« IT-Projekten unterscheidet.

»Das« SAP-Projekt gibt es nicht

Aber was verstehen wir unter einem SAP-Projekt? *Das* SAP-Projekt gibt es schließlich nicht; stattdessen finden Sie SAP-Projekte in allen Farben und Formen. Planen Sie eine erstmalige Einführung von SAP-Software? Liebäugeln Sie mit SAP S/4HANA oder einem (oder mehreren) SAP-Cloud-Angeboten? Oder sind Sie bereits langjähriger SAP-Kunde und planen Verbesserungen und Optimierungen Ihrer bestehenden SAP-Landschaft? Betreiben Sie Ihre SAP-ERP-Software noch ganz klassisch on-premise, und planen Sie Cloud-Dienste zu nutzen, oder sind Sie bereits in der Cloud angekommen und haben sogar Erfahrungen mit hybriden Systemlandschaften gesammelt?

Oder sind kaufmännische Aspekte Ihr Antrieb? SAP bewirbt intensiv den Umstieg von klassischen Lizenzverträgen mit dazugehörigem Support-Vertrag zu Subskriptionsverträgen. Statt einer einmaligen Lizenzgebühr zahlen Sie eine (zumeist) monatliche »Softwaremiete« (in einer Art Abo). Das ist ein sehr interessantes Angebot, da es den Kunden ermöglicht, Investitionsausgaben (häufig *Capital Expenditure*, CapEx, genannt) in Betriebskosten (*Operational Expenditures*, OpEx) umzuwandeln, was häufig mit erheblichen Kosteneinsparungen einhergeht. Allerdings ist das nur in Verbindung mit einem SAP-HANA-Enterprise-Cloud-Vertrag möglich, d. h., Ihre SAP Landschaften werden für Sie von SAP in eigenen Rechenzentren bzw. bei einem der drei großen Hyperscaler (Google Cloud Services, Amazon Web Services, Microsoft Azure) betrieben.

Abhängig von Ihrer Antwort bewegen Sie viele unterschiedliche, aber jedoch auch sehr viele gemeinsame Fragestellungen. Ein entscheidendes Kriterium für die Vorbereitung und Durchführung, aber auch für die Erfolgswahrscheinlichkeit Ihres SAP-Projekts ist die Größe der Transformation. Das Risiko steigt exponentiell mit der Transformationsgröße. Sehr viele mittelständische und noch mehr multinationale Unternehmen haben die erste große Hürde bereits in den 90er- oder 2000er-Jahren genommen und einen Großteil ihrer Geschäftsprozesse in SAP-Software abgebildet. SAP ERP ist im deutschsprachigen Raum und mittlerweile auch international sehr weit verbreitet. (SAP ist mit mehr als 22 % Marktanteil unangefochtener Weltmarktführer für Unternehmenssoftware.) Für Unternehmen, die SAP ERP im Einsatz haben, stellen sich nun neue Herausforderungen: Einerseits hat die Komplexität der SAP-Produktpalette, nicht zuletzt durch den Zukauf von Business Objects, Sybase, SuccessFactors, Ariba und Fieldglass (um nur einige zu nennen) erheblich zugenommen. Andererseits stellt die SAP-Abkehr vom Datenbank-Agnostizismus durch die Fokussierung auf SAP HANA und die Integration von immer mehr Cloud-Technologien die IT-Abteilungen vor neue Herausforderungen.

Wir gehen in diesem Buch nicht im Detail auf die Besonderheiten einzelner SAP-Produkte oder -Komponenten ein. Auch die Unterschiede der einzelnen SAP-Releases ist für das, was wir hier beschreiben wollen, nicht relevant. Allerdings hat sich die Komplexität der SAP-ERP-Lösungen in den letzten 28 Jahren (seit dem Erscheinen von SAP R/3) verzigfacht. Und über Komplexität schreiben wir auf den folgenden Seiten noch häufiger.

Komplexe Transformationen

Alle Projekte in unserer zusammengenommen mehr als 100-jährigen Laufbahn, in der wir SAP-Projekte begleitet oder geleitet haben, haben gemeinsam, dass es sich um komplexe Transformationen handelt. Doch worin liegt dann der kleinste gemeinsame Nenner bei einem SAP-Projekt, wie wir es verstehen? In den meisten SAP-Projekten ist das Kernstück die SAP Business Suite powered by SAP HANA bzw. die Intelligent Suite SAP S/4HANA. Häufig spielen auch weitere On-Premise- oder Cloud-Lösungen eine Rolle. Für all diese Projekte gilt Folgendes:

- Sie sind sehr komplex.
- SAP S/4HANA ist funktionaler Dreh- und Angelpunkt, aber oft sind auch weitere SAP-Applikationen involviert.
- Sie haben Berührungspunkte mit Nicht-SAP-Anwendungen und oft auch Nicht-SAP-Integrationsplattformen.

- Sie umfassen sehr oft verteilte bzw. hybride Systemlandschaften.
- Die Veränderungen betreffen weite Teile des Unternehmens.

In diesem Buch gehen wir davon aus, dass auch Sie ein SAP-Projekt durchführen werden, das diese Merkmale aufweist. Wir werden nicht oder nur sehr selten auf releasespezifische Besonderheiten im Projekt eingehen. Das bedeutet, dass Sie dieses Buch im Rahmen aktueller und zukünftiger SAP-Projekte nutzen können und egal ob Ihr Projekt »auf der grünen Wiese« die erste SAP-Anwendung in Ihrem Unternehmen platziert oder ob Sie ein Upgrade- oder Optimierungsprojekt durchführen.

An wen richtet sich dieses Buch?

Wir freuen uns, dass Sie sich für dieses Buch entschieden haben, denn wir haben es genau für Sie geschrieben. Mit »Sie« meinen wir Menschen, die sich aus den unterschiedlichsten Gründen und in den unterschiedlichsten Rollen mit der Durchführung von SAP-Projekten beschäftigen wollen (oder vielleicht auch müssen). Egal, welche Beweggründe Sie für Ihr Interesse an der erfolgreichen Durchführung von SAP-Projekten haben: Wir sind sicher, dass Sie in diesem Buch etwas finden werden, das Ihnen hilft, Ihr aktuelles oder auch zukünftiges SAP-Projekt mit mehr Erfolg und weniger Stress zu begleiten und abzuschließen.

Kernzielgruppen

Dieses Buch richtet sich vor allem an Projekt- und Teilprojektleiter*innen in Unternehmen, die ein SAP-Projekt vor sich haben (oder schon darin verstrickt sind), SAP-Berater*innen, Projektmitarbeiter*innen sowie Manager*innen und Entscheider*innen. Sie können dieses Buch vielseitig verwenden: Für neue Projektmitglieder ist es ein Leitfaden, der die einzelnen Projektphasen und Aktivitäten beschreibt. Sie lernen, was Sie in den einzelnen Projektphasen erwartet, und gewinnt einen wertvollen Einblick in den Alltag eines Projektleiters oder einer Projektleiterin. Sie erfahren, wie Sie auch über Ihre Rolle im Projekt hinaus Unterstützung anbieten und Ideen beitragen und sich damit als besonders wertvolles Teammitglied beweisen können.

Für angehende oder neue Projektleiter*innen ist dieses Buch ein Handbuch mit wichtigen Hinweisen auf Fallstricke und kritische Erfolgsfaktoren. Projektmanagement ist zu einem guten Teil »Handwerk«, d. h., es gibt bewährte Vorgehensweisen, durch die Sie die Wahrscheinlichkeit des Projekterfolgs signifikant erhöhen können. Sie lernen Handlungswege kennen, die dort anfangen, wo die üblichen Projektmanagementschulungen aufhören, nämlich an der sogenannten »Projektfront«, wo die Praxis oft mehr als nur ein wenig anders ist als die Theorie. So können Sie sich als Projektleiterin oder Projektleiter schon beim ersten Einsatz in Ihrer neuen Rolle auf bewährte Erfahrungen verlassen und systematisch auf den Erfolg Ihres Projekts zusteuern.

Für erfahrene Projektleiter*innen ist dieses Buch ein Nachschlagewerk, und für strategische Entscheidungsträger*innen und andere Stakeholder, die durch bessere Entscheidungen etwas zum Projekterfolg beisteuern möchten, ist dieses Buch ein Ratgeber. Sie können das ganze Buch lesen oder es punktuell bei spezifischen Problemstellungen zurate ziehen.

Wie ist dieses Buch aufgebaut?

In diesem Buch finden Sie neben diesem neun weitere Kapitel, deren Inhalt und Zielsetzung wir im Folgenden kurz zusammenfassen möchten:

Der (nicht so) feine Unterschied

Kapitel 2, »Was ein SAP-S/4HANA-Projekt so anders macht«, stellt die Besonderheiten von SAP-S/4HANA-Projekten heraus. Es zeigt, was ein SAP-S/4HANA-Projekt von klassischen IT-Projekten unterscheidet und welche Ziele ein SAP-S/4HANA-Projekt verfolgt.

Vom idealen Projekt ...

Kapitel 3, »Das SAP-S/4HANA-Projekt: Wie es sein sollte«, beschreibt die Bedingungen, die gegeben sein müssen, damit ein SAP-S/4HANA-Projekt erfolgreich verläuft. Dazu wird die Activate-Methode – die Implementierungsmethode, die SAP selbst empfiehlt – kurz vorgestellt und beschrieben, warum ihr Einsatz sinnvoll ist. Anhand der einzelnen Phasen und Werkzeuge dieser Methode stellen wir Ihnen unser ideales Projekt sowie die einzelnen Phasen Discover, Prepare, Explore, Realize, Deploy und Run vor. In diesem Kapitel läuft alles wie am Schnürchen – ohne Finanzierungslücken, Streit mit der Fachabteilung um Ressourcen und sonstige Querschläger.

... zur Wirklichkeit

Kapitel 4, »Das SAP-S/4HANA-Projekt: Wie es tatsächlich ist«, stellt die wichtigsten Fallstricke in SAP-S/4HANA-Projekten vor. Auch hier orientieren wir uns an der SAP-Activate-Roadmap und zeigen, welche Versäumnisse und Rückschläge typisch für die einzelnen Projektphasen sind – von der Planung bis zu Go-live und Support.

Erfolgsfaktor Soft Skills

In **Kapitel 5**, »Der unterschätzte Erfolgsfaktor: der Mensch«, dreht sich alles um die wichtigste Ressource im Projekt. Wir zeigen, welche Eigenschaften und Kenntnisse Projektleiter*in und Projektteam mitbringen müssen, um in der komplexen und immer dynamischer werdenden Welt der Transformationsprojekte erfolgreich zu arbeiten. Sie erfahren, welche herausragende Rolle eine gute stakeholder-orientierte Kommunikation für den Projekterfolg spielt. Anhand von Beispielen aus dem Projektleben vermitteln wir Ihnen einfache und effektive Strategien, um auch schwierige Gespräche zu meistern. Sie lernen, was ein High-Performance-Team ausmacht, welche

Schwierigkeiten es hier geben kann und wie Sie damit umgehen. Wir sprechen auch Themen an, bei denen häufig lieber »weggeschaut« wird, z. B. wie Sie Anzeichen der Überforderung bei Ihrem Projektteam frühzeitig erkennen und dem aktiv entgegenwirken können. In Interviews mit Projektmitgliedern, sowohl firmeninternen als auch externen Mitarbeiter*innen, haben wir evaluiert, welche Hilfestellung sich die Beteiligten wünschen, welche Faktoren in ihren erfolgreichen Projekten präsent waren und welche Faktoren nicht oder nicht ausreichend bedacht wurden.

Achtung! Planung, Steuerung und Qualitätssicherung

Kapitel 6, »Planung, Steuerung und Qualitätssicherung«, behandelt die Aktivitäten im Projekt, die in besonderem Maße strukturelles Vorgehen, Projektdisziplin und Realismus erfordern. Wir zeigen Ihnen in dem Kapitel auf, worauf Sie Ihre besondere Aufmerksamkeit legen sollten, ohne Sie dabei zu sehr in die theoretische Methodenwelt zu entführen, denn letztlich ist der Praxiserfolg entscheidend.

Gut gemacht – von der Theorie zur Praxis im Projekt

Kapitel 7, »Beispiele aus realen SAP-S/4HANA-Projekten«, beschreibt die Durchführung von SAP-S/4HANA-Projekten anhand unterschiedlicher Beispielunternehmen. Sie gewinnen wertvolle Einblicke, wie die Umsetzung in die Praxis gelungen ist und welche Schwierigkeiten und Herausforderungen damit verbunden waren. Zu guter Letzt haben wir noch einmal einige »Lessons Learned« aus unseren Projekten mit weltweitem Rollout zusammengetragen, die als Grundlage für Ihre zukünftigen Projekte dienen können.

Hilfe zur Hilfe von außen

Kapitel 8, »Externe Ressourcen – Fluch und Segen«, ist den externen Unterstützern unseres SAP-S/4HANA-Projekts gewidmet. Sie erfahren hier, in welchen Rollen externe Berater*innen gut aufgehoben sind und wo vielleicht eher nicht. Auch finden Sie hier Tipps, wie man richtige Partner findet und worauf bei der Besetzung zu achten ist. Zusätzlich gibt es einige Betrachtungen zu Offshore- oder Nearshore-Teams.

Der Werkzeugkoffer für Ihr SAP-S/4HANA-Projekt

Kapitel 9, »Werkzeuge zur Projektunterstützung«, beschreibt einige wichtige Werkzeuge zur Unterstützung von SAP-S/4HANA-Projekten. Wir legen hier das Augenmerk nicht vordergründig auf Vollständigkeit oder Aktualität der Werkzeuge. Vielmehr geht es uns darum, die Werkzeuge, die in unseren Projekten am häufigsten benutzt werden (mussten), vorzustellen.

12 Gebote für SAP-S/4HANA-Projekte

Kapitel 10, »12 Gebote für ein erfolgreiches SAP-Projekt«, ohne deren Beachtung jedes SAP-S/4HANA-Projekt zwangsläufig zum Scheitern verurteilt ist, werden am Ende des Buches zur Verfügung gestellt.

Im Anhang finden Sie ein **Glossar**, das die wichtigsten Begriffe, die wir in diesem Buch verwenden, erklärt. Das **Literaturverzeichnis** gibt Ihnen Anregungen für Ihre weitere Lektüre.

Unser Ansatz

Projektmanagementbücher gibt es wie Sand am Meer, darunter auch einige zu SAP-Projekten. Was macht dieses Buch besonders? Wir möchten Ihnen in diesem Buch reale Projekte – konkreter: reale SAP-S/4HANA-Projekte – vorstellen. Dabei benennen wir die Gründe, warum SAP-Projekte häufig scheitern bzw. nicht in der geplanten Weise durchgeführt werden können. Wir weisen Sie auf die Voraussetzungen hin, die idealerweise erfüllt sein sollten, um ein Projekt erfolgreich durchzuführen – und zeigen auch, warum diese Voraussetzungen in der Regel nicht gegeben sind. Wir stellen in diesem Zusammenhang die häufigsten Fallstricke vor und zeigen, wie man es trotzdem schafft, ein SAP-Projekt über die Ziellinie zu bringen, ohne dass die Beteiligten zu viele Federn lassen. Besonders liegt uns der »Faktor Mensch« am Herzen. Wir sind davon überzeugt, dass sich ohne ein wirksames Change Management kein nachhaltiger Projekterfolg einstellen wird. Eine Reihe von Themen wird Ihnen in diesem Zusammenhang im Verlauf des Buches immer wieder begegnen. So heben wir z. B. die Bedeutung des Project Management Office (PMO) in verschiedenen Abschnitten dieses Buches hervor – jeweils aus einer unterschiedlichen Perspektive.

Aus dem Projektleben gegriffen

Um unsere Darstellung mit Leben zu füllen, geben wir Ihnen zahlreiche fiktive Projektbeispiele, die die Dos und Don'ts im Projekt illustrieren. Sie sollen bei der Lektüre dieses Buches keine Fakten pauken, sondern sich und Ihr Projekt wiederfinden können. Fehler, die andere gemacht haben, können Sie so elegant vermeiden. Auch wenn wir uns in unseren Beispielen auf die Erfahrungen stützen, die wir in »freier Wildbahn« gemacht haben, sind Ähnlichkeiten mit lebenden Personen oder realen Unternehmen (wo nicht explizit anders ausgewiesen) rein zufällig.

Um Ihnen die Arbeit mit diesem Buch zu erleichtern, verwenden wir darin Infokästen, um besondere Hinweise und Tipps kenntlich zu machen:

[»]
- Mit diesem Symbol warnen wir Sie vor häufig gemachten Fehlern oder Problemen, die auftreten können. Auch Hinweise auf z. B. weiterführende Informationen zu dem besprochenen Thema werden mit diesem Symbol hervorgehoben.

[+]
- Mit diesem Symbol haben wir Tipps markiert, die Ihnen Ihr SAP-Projekt erleichtern werden.

Noch mehr Inhalt: Materialien zum Buch

Checklisten und Vorlagen zum Download

Warum das Rad immer wieder neu erfinden? In den Materialien zum Buch finden Sie eine Reihe von Checklisten und Vorlagen für diverse Dokumente zur Projektplanung und -durchführung, die sich in der Projektpraxis bewährt haben. Diese Vorlagen können Sie auf der Website des Rheinwerk

Verlags unter *https://www.sap-press.de/5070* kostenlos herunterladen. Unten auf der Seite finden Sie den Link **Materialien zum Buch**, unter dem Sie die Checklisten und Vorlagen ganz einfach auf Ihren Rechner laden können. Die folgenden Materialien zu diesem Buch finden Sie dort:

- Quality-Gate-Checkliste für die Prepare-Phase als Word-Dokument
- Quality-Gate-Checkliste für die Explore-Phase als Word-Dokument
- Quality-Gate-Checkliste für die Realize-Phase als Word-Dokument
- Quality-Gate-Checkliste für die Deploy-Phase als Word-Dokument
- Eintrittskriterien für den Akzeptanztest (auch Acceptance Test oder User Acceptance Test) als Word-Dokument
- Abschlusskriterien für den Akzeptanztest als Word-Dokument
- Projektauftrag als Word-Dokument
- Auswahlkriterien für ERP-Software als Word-Dokument
- RACI-Matrix als Excel-Dokument
- Beispielmodell für die Aufwandsschätzung von SAP-Projekten als Excel-Datei
- Beispiel für ein Projektstatusblatt als Word- und als Excel-Dokument
- Beispiel für die Erfassung und Verfolgung von Risiken als Word-Dokument
- Grundregeln und Beispiele für die Zusammenarbeit in (High-Performance-)Teams als Word-Dokument
- Übersicht zur Selbstanalyse: Anzeichen der Überlastung bei Projektmitarbeiter*innen als Word-Dokument
- Audiodatei mit einer stimmgeführten Achtsamkeitsübung für Präsenz und Entspannung (»Be the Calm in Your Storm«)

Danksagung

Auch das Schreiben eines Buches ist ein Projekt: mit Höhen und Tiefen und vielen Herausforderungen, die wir auch aus unseren SAP-Projekten kennen. Glücklicherweise war dieses Buchprojekt doch nicht ganz so komplex wie ein großes SAP-Projekt. Dennoch haben auch wir an unterschiedlichen Standorten als international besetztes Team gearbeitet: mit drei Deutschen, einem Österreicher und einer Amerikanerin. Ja, auch wir mussten den unterschiedlichen kulturell geprägten Einstellungen Raum geben und die sprachlichen Herausforderungen bewältigen, die sich aus einer Mischung aus Deutsch, Englisch, Österreichisch und Schwäbisch ergeben. Aber wir haben uns strikt an die erfahrungsbasierten Ratschläge, Empfehlungen und auch Warnungen, die Sie in diesem Buch finden, gehalten. Und siehe da, wir haben das Projekt termingerecht, ohne Budgetüberschreitung, ohne einen Fall von Burnout und hoffentlich mit nachhaltigem Erfolg abgeschlossen!

An dieser Stelle möchten wir auch erwähnen, dass wir sehr viel Spaß beim Schreiben hatten, und bedanken uns bei den vielen Menschen, die uns auf vielfältige Weise unterstützt haben. Wir bedanken uns beim Rheinwerk Verlag, unserer Lektorin Maike Lübbers, den Referenzkunden sowie den unterschiedlichen Projektleiter*innen und Projektmitgliedern, die uns in Interviews ihre Erfahrungen in den unterschiedlichsten SAP-Projekten geschildert haben. Wir danken den Kollegen und Kolleginnen, mit denen wir über die Jahre in vielen Projekten zusammengearbeitet haben. Und zu guter Letzt bedanken wir uns bei unseren Familien, Freundinnen und Freunden und auch bei Ihnen. Ohne Erstgenannte hätten wir nicht die Zeit und Muße für ein solches Projekt gehabt, und ohne Sie keinen Grund, das Buch zu schreiben.

Denise Banks-Grasedyck, Eckhard Lippke, Hans Oelfin, Reinhold Schwaiger, Dr. Volker Seemann

1.2 Exkurs: SAP-Lösungen – von den Anfängen bis heute

Als SAP 1972 von fünf ehemaligen IBM-Mitarbeitern gegründet wurde, ging das Unternehmen mit einer Idee an den Start, die die Welt der ERP-Software (*Enterprise Ressource Planning*) revolutionieren sollte.

In kleinen- und mittleren Unternehmen war die *elektronische Datenverarbeitung* (EDV), nicht zuletzt aufgrund der hohen Kosten, noch wenig verbreitet. Nur Großunternehmen setzten in bestimmten Unternehmensbereichen zumeist Mainframes (häufig von IBM) ein. Auch wenn diese Systeme ganze Räume füllten, waren ihre Rechenleistung und Anwendungsbereiche aus heutiger Sicht sehr begrenzt.

Zeitversetzte Verbuchung

Ein großes Problem war die zeitversetzte Verbuchung von Geschäftsvorfällen: Üblicherweise wurden die Datenbanken zeitversetzt aktualisiert, d. h. Geschäftsvorfälle wie z. B. Warenbewegungen wurden tagsüber gesammelt und anschließend im Batch-Betrieb (*Stapelverarbeitung*) über Nacht verbucht. Am nächsten Morgen waren die Datenbanken synchron mit den tatsächlichen Beständen, aber im Laufe des Tages wurden Änderungen nicht direkt verbucht, sondern bis zur nächsten nächtlichen Batch-Verarbeitung gesammelt. Im Laufe des Tages wichen daher die Datenbestände immer mehr vom tatsächlichen Bestand ab.

Realtime statt nächtlicher Stapelverarbeitung

Die revolutionäre Idee bestand nun darin, alle Datenänderungen realtime, also in Echtzeit in die zentrale Datenbank zu schreiben (das »R« z. B. in SAP R/3 steht genau dafür). Statt erst am nächsten Tag zu erfahren, ob ihre Buchungen erfolgreich abgeschlossen wurden, konnten sich Mitarbeiterinnen und Mitarbeiter nun stets auf die Korrektheit und Aktualität der Daten verlassen. Außerdem konnten sie Anfragen, z. B. zur Warenverfügbarkeit, zuverlässig beantworten.

Die ersten SAP-Lösungen waren Lösungen für Buchhaltung und Materialwirtschaft (Realtime Financials, RF, und Realtime Materials Management, RM), die 1973 mit dem ersten Produkt SAP R/1 auf den Markt gebracht wurden. Dessen Nachfolger, SAP R/2, war eine in den 80er- und 90er-Jahren sehr erfolgreiche, mainframebasierte Soft-Realtime-Anwendung, die vor allem von internationalen Großkonzernen in Europa eingesetzt wurde. Sie beinhaltete die wichtigsten Funktionen, die für die Steuerung eines international agierenden Unternehmens notwendig waren: Finanzbuchhaltung, Einkauf und Warenwirtschaft, Lagerverwaltung, Produktionsplanung, Qualitätsmanagement, Vertrieb, Logistik und Personalwesen.

Die SAP-Antwort auf die aufkommenden Client-Server-basierten Systeme, war das noch weitaus erfolgreichere Produkt SAP R/3, das am 6. Juli 1992 auf den Markt kam (siehe Abbildung 1.2). Damals erlaubte sich das SAP-Entwicklerteam den Scherz, das Datum zu verewigen, indem sie es zum Auslieferungspasswort der beiden zentralen Admin-Benutzer `SAP*` und (in umgekehrter Reihenfolge) `DDIC` machten.

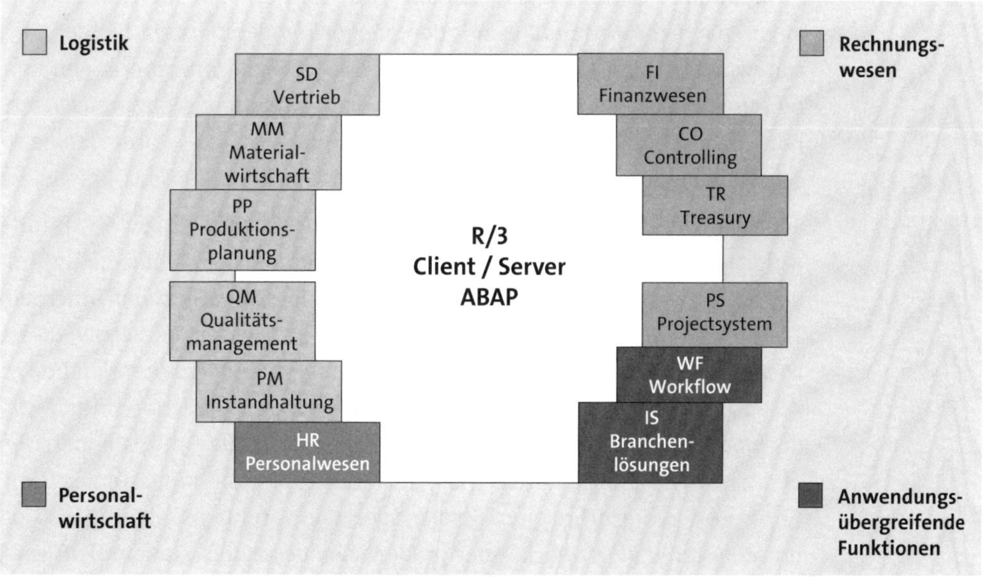

Abbildung 1.2 SAP R/3 – Überblick über die Module

»R« stand wieder für Realtime und »3« sowohl für das dritte Softwareprodukt als auch für die drei Ebenen (*Drei-Schichten-Architektur* oder *Three-Tier Architecture*): eine Client-Server-Softwarearchitektur, bestehend aus Datenbank, Applikationsserver und Frontend (SAP GUI).

1.2.1 Ein SAP-ERP-System für alle Geschäftsbereiche

Eine Software, die alle wichtigen Geschäftsbereiche eines Unternehmens, vom Einkauf, über Fertigung, Vertrieb, Lagerhaltung, Materialwirtschaft, Personalwesen und Finanzen abdeckt, die skalierbar ist und alle Daten in einer zentralen Datenbank vorhält: Das war ein sehr attraktives Angebot für Unternehmen, die bisher nur die Wahl zwischen sehr teuren Großrechnern, selbst entwickelten Individuallösungen und vielen kleineren Produkten mit beschränktem Funktionsumfang, z. B. fehlenden oder kaum betreibbaren Schnittstellen, hatten.

Großrechner, Eigenentwicklung oder Standardsoftware?

Großrechner waren zu dieser Zeit bereits ausgereifte performante Systeme, die einen großen Teil der Geschäftsvorfälle abdecken konnten. Allerdings verursachten sie hohe Anschaffungs- und Betriebskosten und erforderten aufwendige Anpassungen an unternehmensspezifische Anforderungen. Daher lohnte sich eine solche Investition nur für große Unternehmen.

Individuallösungen haben den Vorteil, maßgeschneidert für die jeweiligen Geschäftsanforderungen ausgelegt zu sein, bergen aber auch eine Reihe von Risiken: Am Anfang einer Eigenentwicklung weiß man nicht, ob das Produkt alle Anforderungen erfüllen wird. Wird es stabil, performant und anpassbar sein? Wie sieht es mit dem längerfristigen Betrieb und der Softwarewartung aus? Können sich ändernde rechtliche Anforderungen kostengünstig umgesetzt werden? Diese Risiken sind nicht zu unterschätzen: Eine Investition in eine umfassende Eigenentwicklung kann den wirtschaftlichen Erfolg des gesamten Unternehmens beeinflussen.

Spezialanwendungen für einzelne Unternehmensbereiche bzw. bestimmte Aufgaben bieten den großen Vorteil, die beste Funktionalität häufig mit der einfachsten Bedienbarkeit zu verbinden. Für Endanwender*innen ein Traum, aber für die IT-Abteilung eher ein Albtraum, weil der Betrieb dieser Lösungen sie vor große Herausforderungen stellt. Neben den vielen Punkt-zu-Punkt Schnittstellen, die bei jeder neuen Programmversion immer wieder neu getestet und gegebenenfalls angepasst werden müssen, bereiten Themen wie Stammdatenverwaltung, Monitoring und konsistentes Backup/Restore Kopfzerbrechen. Solche Spezialanwendungen, häufig *Best-of-Breed-Systeme* genannt, können zwar vieles besser als Standardsoftware, wie sie SAP anbietet, aber die Defizite im Betrieb sprechen wiederum langfristig für den Einsatz von Standardsoftware.

1.2.2 Standardsoftware als Alternative zu Eigenentwicklungen

SAP bietet eine attraktive Alternative: Standardsoftware beinhaltet zahlreiche Standardprozesse für alle Unternehmensbereiche von Haus aus. Kunden erhalten eine anpassbare Softwarevorlage für ihre Geschäftsprozesse, die sie mit einfachen Einstellungen übernehmen oder nach Bedarf anpassen, erweitern und modifizieren können. Seit jeher werden SAP-Kunden der gesamte Quellcode und eine leistungsfähige Entwicklungsumgebung mitgeliefert, mit der sich firmenspezifische Prozesserweiterungen, Zusatzentwicklungen und Modifikationen leicht umsetzen lassen.

Ursprünglich wurde SAP R/3 zum weitaus größten Teil in der von SAP selbst entwickelten Programmiersprache ABAP (*Advanced Business Application Programming*) geschrieben, eine entfernt mit Cobol verwandte 4GL-Sprache (*Fourth Generation Language*), die darauf ausgelegt ist, mit möglichst wenig Codezeilen ganze Anwendungen entwickeln zu können. Mit jedem System liefert SAP ein mächtiges Entwicklungs-Tool aus, das es ermöglicht, insbesondere durch die Wiederverwendbarkeit existierender Routinen und Datenstrukturen, Entwicklungsprojekte in sehr kurzer Zeit umzusetzen.

Zusätzlich bietet SAP zahlreiche Customizing-Einstellungen, die es erlauben, die SAP-Software ohne Programmierkenntnisse an die Besonderheiten des Unternehmens anzupassen. Offene Schnittstellenstandards ermöglichten die Kommunikation mit externen Anwendungen, Kunden und Lieferanten.

80:20-Regel für Standardsoftware

Anspruch von SAP war und ist es, ca. 80 % der Geschäftsprozesse eines Unternehmens out of the box abzudecken – die restlichen 20 % können Kunden durch Eigenentwicklungen hinzufügen bzw. anpassen. Durch die Auslieferung des Quellcodes und der dazugehörigen Entwicklungsumgebung – übrigens inklusive eines offenen Erweiterungsstandards – gibt es für Kunden quasi keine Einschränkungen, um die Software ihren Bedürfnissen anzupassen.

Die von SAP vorgedachte, und tausendfach erprobten SAP-Geschäftsprozesse versprachen ein solides Prozessmodell für fast alle Unternehmen. SAP konnte zusätzlich mit kontinuierlicher Verbesserung und Weiterentwicklung sowie Zukunftssicherheit durch lange Wartungszyklen punkten. International tätige Unternehmen schätzten außerdem die Multisprachenfähigkeit, die es ihnen erlaubte, unterschiedliche Zeichensätze (z. B. Lateinisch und Chinesisch) problemlos in einem System abzubilden.

Wenn der Prophet nicht zum Berg kommt ... lieber nicht!

Die Erfahrung zeigt: Es ist besser, das Unternehmen an SAP-Software anzupassen als die Software an das Unternehmen. Denn eine Standardsoftware, die stark vom Standard abweicht, verliert ihren entscheidenden Vorteil und kostet im Laufe der Jahre viel zusätzliches Geld.

Aber es gab (und gibt) auch Einschränkungen: Standardsoftware ist nie so passgenau auf die Unternehmenserfordernisse ausgerichtet, dass keinerlei Abstriche zu machen wären. Die Erfahrung lehrt, dass Kunden, die ihre Organisationsstruktur und ihre Geschäftsprozesse an die vorgedachten SAP-Prozesse angepasst haben, langfristig erfolgreicher waren als Kunden, die die SAP-Standardsoftware (erheblich) verändert haben, um sie ihrer bisherigen Organisationsstruktur und ihren eigenen Prozessen anzupassen. Man konnte SAP R/3 massiv verändern, zahlte aber langfristig einen hohen Preis dafür, da jegliche neue Version ausgiebig analysiert, getestet und gegebenenfalls erneut angepasst werden musste.

Der große kommerzielle Erfolg von SAP R/3 löste eine erste, sehr starke Wachstumsphase in den 90er-Jahren aus. Allein zwischen 1991 und 1996 verfünffachte sich der Umsatz von SAP. Um den Kundenansturm bewältigen zu können, wurde ein umfangreiches Partnernetzwerk aufgebaut, das die Implementierung von SAP R/3 (und später die Nachfolgeprodukte SAP ERP bzw. SAP Business Suite) bei vielen Kunden weltweit durchführte.

Schlüssel zum SAP-Erfolg: das globale Partnernetzwerk

Der Aufbau eines umfangreichen Partnernetzwerks war für den globalen Erfolg der SAP-ERP-Software von entscheidender Bedeutung, da viel mehr Kunden bedient werden konnten, als es SAP mit eigenen Mitarbeiterinnen und Mitarbeitern möglich gewesen wäre. Außerdem war es ein lukratives Geschäft für beide Seiten: Die Partner stellten die Beratungsexpert*innen – häufig mit tiefem Branchen-Know-how und jahrelanger Projekterfahrung – und verdienten an der Einführung, die häufig viele Monate oder sogar Jahre dauerte. Sie hatten die Gelegenheit, eine dauerhafte Partnerschaft mit Endkunden aufzubauen. SAP verdiente hingegen an den Lizenzen und dem folgenden Support-Geschäft. Ein attraktives Softwareprodukt und ein erfolgreiches Partnermodell waren der Schlüssel für den Erfolg von SAP.

Anfang der 2000er-Jahre stieg SAP so zum Weltmarktführer für ERP-Software auf, wuchs mit atemberaubender Geschwindigkeit in Deutschland sowie weltweit und erweiterte sein Softwareangebot kontinuierlich. Es wurden Industrielösungen (Industry Solutions) entwickelt: Branchenlösungen, von denen es mittlerweile mehr als 30 gibt, die die Erfordernisse z. B. der Fertigungsindustrie, des Dienstleistungssektors, von Konsumgüterherstellern, Energieunternehmen und öffentlichem Dienst abdecken. Der nächste Schritt war die Erweiterung des monolithischen SAP-R/3-Systems durch die Entwicklung der SAP Business Suite.

1.2.3 Weg von der monolithischen SAP-ERP-Architektur

SAP Business Suite

Im ersten Jahrzehnt des neuen Jahrtausends war SAP R/3 ein ausgereiftes Produkt, konnte aber als »One-Size-fits-all-Lösung« nicht mehr alle Kundenanforderungen bedienen. Um die Komplexität des Kernprodukts nicht weiter zu erhöhen, wurden mit der SAP Business Suite spezifische Lösungen für Unternehmensteilbereiche geschaffen:

- Kundenmanagement (SAP CRM)
- Berichtswesen (SAP BW, vormals SAP Business Intelligence, SAP BI)
- Lagerhaltung (SAP Extended Warehouse Management, SAP EWM)
- Beschaffungsmanagement (SAP SRM)
- Lieferketten- und Lieferantenmanagement (SAP SCM)

Grundlage für diese neuen Produkte war die Anwendungsplattform SAP NetWeaver. Durch diese gemeinsame Anwendungsumgebung waren ein reibungsloser Betrieb und eine enge Integration der Systeme weiterhin gewährleistet.

SAP NetWeaver

SAP NetWeaver war (und ist bis heute) der gemeinsame Unterbau für die SAP-Business-Suite-Anwendungen und stellt zahlreiche gemeinsame Funktionen zur Verfügung. Dazu gehören Benutzermanagement, Entwicklungsumgebung, Datenbankverwaltung, Webserver usw.

Mit der Erweiterung der Produktpalette ging auch die Einführung einer weiteren Programmiersprache einher: Zusätzlich zu ABAP wurden Anwendungen nun auch in Java entwickelt.

2004 wurde SAP R/3 in SAP ECC (SAP Enterprise Core Component) umbenannt und gemeinsam mit SAP CRM, SAP BW, SAP SCM usw. als SAP Business Suite vermarktet.

Hinzu kamen weitere Produkte, die das Angebot abrundeten:

- **SAP Portal**
  SAP Portal stellte eine konfigurierbare Einstiegsoberfläche für Kunden bereit.
- **SAP NetWeaver Exchange Infrastructure, SAP Process Integration, SAP Process Orchestration**
  SAP NetWeaver Exchange Infrastructure, später architektonisch weiterentwickelt und umbenannt in SAP Process Integration und schließlich –

nach weiteren erheblichen Softwarearchitekturänderungen – noch einmal umgetauft in SAP Process Orchestration ist ein zentraler Schnittstellen-Hub für den internen und externen Datenaustausch. Das Ziel von SAP Process Orchestration ist es, Punkt-zu-Punkt-Verbindungen zwischen IT-Systemen (nicht nur von SAP) durch einen Schnittstellen-Hub zu ersetzen, was Monitoring, Wartung und Troubleshooting erleichtert: Praktisch alle Anpassungen können an einer zentralen Stelle im Process-Orchestration-System vorgenommen werden.

Zwei Themen standen bei der Entwicklung dieser neuen Produkte im Vordergrund. Spezielle Prozesse für z. B. das Berichtswesen oder das Lieferkettenmanagement wurden in eigene Anwendungen ausgelagert. Dadurch war es möglich, mehr Kundenanforderungen abzubilden, als es in SAP R/3 möglich gewesen wäre – und durch die gemeinsame SAP-NetWeaver-Plattform waren die enge Integration und einfache Betreibbarkeit aller Bestandteile der SAP Business Suite gewährleistet.

Kunden konnten entscheiden, ob Ihnen die Funktionalität, die von SAP R/3 (bzw. SAP ECC) abgedeckt wurde, ausreichte oder ob die darüber hinausgehenden Prozessanforderungen der Fachabteilung durch die neuen SAP-Spezialanwendungen abgedeckt werden sollten, ohne Kompromisse im Bereich Betreibbarkeit oder Datenintegration eingehen zu müssen.

Standard is better than »better than standard«

SAP war mit dem Versprechen angetreten, dass Standardsoftware, die praktisch alle Unternehmensbereiche abdeckt, langfristig besser zu betreiben, zuverlässiger und effizienter ist als Eigenentwicklungen oder Speziallösungen für einzelne Unternehmensbereiche. Dies bezeichnet man als Standardsoftware- vs. Best-of-Breed-Ansatz.

Auch wenn die SAP-Standardsoftwareprodukte gelegentlich nicht immer die besten am Markt waren, was Funktionalität und Benutzerfreundlichkeit anbelangte – war ein entscheidender Vorteil dieser Lösungen aus Kundensicht ihre enge Integration in das gesamte Lösungsportfolio: Sie basierten auf dem SAP NetWeaver Application Server (SAP NetWeaver AS) und waren daher für Kunden einfacher zu betreiben als zum Teil schwierig integrierbare Speziallösungen unterschiedlicher Anbieter. Viele Unternehmen schätzten außerdem die Tatsache, dass sie sich bei Softwareproblemen nur mit einem Anbieter auseinandersetzen mussten – nicht mit mehreren, die im Zweifelsfall gerne behaupten, dass ihre Software natürlich fehlerfrei und der Fehler wohl beim anderen Anbieter zu suchen sei. Eine Horrorvorstellung: Der Betrieb steht, und die Softwareanbieter schieben sich gegenseitig den Schwarzen Peter zu.

1.2.4 Zukäufe, Cloud-Company, SAP HANA

Die Akquisition des Unternehmens Business Objects markierte einen Wendepunkt in der SAP-Strategie: Bis dahin hatte SAP auf organisches Wachstum, ein integriertes Softwareportfolio und die eigene Innovationskraft gesetzt. Die Grenzen des eigenen Wachstums schienen näher zu kommen. Nun begann man Innovationen einzukaufen: Die Übernahme des französischen Business-Intelligence-Spezialisten Business Objects im gleichen Jahr war die erste größere Übernahme, die die Integration eines komplett fremden Software-Stacks in das Lösungsportfolio erforderlich machte.

Nachdem SAP vorgeworfen worden war, Anfang der 2000er-Jahre die Bedeutung des Internets zu lange unterschätzt zu haben, reagierte SAP schnell auf die wachsende Bedeutung des Cloud-Computings: Bereits 2014 bezeichnete sich SAP selbst als »The Cloud Company powered by SAP HANA«, und die Walldorfer setzten dieses Ziel in den folgenden Jahren kontinuierlich um.

Organisches Wachstum reicht nicht: SAP auf Einkaufstour

Ab 2008 ging SAP auf Einkaufstour und übernahm in elf Jahren mehr als 20 Softwarehersteller, die größtenteils cloudbasierte Lösungen anboten: Sybase im Jahr 2010, SuccessFactors 2011, Ariba 2012, Concur 2014, Callidus 2018, und im gleichen Jahr folgte für den stolzen Preis von ca. 6,4 Mrd. Euro mit Qualtrics die teuerste Übernahme in der Firmengeschichte.

SAP erwarb auf diese Weise zahlreiche innovative Softwarelösungen, zahlte aber nicht nur finanziell einen hohen (manche meinen zu hohen) Preis: Die vielgepriesene, vorbildliche Integration der SAP-Software auf einem gemeinsamen Applikationsserver war nun endgültig Geschichte. Es gab einerseits die gut integrierte SAP Business Suite und andererseits zugekaufte Produkte, die in den folgenden Jahren mehr oder weniger gut in das Portfolio integriert wurden. Die anfänglich äußerst begrenzte technische Integration von SAP Ariba via CSV-Dateischnittstelle ist bezeichnend für die Herausforderungen, denen sich SAP gegenübersah. Andererseits jubelten die Fachabteilungen auf Kundenseite angesichts der neuen Funktionalitäten und Angebote. IT-Abteilungen waren hingegen weniger begeistert, da der Betrieb erheblich komplizierter und aufwendiger wurde.

Dennoch: Das Kernprodukt und die Cash Cow war und blieb die SAP Business Suite, ein ausgereiftes, solides Produkt, dem man allerdings mittlerweile ansah, dass seine Wurzeln aus den 90er-Jahren des letzten Jahrtausends stammten. Durch kontinuierliche Weiterentwicklung hatte es sich zu einer komplexen, skalierbaren und dennoch gut zu betreibenden Software entwickelt. Kunden schätzten seine Stabilität, und umfangreichen Funktionen, aber die Benutzerfreundlichkeit und Benutzerführung im proprietären SAP GUI (SAP Graphical User Interface) wurden von vielen Kunden als nicht mehr zeitgemäß empfunden. SAP reagierte zunächst mit der Einführung der neuen Benutzeroberfläche SAP Business Client und später mit SAP Fiori, schaffte es aber bis heute nicht, das alte SAP GUI komplett abzulösen.

Die immer größer werdenden Datenmengen führten ebenfalls bei einigen Kunden zu Problemen, und an Cloud Computing war mit dieser Softwarearchitektur überhaupt nicht zu denken. Die SAP Business Suite war bzw. ist eine durchdachte, beständige On-Premise-Software – in einer Zeit, als der Markt für Cloud-Software als der Zukunftsmarkt schlechthin galt. Was konnte SAP nun tun, um hier nicht den Anschluss zu verlieren?

1.2.5 Cloud und SAP HANA

An dieser Stelle verschränken sich zwei parallele, eigentlich unabhängige Entwicklungen, die aber letztlich zusammenfinden: der Trend zur Cloud und die Entwicklung der In-Memory-Datenbank SAP HANA:

Angeführt durch den Firmengründer Hasso Plattner wurde ab 2008 eine revolutionäre neue Datenbanktechnologie entwickelt: SAP HANA (*High-Performance Analytics Appliance*). Im Gegensatz zu relationalen Datenbanken (meist die des amerikanischen Konkurrenten Oracle), die bisher die Geschäftsdaten der Kunden speicherten, handelt es sich bei SAP HANA um eine *In-Memory-Datenbank*, die massive Performanceverbesserungen – und damit einhergehend ganz neue Möglichkeiten der Realtime-Datenverarbeitung und -analyse – bieten kann.

SAP HANA vs. relationale Datenbanksysteme

Relationale Datenbanksysteme, die bisher die Grundlage für SAP-Business-Anwendungen gewesen waren, kamen angesichts immer schneller steigenden Datenwachstums an ihre Grenzen. Performanceprobleme bei großen Datenmengen und der Bedarf an immer leistungsstärkeren Servern waren die Folge.

Während relationale Datenbanken die Daten immer wieder von Festplatten oder anderen (relativ langsamen) Speichermedien lesen und speichern mussten, ging SAP HANA einen anderen Weg. Die gesamte Datenbank wurde im schnellen Arbeitsspeicher (Random Access Memory, RAM) des Servers vorgehalten. Man stellte von zeilenorientierter Datenverwaltung auf Spaltenorientierung um und erreichte so eine erheblich reduzierte Datenmenge und eine enorm gesteigerte Performance, insbesondere bei lesenden Reporting-Aufgaben. Unterstützt durch den Preisverfall bei Speichermodulen und immer leistungsstärkere Server ergaben sich ganz neue

Anwendungsmöglichkeiten zur Verarbeitung von *Echtzeitdaten* (Datenströmen) und zur Analyse großer Datenmengen.

Und was, wenn der Strom ausfällt?

Datenänderungen werden aus Performancegründen lediglich in schlank gehaltenen Logdateien auf permanente Datenspeicher gesichert. Dadurch droht auch bei einem plötzlichen Stromausfall kein Datenverlust.

Die SAP-HANA-Logdateien schützen zwar zuverlässig vor Datenverlust, führen aber auch zu längeren Startzeiten, da alle Daten bei einem Neustart zunächst in den Arbeitsspeicher geladen werden müssen. Dies kann bei größeren Systemen durchaus 30 Minuten und länger dauern. Die schnelle Verarbeitungsgeschwindigkeit hat also im täglichen Betrieb durchaus ihren Preis.

Abkehr von der OS- und DB-Offenheit

Das nächste einschneidende Ereignis war die Veröffentlichung der SAP Business Suite auf der neuen In-Memory-Datenbank SAP HANA im Jahr 2013. Die SAP-Software war bis dato weitgehend OS- (Operating System, Betriebssystem) und datenbankagnostisch (DB-agnostisch), d. h., man konnte sie nach Belieben auf einer Reihe von gängigen Betriebssystemen und Datenbanken verschiedener Anbieter betreiben. Kunden schätzten diese Flexibilität. Die meisten SAP-Kunden nutzten die Oracle-Datenbank, was zu der erstaunlichen Situation führte, dass SAP über viele Jahre hinweg der größte Lizenzweiterverkäufer für seinen ärgsten Konkurrenten war.

Andererseits führte dies zu hohen Aufwänden für SAP. Jede neue Softwareversion musste vor ihrer Auslieferung auf mehreren Betriebssystemen und Datenbanksystemen aufwendig getestet werden. Es ist ein offenes Geheimnis, dass nie alle OS-DB-Kombinationen gründlich getestet werden konnten. Gerade bei »exotischeren« Kombinationen waren es erst die Kunden, die so manchen Fehler fanden. Außerdem mussten Fehlerhinweise zum Teil spezifisch für einzelne Datenbanken und Betriebssysteme angelegt werden. SAP war gezwungen, Installations-Guides und andere Dokumentationen für zahlreiche OS-DB-Kombinationen in verschiedenen Sprachen vorzuhalten.

Die Offenheit für unterschiedliche Betriebssysteme und Datenbanksysteme senkte die Trainingsaufwände bei den Kunden, da sie auf die Produkte ausweichen konnten, bei denen Know-how im Unternehmen bereits vorhanden war – aber sie kam SAP teuer zu stehen.

SAP HANA und Linux sind die Zukunft

Durch SAP HANA wurde diese Situation beendet: Nun sind die In-Memory-Datenbank SAP HANA und das Betriebssystem Linux exklusiv Teil des SAP-Software-Stacks. Dies ist eine Kehrtwende, denn andere Betriebssysteme und Datenbanken spielen seither in der SAP-Produktstrategie praktisch keine Rolle mehr. Lediglich die im Rahmen der Akquisition von Sybase erworbenen Datenbanken ASE und IQ kommen in einigen speziellen Produkten zum Einsatz.

Der Schwenk auf SAP HANA als einzige Datenbank für SAP-Software war eine nicht zu unterschätzende Hürde für SAP-Kunden:

- SAP HANA benötigt speziell zertifizierte Hardware, die teuer angeschafft werden muss.
- Das über Jahre entwickelte Oracle-/DB2-/MS-/SQL-Server-Know-how verlor an Bedeutung; stattdessen mussten SAP-Kunden neues SAP-HANA-Know-how aufbauen, um die neue Datenbank betreiben zu können.

Gerade kleinere Unternehmen, die eher auf Windows-basierte Server gesetzt hatten, fremdelten zunächst mit dem nicht kommerziellen, freien Betriebssystem Linux.

SAP Business Suite: Vollgas mit angezogener Handbremse

Im ersten Schritt passte man die SAP Business Suite so an, dass sie auf der neuen In-Memory-Datenbank lauffähig war. Aber die SAP Business Suite war für relationale Datenbanken entwickelt worden und konnte die Stärken der SAP-HANA-Datenbank kaum nutzen. In aller Eile wurden Performanceoptimierungen in der SAP Business Suite durchgeführt, um den Kunden die Überlegenheit der SAP-HANA-basierten Business Suite (heutige Bezeichnung: SAP Business Suite powered by SAP HANA) zu demonstrieren. Bei lesenden Operationen erzielte man beeindruckende Ergebnisse, bei Schreiboperationen war der Erfolg eher überschaubar.

Abgesehen von SAP BW – einem System, das hauptsächlich Leseoperationen für die Anzeige von Reports ausführt – brachte der Schritt zu SAP HANA auf der klassischen SAP Business Suite eigentlich keinen so großen Nutzen für SAP-Kunden, dass sich die hohen Einführungskosten tatsächlich rechneten. Aber die zukünftige Ausrichtung war klar, und SAPs Kunden konnten sich darauf einstellen: Die SAP Business Suite konnte in ihrer über Jahrzehnte gewachsenen Form nicht erfolgreich auf die HANA-Datenbank umgezogen werden. Die Entscheidung war daher unvermeidlich: Das SAP-Flaggschiff, die SAP Business Suite, musste in einer neuen Version speziell für SAP HANA entwickelt werden, um die neuen Möglichkeiten der In-Memory-Technologie voll ausschöpfen zu können.

1.2.6 SAP S/4HANA – Die größte Investition in der Firmengeschichte

Die SAP Business Suite wurde über Jahrzehnte von Tausenden SAP-Entwickler*innen geschrieben und besteht aus Millionen Zeilen von Code – eine Neuentwicklung war eine einzigartige Herausforderung und ist für

SAP die größte Investition in der Firmengeschichte. Erhebliche Entwicklungsressourcen wurden und werden über Jahre gebunden.

SAP S/4HANA – beeindruckend, aber noch zögern die Kunden

2015 war es soweit: Mit SAP S/4HANA wurde eine speziell für die In-Memory-Datenbank SAP HANA entwickelte SAP-ERP-Lösung vorgestellt. Es war unmöglich, innerhalb von zwei Jahren die Funktionalität der klassischen SAP Business Suite annähernd in SAP S/4HANA zu realisieren; daher fokussierte man sich im ersten Schritt auf FI/CO (Financials/Controlling) und bot dieses »abgespeckte SAP ERP« an. In den folgenden Jahren wurden die Funktionalitäten sukzessive erweitert. Mittlerweile (Stand: Sommer 2020) hat die SAP-S/4HANA-On-Premise-Lösung mit 35 unterstützten Sprachen, 61 Länderversionen und 23 Industrielösungen gegenüber der SAP Business Suite erheblich aufgeholt. Für SAP war dies eine enorme Kraftanstrengung, die in beeindruckender Weise zeigt, wozu dieses Unternehmen fähig ist. Das Ergebnis kann sich sehen lassen, aber es hat zu SAPs Bedauern bis dato noch nicht dazu geführt, dass die SAP-Kunden in Massen auf das neue Kernprodukt umschwenken.

Die SAP-Software bildet das IT-Rückgrat vieler Unternehmen und wird in den unternehmenskritischsten Geschäftsbereichen eingesetzt. Wenn sie ausfällt, sind große Unternehmensteile praktisch nicht mehr arbeitsfähig. Der Betrieb kommt zum Erliegen. Jeder größere Ausfall kostet sehr viel Geld und kann im schlimmsten Fall – vorausgesetzt der Ausfall dauert über Tage und Wochen an – existenzbedrohend sein.

SAP-Kunden: Never Change a Running (SAP) System

SAP-Kunden sind daher sehr konservativ: Planungssicherheit, Stabilität und Betreibbarkeit sind entscheidende Faktoren für geschäftskritische IT-Systeme. Die überwiegende Anzahl der SAP-Kunden betreibt den Kern ihrer Anwendungen in eigenen Rechenzentren. Viele, insbesondere kleinere Unternehmen, haben den Betrieb an erfahrene, auf SAP spezialisierte Hosting-Provider übertragen. Neuerungen werden sorgfältig evaluiert, getestet und Schritt für Schritt eingeführt, um das Geschäftsrisiko zu minimieren.

Die wachsende Bedeutung cloudbasierter Lösungen war bereits 2013 abzusehen; daher wurde SAP S/4HANA von Anfang an sowohl als On-Premise-Lösung als auch in zwei weiteren Varianten als Cloud-Lösung entwickelt. SAP vollzieht hier einen Spagat und geht einerseits mit der SAP-S/4HANA-On-Premise-Lösung auf die Forderungen von Großkunden ein, die ihre Kernanwendungen in eigenen Rechenzentren betreiben wollen.

Andererseits soll *SAP S/4HANA Cloud* neue Geschäftsfelder und Kundenmärkte eröffnen. Cloud-Lösungen können zwar weniger an spezifische Kundenanforderungen angepasst werden, aber sie stellen durch ihre monatlichen Subskriptionsraten eine geringere Investition dar, sind schneller konsumierbar und reduzieren den Bedarf an eigenen IT-Spezialisten.

Darüber hinaus bieten Cloud-Lösungen eine Reihe weiterer wichtiger Vorteile:

- **Skalierbarkeit**
  Cloud-Lösungen lassen sich einfach an die Firmenanforderungen anpassen – mehr Rechenkapazität, oder auch weniger: So wie es das Geschäft erfordert!
- **Connectivity**
  Cloud-Angebote erlauben den mobilen Datenzugriff weltweit und rund um die Uhr über PCs, Laptops oder mobile Endgeräte.
- **Flexible Arbeitsplätze**
  Da alle Daten in der Cloud gespeichert sind, ist der Ort des Arbeitsplatzes nicht mehr wichtig. Ob im Büro, im Homeoffice oder im Ausland – solange die Datenverbindung stabil und schnell genug ist, spielt das keine Rolle mehr. Mitarbeiterinnen und Mitarbeiter haben das Glück, von überall aus arbeiten zu können.
- **Datensicherheit**
  Anbieter von Cloud-Lösungen bieten Sicherheitssysteme für Kundendaten, die weit professioneller sind als das, was kleine Firmen allein leisten können.

Wie viel Cloud darf es denn sein?

Für Kunden, die auf die Vorzüge der Cloud und die Konfigurierbarkeit von On-Premise-Lösungen nicht verzichten wollen oder können, gibt es die Möglichkeit, das Beste beider Welten zu verbinden: *Hybride Systemlandschaften* (d. h. teilweise on-premise, teilweise in der Cloud) erlauben es, geschäftskritische Anwendungen weiter als On-Premise-Anwendungen zu betreiben; neue Anwendungsbereiche lassen sich per Cloud-Software schnell und kostensparend einführen und nutzen.

Die Anforderung an SAP-S/4HANA war es daher nicht nur, die neue verbesserte SAP Business Suite zu werden, sondern das erklärte Ziel war die Integration mit SAP-Cloud-Angeboten – und das sind durch Zukäufe und durch von SAP selbst entwickelte Lösungen mittlerweile ziemlich viele:

- *SAP SuccessFactors*: cloudbasierte HCM-Lösung (Zukauf)
- *SAP Ariba*: cloudbasierte Handelsnetzwerke (Zukauf)
- *SAP Customer Experience*: E-Commerce (Zukauf)
- *SAP Fieldglass*: cloudbasiertes Zeitarbeitsmanagement (Zukauf)
- *SAP Concur*: Reise- und Reisekostenmanagement (Zukauf)

- *CallidusCloud*: cloudbasierte Vertriebssoftware (Zukauf)
- *Qualtrics*: cloudbasiertes Enterprise Feedback Management, EFM, (Zukauf)
- *SAP Analytics Cloud*: SaaS-Cloud (Software as a Service), speziell für das Berichtswesen (Eigenentwicklung, basierend auf SAP BusinessObjects)
- *SAP Sales Cloud*: SaaS-Cloud für CRM (Eigenentwicklung)
- *SAP Marketing Cloud*: SaaS-Cloud für Marketing (Eigenentwicklung)
- *SAP Service Cloud*: SaaS-Cloud für Kundenservice und After-Sales-Support (Eigenentwicklung)
- *SAP Cloud Platform*: PaaS-Cloud (Platform as a Service) zur Integration von Cloud- und On-Premise-Landschaften (Eigenentwicklung)
- *SAP HANA Enterprise Cloud*: PaaS-Cloud zum Betrieb von Kundenlandschaften in SAP-eigenen oder in Hyperscaler-Rechenzentren (Infrastrukturservice)

1.2.7 Aktuelle SAP-Softwarelösungen und Ausblick

SAP hat im letzten Jahrzehnt seine Palette an Softwarelösungen und insbesondere an Cloud-Angeboten massiv ausgeweitet. Parallel dazu wurde massiv in neue Technologien investiert. Der ehemalige SAP-Vorstandvorsitzende Dr. Henning Kagermann wurde ab 2012 ein führender Vertreter des Zukunftsprojekts *Industrie 4.0* in Deutschland, einer Vision intelligenter, digital vernetzter Systeme, auf deren Grundlage weitestgehend eine selbst organisierte Produktion möglich werden sollte. Im Fokus standen (und stehen) die Automatisierung der Fertigung und IoT-Szenarien (IoT = *Internet of Things*), durch die physische und virtuelle Objekte durch Informations- und Kommunikationstechniken miteinander verbunden werden und kooperieren. Auswertungen der dabei anfallenden enormen Datenmengen werden durch *SAP Analytics* und Big-Data-Anwendungen ermöglicht, die wiederum auf die sehr schnelle SAP-HANA-Datenbank aufsetzen.

Industrie 4.0: Blockchain, Machine Learning, KI, IoT

Parallel entwickelte SAP unter dem Titel *SAP Leonardo* faszinierende neue Funktionen, z. B. Blockchain, maschinelles Lernen und Big Data. RPA (*Robotic Process Automation*) als Teil von maschinellem Lernen (Machine Learning), künstliche Intelligenz (KI) und IoT wurden sukzessive in die SAP-Produkte integriert: RPA kann mithilfe von Chatbots administrative Aufgaben beschleunigen und Kundenerlebnisse verbessern. IoT eröffnet neue Möglichkeiten bei der Digitalisierung der Logistikkette, von Big-Data-Anwendungen ganz zu schweigen – die Liste ist lang!

Durch zahlreiche Zukäufe, gerade von Cloud-Softwareanbietern, wurden neue Kunden- und Geschäftsfelder erschlossen. Cloud- und Subskriptionsmodelle bieten Kunden kommerziell sehr attraktive Angebote (und bescheren SAP stabile, wiederkehrende Einnahmen). SAP entwickelt sich von der reinen »Softwarebude«, wie sie manchmal despektierlich genannt wurde, in einen Full-Service-Anbieter, der Entwicklung und Betrieb von Softwarelösungen in einer Hand vereinigt.

Im Jahr 2019 wurde eine strategische Partnerschaft mit Microsoft vereinbart. Das sogenannte *Embrace-Programm* soll Kunden dazu bewegen, SAP-Software auf der Microsoft-Azure-Hyperscaler-Infrastruktur einzusetzen. Allerdings ist dies keine exklusive Partnerschaft – Amazon (Amazon Web Services) und Google (Google Cloud Platform) werden ebenfalls unterstützt. Obwohl SAP mehr als ein Dutzend Rechenzentren mit Tausenden Kundenlandschaften weltweit betreibt, setzt man für zukünftiges Wachstum offensichtlich auf die Skaleneffekte im Infrastrukturbereich, die nur Hyperscaler anbieten können. SAP fokussiert sich zukünftig auf die oberen Bereiche des Software-Stacks und will hier als Full-Service-Anbieter auftreten.

1.2.8 The Experience Company powered by the Intelligent Enterprise

X- und O-Daten für das intelligente Unternehmen

Seit dem Erwerb von Qualtrics lautet das neue SAP-Firmenmotto »The Experience Company powered by the Intelligent Enterprise«. Dies bedeutet, dass die Verbindung von Geschäftsdaten (Operational Data, O-Data) mit Kundenzufriedenheitsdaten (Customer Experience Data, X-Data) es Unternehmen erlaubt, ihren Kunden Einkaufserlebnisse anzubieten und Kundenerwartungen zielsicher zu treffen. Das Ergebnis ist das *Intelligent Enterprise*, das intelligente Unternehmen (Abbildung 1.3).

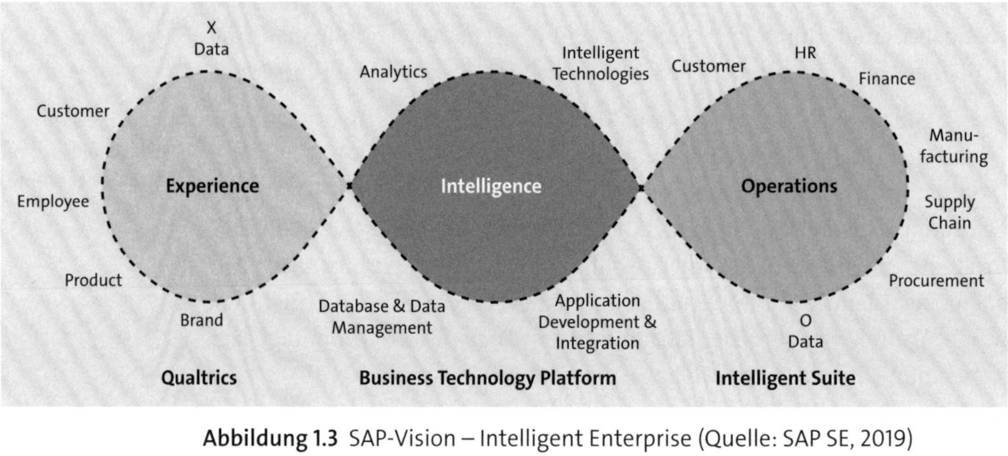

Abbildung 1.3 SAP-Vision – Intelligent Enterprise (Quelle: SAP SE, 2019)

Das Herzstück bleibt das mittlerweile intelligente ERP-Suite genannte SAP-S/4HANA-System, bestehend aus dem ERP-System sowie aus Lösungen für die digitale Logistik, das Kundenerlebnis, das intelligente Ausgabenmanagement (Intelligent Spend) und das Human Experience Management (HXM). Moderne Technologien wie maschinelles Lernen, KI, Blockchain, Internet der Dinge und Analysefunktionen werden als integrative Bestandteile der SAP-Softwareprodukte genutzt, um ereignisgesteuert und mit Echtzeitabläufen O-Daten mit X-Daten zu verknüpfen.

Das Konzept besteht aus folgenden Bestandteilen:

1. **Intelligent Suite**
   Die Intelligent Suite umfasst Enterprise Resource Planning (ERP), Digital Supply Chain Management, Customer Experience, Intelligent Spend Management und Human Experience Management. Sie ist modular aufgebaut, und dennoch sind die einzelnen Anwendungen vollständig integriert. Industrielösungen bieten zusätzlich branchenspezifische Prozesse und End-to-End Szenarien.
2. **Business Technology Platform**
   Die Business Technology Platform ist das Kontrollzentrum und der technische Unterbau für die Intelligent Suite und unterstützt die Umsetzung von Unternehmensdaten in Geschäftswerte. Sie umfasst Datenbank- und Datenmanagementfunktionen, Anwendungsentwicklung, Integration, Analytics und intelligente Technologien on-premise und in der Cloud. In Zukunft sollen alle SAP Lösungen auf die Business Technology Platform aufsetzen, d. h. ein fundamentaler Schwenk von dem Versuch, grundsätzlich unabhängige, vertikale Software-Stacks zu integrieren, hin zu einem gemeinsamen, integrierten Softwarestack.
3. **Experience Management (XM)**
   Experience Management führt als Plattform die X-Daten und die O-Daten zusammen und versetzt Organisationen in die Lage, vier Bereiche im Blick zu behalten: Kunden, Mitarbeitende, Produkt und Marke. Die API-Integration zwischen XM und der Intelligent Suite stellt die Verbindung zwischen X-Daten und O-Daten her.

Eine Verschiebung des Schwerpunkts gegenüber früheren Zeiten ist offensichtlich. Es geht nicht mehr nur um Produktivitätssteigerungen durch Standardsoftware, sondern um Technologien, die Unternehmen dabei helfen sollen, Innovationen schneller im Markt zu platzieren und gleichzeitig das Kundenerlebnis und das Kundenfeedback in den Mittelpunkt von Unternehmensentscheidungen zu stellen. Dabei dürfen sie das Wohl(befinden) ihrer Mitarbeiter*innen und die Wahrnehmung der eigenen Produkte und der eigenen Marke ebenfalls nicht aus dem Blick verlieren. Im Gegenteil: Die schnelle Reaktion auf veränderte Kundengewohnheiten sowie kontinuierliches Feedback zum Kundenerlebnis sind Faktoren, die immer wichtiger werden und über den Geschäftserfolg entscheiden können.

1.2.9 SAP S/4HANA – ein Ladenhüter?

Das SAP-Flaggschiff SAP S/4HANA hat die Absatzziele bisher nicht erzielen können. Obwohl SAP mittlerweile auf mehr als 440.000 Kunden und 12 Mio. Anwender*innen blickt, ist SAP S/4HANA erst bei ca. 14.000 Kunden im Einsatz. Die größte Investition der Firmengeschichte hat sich bisher also nicht ausgezahlt. Die Entwicklung von SAP S/4HANA war sicherlich alternativlos, aber SAP braucht nun einen langen Atem.

Viele SAP-Bestandskunden bleiben bei den geschäftskritischen Anwendungen häufig bei älteren SAP-Softwareständen und zögern beim Einsatz neuerer Produkte in ihren zentralen Geschäftsprozessen. Infolge des von SAP-Anwendergruppen und Großkunden ausgeübten Drucks hat SAP die Wartungszusage für die SAP Business Suite 7 bis Ende 2027 (verlängerbar bis 2030) erweitert. SAP S/4HANA bleibt bis mindestens 2040 in der Wartung.

SAP S/4HANA – Schlüssel zum Erfolg

Nach der großen Einkaufstour des letzten Jahrzehnts hat man bei SAP mittlerweile erkannt, was Kunden vermissen und was sie möglicherweise von dem Wechsel zu SAP S/4HANA bzw. zur Intelligent Suite abhält:

- Auch wenn es stetig voran geht: SAP S/4HANA hat weiterhin nicht den Funktionsumfang der SAP Business Suite.
- Das Datenmodell von SAP S/4HANA wurde gegenüber der SAP Business Suite vereinfacht. Das bedeutet aber auch, dass bestehende Erweiterungen (Investitionen in die SAP Business Suite) nicht in jedem Fall problemlos übertragen werden können. Teure Anpassungen oder Neuentwicklungen könnten notwendig sein, allein um die aktuelle Funktionalität unter SAP S/4HANA wiederherzustellen. Das kostet potenziell viel Geld, bringt aber wenig Mehrwert für das Business.
- Die Anzahl der On-Premise- und Cloud-Produkte, mit teilweisen funktionalen Überschneidungen, stellt die Kunden mit Blick auf zukunftssichere Investitionsentscheidungen vor erhebliche Herausforderungen.
- Die End-to-End-Abbildung von Geschäftsprozessen über die verschiedenen Softwareangebote ist komplex geworden und hat bisher nicht immer die Stabilität und Ausfallsicherheit erreicht, die Kunden aus der On-Premise-Welt gewohnt sind.

- Betriebsthemen, insbesondere bei hybriden Landschaften, bringen neue Herausforderungen mit sich, z. B. hinsichtlich des Monitorings und des konsistenten Backups/Restores von Geschäftsprozessen, die teilweise in der On-Premise-Version und teilweise in der Cloud laufen.
- Die Versionsverwaltung der unterschiedlichen SAP-Cloud- und On-Premise-Produkte erfordert eine sorgfältige Planung, will man häufige Anpassungsaufwände vermeiden.

Als der neue CEO von SAP, Christian Klein, im Oktober 2019 den langjährigen SAP-Chef Bill McDermott ablöste, begann eine strategische Neuausrichtung, die ihren Schwerpunkt auf ein stabiles, gut zu betreibendes, integriertes SAP-Produktportfolio legt, sich auf die Kernbereiche konzentriert und verstärkt auf die Zusammenarbeit mit Partnern achtet. Bill McDermott hat SAP in das Cloud-Zeitalter geführt; Christian Klein konsolidiert nun das Produktportfolio und strukturiert es so, dass es die hohen Anforderungen der Kunden an Betreibbarkeit, Planungssicherheit, Integration und Stabilität erfüllt.

1.2.10 On-Premise oder in der Cloud?

SAP sieht auch in Zukunft einen großen Markt für On-Premise-Software in Branchen mit hoher Prozesskomplexität, wie im verarbeitenden Gewerbe und in der Automobilindustrie, in denen ERP-Anpassungen erforderlich sind. Dies gilt ebenso für Unternehmen in Ländern mit politischer Instabilität, mit eingeschränkter Infrastruktur oder mit erhöhten Bedenken hinsichtlich der Datensicherheit. Die Einführung einer Public-Cloud-Infrastruktur ist hier in näherer Zukunft sicherlich nicht möglich.

Cloud-, On-Premise-Lösung oder beides?

Cloud-Lösungen werden hingegen in anderen Unternehmensbereichen immer wichtiger: im Personalwesen, in der Beschaffung, im Frontoffice und bei der Kundenbindung (CRM). SAP wird hier modulare Cloud-Lösungen anbieten bzw. ausbauen, aber auch Wert auf eine starke Integration in den ERP-Kern legen.

Die technische Integration ist das eine – die Integration und die Innovation von Geschäftsprozessen End-to-End ist der zweite wichtige Aspekt, den SAP im Blick haben wird.

Das (Wartungs-) Ende naht!

Angesichts des absehbaren Wartungsendes für die klassische SAP Business Suite werden sich mehr und mehr Kunden in den kommenden Jahren mit dem Thema Einführung von SAP S/4HANA in den Kernbereichen ihres Unternehmens auseinandersetzen müssen. Dies gleicht oftmals einer Operation am offenen Herzen und ist mit vielen Risiken verbunden. Gute Vorbereitung, Planung und Durchführung (meist unterstützt durch externe Beratungsexperten) sind die entscheidenden Erfolgskriterien. Einerseits sollte man nicht zu früh beginnen, denn wichtige Funktionalitäten könnten noch nicht vorhanden oder zumindest nicht ausgereift genug sein. Andererseits sollte man nicht zu spät anfangen, nicht nur weil die Konkurrenz, die früher umgestiegen ist, möglicherweise Wettbewerbsvorteile hat, sondern auch, weil mehr Kunden vor dem Wartungsende, das immer näher rückt, Upgrade-Projekte angehen (müssen). Umso schwieriger dürfte es werden, gut qualifizierte Beratungsunterstützung am Markt einkaufen zu können. Wann ist also der richtige Zeitpunkt, den Umstieg auf SAP S/4HANA anzugehen? Auch bei der Beantwortung dieser Frage wird Sie dieses Buch unterstützen.

Kapitel 2
Was ein SAP-S/4HANA-Projekt so anders macht

Sie haben bereits viele (IT-)Projekte erfolgreich gemeistert, oder Sie haben bereits vor Jahren eine SAP-R/3-Einführung durchgeführt und glaubten, mit diesen Erfahrungen für alles gerüstet zu sein – bis Sie den Auftrag erhielten, die neue S4/HANA-Plattform von SAP einzuführen, was alles auf den Kopf gestellt hat. Was SAP-S/4HANA-Projekte so anders macht und wie der Weg zu SAP S/4HANA aussieht – das wollen wir Ihnen in diesem Kapitel zeigen.

Beginnen wir mit einem Blick auf die nackten Zahlen: Statistisch gesehen, ist eine erhebliche Anzahl von IT-Projekten nicht erfolgreich. Etliche Studien über die letzten zwei Jahrzehnte haben den Erfolg oder Misserfolg von IT-Projekten gemessen und kommen zu dem Ergebnis, dass ca. 40 % der untersuchten IT-Projekte erfolgreich abgeschlossen wurden. Das heißt, die Budgets wurden eingehalten, und die erwarteten Funktionen wurden im vorgesehenen Zeitrahmen zur Verfügung gestellt. Ca. 40 % der Projekte wurden mit Einschränkungen fertiggestellt und ca. 20 % wurden abgebrochen. Mit anderen Worten sind weniger als die Hälfte aller IT-Projekte ein Erfolg – der überwiegende Teil scheitert teilweise oder ganz.

Neue Erkenntnisse? Nein!

Gründe für das Scheitern der Projekte waren die fehlende Einbindung der Endanwender*innen, das Fehlen von klaren Zielvorgaben, ein ungenügendes Anforderungsmanagement und mangelnde Managementunterstützung. Haben wir es hier mit neuen Erkenntnissen zu tun? Die Antwort ist »nein«. Die Studie bestätigt unsere Erfahrungen aus vielen Projekten. Interessant ist, dass immer wieder die gleichen Fehler in Projekten gemacht werden, obwohl diese Stolpersteine hinlänglich bekannt sind.

Wenn man diese Studien etwas genauer analysiert, erkennt man sehr schnell, dass viele Ursachen für das (partielle) Scheitern von Projekten entweder im Verantwortungs- oder zumindest im Einflussbereich der Projektleitung liegen.

Natürlich hängt der Projekterfolg von vielen Rahmenbedingungen ab: Ein erfolgreiches Projekt ist immer der Erfolg eines gut funktionierenden

Teams mit ausreichender Qualifikation, Motivation, Zeit, Managementunterstützung und einer klar definierten Aufgabe. Aber Sie als Projektleiter bzw. Projektleiterin haben eine ganz besondere Rolle – Sie spielen nicht die Hauptrolle, sondern sind die Regisseurin oder der Regisseur und sorgen dafür, dass alle Akteur*innen zum richtigen Zeitpunkt ihre Parts übernehmen.

SAP-Projekte sind anders!

Auch wenn Sie bereits Erfahrungen mit dem Management von IT-Projekten haben, werden Sie sich in Ihrem SAP-Projekt ganz neuen Herausforderungen gegenübergestellt sehen. Denn SAP-Projekte sind anders! Was aber unterscheidet ein SAP-Projekt von einem herkömmlichen IT-Projekt, wie z. B. hinsichtlich der Ablösung von alter Hardware durch neue leistungsfähigere Server oder der Verlagerung von IT-Infrastrukturkomponenten in andere Rechenzentren, zu Hyperscalern oder in die Cloud? Sind es die Prozesse, die in einem ERP-System wie SAP S/4HANA abgebildet werden müssen? Ist es die in den letzten Jahrzehnten immer komplexer gewordene Systemarchitektur? Ist es die Art und Weise, wie die Daten aus den Altsystemen migriert werden müssen? Sind es die Auswirkungen auf die Gesamtorganisation eines Unternehmens?

Darüber wollen wir in diesem Kapitel berichten. Wir zeigen Ihnen in diesem Zusammenhang auch, welche Kriterien Sie für Ihre Softwareentscheidung anlegen sollten.

2.1 Was IT-Projekte von der Unternehmenstransformation mit SAP unterscheidet

Unternehmen stehen heute unter immer stärkerem Druck, ihre Geschäftsmodelle und -prozesse zu verändern und zu verbessern, um auf den globalen und regionalen Märkten erfolgreich zu sein. Sofern Sie noch keine SAP-ERP-Software einsetzen, ist jetzt ein sehr guter Zeitpunkt, um diesen Transformationsprozess anzuschieben. Sollten Sie bereits – möglicherweise seit vielen Jahren – ein SAP-System im Einsatz haben, ist jetzt ebenfalls der richtige Zeitpunkt, den Schritt in die neue SAP-S/4HANA-Welt zu wagen:

- SAP S/4HANA bzw. die Intelligent Suite hat mittlerweile ein gutes funktionales Niveau erreicht und wird in unterschiedlichen Varianten als On-Premise- und als Cloud-Version angeboten.
- Das SAP-S/4HANA-Know-how ist bei vielen Beratungshäusern mittlerweile in ausreichendem Maße vorhanden. Noch übersteigt die Nachfrage das Angebot an qualifizierten Beraterinnen und Beratern nicht – das

wird sich voraussichtlich ändern, wenn das Wartungsende der klassischen SAP Business Suite 2027 bzw. 2030 näher rückt.

- Eine Indikation, dass SAP S/4HANA im Markt angekommen ist, zeigen Umfragen von Anwendergruppen: SAP-Kunden im deutschsprachigen Raum und in Nordamerika planen für die nächsten Jahre deutlich höhere Investitionen für SAP S/4HANA ein. Ein beträchtlicher Teil will die Migration in den nächsten drei Jahren angehen.

Doch der Reihe nach. Schauen wir uns zunächst die einzelnen Arten von IT-Projekten an:

Vom IT-Projekt zur Unternehmenstransformation

Zwischen einem reinen IT-Projekt und einer Unternehmenstransformation, z. B. mit SAP, gibt es unterschiedliche Abstufungen im Hinblick auf die Komplexität, die Projektbeteiligten und die Reichweite der vorgenommenen Veränderungen:

- **Reines IT-Projekt**
  Bei einem reinen IT-Projekt stehen Aktivitäten wie die Ablösung von Hardware oder ein rein technisches Upgrade im Vordergrund. Das Projekt wird im Wesentlichen von Mitarbeiterinnen und Mitarbeitern der IT-Abteilung umgesetzt. Prozesse und Organisation sind nicht Teil des IT-Projekts.
- **Standardisierung/Harmonisierung**
  Die nächste Stufe umfasst die Standardisierung von Daten und Transaktionen. Durch die Vereinheitlichung von z. B. Kundenstamm- und Produktdaten im Unternehmen können der Unternehmensleitung verbesserte Auswertungen und Analysen für die Unternehmenssteuerung zur Verfügung gestellt werden. Solche Verbesserungsvorschläge kommen primär von den IT-Abteilungen, und die Fachabteilungen werden teilweise eingebunden. Eine Überarbeitung der Geschäftsprozesse findet jedoch nicht oder nur soweit wie unbedingt notwendig statt.
- **Optimierung/Redesign der Geschäftsprozessabläufe**
  Mit der Optimierung und dem Redesign von Geschäftsabläufen ist es möglich, z. B. den gesamten Auftragsprozess effizienter abzuwickeln. Unnötige Prozessschritte oder Systembrüche können entfernt werden, mit positiven Auswirkungen z. B. auf die Lieferzeiten von Produkten und damit auch auf die Kundenzufriedenheit. Solche Projekte werden in enger Zusammenarbeit von IT- und Fachabteilungen durchgeführt.
- **Unternehmenstransformation mit SAP-Standardsoftware**
  Die nächste Stufe ist durch signifikante Veränderungen der Geschäftsmodelle, Prozesse und Organisationsstrukturen gekennzeichnet. Es gibt ein starkes Bekenntnis der Geschäftsleitung zu diesen Veränderungs-

prozessen. Die Fachabteilungen sind eng in das Projekt eingebunden und übernehmen Verantwortung.

Ein solches Projekt nimmt meist Jahre in Anspruch und durchläuft verschiedene Phasen: Am Anfang steht die Erkenntnis der Geschäftsführung, dass ein Veränderungsbedarf besteht. Meist geht mit dieser Erkenntnis bereits eine Vorstellung einher, welche Geschäftsmodelle mit welchen Prozessabläufen und organisatorischen Anpassungen umgesetzt werden sollen. Danach wird ein stufenweiser Plan erarbeitet, in welcher Reihenfolge und in welchem Zeitraum die Umstellung auf SAP-Software erfolgen soll. Man beginnt üblicherweise mit weniger geschäftskritischen Systemen bzw. Unternehmensbereichen und wagt sich dann, nachdem das Team eingespielt ist und man über einen Erfahrungsschatz aus den ersten Go-lives verfügt, an die kritischeren IT-Systeme.

Betroffene Unternehmensbereiche

Welche Bereiche werden von einem solchen Transformationsprojekt berührt, und welche Maßnahmen sind notwendig? Hier sind vor allem die folgenden zu nennen:

- **Optimierung der Geschäftsprozesse**
  Die Optimierung der Geschäftsprozesse wird durch die Nutzung der ERP-Standardsoftware unterstützt. Dabei werden sowohl die Zusammenarbeit innerhalb des Unternehmens als auch die Kunden- und Lieferantenbeziehungen neu definiert. Die integrierten End-to-End-Geschäftsprozesse, basierend auf gemeinsamen Stammdaten, bieten ein enormes Potenzial für Produktivitätssteigerungen und Qualitätsverbesserungen.
- **Organisationsanpassung**
  Die Einführung einer SAP-ERP-Standardsoftware führt häufig zu veränderten Organisationsstrukturen, die an die neuen standardisierten Prozesse und Geschäftsmodelle angepasst werden. Wir empfehlen Ihnen dringend, die von SAP vorgedachten Organisationsstrukturen so weit wie irgend möglich zu übernehmen. Je mehr Sie das SAP-System an Ihre Unternehmensorganisation anpassen, desto mehr Vorteile von Standardsoftware verlieren Sie und zahlen langfristig einen hohen Preis.
- **Change Management**
  Die Veränderungsprozesse in Unternehmenstransformationen sind erheblich. Um die Veränderungsbereitschaft der Stakeholder und Mitarbeiter*innen zu stärken, werden zur Unterstützung die Methoden des Change Managements eingesetzt. Dieser Bereich wird leider häufig stiefmütterlich behandelt. Aber bedenken Sie: Nicht ernst genommene

Ängste und Widerstände im Unternehmen können die Akzeptanz der neuen Software und damit den Erfolg Ihres Projekts gefährden. Mehr zu diesem Thema lesen Sie in Kapitel 5, »Der unterschätzte Erfolgsfaktor: der Mensch«.

- **Schulungsmaßnahmen und Wissenstransfer**
  Ohne Ausbildung und Schulung läuft nichts! Mit Schulungsmaßnahmen und Wissenstransfer werden die Mitarbeiterinnen und Mitarbeiter in die Lage versetzt, ihre neuen Rollen im veränderten Systemumfeld zu verstehen und auszuüben. SAP-Systeme haben leider nicht den Ruf, sonderlich intuitiv bedienbar zu sein; daher sollten Sie die Aufwände in diesem Bereich nicht unterschätzen. Diese Investition zahlt sich immer aus.
- **Kostenersparnisse und Prozessverbesserungen**
  Versuchen Sie sicherzustellen, dass sich das gesamte Team mit den Projektzielen identifiziert und sich für die zu erzielenden Veränderungen/Einsparungen verantwortlich fühlt. Letztlich ist es das Ziel, durch Prozessverbesserungen Produktivitätssteigerungen und damit auch Kostenersparnisse zu erzielen.

Gründe für ein Transformationsprojekt

Die Gründe für die Durchführung eines Transformationsprojekts können höchst unterschiedlich sein:

- Sie möchten sich von Ihren Wettbewerbern abheben, indem Sie z. B. die Lieferzeiten für Ihre Produkte erheblich reduzieren.
- Ihr Unternehmen muss sich an geänderte Marktgegebenheiten anpassen, weil Sie global tätig werden wollen.
- Durch Zukäufe und/oder Verkäufe von Unternehmenseinheiten oder Fusionen müssen Sie organisatorische Anpassungen vornehmen, die wiederum Anpassungen in ihrer SAP-ERP-Landschaft nach sich ziehen.
- Sie wollen Kostensenkungsprogramme durchführen und benötigen dazu standardisierte und harmonisierte Prozesse, um z. B. Verwaltungsaufgaben an preiswertere Standorte verlagern zu können.
- Sie wollen neue Technologien, wie z. B. mobile Anwendungen für Ihren Vertrieb, einsetzen.
- Sie planen die stärkere Nutzung von Cloud-Technologien.

In all diesen Fällen handelt es sich jedenfalls immer um größere Umbrüche im Unternehmen, die die Notwendigkeit nach sich ziehen, Strategie, Prozess, Infrastruktur und Organisation zu verändern. Diese haben wiederum merkliche Auswirkungen auf die Unternehmenskultur.

[»]

Ohne Change Management geht nichts

Die Veränderungen, die das Projekt mit sich bringt, lösen Ängste und Ungewissheit bei den Mitarbeitern und Mitarbeiterinnen aus und können den laufenden Geschäftsbetrieb stören. Ignorieren Sie das, kann dies den Erfolg Ihres Projekts gefährden!

Ein SAP-Projekt erfordert deshalb das Sponsoring der Geschäftsleitung, um die Veränderungen im Unternehmen erfolgreich durch- und umsetzen zu können. Zur Unterstützung können dabei die Methoden des Change Managements eingesetzt werden, die den Mensch in den Mittelpunkt stellen. Das Change Management ist als eigenes Teilprojekt innerhalb des Gesamtprojekts anzusehen. Weitere Informationen zu diesem Thema finden Sie in Kapitel 5, »Der unterschätzte Erfolgsfaktor: der Mensch«.

Ein SAP-Projekt in Angriff zu nehmen, bietet Ihnen aber auch die große Chance, althergebrachte Abläufe und Strukturen infrage zu stellen, Geschäftsprozesse zu standardisieren, zu vereinfachen und zu harmonisieren sowie eine veraltete Systemarchitektur abzulösen und durch zeitgemäße Technologien zu ersetzen. Auch um solche Änderungen im Unternehmen gegen interne Widerstände durchsetzen zu können, ist ein Sponsoring von höchster Managementebene notwendig. Mit der Einführung von SAP S/4HANA erhalten Sie zur Umsetzung dieser Ziele eine betriebswirtschaftliche, integrierte, modulare und unternehmensübergreifende Standardsoftware mit einem breiten Funktionsumfang.

2.2 Projekt ist nicht gleich Projekt

Merkmale von SAP-Projekten

Als Projekt werden die unterschiedlichsten Unterfangen bezeichnet: vom Aufräumen des Kellers bis hin zum Bau eines neuen Flughafens. Da es in unserem Buch aber um SAP-Projekte geht, möchten wir in diesem Abschnitt ein gemeinsames Verständnis dafür schaffen, welche Kennzeichen ein Projekt aufweist, welche Formen der Projektorganisation es gibt und wer an einem SAP-Projekt beteiligt ist.

2.2.1 Was ist ein Projekt?

Der Begriff *Projekt* wird heute in der Praxis für viele unterschiedliche Situationen verwendet. So kann es sich bei einem Projekt um kleinere Aufgaben innerhalb einer Abteilung handeln, für die keine eigene Projektorganisation vorgesehen bzw. notwendig ist. Größere Projekte können reine IT-Projekte sein (z. B. die Erstellung einer Individualsoftware für statistische Auswertungen), die von der IT-Abteilung umgesetzt werden, oder auch Transformationsprojekte, die eine enge Zusammenarbeit von IT, Fachabteilungen und Management voraussetzen.

Für alle Projekte gilt jedoch, dass Sie mit anderen Projekten um knappe Ressourcen konkurrieren. Ein neues Projekt braucht deshalb sowohl gegenüber den Entscheider*innen als auch gegenüber der Belegschaft gute Argumente, um Unterstützung zu finden. Sie müssen Antworten auf die Fragen haben, welchen Nutzen es bringt, welchen Schaden es abwendet und welche Geschäftsrisiken es reduzieren kann.

Wann sprechen wir von einem Projekt nach unserem Verständnis? Eine bestimmte Aufgabenstellung ist dann ein Projekt, wenn wir es mit einer komplexen, aber dennoch möglichst klar abgegrenzten Problemstellung zu tun haben, für die eine Zielrichtung und eine Zeitvorstellung (Beginn/Ende) vorliegt und die eine bereichs- oder funktionsübergreifende Zusammenarbeit erfordert. Ein Projekt unterscheidet sich üblicherweise vom Tagesgeschäft eines Unternehmens. Im Gegensatz zu regelmäßigen Aufgaben birgt ein Projekt ein größeres Risiko des Scheiterns und wird in einer speziell dafür eingesetzten Projektorganisation abgewickelt. Am Ende des (hoffentlich erfolgreich) durchgeführten Projekts steht wiederum die Übergabe der Projektergebnisse an die reguläre Betriebsorganisation (häufig Linienorganisation genannt).

Bestandteile eines Projekts

In den folgenden beiden Abschnitten stellen wir Ihnen die wichtigsten Elemente in einem Projekt kurz vor:

- der Projektauftrag
- die verschiedenen Projektarten
- die Projektmanagementsysteme
- die Projektorganisationen
- die verschiedenen Rollen im Projekt
- die Projektphasen

Projektauftrag

Der *Projektauftrag* ist das zentrale Dokument für das Projekt. Achten Sie darauf, dass Ihr Projektauftrag die in Tabelle 2.1 aufgeführten Elemente enthält.

Projektauftrag	
Projekttitel	Einführung einer SAP-Standardsoftware
Projektsponsor	Dr. Friedrich Sponsor, Geschäftsführer, Beispiel GmbH
Projektnummer	SAP 1.35
Projektdauer	■ Beginn: 01.03.2020 ■ Ende: 31.03.2021
Gründe für das Projekt	Heterogene Prozesse und heterogene IT-Systemarchitekturen erschweren das Geschäft auf den globalen Märkten. Veraltete Softwarestände führen zu steigenden Betriebskosten.
in/out of Scope	■ in Scope: Angebots-, Auftragsabwicklungs- und Finanzprozesse ■ out of Scope: Produktions- und Personalprozesse
kritische Meilensteine	■ Prozess-Template entwickelt, Soll-IT-Architektur festgelegt: 31.07.2020 ■ Entwicklung und Tests abgeschlossen: 15.02.2021 ■ Produktionsvorbereitungen und Schulungen abgeschlossen: 31.03.2021 ■ Go-live: 01.04.2021
Projektressourcen	■ 1 Projektleiterin (Martina Müller) ■ 15 Projektmitarbeiter*innen Vollzeit (PMO, Fachabteilungen, IT) ■ 2 externe Berater*innen (nach Bedarf)
Projektmittel	■ 16 Laptops ■ neue Hardware für Implementierung
Projektbudget	1,6 Millionen Euro
Projektrisiken	■ zu wenig Fachpersonal ■ aggressiver Einführungstermin ■ hohe Komplexität ■ dynamische Prozessanforderungen
Nutzen des Projekts	■ Harmonisierung der Prozessabläufe ■ Ablösung der alten Systeminfrastruktur, Produktivitätssteigerung durch Standardisierung ■ höhere Kundenzufriedenheit, Verringerung des Lagerbestands
Projektorganisation	reine Projektorganisation
Anlagen	Statement of Work (SOW), Grob-Projektplan mit Meilensteinen

Tabelle 2.1 Beispiel für ein Projektauftragsformular

[«]

Vorlagen zum Download

Alle Vorlagen, die wir Ihnen im Buch vorstellen, können Sie sich auf der Website des Rheinwerk Verlags kostenlos herunterladen. Unter *https://www.sap-press.de/5070* finden Sie diese ganz unten auf der Seite im Bereich **Materialien zum Buch**.

2.2.2 Welche Projektmanagementarten gibt es?

Als Nächstes möchten wir einen kurzen Blick auf die verschiedenen *Projektmanagementarten* werfen:

- **Multiprojektmanagement**
  Das Multiprojektmanagement zeichnet sich dadurch aus, dass mehrere Projekte gleichzeitig gesteuert und koordiniert werden müssen. Dabei kann es z. B. zu Ressourcen- oder auch Zielkonflikten kommen. Hierzu zwei Beispiele:
  - Projekt A konkurriert um den gleichen Mitarbeiter, einen ausgewiesenen Experten, wie Projekt B.
  - Während Projekt A einen Code-Freeze anordnet, um die abschließenden Integrationstests durchzuführen, muss Projekt B in derselben Systemlandschaft Entwicklungen fortführen.

  Typische Beispiele für das Multiprojektmanagement sind unternehmensweite Transformationsprojekte wie SAP-Projekte.
- **Programmmanagement**
  Unter einem Programm versteht man ein Bündel inhaltlich zusammengehöriger Projekte mit einer gemeinsamen Zielsetzung. In der Regel werden dabei Einzelprojekte *eines* Themenbereichs gesteuert. So können z. B. verschiedene Einzelprojekte für die Optimierung der Lagerhaltung zusammengefasst werden.
- **Großprojektmanagement**
  Das Großprojektmanagement ist im Prinzip dem Programmmanagement ähnlich. Hier werden Teilprojekte eines Großprojekts koordiniert, wie z. B. bei den Projekten »BER Flughafen« oder auch »Stuttgart 21«. Allein diese beiden Beispiele verdeutlichen die Herausforderungen, die ein Großprojektmanagement mit sich bringen kann.
- **Projektportfoliomanagement**
  Mit dem Projektportfoliomanagement werden Projekte eines Unternehmens verwaltet; dazu zählen auch solche, die nicht thematisch zusam-

mengehören. Die Aufgabe des Projektportfoliomanagements ist es, Kennzahlen aller Projekte eines Unternehmens zu konsolidieren. Damit liefert es der Geschäftsführung Entscheidungsgrundlagen für die Priorisierung der knappen Investitionsbudgets (welches Projekt verspricht den größten Nutzen für das Unternehmen?) sowie projektübergreifende Informationen zum Status des Gesamtbestands an Projekten. Das Projektportfoliomanagement einer Organisation ist eine permanente Aufgabe.

Projektmanagementsystem

Wollen Sie ein Projektmanagement in einem Unternehmen etablieren, sind bestimmte Rahmenbedingungen erforderlich, die im *Projektmanagementsystem* abgebildet sind. Viele Teile des Projektmanagementsystems sind unabhängig von der Art des Projekts und betreffen generelle Projektaufgaben wie etwa:

- personelle Anforderungen feststellen
- Transparenz der Projektstruktur sicherstellen
- Planung anpassen, falls notwendig
- Voraussetzungen für eine systematische Projektüberwachung und ein Projektcontrolling schaffen
- Erfüllung der Projektziele überwachen
- eine effektive, vollständige und termingerechte Kommunikation an alle wichtigen Stakeholder sicherstellen

Andere Teile sind, bezogen auf die jeweilige Art des Projekts, eher speziell, wie eindeutig festgelegte Phasen der Projektabwicklung oder das Feststellen der fachlichen Anforderungen. Ein Projektmanagementsystem hilft Ihnen dabei, Ihre Projekte unter Kontrolle zu halten.

Projektorganisation

Unter *Projektorganisation* verstehen wir die Zusammenfassung von Organisationsformen und Regelungen zur Abwicklung bestimmter Projekte. Die folgenden Projektorganisationen können Sie je nach Projektart wählen:

- **Reine Projektorganisation**
  Die reine Projektorganisation eignet sich vor allem für große Projekte, die eine unternehmens- und organisationsübergreifende Steuerung erfordern, z. B. ein SAP-Projekt. Die Projektziele und der Zeitrahmen sind klar vorgegeben. Die Projektmitarbeiter*innen sind für die Zeit des Projekts freigestellt und berichten fachlich und disziplinarisch an den Projektleitung. Es gibt klare Kompetenzen und Verantwortlichkeiten sowie

kurze Kommunikationswege. Nachteilig könnten sich Probleme bei der Wiedereingliederung bzw. bei der Übergabe der Projektergebnisse an die Linienorganisation ergeben.

Abbildung 2.1 zeigt eine reine Projektorganisation, wie sie für kritische Transformationsprojekte wie SAP-Projekte zum Einsatz kommt. Die Projektmitarbeiter*innen (MA) aus den Bereichen Einkauf (EK), Vertrieb (VT), Produktion (PR) und Finanzen (FI) sind der Projektleitung von Projekt A unterstellt.

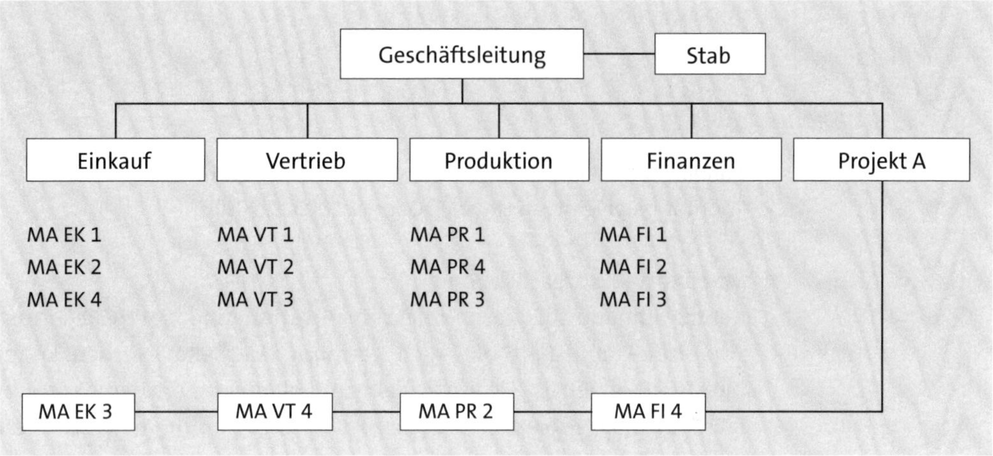

Abbildung 2.1 Reine Projektorganisation für kritische Projekte wie ERP/SAP (angelehnt an Heinrich/Lehner 2005, S. 200)

- **Linienprojektorganisation**
  Die Aufgaben oder das spezifische Projekt werden in die Linienorganisation integriert. Das ist meist bei weniger komplexen Aufgabenstellungen empfehlenswert. Ein Fachbereich übernimmt die Verantwortung für das Projekt und stimmt sich mit den anderen Fachbereichen und Abteilungen ab. Der verantwortliche Mitarbeiter, oder die verantwortliche Mitarbeiterin aus dem Fachbereich hat eine koordinierende Aufgabe ohne Weisungsbefugnis (daher nennt man ihn oder sie meist nicht Projektleiter*in, sondern Projektkoordinator*in). Die Mitarbeiter*innen werden in der Regel nicht voll für das Projekt abgestellt.

  Abbildung 2.2 zeigt eine Linienprojektorganisation für kleine Projekte mit geringer Priorität. Der verantwortliche Finanzmitarbeiter (MA FI 4) für Projekt A hat eine koordinierende Aufgabe und keine Weisungsbefugnis.

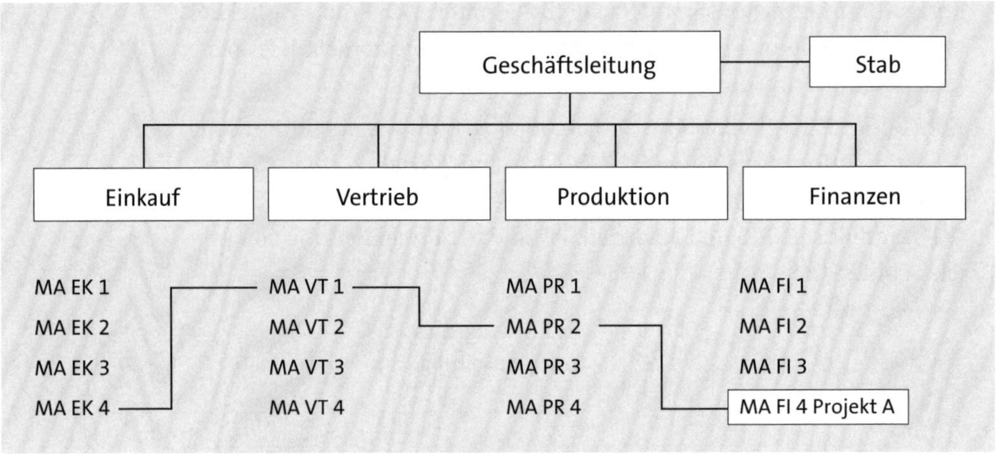

Abbildung 2.2 Linienprojektorganisation für kleine Projekte mit geringer Priorität (angelehnt an Heinrich/Lehner 2005, S. 200)

- **Matrixprojektorganisation**
  Kennzeichnend für diese Projektorganisation sind klare Gliederungen von Projektaufgaben, die auch getrennt bearbeitet werden können. Meistens handelt es sich um Projekte mit kleiner bis mittlerer Komplexität. Die für das Projekt erforderlichen Kenntnisse sind in den Fachabteilungen vorhanden. Die Projektleitung hat eine starke formale Stellung im Unternehmen und ist für die Umsetzung des Projekts verantwortlich. Die Mitarbeiter*innen der Fachabteilungen haben zwei unterschiedliche Berichtswege: Fachlich sind sie der Projektleitung zugeordnet, disziplinarisch verbleibt ihr Berichtsweg in der Linienorganisation. Abbildung 2.3 zeigt eine Matrixprojektorganisation für Projekte mit geringer bis mittlerer Komplexität.

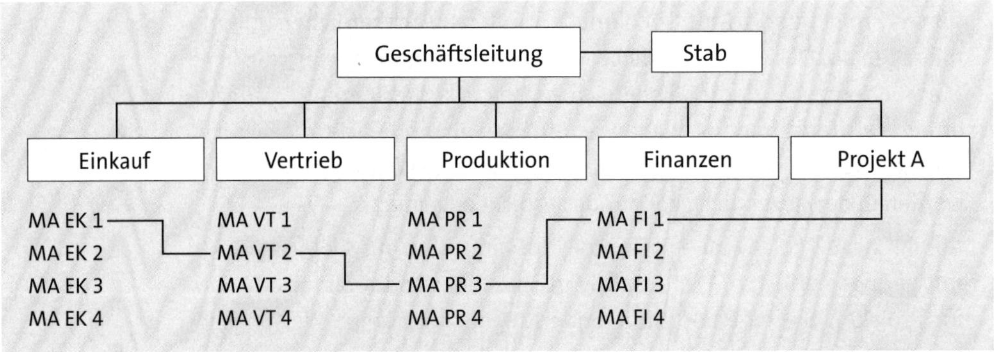

Abbildung 2.3 Matrixprojektorganisation (angelehnt an Heinrich/Lehner 2005, S. 200)

- **Stabsprojektorganisation**
  Bei Stabsprojektorganisationen hat die Projektleitung keine direkte Weisungs- und Entscheidungsbefugnis. Ihre Aufgabe ist es, die Koordinierung zwischen den verschiedenen Funktionsvertretern und -vertreterinnen sicherzustellen. Die Entscheidungsbefugnis liegt bei einer übergeordneten Stelle, z. B. der Geschäftsführung. Die Aufgaben der Projektmitarbeiter*innen können unabhängig voneinander durchgeführt werden. Sie sind nicht ausschließlich für das Projekt freigestellt. Die Projektleitung hat eine hohe fachliche Kompetenz und im Unternehmen eine starke Position.

  Abbildung 2.4 zeigt eine Stabsprojektorganisation für kleine bis mittlere Projekte. Die verantwortliche Stabsmitarbeiterin für Projekt A hat eine große Fachkompetenz und eine starke Position im Unternehmen. Sie hat im Projekt eine koordinierende Aufgabe ohne Weisungsbefugnis. Diese liegt bei einer übergeordneten Stelle, z. B. der Geschäftsleitung.

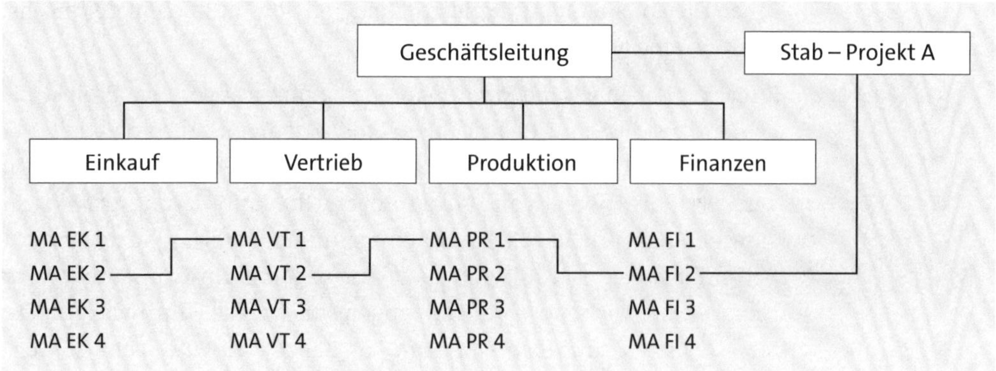

Abbildung 2.4 Stabsprojektorganisation für kleinere bis mittlere Projekte (angelehnt an Heinrich/Lehner 2005, S. 199)

Abhängig von der Unternehmenskultur finden wir in der Praxis jedoch sehr häufig Mischformen dieser Projektorganisationen.

[«]

Setzen Sie sich für die richtige Projektorganisation ein!

Die Wahl der richtigen Projektmanagementart ist ein entscheidender Erfolgsfaktor für Ihr Projekt. Generell gilt: Je disruptiver die angestrebte Veränderung sein wird, desto stärker muss die Projektmanagementart sein. Als Projektleiter oder Projektleiterin sind Sie in einer Linienprojektorganisation weitgehend machtlos und setzen lediglich die Vorgaben Ihres oder Ihrer Vorgesetzten in der Linienorganisation um. In einer Matrixorganisation haben Sie als Projektleitung mehr Entscheidungsbefugnisse, sind aber trotzdem von der Kooperation der Fachabteilungen abhängig.

Da SAP-Projekte sehr große Veränderungen für ein Unternehmen bedeuten können, empfehlen wir eindeutig die reine Projektorganisation. Sie verfügen hier als Projektleitung über eigene Mitarbeiter*innen und ein eigenes Budget. Sie haben größere Freiheiten bei wichtigen Entscheidungen und Weichenstellungen, aber dennoch sind Sie auf die Unterstützung der Fachabteilungen angewiesen und sollten daher wichtige Stakeholder/Entscheidungsträger*innen eng in das Projekt einbinden. Es empfiehlt sich, einen Lenkungsausschuss aus Vertretern und Vertreterinnen der Linienorganisation zu etablieren, der in regelmäßigen Abständen den Projektfortschritt bewertet und strategische Projektentscheidungen trifft.

2.2.3 Wer ist am Projekt beteiligt?

Welche wichtigen *Rollen* finden wir in Projekten? Im Folgenden stellen wir Ihnen die an einem SAP-Projekt Beteiligten vor, die auch in den nächsten Kapiteln eine Rolle spielen werden.

Projektleitung

Zunächst haben wir die *Projektleitung*, die für das operative Projektmanagement zuständig ist. Richtig, hier sind Sie gemeint! Als Projektleiter oder Projektleiterin führen Sie das Projektteam und die Spezialist*innen und verwalten den operativen Projektprozess. Ihr Anforderungsprofil ist entsprechend anspruchsvoll. Sie sollten natürlich Erfahrung in der Projektarbeit mitbringen und mit den Projektmanagementinstrumenten vertraut sein. Weitere wichtige Voraussetzungen sind soziale Führungskompetenz, Stressresistenz sowie ein »Blick für das Ganze«. Zu guter Letzt sollten Sie Überzeugungsfähigkeit, Durchsetzungsvermögen und gute Kommunikationsfähigkeiten besitzen.

Ganz schön viele Anforderungen? Keine Angst, wenn Sie dieses Buch gelesen haben, werden Sie diese Qualitäten ausreichend geschult haben und dem Idealbild eines Projektleiters ein gutes Stück näher gekommen sein. Dennoch, Projektleitung ist wie Schwimmen lernen – man lernt es nicht, wenn man am Beckenrand steht, sondern nur, indem man ins Wasser springt und seine eigenen Erfahrungen macht. Welche Fähigkeiten Sie für die Projektleitung mitbringen sollten, erfahren Sie in Abschnitt 4.2, »Phase 2: Prepare (oder: das Projekt vorbereiten)«.

[»]

Coaching/Mentoring für Projektleiter*innen

Suchen Sie sich einen Coach und/oder eine Mentorin, der oder die Ihnen als Sparringspartnerin und Feedbackgeber zur Verfügung steht. Coaches fungieren als neutrale, kritische Gesprächspartner*innen, die Ihnen helfen, neue Perspektiven zu entwickeln, und Anregungen zur Selbstreflektion bieten.

Mentor*innen sind hingegen erfahrene Ratgeber*innen, der Sie mit ihrem Fachwissen und ihren persönlichen Kontakten bei der Bewältigung Ihrer Aufgaben unterstützen.

Projektteam

Das *Projektteam* – Ihre Einsatztruppe – sollte sich durch hohe Fachkompetenz, Teamfähigkeit sowie ein hohes Maß an Selbstdisziplin und Selbstmanagement auszeichnen. Geben Sie Ihrem Team Zeit und auch Gelegenheit, als Team zusammenzuwachsen. Weitere Informationen zur Auswahl der richtigen Truppe für Ihr Projekt finden Sie in Abschnitt 4.3, »Phase 3: Explore (oder: Geschäftsprozesse abbilden)«. Die Aufgaben werden im Rahmen vorgegebener Standards und Tools für Geschäftsprozesse und technische Infrastruktur ausgeführt (siehe Kapitel 9, »Werkzeuge zur Projektunterstützung«). Die Plankontrolle und Überwachung wird von einem Projektbüro, dem Project Management Office (PMO) wahrgenommen. Mehr zum idealen Aufbau des PMO lesen Sie in Abschnitt 5.1, »Wer gehört zum Projektteam?«.

Auftraggeber*innen

Die *Auftraggeber*innen* für das Projekt sind für die Ressourcenbereitstellung, Prioritätenfestlegung, Budgetanpassungen und, falls erforderlich, Terminneufestlegungen verantwortlich. Ebenso sind die Auftraggeberinnen und Auftraggeber im Lenkungsausschuss vertreten, der die finale Entscheidungskompetenz hat. Ein guter Draht zum Auftraggeber oder zur Auftraggeberin ist für Sie als Projektleitung daher sehr wichtig!

Geschäftsprozessmanager

Bei der Steuerung des Anforderungsprozesses können Ihnen die *Geschäftsprozessmanager* helfen, die für Teil- oder auch Gesamtprozessabläufe im Unternehmen verantwortlich sind, z. B. für die gesamte Auftragsabwicklungslogistik. Die Verantwortung ist eine Führungsaufgabe und wird meist von oberen Managementhierarchien wahrgenommen. Sie müssen dem Anforderungskatalog sowie den laufenden Änderungen während der Projektphase (Change Control) formal zustimmen, nehmen Sie sie daher in allen Projektphasen immer mit ins Boot! Ebenso sind Geschäftsprozessmanager die letzte Entscheidungsinstanz in Prozessfragen, die ihren Verantwortungsbereich betreffen.

Key-User

Unterstützt werden die Geschäftsprozessmanager von Fachspezialist*innen, sogenannten *Key-Usern* (auch *Subject Matter Experts*, SME), die über die eigentlichen Prozessexpertise verfügen. Geschäftsprozessmanager haben auch die wichtige Aufgabe, die ausgewählten Geschäftsszenarien für die Testaktivitäten und die Zustimmung zur Produktivsetzung formal freizugeben.

Projektphasen

Zu guter Letzt wird das Projekt in zeitliche Abschnitte eingeteilt, die *Projektphasen*. Jede Phase beinhaltet eine Anzahl von Aktivitäten mit zu erwartenden Ergebnissen, die im Projektmanagement gesteuert und kontrolliert werden. In der Regel enden Projektphasen mit *Meilensteinen* bzw. definierten *Exit-Kriterien*, deren Erreichung Voraussetzung für den Eintritt in die nächste Phase sind. In der Literatur finden wir verschiedene Modelle und Bezeichnungen für die einzelnen Projektphasen, die sich jedoch inhaltlich kaum unterscheiden. So geht es immer um Aktivitäten für die Projektvorbereitung, Definition, Durchführung und Steuerung sowie die Produktivsetzung (Go-live).

Abbildung 2.5 gibt Ihnen einen Überblick über die Phasen eines Projekts. Diese finden Sie in der von SAP verwendeten Activate-Methode wieder, die Thema von Kapitel 3, »Das SAP-S/4HANA-Projekt: Wie es sein sollte«, ist.

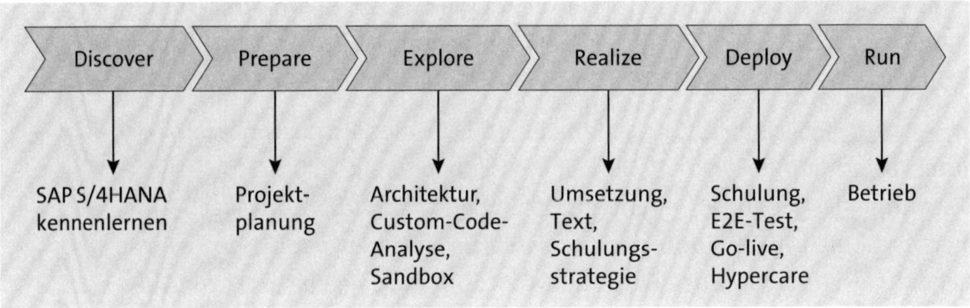

Abbildung 2.5 Überblick über die SAP-Activate-Projektphasen

2.3 Digitalisierung im Projektmanagement

Digitale Transformation des Projektmanagements

Die *Digitalisierung* bedeutet auch für das Projektmanagement neue Herausforderungen. In der ursprünglichen Form wird als Digitalisierung die Umwandlung von analogen Werten in digitale Formate und ihre Verarbeitung oder Speicherung in digitaltechnischen Systemen bezeichnet. Häufig wird der Begriff aber auch für den digitalen Wandel, die digitale Revolution oder die digitale Transformation verwendet. Mit Big Data, Cloud Computing oder auch Industrie 4.0 kommen zudem künstliche Intelligenz (KI) und komplexere Systeme ins Spiel. Umfangreiche Datenvolumen müssen in immer kürzerer Zeit verarbeitet und analysiert werden. Bewährte Abläufe und die bisherige Art der Kommunikation verändern sich.

Die Digitalisierung betrifft alle Lebensbereiche wie Wirtschaft, Gesellschaft, Arbeits- und Privatleben. Inzwischen ist es sogar möglich, die Geburt von Kälbern mithilfe digitaler Hilfsmittel zu überwachen. Mess- und Bewegungsdaten wie Körpertemperatur, Trink- und Fressverhalten werden aus dem Pansen der Kühe direkt auf ein Smartphone übertragen. Dazu tragen die Kühe im Vormagen einen kleinen Tracker, der dem Bauern oder der Landwirtin alle wichtigen Daten übermittelt. Eine Win-Win-Situation für Mensch und Tier: weniger Aufwand bei verringertem Geburtsrisiko. Während bei der analogen Verarbeitung der Messdaten die Daten zeitaufwendig auf einem Blatt Papier notiert werden müssen (wo sie dann erst einmal nur stehen), können digital generierte Daten nicht nur viel schneller erfasst, sondern auch direkt weiterverarbeitet, gespeichert und verteilt werden. Moderne Informationstechnologien wie Smartphones, Computer, Datenbanken und mobile Anwendungen machen es möglich.

2.3.1 Wie kann Projektmanagement von der digitalen Transformation profitieren?

Kollaboration

Die Projektmanagementprozesse können auf unterschiedliche Weise vom Einsatz digitaler Hilfsmittel profitieren. Digitale Hilfsmittel haben auch schon in der ersten Dekade des neuen Jahrtausends Projekte unterstützt. Man denke an zentrale Repository- und Dokumentenablagen oder auch an Messenger, wie z. B. Microsoft Teams für eine einfache und schnelle Kommunikation rund um den Globus. Bereits damals war aber die große Herausforderung, Informationen zielgerichtet und nicht »mit der Gießkanne« zu verteilen. Hunderte unnötiger E-Mails pro Tag zu bearbeiten, ist nicht sehr zielführend. Die Anforderungen wachsen jedoch stetig, gerade in großen internationalen Projekten, die immer komplexer werden. Umso wichtiger ist der Aufbau einer effizienten Struktur für die Verteilung von relevanten Informationen. Jedes Projektmitglied soll die Information erhalten, die wichtig sind und die wirklich für seine jeweiligen Aufgaben benötigt werden. Der Fokus sollte nicht auf Absicherung liegen, sondern auf verantwortungsvollem und eigenständigem Handeln. Mit den digitalen Tools wird es möglich, Projektmitarbeiter*innen und Fachfunktionen durch Computer und mobile Apps in Echtzeit zu vernetzen. Auch die Anbindung externer Partner kann dadurch ermöglicht werden. Eigenverantwortung, Teamfähigkeit, Fachkenntnisse und soziale und kulturelle Kompetenzen sind dabei wichtige Erfolgsfaktoren.

Qualifizierte Entscheidungen können schneller getroffen und damit kostspielige Fehlentscheidungen im Projekt vermieden werden. Wir erleben gerade in der Zeit einer weltweiten Corona-Pandemie, wie mithilfe von Online-Tools die tägliche Arbeit in Projekten erleichtert werden kann. Projektmitarbeiter und -mitarbeiterinnen, die im Homeoffice arbeiten, können international mit anderen Teammitgliedern effizient zusammenarbeiten. Der aktuelle Projektstatus kann jederzeit von allen Beteiligten eingesehen werden. Notizzettel werden durch To-do-Listen ersetzt. Jeder kann sehen, welche Aufgaben gerade in Arbeit oder auch schon erledigt sind. Wir wollen uns in diesem Zusammenhang ein paar Tools einmal näher anschauen.

Slack

Der Name *Slack* steht für das Akronym *Searchable Log of all Conversations and Knowledge*; dies ist eine Kollaborationssoftware zur Unterstützung der Teamkommunikation. Die Teamarbeit findet in sogenannten Channels statt. Teammitglieder können, je nach Bedarf, einem Channel beitreten oder ihn auch wieder verlassen. Projekte oder auch Teams können einem Channel zugeordnet werden. Dokumente können im Team ausgetauscht werden. Die Informationen gelangen nur an die Mitarbeiterinnen und Mitarbeiter, die sie auch wirklich benötigen. Endlos lange E-Mails mit einem Riesenverteiler gehören der Vergangenheit an. Alle Nachrichten, Dokumente und Tools sind an einem einzigen Platz für alle sichtbar, die im Channel sind.

Microsoft Teams

Microsoft Teams ist ein Konkurrenzprodukt zu Slack und ermöglicht das gemeinsame Arbeiten an Dokumenten in einem virtuellen Raum, wobei Chat- und Telefoniefunktionen im Vordergrund stehen. Zusätzlich sind weitere Produkte von Microsoft 365 integriert, wie z. B. Microsoft Outlook oder Microsoft PowerPoint. Auch Microsoft SharePoint ist integriert, sodass Projektdokumente im Chatraum abgelegt werden können. Damit bietet Microsoft Teams vergleichbare Funktionalitäten wie Slack und Google Drive. Ebenso kann das Tool auf Smartphones benutzt werden. Laut Hersteller wird Microsoft Teams die populäre Telefonie- und Chat-Software *Skype for Business* »im Laufe der Zeit« ablösen.

Confluence

Confluence ist eine Wiki-Software, die in Unternehmen und Organisationen zur Kommunikation und zum Wissensaustausch auf der Basis einer zentralen Plattform eingesetzt wird. Die Inhalte können in einem Online-Lexikon nicht nur gelesen, sondern auch bearbeitet werden.

MindMeister

MindMeister ist ein webbasiertes Tool auf einer App, das den Brainstorming-Prozess unterstützt. Mitarbeiterinnen und Mitarbeiter, die nicht im gleichen Raum, aber z. B. im Homeoffice sind, arbeiten über eine virtuelle Mindmap (statt Flipchart und dergleichen).

Trello

Trello ermöglicht die Zuordnung und Verwaltung von Aufgaben eines Projekts in sogenannten *Boards* mit Karten. Über die Karten ist der Status der einzelnen Aufgaben für alle Teammitglieder sichtbar. Jede Karte enthält eine Aufgabe, die wiederum mit Beschreibungen, Deadlines, Checklisten, Anhängen und mit Bewertungen versehen werden kann. Die Kommunikation über E-Mails wird überflüssig, da man über die Aufgaben direkt in Trello mit Teammitgliedern kommuniziert. Über ein einziges Trello-Board erhält man einen Überblick über alle Details. Termine können einfach in der Kalendereinsicht eingestellt werden.

Doodle

Doodle ist der Klassiker für die Terminfindung. Sie wissen, wie lange es dauern kann, einen Termin mit allen relevanten Beteiligten abzustimmen. Mit Doodle wählen die Teammitglieder ein Thema, schlagen einen Termin vor und erstellen in wenigen Minuten eine Online-Umfrage an alle Teilnehmenden. Das ist viel einfacher und zeitsparender, als mühsam Terminvorschläge per E-Mail oder in etlichen Telefonaten abzustimmen. Es ist ähnlich wie bei einem Online-Fragebogen, bei dem verschiedenen Auswahlmöglichkeiten angeklickt werden können.

Toggl

Toggl ist ein modernes Zeitmanagement-Tool. Mithilfe der Time-Tracking-Funktion hat man immer den Überblick, wie viel Zeit man für Aufgaben gebraucht hat, ob für private oder berufliche Angelegenheiten. So kann man die Zeit, die für ein bestimmtes Projekt aufgewendet wurde, einsehen. Ebenso gibt es Berichte über die Aufwände in bestimmten zeitlichen Abständen.

ClickUp

ClickUp ist ein besonders für international agierende Teams gut geeignetes Projektmanagement-Tool. Es unterstützt die Abstimmung von Teams, die an unterschiedlichen Orten arbeiten. Prioritäten für Aufgaben, Verantwortlichkeiten und Termine können zugeordnet und verschiedene Aufgaben unterschiedlichen Projekten zugeordnet werden.

Google Drive

Google Drive kann man als Kombination aus cloudbasierter Dateiablage und Office-Programmen wie *Google Docs, Sheets, Slides und Forms* ansehen. Tabellen, Präsentationen oder auch Dokumente können erstellt und in der Cloud gemeinsam bearbeitet werden.

MURAL

MURAL ist eine cloudbasierte, digitale Pinnwand (Whiteboard), mit der es möglich ist, Notizen, Bilder, Zeichnungen, Videos usw. in einem virtuellen Team zu teilen. Das Ziel ist es, trotz unterschiedlicher Standorte, Zeitzonen und Arbeitszeiten, gemeinsames *Design Thinking* und Kollaboration zu ermöglichen.

Monitoring im täglichen Projektgeschäft

Während in früheren Projekten Qualitäts- und Fortschritts-Reviews meist zu vorher fest definierten Zeitpunkten erfolgten (z. B. nach kritischen Meilensteinen oder auch nach dem Abschluss von Projektphasen), kann heute eine spezielle Projektmanagementsoftware für ein laufendes Monitoring eingesetzt werden. Dadurch können alle Projektmitglieder die für sie relevanten Informationen jederzeit abrufen. Die Auswertung von Projektdaten mit Unterstützung von Big-Data-Anwendungen ermöglicht genaue Problemanalysen. Mit Big Data können Daten aus unterschiedlichen Quellen des Projekts zu einheitlichen, für alle Projektmitglieder einsehbaren Berichten zusammengeführt werden. Fehlentwicklungen im Projekt können so frühzeitig erkannt und Gegenmaßnahmen eingeleitet werden. Projektmanagementaufgaben der PMOs werden durch digitale Assistenten unterstützt und teilweise auch vollkommen übernommen.

Kontrolle von Mitteln und Ressourcen

Cloud-Dienste oder Software-as-a-Service-Dienste (SaaS) helfen, die Kosten im Projekt unter Kontrolle zu halten. Komplexe Prozesse können im Detail analysiert werden, und vergleichbare Daten können zur Unterstützung herangezogen werden. Für kleinere SAP-Projekte hat SAP eine eigene Projektmanagementsoftware im Angebot: *Ruum by SAP* (*www.ruumapp.com*).

Während die neuen digitalen Möglichkeiten die Chance bieten, mehrere Projekte gleichzeitig umzusetzen, besteht zugleich die Gefahr, dass durch zu viele Projekte die Qualität der Projektarbeit abnimmt. Dies trifft im besonderen Maße auf interne Projekte zu. Hier gilt es, gegenzusteuern und die richtige Balance zu finden, um Ressourcenkonflikte im Unternehmen zu vermeiden. Prioritätensetzung mit einem flexiblen Multiprojektmanagement ist hier gefragt, mit dem Ziel, das Projekt, das den größten Nutzen verspricht, zuerst umzusetzen. Diesem Projekt werden ausreichend Ressourcen zugeordnet. Die Anzahl der Projekte wird auf das Machbare reduziert, nach dem Motto: »Stop starting and start finishing!«

Digitalisierungskompetenz

Für die zukünftige Wettbewerbsfähigkeit von Unternehmen und auch Ländern wird die Digitalisierungskompetenz von entscheidender Bedeutung sein. Interessant ist diesbezüglich eine Umfrage des Instituts für Demoskopie Allensbach, das in der Frankfurter Allgemeinen Zeitung erschienen ist (Ausgabe 19, Januar 2020). Befragt wurden 1.200 Personen (ab 16 Jahren) und 500 Ärzte zur Digitalisierungskompetenz der Wirtschaft und Politik für Deutschland.

Die konkrete Fragestellung war:

> *»Für wie kompetent halten Sie die deutsche Wirtschaft und die Bundesregierung beim Thema Digitalisierung (in Prozent)?«*

Während die Digitalisierungskompetenz der Wirtschaft von 70 % der Befragten als sehr hoch und von 16 % als wenig/gar nicht kompetent eingeschätzt wurde, betrachteten 17 % die Bundesregierung als sehr kompetent und 57 % als wenig/gar nicht kompetent. Das heißt, dass fast 60 % der Bevölkerung die Bundesregierung in Sachen Digitalisierung für wenig oder gar nicht kompetent halten. Der Wirtschaft wird immerhin einiges an Digitalisierungskompetenz zugetraut. Für die Politik, die auch für die Rahmenbedingungen verantwortlich ist, gibt es hier noch erheblichen Nachholbedarf.

2.3.2 Vom klassischen Projektmanagement zu agilen Prozessen (Methoden)

Es ist also keine Überraschung, dass die Digitalisierung auch die Prozesse und Abläufe im IT-Projektmanagement verändern. Die Auswirkungen betreffen dabei nicht nur die Projektleitung, sondern auch die Projektteams und die gesamte Vorgehensweise bei einem Projekt. Entscheidungen können nicht mehr allein von einem Projektleiter oder einer Projektleiterin getroffen werden. Fachleute aus den verschiedenen Unternehmensbereichen sind als beratende Gremien einzubinden.

Wir sehen einen Trend bei vielen Unternehmen, Großprojekte, wenn möglich, zu vermeiden und stattdessen eine größere Zahl kleinerer, zeitlich begrenzter Projekte durchzuführen: Langjährige Projekte mit festen Zielen werden zur Ausnahme. Der Scope wird dynamisch. Teilziele werden während der Projektlaufzeit dynamisch an neue Herausforderungen angepasst. Klassische Projektmanagementmethoden, wie z. B. die *Wasserfallmethode*, werden durch agile Vorgehensweisen ergänzt.

Manifesto for Agile Software Development

Der Begriff *agil* wurde bereits Anfang der 1990er-Jahre in der Softwareentwicklung verwendet. Im Februar 2001 haben dann 17 IT-Experten das »Manifesto for Agile Software Development« mit folgenden Grundsätzen formuliert, die auch heute noch Gültigkeit haben:

- Individuen und Interaktionen stehen über Prozessen und Tools.
- Softwareentwicklung geht vor umfassender Dokumentation.
- Kundenzusammenarbeit geht vor Vertragsverhandlungen.
- Auf Veränderungen zu reagieren steht über Planverfolgung.

Die Denkmuster der Informatik bilden hier die Grundlage. Ein Problem wird strukturiert und aus einer logischen Perspektive angegangen. Komplexe Themen werden in Einzelteile zerlegt und auf wesentliche Elemente reduziert. Durch Abstraktion wird das Problem ganzheitlich betrachtet und

Schritt für Schritt den Lösungen zugeführt. Praktikable Teilergebnisse sind die Grundlage für die nächsten Teilschritte. Jeder Schritt wird in den Teams reflektiert und mögliche Verbesserungen sofort umgesetzt.

Scrum

Ein gutes Beispiel dafür ist *Scrum*, heute ein etablierter Standard für das Projektmanagement in der Softwareentwicklung. Die Vorgehensweise entspricht nicht mehr dem alten Modell, Mitarbeiterinnen und Mitarbeitern genau vorzugeben, wie ein Problem gelöst werden soll. Mit Scrum werden Teams für eine Aufgabe crossfunktional zusammengestellt. Wie das Ziel letztlich erreicht werden soll, wird dem Team überlassen. Das bedeutet auch, mehr Verantwortung an dezentrale Expertenpools zu delegieren. Wichtig dabei ist, auf eine klare Kommunikationsstruktur und Regeln zu achten. Auf die Arbeitsweise mit Scrum gehen wir in Abschnitt 2.3.3, »Hybrides Projektmanagement«, näher ein.

Auch in der Automobilindustrie gibt es dafür gute Beispiele. So hat man z. B. bei Daimler das Projektmanagement für die Produktentwicklung einer sogenannten *Schwarmorganisation* übertragen. Dabei unterliegt ein Teil der Mitarbeiter*innen nicht mehr einer starren Hierarchie, sondern kollaboriert themenbezogen miteinander, ähnlich wie bei einem Startup-Unternehmen.

Agile Konzepte und Praktiken

Während der agile Ansatz zweifelsohne viele Vorteile bringen kann, lohnt sich doch auch eine Sicht aus einem anderen Blickwinkel. Die »Swiss Agile Study 2012 – Agile Software-Entwicklung in der Schweiz« von Prof. Martin Kropp und Andreas Meier zeigt in diesem Zusammenhang interessante Ergebnisse im Vergleich zu klassischen Prozessen in der Softwareentwicklung. Der Studie zufolge sind die Aspekte Softwarewartung/Erweiterungsfähigkeit und Softwareentwicklungskosten unverändert oder haben sich verschlechtert oder sogar sehr verschlechtert. Verbessert haben sich dagegen die Aspekte Anpassung an veränderte Prioritäten, Entwicklungsprozesse, Marktreife, Übereinstimmung zwischen IT- und Geschäftszielen, Vorzüge und Sichtbarkeit eines Projekts, Teammoral, Anforderungsmanagement, Produktivität und Risikomanagement.

Zu ähnlichen Ergebnissen kommt eine Unternehmensumfrage aus dem Jahr 2011 mit ca. 800 Personen, wobei ein Drittel der Firmen zwischen 100 und 1.000 Mitarbeiter*innen beschäftigen. Die Umfrage wurde von der Hochschule Bremen, der Hochschule Bremerhaven, der Fachhochschule Köln, der ANECON Software Design und Beratung GmbH, dem German Testing Board und dem Swiss Testing Board durchgeführt. Das Ergebnis zeigt, dass es in Bezug auf Softwarefehler im täglichen Betrieb im Prinzip keinen Unterschied zwischen agil und nicht agil entwickelter Software gibt.

Zusammenfassend kann man sagen, dass es nicht die eine, für alle Situationen richtige Vorgehensweise gibt! Viele Projekte sind sicher für eine agile Vorgehensweise geeignet, das heißt aber nicht, dass die klassische Projektmanagementmethode (z. B. die Wasserfallmethode) nicht mehr zum Einsatz kommen sollte. Das klassische Projektmanagement ist durch langfristige Pläne und Prozesse gekennzeichnet. Projektmanager verteilen die Aufgaben und haben in vielen Fällen das Fachwissen. Anders ist es beim agilen Projektmanagement. Die Verantwortung liegt dort, wo die Fachkompetenz ist. Dennoch sind auch im agilen Ansatz Führungsstrukturen notwendig. Scrum-Master sind verantwortlich dafür, dass das Team den Strukturen folgt. Den klassischen Manager gibt es aber bei Scrum nicht!

Ein interessanter Ansatz ist dabei die Kombination von agilen und klassischen Techniken im sogenannten *hybriden Projektmanagement*. Mit den Einzelheiten dieser Methode befassen wir uns im nächsten Abschnitt.

2.3.3 Hybrides Projektmanagement

Die klassische Vorgehensweise mit der oft eingesetzten Wasserfallmethode hat nach wie vor ihre Berechtigung, wenn die zugrundeliegenden Mechanismen angemessen verstanden werden. Sehr detaillierte Projektdokumentationen sind auch für neu hinzukommende Projektmitarbeiterinnen und -mitarbeiter vorteilhaft.

Im hybriden Projektmanagement werden die Methoden des klassischen Ansatzes mit agilen Elementen verknüpft. Es geht darum, die Vorteile der beiden Methoden in einem Projekt zu verbinden und damit Zeit zu gewinnen und Projektkosten einzusparen. In diesem Abschnitt gehen wir auf die erforderlichen Rahmenbedingungen für ein funktionierendes hybrides Projektmanagement ein.

Projektziele und Leistungskatalog

Zunächst sind die Projektziele und der Leistungskatalog vom Projektmanager festzulegen, der für das gesamte Projekt verantwortlich ist. Zum Leistungskatalog gehören Elemente, die klar sind (*lineare Prozesse* wie z. B. Training oder auch Marketing), und Elemente mit einer gewissen Ungewissheit (*nicht lineare Prozesse*, wie z. B. die Softwareentwicklung). Für die linearen Prozesse kann prinzipiell die Wasserfallmethode zur Anwendung kommen, und für die nicht linearen Elemente wird vorzugsweise die agile Methode eingesetzt. Projektmanager sollten in der Lage sein, die einzelnen Elemente der Methode zuzuordnen, die jeweils am besten geeignet ist. Zu guter Letzt muss die Projektleitung im Rahmen des Projekt-Risikomanagements einen Plan zur Risikominderung für beide angewandte Methoden erstellen.

Rollen und Aufgaben im Projekt

Vor dem eigentlichen Arbeitsbeginn sind die Projektrollen für die traditionellen und agilen Projektteile festzulegen. Nachfolgend ein Beispiel für die Projektrollen in einem Scrum-Projekt:

- **Projektrollen**
  Ein zentraler Aspekt der Projektorganisation ist die Definition der Projektrollen mit dazugehörigen Aufgabenbereichen, Entscheidungsbefugnissen und Verantwortlichkeiten. Wichtig ist, die Rollen so zu definieren, dass es möglichst wenige Überlappungen und Lücken gibt. Überlappungen führen möglicherweise zu Kompetenzgerangel, und wenn Projektaufgaben keiner Projektrolle zugeweisen sind, besteht das Risiko, dass diese (möglicherweise kritischen) Aufgaben von niemandem übernommen werden.
  - **Product Owner**
    Product Owner kann entweder ein Projektmanager oder ein Produktmanager sein. Er oder sie stellt die Verbindung zwischen Kunden und/oder den Stakeholdern und den Sprint-Teams her und ist für die Priorisierung der Anforderungen verantwortlich.
  - **Scrum-Master**
    Der Projektmanager kann auch *Scrum-Master* sein, wenn er oder sie mit den agilen Prozessen vertraut ist. Er oder sie leitet die Sprint-Meetings und stellt sicher, dass die Zeitvorgaben für die einzelnen Prozessschritte eingehalten werden, hat jedoch keine Leitungsfunktion.
  - **Sprint-Team**
    Das Sprint-Team schätzt den Aufwand für die anstehenden Aufgaben ein und ist verantwortlich für die Entwicklung und den Test. Im Idealfall sollte das Team inklusive Product Owner und Scrum-Master nicht größer als sieben Personen sein, um schnelle Entscheidungsprozesse sicherzustellen.

    Das Team besteht aus Entwickler*innen, Tester*innen, Architekt*innen und technischen Expert*innen. Zusätzlich ist es empfehlenswert, sogenannte *Subject Matter Experts* (SMEs) mit in das Team zu nehmen, die die Business-Prozesse verstehen und die zukünftigen Anwender*innen sind. Jedes Teammitglied kennt das Gesamtziel des Projekts.
- **Auswahl der agilen Elemente**
  Aus dem Projektstrukturplan werden die möglichen agilen Entwicklungsobjekte abgeleitet.
- **Agiles Release-Planungsmeeting**
  Im *agilen Release-Planungsmeeting* sind Projektmanager, Product Owner und Kunden bzw. interne Fachfunktionen mit Anwender*innen ver-

treten. Ziel ist es, den *Backlog* für die Entwicklungstätigkeiten gemeinsam abzustimmen und festzulegen. Weitere Details zu Planung und Aufwandsschätzung finden Sie in Kapitel 6, »Planung, Steuerung und Qualitätssicherung«.

- **Business Case und Backlog-Liste**
  Die Kosten-Nutzen-Betrachtung der einzelnen Sprints ist die Basis für die Priorisierung des Backlogs und die Erstellung der Backlog-Liste. Die Backlog-Liste ist nicht statisch und kann während des gesamten agilen Prozesses immer wieder angepasst werden. Neue Anforderungen können dazukommen, laufende Anforderungen können ergänzt, modifiziert oder auch gelöscht werden.
- **Organisation der Sprint-Meetings**
  Die *Sprint-Meetings* werden regelmäßig und in kurzen Abständen (alle zwei bis drei Wochen) durchgeführt. Der Fokus liegt dabei auf der Festlegung eines Zieles für jeden Sprint und der Identifizierung des Backlogs und der Entwicklungsaufgaben für den Sprint.
- **Tägliche Scrum-Meetings**
  Die *Scrum-Meetings* sind tägliche kurze (10 bis 15 Minuten dauernde) Abstimmungs-Meetings über erledigte und anstehende Aufgaben und eventuelle Hindernisse oder Probleme.
- **Sprint-Burndown-Chart**
  Das *Sprint-Burndown-Chart* wird vom Sprint-Team erstellt und zeigt die gesamten Teamaufwände in Stunden innerhalb eines Sprints. Die sogenannte *Burndown-Rate* wird pro Tag kalkuliert und zeigt das Verhältnis von verbleibenden Aufwänden in Stunden zu den ursprünglich geschätzten Aufwänden. Schließlich zeigt das Sprint-Burndown-Chart die laufende Performance, ob also die Ziele des Sprints erreicht werden können oder ob zusätzliche Schritte für die Fertigstellung erforderlich sind.
- **Sprint-Review-Meeting und Demo**
  Das *Sprint-Review-Meeting* wird am letzten Tag jedes Sprints durchgeführt. Ziel ist es, die Ergebnisse der Entwicklung den Stakeholdern und Product Ownern in Bezug auf die Benutzerfreundlichkeit für die Anwender und Anwenderinnen mit einem Prototyp zu demonstrieren.
- **Sprint-Retrospective-Meeting**
  Das *Sprint-Retrospective-Meeting* ist eine Reflexion mit dem Ziel, Verbesserungen für den nächsten Sprint zu definieren.
- **Backlog-Kontrolle**
  Nach einigen Sprints wird für gewöhnlich der bestehende Backlog auf Umsetzung und Machbarkeit hin überprüft. Offene Fragen werden ge-

klärt, und das Sprint-Team überprüft den Aufwand für die noch zu erledigenden Aufgaben und stellt dem Product Owner auch technische Informationen zur Verfügung, die für die weitere Priorisierung nützlich sein können. Die Teams erzielen ein gemeinsames Verständnis für die weitere Vorgehensweise und über die Aufgaben der nächsten Sprints.

- **Abschluss/Release-Burndown-Chart**
  Das *Release-Burndown-Chart* ist wesentlicher Bestandteil jedes agilen Projekts und zeigt die Fortschritte von einem Sprint zum nächsten. Es wird nach jedem Sprint erstellt und zeigt die gegenwärtige Performance, d. h., ob die vorhandenen Ressourcen ausreichen und das Gesamtziel erreicht werden kann.

Schlussfolgerung

Falls ein Prozess für die Anwendung der Wasserfallmethode zu komplex ist, ist es effektiver, den hybriden Ansatz zu wählen. Bei ihm werden der Wasserfall- und der agile Ansatz kombiniert.

Die Vorteile des hybriden Ansatzes bestehen vor allem in seiner größeren Flexibilität bei sich schnell verändernden Situationen. Zudem können durch eine frühere Erkennung von Fehlern in den Entwicklungszyklen Kosten reduziert werden, und das Team kann sich während der Entwicklung stetig verbessern. Schließlich ist auch die enge Kommunikation mit den Stakeholdern während der Entwicklung vorteilhaft.

2.4 Die Entscheidung für Software von SAP

Wie der Weg zu der Entscheidung für SAP S/4HANA und gegebenenfalls weitere Produkte aus dem Hause SAP ablaufen könnte, lesen Sie im folgenden Abschnitt.

Kriterien für die Auswahl von SAP-Software

In diesem Abschnitt zeigen wir Ihnen, welche Schritte Sie bei der Entscheidung gehen sollten, ob (unabhängig von der konkreten Softwareversion) die Software von SAP die richtige Wahl für Sie ist, und welche Kriterien Sie für die Auswahl zugrunde legen sollten.

2.4.1 Analyse der Ausgangssituation

Der IT-Strategie und der Entscheidung für ein ERP-System vorgelagert sind strategische Überlegungen und Ziele im Allgemeinen, die die künftige Entwicklung des Unternehmens lenken. Aus diesen leiten sich die Unternehmensstrategie und die IT-Strategie als Grundlage für den Geschäftsbetrieb ab. Diese Zusammenhänge bilden allgemein die Grundlage für das SAP-Projekt, sowohl inhaltlich als auch organisatorisch.

Strategien mit Einfluss auf die Entscheidung

An dieser Stelle sollen kurz die Abhängigkeiten der einzelnen Strategien aufgezeigt werden, die ein SAP-Projekt beeinflussen:

- **Unternehmensstrategie**
  Die Unternehmensstrategie setzt die grundlegenden Rahmenbedingungen für alle strategischen Entscheidungen, also auch für das SAP-Projekt.
- **IT-Strategie**
  Die IT-Strategie definiert die Umsetzung der Geschäftsprozesse auf einer IT-Plattform auf der Grundlage der Unternehmensstrategie. Mit der Anpassung der Unternehmensstrategie wird die IT-Strategie ebenfalls angepasst.
- **ERP-Strategie**
  Die ERP-Strategie ist ein wesentlicher Bestandteil der IT-Strategie (neben z. B. Strategien für IT-Sicherheit, IT-Infrastruktur und IT-Betrieb) und befasst sich mit einer der zentralen Komponenten der IT – der Auswahl, der Implementierung, dem Betrieb und der Weiterentwicklung der ERP-Lösung eines Unternehmens.

Im Folgenden zeigen wir Ihnen beispielhaft, wie die IT- und die ERP-Strategie eines Unternehmens die Auswahl der ERP-Software beeinflussen.

2.4.2 Beispiel zur Auswahl einer ERP-Software

Den Weg zur Entscheidung für eine SAP-Lösung möchten wir anhand eines Beispiels illustrieren: Wir befinden uns in einem global aufgestellten Unternehmen der Dienstleistungsbranche mit eigenständig operierenden Ländergesellschaften. Im Laufe der Jahre ist im Konzern eine heterogene Software- und IT-Infrastrukturlandschaft entstanden, die die IT-Gesamtkosten im Unternehmen in nicht mehr wettbewerbsfähige Höhen treibt. Identische Geschäftsprozesse werden in den Ländergesellschaften mit unterschiedlichen Softwarelösungen unterstützt, zum großen Teil handelt es sich dabei um Eigenentwicklungen, die teuer, schlecht integrierbar und komplex in der Anwendungswartung sind.

Globale Konsolidierung als Herausforderung

Jede Ländergesellschaft hat eine eigene IT-Mannschaft, die für die Umsetzung der Anforderungen aus den Fachabteilungen und den laufenden Betrieb verantwortlich ist. Die globale Konsolidierung von Geschäftszahlen für die Monats-, Quartals- und Jahresabschlüsse ist folglich ein Albtraum und beschäftigt zahlreiche Mitarbeiterinnen und Mitarbeiter über Wochen. Es gibt zwar immer wieder vorsichtige Ansätze, um die Prozesse und Systeme länderübergreifend zu harmonisieren, allerdings ohne großen Erfolg. Totschlagargumente wie »unsere Prozesse sind landesspezifisch und wenn wir umstellen, verlieren wir Umsätze« fanden in der Unternehmensleitung lange Zeit Gehör. Umsatzrückgänge, zunehmender Kostendruck und sinkende Profitabilität führen nun jedoch zu einem Umdenken.

2.4.3 Review der bestehenden Systemlandschaft

Bevor eine fundierte Entscheidung im Unternehmen getroffen werden kann, gilt es zunächst, eine Bestandsaufnahme zu machen. Das heißt, Sie müssen einen Review Ihrer bestehenden Systemlandschaft durchführen, um herauszufinden, welche Verbesserungen durch eine neue Softwarelösung erreicht werden können.

Aus dem Projektleben gegriffen

Zurück zu unserem Beispiel. »Neue Besen kehren gut« ist nicht nur ein oft benutztes, sondern auch ein treffendes Sprichwort. In unserem Projekt soll ein Wechsel des Chief Information Officers (CIO), also der IT-Leitung, die Wende bringen. Als erste Maßnahme setzt der neue CIO, Mr. Smith, IT-Reviews in den Ländergesellschaften an, um sich ein umfassendes Bild von der Situation zu machen: Eine Auswahl von IT- und Prozessspezialisten aus dem Unternehmen wird auf die Reise geschickt, um die IT-Systeme aller Ländergesellschaften unter die Lupe zu nehmen.

Inhalte des Reviews

Diese Maßnahme zahlt sich aus. Die Agenda und die Fragestellungen für die Reviews werden von Mr. Smith und seinem Team mit folgenden Inhalten vorgegeben:

- Ist-Systemarchitektur und Infrastrukturumgebung
- laufende Anwendungsunterstützung der Geschäftsprozesse
- IT-Ressourcensituation
- IT-Gesamtkosten
- lokale IT-Strategie

Die Reviews werden mit dem lokalen IT-Management, den Geschäftsprozessmanagern, der Finanzabteilung und einem Vertreter oder einer Vertreterin der lokalen Geschäftsführung durchgeführt. Die Ergebnisse der Reviews sind ernüchternd: Der erste Eindruck des CIO, dass jede Ländergesellschaft ihr eigenes Süppchen kocht und dabei ihre eigenen Prozess- und IT-Lösungen vorantreibt, wird voll bestätigt. Es wird schnell klar, dass es so nicht weitergehen kann.

Die Probleme in der geschäftlichen Entwicklung der Ländergesellschaften führen auch zu einer Neuausrichtung der Organisationsstrukturen im Unternehmen, und zwar von einer stark dezentral ausgerichteten zu einer zentralen Organisationsform. Damit werden Verantwortlichkeiten und Aufgaben, die bisher von den Ländergesellschaften wahrgenommen werden, in die Zentrale übertragen. Das ist ein weiterer Mosaikstein auf dem Weg zu einer gesamtunternehmerischen IT-Strategie. Mr. Smith kann den Vorstand überzeugen, dass Handlungsbedarf besteht, und bekommt den Auftrag, eine Gesamtlösung für das Unternehmen zu erarbeiten. Wie dieser Auftrag umgesetzt wird, zeigen wir Ihnen in den folgenden Abschnitten.

2.4.4 Das Assessment: Durchführung einer Ist-Analyse

Um auf den globalen Märkten wieder wettbewerbsfähig zu werden, werden in der Unternehmensleitung verschiedene Maßnahmen getroffen. Ein wichtiger Schritt zur Erreichung dieses Zieles ist die Standardisierung und Harmonisierung der Geschäftsprozesse und Systeme für alle Ländergesellschaften, wodurch auch die Infrastrukturkosten im Unternehmen reduziert werden können.

Pflichtenheft erstellen

Zur Durchführung einer Ist-Analyse wird ein Arbeitskreis aus Mitarbeitern der Zentrale und der Ländergesellschaften eingesetzt, der getreu dem Prinzip »Betroffene zu Beteiligten machen« sowohl IT- als auch Prozessexpert*innen umfasst. Die Ergebnisse der bereits durchgeführten IT-Reviews können als Grundlage herangezogen werden. Zusätzlich wird ein Pflichtenheft über die zukünftigen Anforderungen erstellt, das einerseits die notwendigen Konsolidierungen und Zentralisierungsmaßnahmen beinhaltet und andererseits berechtigte Anforderungen der Ländergesellschaften berücksichtigt. Zu diesem Zeitpunkt hat man bereits eine grundlegende Entscheidung über die weitere Vorgehensweise getroffen.

Für eine Standardsoftware entscheiden

Die zukünftige Softwarelösung wird keine Eigenentwicklung mehr sein, sondern der Einsatz einer Standardsoftware eines am Markt renommierten Anbieters. Für die finale Entscheidung, welche Standardsoftware zukünftig unternehmensweit eingesetzt werden soll, müssen nun weitere Auswahlkriterien festgelegt werden, die Sie im nächsten Abschnitt kennenlernen.

2.4.5 Kriterien für die Auswahl der Software

Soll-Prozesse für die Softwareentscheidung

Im ersten Schritt wird eine Vorauswahl der infrage kommenden Softwareanbieter getroffen. Dazu ist es zunächst notwendig, die technischen und funktionalen Anforderungen (also die Soll-Prozesse) festzustellen. Diese Aufgabe übernimmt das eingesetzte Taskforce-Team. Ebenso von Bedeutung in dieser frühen Phase ist die Klärung der Frage, ob die vorhandenen

Organisationsstrukturen des Konzerns im neuen System abgebildet werden können. Nicht zu vergessen und für die Unternehmensleitung von besonderer Relevanz ist das Preis-Leistungsverhältnis der angebotenen Software, da dies eine Grundlage für den Business Case ist.

Um festzustellen, in welchem Umfang die Soll-Prozesse von der infrage kommenden Software abgedeckt werden, muss die Funktionalität der Softwareanbieter mit dem Pflichtenheft abgeglichen und bewertet werden. Dafür genügt zu diesem Zeitpunkt, eine einfache Gegenüberstellung der Soll-Prozesse mit der angebotenen Funktionalität der Standardsoftware des Anbieters. Diese Aufgabe muss mit den Beraterinnen oder Beratern der infrage kommenden Softwareanbieter gemeinsam erfüllt werden.

Ist- vs. Soll-Architektur

Ein weiteres wichtiges Kriterium ist die Gegenüberstellung der Ist-Systemarchitektur mit der Soll-Systemarchitektur des Anbietersystems. Da diese Aufgabe durch die unterschiedlichen Systemarchitekturen in den Ländergesellschaften sehr zeitaufwendig ist, hat man sich zunächst auf die größeren Länder konzentriert. Es geht darum festzustellen, welche Altsysteme ersetzt werden können und wie viele neue Schnittstellen für das neue ERP-System erforderlich sind.

Auswahlkriterien für die Entscheidung

Für die endgültige Entscheidung zieht das Team die folgenden allgemeinen Auswahlkriterien heran (siehe Tabelle 2.2). Diese Kriterien sollten Sie auf jeden Fall bei Ihrer eigenen Softwareentscheidung berücksichtigen und entscheiden, wie Sie sie gewichten. Inwiefern die einzelnen Auswahlkriterien erfüllt werden, beantworten wir anschließend im Hinblick auf SAP S/4HANA.

Kriterium	Fragestellungen
Marktstellung des Anbieters	■ Welche Erfahrung hat der Anbieter? ■ Wie lange ist der Anbieter bereits am Markt? ■ Wie ist die Investitionssicherheit einzuschätzen? ■ Wie hoch ist die Innovationskraft des Anbieters? ■ Ist der Anbieter international bzw. in den für Sie relevanten Ländern aufgestellt?
Zertifizierungen	■ Ist der Anbieter nach ISO 9001 zertifiziert? ■ Welche weiteren branchenrelevanten Zertifizierungen kann der Anbieter vorweisen?

Tabelle 2.2 Allgemeine Auswahlkriterien für die ERP-Software

Kriterium	Fragestellungen
Kosten-Nutzen-Analyse/Business Case	■ Welche Kosten fallen für die Einführung und den Betrieb der Software an? ■ Welche Einsparungen können durch die Software erzielt werden?
Implementierungsrisiken	■ Gab es Schwierigkeiten im Projekt der Referenzkunden? ■ Wie lange haben vergleichbare Projekte der Referenzkunden gedauert? ■ Wie viele Implementierungen gibt es in Ihrer Branche?
Stabilität/Performance	■ Läuft die Software im täglichen Einsatz bei Referenzkunden stabil und performant?
Skalierbarkeit	■ Ist ein weiteres Wachstum mit dem System ohne Performanceverluste möglich? ■ Können künftig zusätzliche Module eingeführt werden? ■ Wie wirkt sich dies auf die Performance im täglichen Betrieb aus?
Benutzerfreundlichkeit und Sprachoptionen	■ Ist die Anwenderoberfläche benutzerfreundlich? ■ In welchen Sprachen ist die Software verfügbar?
Hotline-Unterstützung/Helpdesk	■ Gibt es eine Hotline-Unterstützung, und wann ist diese verfügbar? ■ Gibt es eine Notfall-Hotline für Krisensituationen, die rund um die Uhr verfügbar ist? ■ Gibt es Service Level Agreements (SLA) für die Wiederherstellung der Lauffähigkeit während eines Ausfalls?
Software-Wartung/Update	■ Wie lange wird der von Ihnen implementierte Releasestand des Anbieters gewartet? Die Wartung sollte noch mindestens fünf bis zehn Jahre nach Verfügbarkeit einer neuen Version gewährleistet sein. ■ Wird ein Update- bzw. Upgrade-Pfad angeboten, um ohne großen Aufwand neuere Softwareversionen einspielen zu können?
Unterstützung bei Releasewechseln	■ Gibt es spezielle Werkzeuge des Anbieters, um einen Releasewechsel zu unterstützen?

Tabelle 2.2 Allgemeine Auswahlkriterien für die ERP-Software (Forts.)

Kriterium	Fragestellungen
Datensicherheit und Berechtigungskonzept	▪ Wie werden nicht autorisierte Änderungen und die Kenntnisnahme von Daten verhindert?
Datenmigration	▪ Gibt es spezielle Werkzeuge für die Datenmigration?
Funktionalität/Prozessharmonisierung/Standardisierung	▪ Wie hoch ist der Abdeckungsgrad der Funktionalität der Software für die unternehmensspezifischen Anforderungen? ▪ Welche Möglichkeiten gibt es, um etwaige Lücken durch Erweiterungen zu schließen?
IT-Infrastrukturkosten	▪ Wie hoch sind die Einsparungen der Infrastrukturkosten durch eine einheitliche Systemarchitektur? ▪ Welche zusätzlichen Kosten fallen für die Bereitstellung von technischem Personal an?
Archivierung	▪ Wie können nicht mehr benötigte Daten archiviert werden?
Cloud-Angebote	▪ Lässt sich die Software kostensparend in der Cloud betreiben?
RICEFW: Reports, Interfaces, Conversions, Forms, Workflows	▪ Welche Funktionsumfänge bietet die Software im Bereich der Workflows (teilweise Prozessautomatisierung, Reporterstellung, Schnittstellentypen, Datenübertragung und Formulare [Druckerzeugnisse])?

Tabelle 2.2 Allgemeine Auswahlkriterien für die ERP-Software (Forts.)

Kosten-Nutzen-Rechnung

Versuchen Sie, eine realistische Kosten-Nutzen-Rechnung aufzustellen. Gehen Sie dabei strukturiert vor: Beschreiben Sie zunächst das Problem und den Lösungsvorschlag. Sollten Sie mehrere Lösungsvorschläge haben, bewerten Sie die einzelnen Alternativen. Berechnen Sie die Wirtschaftlichkeit, indem Sie die Kosten und Einsparungen gegenüberstellen. Berücksichtigen Sie dabei neben den harten Faktoren, wie z. B. Einsparungen auf der IT-Seite durch die Ablösung von Altsystemen, Personaleinsparungen auf der Benutzerseite, Kosten für Hardwareanschaffungen oder Softwarelizenzen, auch weiche Faktoren, wie z. B. mögliche Umsatzsteigerungen durch eine höhere Kundenzufriedenheit. Vergessen Sie auch nicht, die Risiken für das Projekt aufzuzeigen.

[«]

Hohe Erwartungen

Die Erwartungen an einen schnellen *Return on Investment* (ROI) im SAP-Projekt sind hoch. Realistisch gesehen, muss der Erfolg langfristig betrachtet werden. Gesamtunternehmerische und funktionsübergreifende Implementierungen bieten das höchste Einsparpotenzial.

Implementierungskosten

Wir haben die Erfahrung gemacht, dass die Implementierungskosten für die neue Software aus unterschiedlichen Motiven häufig unterschätzt und auf der anderen Seite die Einsparungen zu hoch angesetzt werden, um das Projekt auf den Weg zu bringen. Ist das Projekt erst einmal gestartet, treten die tatsächlichen Kosten zu Tage (*Sunk Cost Fallacy*).

[+]

Erfahrungsaustausch mit Gleichgesinnten

Um die Implementierungsrisiken besser einschätzen zu können, sollten Sie versuchen, sich mit anderen Kunden des Softwareanbieters aus Ihrer Branche auszutauschen (am besten ohne Beisein des Beraters oder der Beraterin des Softwareanbieters).

Häufig gibt es auch Nutzergruppen (wie die DSAG – Deutschsprachige SAP-Anwendergruppe e. V.), die Hilfestellungen anbieten können.

Anwender und Anwenderinnen einbinden

Bereits bei der Softwareauswahl sollten Sie zudem die zukünftigen Anwender und Anwenderinnen mit ins Boot holen. Vereinbaren Sie z. B. mit dem Anbieter Softwaredemonstrationen am praktischen Beispiel. Nehmen Sie, wenn möglich, auch Ihre zukünftigen Benutzer*innen zu Referenzkunden mit. Das ist eine gute Gelegenheit, sich untereinander auszutauschen und Ihre Mitarbeiter*innen frühzeitig in das Projekt einzubinden.

2.4.6 Im Rückblick – Erfahrungen mit dem SAP-System und Verbesserungspotenzial

Kommen wir nun zurück zu unserem Beispielunternehmen: Nachdem unser Taskforce-Team sich auf die Auswahlkriterien geeinigt hat, werden diese nach Bewertungsrelevanz gewichtet. Das Ergebnis wird zunächst dem CIO vorgetragen, der mit der Arbeit des Teams sehr zufrieden ist.

Weitere Entscheidungsgründe des Managements

Neben einer Anzahl von technischen und funktionalen Aspekten sind häufig weitere Kriterien für die Entscheidung des Managements relevant. So war es auch in dem Beispielprojekt, das wir in diesem Kapitel vorstellen:

- **Einheitliches Datenmodell**
  Mithilfe eines einheitlichen integrierten Datenmodells ist es möglich, konzernweite Entscheidungen schnell und effizient zu treffen. Stammdaten- und Schnittstellenprobleme werden vermieden.
- **Verbesserte Datenqualität**
  Die umständliche und langwierige Konsolidierung von Informationen und Daten aus den Altsystemen einzelner Ländergesellschaften entfällt. Die Qualität der für die Unternehmenssteuerung genutzten Daten hat sich signifikant verbessert.
- **Harmonisierung der Geschäftsprozesse**
  Die Geschäftsprozesse im Konzern werden weltweit harmonisiert und unterstützen damit die Zentralisierungspläne von operationalen Einheiten in kostengünstigere Lokationen. Die Kundenzufriedenheit wird durch die einheitlichen Prozesse erhöht, weil sich die Durchlaufzeiten vom Auftragseingang bis zur Lieferung (und letztlich auch der Zahlungseingang) wesentlich verkürzen.
- **Niedrigere Infrastrukturkosten**
  Die IT-Infrastrukturkosten werden durch eine einheitliche Systemarchitektur erheblich reduziert. Neue Geschäftsmodelle können flexibel unterstützt und umgesetzt werden. Die Implementierungsrisiken sind relativ gering, und das System läuft stabil.
- **Benutzerfreundlichkeit**
  Verschiedene Referenzkundenbesuche haben gezeigt, dass die Benutzerfreundlichkeit der Anwendung den Anforderungen des Beispielunternehmens entspricht.
- **Investitionssicherheit**
  SAP bietet die besten Voraussetzungen für eine langfristige Partnerschaft: SAP entwickelt seit mehr als 48 Jahren Unternehmenssoftware und ist einer der weltweit größten Softwarehersteller, der eine riesige Anzahl erfolgreicher Implementierungen in unterschiedlichen Branchen vorzuweisen hat.

Aus dem Projektleben gegriffen

Neben den technischen und funktionalen Aspekten werden in unserem Beispielprojekt die in der Kosten-Nutzen-Analyse berechneten Aufwände und Einsparungen ein weiteres Mal mit der Finanzabteilung und den betroffenen Funktions- und Abteilungsleiter*innen abgestimmt.

Dennoch ist zu erwarten, dass in der Vorstandsbesprechung die Auswahl der neuen ERP-Software nochmals leidenschaftlich diskutiert wird. Und so kommt es dann auch: Der CIO hat zur Unterstützung für das Meeting eine technische und funktionale Vertretung aus dem Taskforce-Team eingeladen. Für das Thema sind in der Meeting-Agenda 60 Minuten vorgesehen – eine ambitionierte Zeitplanung für eine Entscheidung, die erhebliche Veränderungen für das Unternehmen bedeutet.

Grünes Licht für das SAP-Projekt

Durch die gute Vorbereitung des Teams verläuft die Besprechung wie erhofft: Bis auf wenige, nicht entscheidungsrelevante Punkte können alle offenen Fragen zur allgemeinen Zufriedenheit beantwortet werden. Größter Diskussionspunkt sind die Berechnungen der Kosten-Nutzen-Analyse, die versprechen, den Break-Even-Point bereits vier Jahre nach der Einführung zu erreichen. An dieser Stelle zeigt sich, wie wichtig die enge Abstimmung mit der Finanzabteilung und den Funktionsvertreter*innen war. Mit guten Argumenten kann der Vorstand überzeugt werden, dass die geplante Einführung einer Standardsoftware von SAP im Konzern der richtige Weg ist. Das Resultat: grünes Licht für das SAP-Projekt!

[+]

Bei wichtigen Entscheidungsmeetings ist die Vorbereitung entscheidend

Unsere Erfahrung ist, dass der Ausgang wichtiger Entscheidungsmeetings zum größten Teil von der sorgfältigen Vorbereitung abhängt. Dazu gehört die Erstellung der entsprechenden Unterlagen und vor allem die Kontaktaufnahme/Abstimmung mit wichtigen Entscheidungsträger*innen und Stakeholdern *vor* dem eigentlichen Meeting. Nur wenn man die Sichtweisen und Bedenken der Befürworter*innen und Gegner*innen vorab kennt, ist eine zielgerichtete Zusammenstellung der Materialien für das Entscheidungsmeeting möglich.

Pilotinstallation

Um das Risiko zu minimieren, sollte eine *Pilotinstallation* dem weltweiten Roll-out vorangehen. Die Verantwortung für die Implementierung wird dem CIO übertragen – mit dem zusätzlichen Hinweis, die vorgeschlagenen Einführungstermine aggressiv anzugehen und, wenn möglich, nicht nur einzuhalten, sondern zu unterschreiten. Das Projekt steht damit bereits unter Druck, bevor es überhaupt richtig begonnen wurde. In dieser schwierigen Lage kann die Projektleitung nur die Flucht nach vorn antreten und die Top-down-Termine durch eine solide Bottom-up-Planung unterfüttern. Falls diese ergibt, dass die vorgegebenen Einführungstermine beim besten Willen nicht zu halten sind, ist ein Change Request unvermeidlich. Unsere Empfehlung ist, dieses für alle Beteiligten unangenehme Thema zeitnah, konstruktiv und faktenbasiert anzugehen und es nicht auf die lange Bank zu schieben.

Rückblick

Nach der erfolgreichen Implementierung und dem anschließenden weltweiten Roll-out sind in unserem Beispiel mittlerweile zwölf Jahre vergangen. Zusammenfassend kann man sagen, dass sich die Erwartungen zu einem großen Teil erfüllt haben. IT- und Personalkosten konnten gesenkt werden, die Harmonisierung der weltweiten Prozesse hat einen erheblichen Produktivitätsfortschritt gebracht, die Kundenzufriedenheit, besonders von international agierenden Kunden, konnte erhöht werden, und die Umsätze wurden gesteigert.

Verbesserungspotenzial

Nicht zu vermeiden war allerdings die zusätzliche Implementierung von Fremdprogrammen, verursacht vor allem durch Übernahmen von Unternehmen mit neuen Geschäftsfeldern zur Erweiterung des eigenen Geschäftsportfolios. Dadurch wurden die Komplexität und auch der Wartungsaufwand erhöht. Auch die Zusammenführung von mehreren ERP-Systemen zu einem neuen einheitlichen System wurde diskutiert. Der erhebliche Speicherbedarf der transaktionalen Verarbeitung in den verschiedenen SAP-Systemen wurde zunehmend zu einem Problem. Für schnelle Entscheidungsfindungen ist eine Datenverarbeitung in Echtzeit Voraussetzung, die mit den bisherigen Systemen so nicht möglich ist. Ebenso möchte man die Chancen der Digitalisierung mit einer zukunftsorientierten IT-Architektur wahrnehmen, ohne die bisherigen Investitionen in die SAP-Systeme zu verlieren.

Ein weiterer Aspekt ist die Dauer der Wartungszusage von SAP für das bestehende SAP-System. Nach dem derzeit aktuellen Stand wurde zwar die Wartungszusage für die SAP Business Suite 7 aufgrund erheblichen Drucks von Großkunden von 2025 bis Ende 2027 verlängert. Eine weitere, kostenpflichtige Verlängerung bis 2030 ist möglich. Dennoch empfiehlt sich der Umstieg auf SAP S/4HANA, wenn es auch eine große Herausforderung für das Unternehmen sein wird. Um aber die Vorteile der neuen Technologie aus Wettbewerbsgründen zeitnah nutzen zu können, sollte spätestens Anfang 2021 mit dem Projekt begonnen werden.

2.5 Der Weg zu SAP S/4HANA

Es gibt verschiedene Szenarien auf dem Weg zu SAP S/4HANA. Viele Kriterien, die wir bereits bei der Einführung einer neuen ERP-Lösung betrachtet haben, kommen auch hier zum Einsatz (siehe Abschnitt 2.4, »Die Entscheidung für Software von SAP«). Wir treffen derzeit zwei grundsätzlich unterschiedliche Ausgangssituationen in Unternehmen an, die wir in den nächsten Abschnitten ausführen.

2.5.1 Ihr Unternehmen hat SAP seit Jahren im Einsatz

Für sehr viele Kunden ist die erste Welle der Transformation, Prozess- und Organisationsoptimierung, die im Rahmen der SAP-Einführung erfolgte, bereits »Schnee von gestern«. Sie haben die grundlegende Unternehmenstransformation, die die Einführung von SAP (SAP ERP/SAP Business Suite) bedeutet, bereits vor Jahren oder gar Jahrzehnten gemeistert. Die Fachabteilungen verfügen mittlerweile über tiefes SAP-Prozess-Know-how, und in der IT ist jahrelange SAP-Betriebserfahrung vorhanden. Die Herausforderung für Sie ist, dass Sie Ihre SAP-Software bereits über Jahre oder Jahrzehnte im Einsatz und sukzessive an Ihre Anforderungen angepasst haben.

Erweiterungen in Eigenregie

Nach der initialen Einführung wurden funktionale Erweiterungen in den folgenden Jahren in Eigenregie oder mit der Unterstützung von Partnern (deren Expertinnen und Experten mittlerweile längst nicht mehr verfügbar sind) umgesetzt. Die Liste der Erweiterungen – und im schlimmsten Fall der Modifikationen – ist immer länger geworden, sodass heute kaum noch jemand durchblickt. In vielen Unternehmen, die SAP seit Jahren im Einsatz haben, gleichen SAP-Systeme einer Zwiebel mit vielen Schichten. Sich ändernde Geschäftsanforderungen führen über Jahre zu zahlreichen Erweiterungs- und Anpassungsprojekten. Viele sind erfolgreich, andere weniger, aber alle hinterlassen ihre (Entwicklungs-)Spuren in den Systemlandschaften. Die Dokumentation ist teilweise vorhanden, teilweise veraltet, aber häufig auch lückenhaft. Eine Unterscheidung in »wird gebraucht«, und »hier müsste mal aufgeräumt werden« ist kaum noch möglich; daher verhallen Rufe nach Konsolidierungsprojekten ungehört. In Ermangelung eines nachweisbaren geschäftlichen Nutzens können diese Projekte firmenintern ohnehin kaum »verkauft« werden. Hauptsache die Systeme funktionieren.

Steigende Betriebskosten

Die Betriebskosten für diese gewachsene Systemlandschaft steigen allerdings. Jedes neue Release erfordert umfangreiche Tests, da die Auswirkungen auf andere Bereiche nicht mehr vorab abgeschätzt werden können. Die Überprüfung und Anpassung von Erweiterungen und Modifikationen kostet viel Zeit und Geld.

»Never change a running system« ist ein bewährtes Motto, aber die Uhr tickt. Ältere SAP-Softwareversionen werden aus dem Support genommen, SAP-S/4HANA- und Cloud-Angebote von SAP winken mit neuen Funktionalitäten und potenziellen Kostenersparnissen. Möglicherweise ist die Konkurrenz schneller und erzielt durch den Einsatz neuer Lösungen Wettbewerbsvorteile. Der Wechsel von SAP ERP oder der SAP Business Suite zu SAP S/4HANA bietet die Gelegenheit, durch die neue In-Memory-Architektur völlig neue, erheblich effizientere Prozesse und Möglichkeiten für das eigene Unternehmen zu erschließen. Die entscheidende Frage ist, wie der Umstieg auf diese grundlegende neue Technologie erfolgen soll: als radikaler Schnitt oder als evolutionäre Weiterentwicklung? Auch muss entschieden werden, was in der Cloud gespeichert werden und was on-premise bleiben soll.

Analyse bestehender Abläufe

Die Möglichkeiten der Digitalisierung und des Einsatzes von künstlicher Intelligenz (KI) in den Betrieben und der zunehmende Wettbewerbsdruck in einem globalen Marktumfeld erfordern eine detaillierte Analyse der bestehenden Abläufe. Man sollte sich dabei folgende Fragen stellen. Kann ich mit meinen bestehenden Prozessen neue Geschäftsfelder entwickeln? Stehe ich vor einer Harmonisierung meiner Geschäftsprozesse? Wie sieht es mit meiner IT-Systemlandschaft aus? Sind alle Daten, die ich für die Geschäftssteuerung benötige, auf einem einheitlichen System, oder werden die Daten in verschiedenen, disjunkten Systemen verwaltet? Ist es möglich, große Datenmengen in Echtzeit zu verarbeiten? Ist die über Jahre gewachsene IT-Infrastruktur zu komplex und teuer im Betrieb geworden? Kann ich mit meinen bestehenden Prozessen und Systemen schnell auf Veränderungen im Markt reagieren? Wie lange wird die Wartung meiner bestehenden SAP-Infrastruktur noch vom Hersteller garantiert? Wenn Sie sich bereits mit einigen dieser Fragen beschäftigen oder einige Fragen mit »ja« beantworten können, ist es sinnvoll, sich mit den Vorteilen der SAP-S/4HANA-Technologie zu beschäftigen.

Ob es sich um eine neue SAP-Implementierung, um eine Umstellung eines bestehenden SAP-ERP-Systems auf SAP S/4HANA oder um eine Konsolidierung von mehreren SAP-ERP-Systemen in ein SAP-S/4HANA-System handelt: Für alle Szenarien gilt der Grundsatz, dass wir es mit einem Transformationsprojekt zu tun haben, das auf höchster Ebene im Unternehmen angesiedelt werden muss. Für beide Varianten sollte die Chance genutzt werden, die alten Prozesse weitestgehend an den Standard der neuen SAP-S/4HANA-Prozesse anzupassen. Eine neue Implementierung kann unter Umständen aber auch bei einer bestehenden SAP-Landschaft sinnvoll sein. Es gilt, sorgfältig abzuwägen, ob ein solcher Weg der richtige ist. Im Folgenden gehen wir deshalb näher auf die einzelnen Strategien für den operativen Betrieb und die verschiedenen Migrationsszenarien ein.

2.5.2 Ihr Unternehmen steht vor der ersten SAP-Einführung

Neukunden

SAP hat mittlerweile eine enorme Marktdurchdringung erreicht. SAP-Neukunden sind meist relativ junge Unternehmen, die in den letzten Jahren stetig gewachsen sind und nun mit ihrer bisherigen IT an Grenzen stoßen. SAP, als Weltmarktführer für Unternehmenssoftware, soll eingeführt werden, um eine Vielzahl kleinerer IT-Systeme abzulösen und dadurch weiteres Wachstum zu ermöglichen. Probleme mit unterschiedlichen Stammdaten, Systembrüchen und eine Vielzahl an Schnittstellen machen diesen Unternehmen das Leben schwer. Ihnen geht es um eine Vereinheitlichung der IT, die Abschaffung spezialisierter IT-Insellösungen, die Senkung der IT-Kosten und den Einsatz neuer Technologien. Die IT hat mit der rasanten Unternehmensentwicklung nicht Schritt gehalten und soll vom »Klotz am Bein« zum Innovationstreiber und »Enabler« für neue Angebote und Dienstleistungen werden.

Diese jungen, dynamischen Unternehmen stehen Cloud-Lösungen sehr offen gegenüber, müssen aber bald feststellen, dass ihre Anforderungen an Unternehmenssoftware in der Cloud nicht so einfach abzubilden sind wie ein Office-Paket in der Cloud. Die Komplexität der SAP-Software und die Breite der Angebotspalette zu verstehen und abschätzen zu können, was sie eigentlich brauchen, sind Herausforderungen, denen sie sich gegenüber sehen. Gehören Sie zu dieser Gruppe, erwartet Sie eine relativ steile Lernkurve, da in Ihrem Mitarbeiterkreis meist SAP Solution Architects, d. h. Experten oder Expertinnen mit SAP-Know-how fehlen, die Ihre unternehmerischen Anforderungen in eine flexible, kostengünstige und zukunftssichere IT-Strategie übersetzen können. Sie benötigen daher meist eingekaufte Expertise bei der Erarbeitung und Umsetzung.

Auch hier stellt sich die Frage, ob Sie Ihre SAP-Lösung am Ende selbst betreiben. Wenden Sie sich an einen Hosting-Partner, oder entscheiden Sie sich für eins der PaaS-(Platform as a Service) oder SaaS-Angebote (Software as a Service) von SAP, oder versuchen Sie, so weit wie irgend möglich Cloud-Produkte zu nutzen, um Ihre IT-Ausgaben gering zu halten? Immerhin bietet SAP S/4HANA diese Varianten an.

2.5.3 SAP-S/4HANA-Nutzungsmodelle

Zunächst stellt sich die Frage, wie Sie SAP S/4HANA in Zukunft operativ betreiben wollen. Im nachfolgenden Abschnitt behandeln wir die verschiedenen Nutzungsmodelle für den SAP-S/4HANA-Betrieb (siehe Tabelle 2.3) näher.

	On Premise	Infrastructure as a Service (IaaS)	Platform as a Service (PaaS)	Software as a Service (SaaS)
Anwendung	K	K	K	A
Daten	K	K	K	A
Laufzeit-umgebung	K	K	A	A
Middleware	K	K	A	A
Betriebs-system	K	K	A	A
Virtualisie-rungsebene	K	A	A	A
Server	K	A	A	A
Daten-speicher	K	A	A	A
Netzwerk	K	A	A	A

Tabelle 2.3 SAP-S/4HANA-Nutzungsmodelle (K = Kunde/Eigenbetrieb, A = Anbieter/Fremdbetrieb)

SAP S/4HANA als On-Premise-System

Lokaler Ansatz (on-premise)

SAP S/4HANA als On-Premise-System ist die neue Intelligent Suite, basierend auf der In-Memory-Datenbank SAP HANA. In diesem Modell läuft der operative Betrieb im eigenen Rechenzentrum und auf eigenen Servern. Die gesamte IT-Infrastruktur, wie z. B. Hardware, Anwendungen, Betriebssystem, Middleware, Netzwerk und SAP-HANA-Datenbank, wird vom Kunden, oder einem beauftragten Hosting-Provider verwaltet. Wartungsaufgaben werden im Unternehmen von der eigenen IT-Mannschaft vorgenommen. Da die SAP-Prozesse nach und nach auf SAP S/4HANA umgestellt werden, heißt das im Umkehrschluss, dass der Betrieb als On-Premise-System aktuell noch den breitesten Funktionsumfang zur Verfügung stellt und weiterhin eine hohe Flexibilität für Prozessanpassungen bietet. Die Kontrolle über das Customizing und notwendige Erweiterungen bleibt im Unternehmen. Das Unternehmen entscheidet über die Häufigkeit und den Zeitplan von Software-Upgrades und Support Packages. Diese Option ist aber auch zeit- und kostenintensiv und erfordert geschultes IT-Personal. Wir empfehlen diese Variante für:

- **Industrien mit hoher Prozesskomplexität**
  Industrien mit hoher Prozesskomplexität sind z. B. das verarbeitende Gewerbe (Discrete Industries) und die Automobilindustrie. Häufig sind zahlreiche Anpassungen unvermeidlich und können am einfachsten in der SAP-S/4HANA-On-Premise-Variante umgesetzt werden.
- **Länder mit eingeschränkter IT-Infrastruktur**
  Hier ist es meist nicht möglich, zuverlässige Datenleitungen mit der erforderlichen Bandbreite zum Rechenzentrum einzurichten.
- **Kunden mit hohen Anforderungen an die Datensicherheit**
  Kunden mit sehr hohen Anforderungen an die Datensicherheit, wie Nachrichtendienste, Defense und Public Security bzw. Kunden in einem Land, in dem die Datensicherheit nur eingeschränkt gewährleistet ist.

Unternehmen, auf die diese besonderen Umstände nicht zutreffen, haben die Möglichkeit, auf eine Kombination aus On-Premise-Angebot und IaaS- bzw. Private Cloud (PaaS) oder auch auf rein cloudbasierte SAP-S/4HANA-Versionen umzusteigen.

SAP S/4HANA als On-Premise-Version in der IaaS-Cloud

Diese Variante des Betriebs der von SAP S/4HANA On-Premise wird u. a. von Hyperscalern angeboten (SAP selbst bietet dies nur in Ausnahmefällen an). Kunden sparen sich die Investition in Infrastruktur, Server und Netzwerk, behalten aber abgesehen davon weiterhin die volle Kontrolle über die Landschaft. Aus Anbietersicht ist eine IaaS-Cloud eine »Blackbox«, d. h., Themen wie Monitoring, Backup/Restore usw. werden nur sehr rudimentär angeboten. Alles, was über grundlegendes Verfügbarkeitsmonitoring und Restore auf einen Auslieferungszustand hinausgeht, bleibt zumeist in Kundenverantwortung.

SAP S/4HANA als On-Premise-Version in der Private Cloud

Platform as a Service (PaaS)

Die SAP-S/4HANA-On-Premise-Version kann auch in einer *Private Cloud* betrieben werden. Dabei läuft die kundenspezifische Systemlandschaft in der *SAP HANA Enterprise Cloud*. Entwickelt wurde diese Option von SAP, um die Einführung von SAP S/4HANA für die Kunden zu erleichtern. Es wird eine On-Premise-Umgebung in einem Cloud-Umfeld nachgebildet, und der Service wird als SAP Managed Service auf der Basis einer Private-Cloud-Infrastruktur bereitgestellt.

Server und Hardware werden in diesem Fall von SAP – entweder in eigenen Rechenzentren, Partnerrechenzentren – oder bei einem Hyperscaler (Microsoft, Amazon, Google) bereitgestellt. Die Systemlandschaft wird von SAP verwaltet, und die Anwendungen werden von SAP-eigenen, globalen IT-Teams betrieben. Die Standardverträge beinhalten den durchgehenden Betrieb der Landschaften mit SLAs zwischen 95 % und 99,9 % und die Bereitstellung von infrastrukturnahen Services. Je nach Bedarf können in diesem Modell weitere Services aus den Bereichen Basis- und Applikationsmanagement hinzugekauft werden.

Vertragsarten

Nutzer des SAP-HANA-Enterprise-Cloud-Angebots zahlen eine monatliche Rate, die, je nach Größe der Systemlandschaften und vereinbartem SLA (Service Level Agreement), variiert. Gegen Aufpreis ist eine Betreuung durch EU-Only-Teams möglich. Das Angebot umfasst zwei Varianten:

- **Bring Your Own License (BYOL)**
  Kunden nutzen die (meist existierenden) Softwarelizenzen in der Cloud. Das heißt, sie zahlen (zusätzlich zur regelmäßigen HANA-Enterprise-Cloud-Rate) eine einmalige Lizenzgebühr sowie zusätzlich eine jährliche prozentuale Softwarewartungsgebühr.
- **Subscription**
  Kunden erwerben die Nutzungsrechte als Bundle gemeinsam mit dem Infrastrukturservice. Die einmalige Lizenzgebühr und die Softwarewartungsgebühr sind in dieser Subskription enthalten.

[»]

Beachten Sie das Kleingedruckte bei Subskriptionsmodellen!

Subskriptionsmodelle sind attraktiv: Sie entlasten den Cashflow, da der einmalige, kostenintensive Lizenzerwerb entfällt. Sie sind planbare Kostenblöcke, da die Miete in regelmäßigen Abständen gezahlt werden muss; aber achten Sie auf das Kleingedruckte:

- Jegliche Vertragsänderungen (*Commercial Change Requests*) während der Laufzeit erfordern – wie bei jedem anderen Vertrag auch – die Zustimmung beider Parteien. SAP akzeptiert normalerweise keine negativen Change Requests, d. h. Änderungen, durch die sich die monatliche Gebühr verringern würde. Dies schränkt Ihre Möglichkeit ein, bei zurückgehendem Geschäftsvolumen Ihre IT-Kosten zu senken.
- Das Subskriptionsmodell beinhaltet die Nutzungsgebühr, die Infrastruktur, die Betriebskosten und die Softwarewartung. Sollten Sie sich später entscheiden, wieder auf BYOL zu wechseln, verlangt SAP eine Nachzahlung der Wartungsgebühr für den Subskriptionszeitraum. Zusammen mit den dann anfallenden Lizenzgebühren kann das eine erhebliche Summe ergeben.

Mainstream Maintenance

2

Kunden verpflichten sich, nur Softwarestände, die in der SAP-Wartung (*Mainstream Maintenance*) sind, in dieser PaaS-Umgebung zu betreiben. Darüber hinaus gibt es (im Gegensatz zu den folgenden Angeboten) keine Verpflichtung zum regelmäßigen Einspielen von neueren Softwareständen, aber es gibt Beschränkungen bezüglich des Betriebssystems (nur Linux) und der Datenbank (SAP HANA oder Adaptive Server Enterprise, ASE, eine von Sybase übernommene relationale Datenbank). Das hat viele Vorteile:

- Standardisierung des Infrastruktur-Stacks (Betriebssystem und Datenbank) bei gleichzeitiger Beibehaltung der gewohnten Benutzeroberfläche und etwaigen Erweiterungen.
- Kostensenkungspotenziale durch die angebotenen Subskriptionsmodelle (Softwaremiete)
- mögliche Einsparungen an eigenem IT-Personal
- einfache Erweiterung durch andere SAP-Cloud-Angebote
- Möglichkeit, den gesamten Software-Stack von der Infrastruktur bis zum Application Management von SAP betreiben zu lassen

Aber auch die Nachteile müssen berücksichtigt werden:

- kein Kundenzugriff auf das Betriebssystem erlaubt
- begrenzte Flexibilität: Notwendigkeit einer detaillierten Beschreibung der auszuführenden Tätigkeiten, Vorlaufzeiten für Service Requests von drei bis zehn Tagen
- begrenzte Möglichkeiten des Betriebs von Third-Party-Software (Nicht-SAP-Software)
- Kunden brauchen weiterhin eigene SAP-Expert*innen als Ansprechpartner*innen für SAP

SAP HANA Enterprise Cloud

Die SAP HANA Enterprise Cloud war ursprünglich als Zwischenschritt für Kunden vorgesehen, die einen Wechsel von der SAP Business Suite on-premise zu SAP S/4HANA in der Cloud planten. Da die Umstellung von der SAP Business Suite auf SAP S/4HANA für viele Kunden ein sehr großer Schritt ist, bietet SAP mit der SAP HANA Enterprise Cloud eine Hilfestellung an: Der technologische Stack wird standardisiert (nur Linux und SAP HANA), die Endanwender*innen behalten ihre gewohnten Benutzeroberflächen und Prozesse bei und die IT-Abteilung der Kunden wird um Betriebsthemen entlastet.

Aufgrund des großen kommerziellen Erfolgs der SAP HANA Enterprise Cloud wurde das Angebot um SAP S/4HANA Cloud, Extended Edition. erweitert. Die Verträge weichen in einigen Bereichen von den klassischen SAP-HANA-Enterprise-Cloud-Verträgen ab, aber das Liefermodell ist das gleiche.

SAP S/4HANA Cloud, Extended Edition

Die SAP S/4HANA Cloud, Extended Edition, unterscheidet sich von der On-Premise-Variante insbesondere in drei Punkten:

- Modifizierungen sind nicht möglich (Erweiterungen hingegen schon).
- SAP bietet zweimal pro Jahr Updates; Kunden müssen mindestens ein Update pro Jahr einspielen.
- Die SAP S/4HANA Cloud, Extended Edition, kann nur in den SAP-eigenen Cloud-Diensten genutzt werden.

Die Nutzung der SAP S/4HANA Cloud, Extended Edition, erfolgt, genauso wie die Nutzung der On-Premise-Lösung, in der PaaS-Cloud (SAP HANA Enterprise Cloud), allerdings nur im Subskriptionsmodell.

Die Vorteile dieser Variante (zusätzlich zu den bereits oben genannnten) sind:

- Die Variante ist für Kunden interessant, die die neuesten SAP-Technologien zeitnah übernehmen und nutzen wollen.
- Das SAP-Erweiterungsmodell erlaubt viele Möglichkeiten, um die Software nach eigenen Bedürfnissen anzupassen.

Der Nachteil ist jedoch, dass Updates innerhalb des fest definierten Zeitraums eingespielt werden müssen – was Aufwände auf Kundenseite verursacht. Allerdings ist davon auszugehen, dass sich die Aufwände in Grenzen halten, da es keinerlei Modifikationen geben kann.

SAP S/4HANA Cloud, Essentials Edition

Software as a Service von SAP

SAP S/4HANA Cloud, Essentials Edition, ist die einzige echte SAP-SaaS-Version von SAP S/4HANA. Sie ist die einzige SAP-S/4HANA-Variante mit *One Code Line*, d. h., alle Kunden nutzen den gleichen Programmcode. Die für SAP ressourcenaufwändige Wartung unterschiedlicher Versionen entfällt. Updates werden vierteljährlich automatisch in alle Kundensysteme eingespielt. Customizing ist nur in sehr begrenztem Umfang möglich. Erweiterungen sind (über Business Add-Ins, BAdIs) realisierbar; zusätzlich gibt es die Funktionalitäten *In-App Extensibility* und *Side-by-Side Development* in der SAP Cloud Platform. Diese Erweiterungsmöglichkeiten sind das fundamental neue Konzept der SAP S/4HANA Cloud, Essentials Edition. Erweiterungen können nicht – wie früher – in der ERP-Software abgebildet werden, sondern ausschließlich über Erweiterungen außerhalb von SAP S/4HANA. Dadurch bleibt der Kern der ERP-Lösung immer im Standard.

In-App Extensibility

In-App Extensibility ist eine einfache Möglichkeit, Bildschirmmasken anzupassen (z. B. Felder auszublenden), neue Tabellen und Felder anzulegen und mit Prozesslogik zu hinterlegen. Tiefes technisches Know-how ist nicht erforderlich, daher können erfahrene Endanwender*innen (Power-User/Key-User) diese Erweiterungen selbst erstellen.

Side-by-Side Development

Side-by-Side Development ist das Mittel der Wahl für komplexe Entwicklungsprojekte. SAP bietet ein SAP S/4HANA Cloud SDK (Software Development Kit), das in Verbindung mit der SAP Cloud Platform die zeit- und kostensparende Entwicklung komplexer Apps ermöglicht. Durch die Nutzung offener APIs (Application Programming Interfaces) und CDS Views (Core Data Services, eine Methode der Datenmodellierung zur Definition kundeneigener »Views«), die per OData-Services (Open Data Protocol) bereitgestellt werden, ist es möglich, Apps zu entwickeln, die trotz vierteljährlicher SAP-S/4HANA-Updates unverändert nutzbar bleiben.

Und es gibt weitere Vorteile: Anwender und Anwenderinnen können einen großen Teil der SAP-S/4HANA-Funktionen benutzen, ohne die für die lokale Version erforderliche Hardware, Datenbanken oder IT-Mitarbeiter*innen. In der SAP S/4HANA Cloud stellt SAP fast die gesamte Infrastruktur für den Kunden bereit und verwaltet diese. Die Flexibilität für Prozessanpassungen und Anforderungen ist jedoch geringer als bei der On-Premise-Variante. Verglichen mit der On-Premise-Version ist die Implementierung dafür schneller, da eine voll getestete Cloud-Version auf einer fertigen Plattform vom Hersteller bereitgestellt wird.

Die Nutzung der SAP S/4HANA Cloud, Essentials Edition, erfordert eine grundsätzliche Änderung des Ansatzes. Es gibt keine gewohnte Entwicklungsumgebung mehr, und Sie haben keinen Zugriff auf das Backend. Unternehmensprozesse müssen sich dem vorgegebenen Standard anpassen. Gleichzeitig ist die Einspielung neuer Softwareversionen unspektakulär (verglichen mit der On-Premise-Version), da es sich um ein reines Standardsystem handelt. Erweiterungen sind innerhalb des SAP-S/4HANA-Systems nur begrenzt umsetzbar – stattdessen über die oben genannten Erweiterungsmöglichkeiten in Verbindung mit der SAP Cloud Platform.

Fazit: On-Premise- versus Cloud-Version

Die SAP-S/4HANA-On-Premise-Variante eignet sich am besten für Unternehmen, die das volle Funktionsangebot mit einer hohen Flexibilität für Anpassungen benötigen. In der Regel handelt es sich dabei um größere Unternehmen mit komplexen, fest etablierten Prozessen.

Die SAP-S/4HANA-Cloud-Variante eignet sich besonders für Unternehmen, die ein agiles Angebot benötigen, das die wichtigsten Geschäftsprozesse abdeckt und einen schnellen Innovationszyklus erlauben. Kundenspezifische Änderungen sind allerdings nicht möglich. Ebenso ist zu bedenken, dass die Infrastrukturkosten bei einer Cloud-Lösung in den meisten Fällen niedriger sind als bei einer On-Premise-Lösung, bei der auch die laufenden Wartungs- und Modernisierungskosten berücksichtigt werden müssen. Mit der Cloud-Lösung profitieren Unternehmen auch von den neuesten Technologien und zeitnah von neuen Innovationen, die SAP entwickelt.

Hybrider Ansatz

Möglich ist auch eine Kombination beider Varianten. In diesem Fall spricht man von einem *hybriden Ansatz*. Wichtige Geschäftsprozesse oder Kernprozesse können weiterhin auf lokalen Servern betrieben werden (on-premise), während andere Standardprozesse, wie z. B. die Gehaltsabrechnung, in der Cloud betrieben werden können. Die SAP Cloud Platform fungiert hier als zentrale Datendrehscheibe im Systemverbund.

Multi-Cloud

Schließlich gibt es auch die Möglichkeit, Lösungen und Angebote verschiedener Cloud-Anbieter unter einem gemeinsamen Dach zu bündeln. In diesem Fall spricht man von einer *Multi-Cloud*, bei der z. B. die Netzwerkinfrastruktur und die Anwendungen von verschiedenen Providern kommen können. SAP ist diesbezüglich strategische Partnerschaften mit Cloud-Anbietern wie Amazon Web Services (AWS), Google Cloud Platform (GCP), Microsoft Azure und Alibaba Cloud eingegangen.

Datensicherheit bei On-Premise- und Cloud-Lösung

Bei einer Entscheidung für eine Cloud-Lösung sind für viele Unternehmen auch Aspekte der Datensicherheit von Relevanz. Zunächst erscheint die On-Premise-Lösung, verglichen mit der Cloud-Lösung, die sichere Variante zu sein. Bei näherer Betrachtung muss man aber festhalten, dass auch eine On-Premise-Lösung nicht vor Cybercrime-Aktivitäten geschützt ist. Gerade kleineren Unternehmen fehlt häufig das Know-how, um sich gegen Hacker-Angriffe effektiv zu schützen. Dagegen müssen die Cloud-Lösungen heute die höchsten Industriestandards erfüllen. Dazu zählen Sicherheitsaspekte wie externe Audits, Datenschutz und Datensicherheit, Benutzerverwaltung und auch Best Practices für den Rechenzentrumsbetrieb.

Der Einsatz von SAP S/4HANA Cloud, Essentials Edition, ist sicherlich der innovativste Weg, der mit althergebrachten Herangehensweisen am konsequentesten bricht. Gleichzeitig eröffnet er faszinierende Möglichkeiten, um ERP-Software »neu zu denken« und einzusetzen. Als Beispiel sei nur die Möglichkeit des *Customer Influence Tickets* genannt: Kunden können darüber neue Funktionalität beantragen, und andere Kunden können darüber abstimmen, ob sie diese Funktionalität ebenfalls für sinnvoll halten und entwickelt sehen möchten. Sofern eine Idee genügend Unterstützung erfährt, kommt es auf die SAP-Entwicklungs-Roadmap.

Wir empfehlen Ihnen, SAP S/4HANA Cloud, Essentials Edition, bei Ihrer Entscheidung für SAP S/4HANA auf jeden Fall näher zu betrachten. Vielleicht kommt sie nur für einen Teil Ihrer Geschäftsprozesse bzw. ihrer Organisation infrage, aber in diesen Bereichen können Sie von den enormen Vorteilen dieser ERP-Software erheblich profitieren.

2.5.4 Der richtige Ansatz für den Aufbau der SAP-S/4HANA-Systeme: Greenfield oder Brownfield

Zwei Wege für die Einführung

Man unterscheidet zwei Möglichkeiten der SAP-S/4HANA-Einführung (siehe Abbildung 2.6). Bei einer *Greenfield-Installation* handelt es sich um eine Neuinstallation eines SAP-S/4HANA-Systems. Das System ist unkonfiguriert und beinhaltet keine Daten. Customizing, Erweiterungen usw. folgen im Nachgang.

Bei einer *Brownfield-Installation* wird hingegen, basierend auf einem existierenden SAP-System, ein neues System aufgebaut. Dabei werden im Rahmen eines Migrationsprojekts Customizing, Daten, Berechtigungen usw. aus dem Quellsystem übernommen. Dies nennt man auch *System Conversion*.

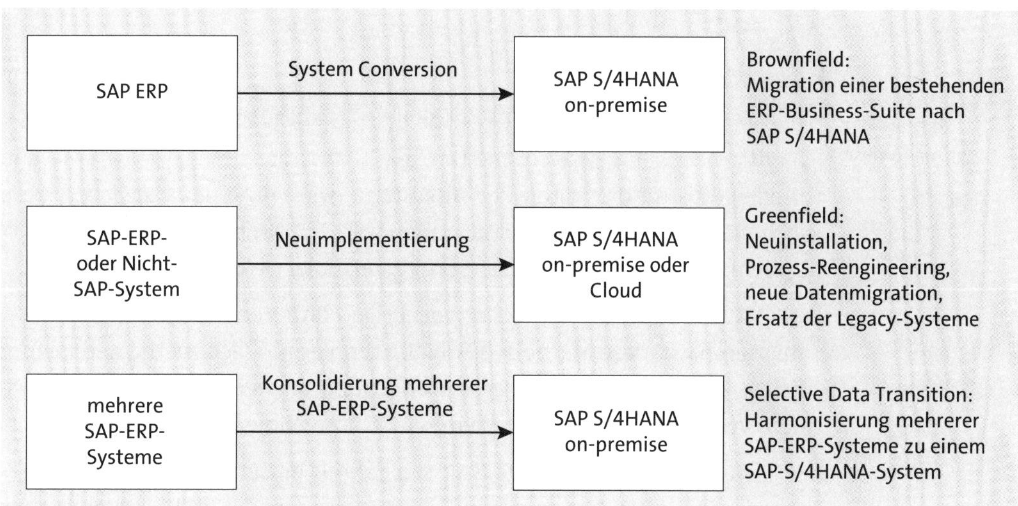

Abbildung 2.6 Der Weg zu SAP S/4HANA (Quelle: SAP SE, 2017)

Kriterien für die Entscheidung

Um die Entscheidung für entweder den Greenfield- oder den Brownfield-Ansatz treffen zu können, sollten Sie einige Punkte beachten:

- Sind Ihre derzeitigen Geschäftsprozesse für die langfristigen Unternehmensziele angemessen? Wenn dies der Fall ist, spricht dies für eine Conversion (Brownfield), da hierbei die bestehenden Prozesskonfigurationen weitestgehend übernommen werden.

- Können Sie Ihre Geschäftsprozesse durch die Übernahme von SAP Best Practices signifikant verbessern? Wenn ja, spricht dies für einen Greenfield-Ansatz, der die Möglichkeit bietet, Geschäftsprozesse neu zu konfigurieren.
- Wollen Sie im Rahmen der SAP-S/4HANA-Einführung gleichzeitig Ihre Systemlandschaft(en) konsolidieren? Wenn ja, haben Sie die Wahl zwischen einem Greenfield-Ansatz, in dem Sie die Konsolidierung per Datenmigration aus mehreren Systemen durchführen, oder der Methode »Selective Data Transition«, mit der ausgewählte Daten aus unterschiedlichen Quellsystemen in einem System integriert werden können.
- Möchten Sie existierende Transaktionsdaten in das SAP-S/4HANA-Zielsystem übernehmen? Dies ist sowohl mit einer Brownfield- als auch mit einer Greenfield-Strategie möglich, aber aufwendiger beim Greenfield-Ansatz.

Es gibt keinen Königsweg zu SAP S/4HANA. Die Entscheidung für einen Greenfield- oder Brownfield-Ansatz ist unter Berücksichtigung der jeweiligen Umstände zu treffen, die wir im Folgenden näher beleuchten wollen.

Greenfield-Strategie

Start auf der grünen Wiese

Die Entscheidung für die Greenfield-Strategie bedeutet eine Neuimplementierung der SAP-Systeme. Das heißt, dass die Geschäftsprozesse neu modelliert und die Daten der Altsysteme wie von einem Legacy-System (d. h. Nicht-SAP-System) übernommen werden. Das bestehende Produktivsystem kann bei Einsatz dieser Strategie parallel weiterbetrieben werden.

Für SAP-Kunden, die von einer vorherigen SAP-Version zu SAP S/4HANA migrieren, ist diese Methode sinnvoll, wenn es möglich ist, die neu zu modellierenden Geschäftsprozesse weitgehend an den vorgegebenen Standard von SAP S/4HANA anzupassen und »alte Zöpfe« abzuschneiden.

In vielen Unternehmen, die SAP seit Jahren einsetzen, wurden die SAP-Standardprozesse immer wieder individuell an neue Geschäftsbedürfnisse angepasst. Übernahmen und starkes Wachstum in vielen international tätigen Betrieben haben zusätzlich zu einer heterogenen IT-Systemarchitektur und zu komplexen Geschäftsprozessen beigetragen. In vielen Unternehmen laufen mehrere SAP-Systeme nebeneinander, die möglicherweise konsolidiert werden könnten, um Wartungsaufwand und weitere Kosten einzusparen.

Um hier eine richtige Antwort zu finden, ist eine sehr detaillierte Untersuchung der Geschäftsprozesse und der Systemarchitektur end-to-end, inklusive der Prozesse in Nicht-SAP-Systemen, zwingend notwendig. Es empfiehlt sich für diese Aufgabe, SAP oder starke externe Partner direkt einzubinden. Zunächst erstellen Prozessexperten ein Gesamtbild der abgebildeten Prozesse, bevor man dann in die Prozessdetails einsteigt:

- Welche Prozesse werden genutzt?
- Welche Erweiterungen von Prozesslogik und Datenstrukturen wurden implementiert?

Diese Informationen werden mit dem SAP-Standardprozess- und -datenmodell abgeglichen, damit man ein Bild der zu erwartenden Aufwände erhält.

Stamm- und Bewegungsdaten

Bei Anwendung der Greenfield-Strategie können die Stamm- und Bewegungsdaten von den Altsystemen in das neue SAP-S/4HANA-System mithilfe von Datenmigrations-Tools (SAP S/4HANA Migration Cockpit) übernommen werden. Wichtig ist die Übertragung von aktualisierten und bereinigten standardisierten Datenbeständen, um ein Datenchaos zu vermeiden; Datenqualität hat hier oberste Priorität! So wie dieser Grundsatz bei einer Erstübernahme von Daten von einem Nicht-SAP-System auf ein SAP-ERP-System Gültigkeit hat, gilt das genauso für eine Datenübernahme von SAP-System zu SAP-System.

Was passiert mit dem Customizing? Im idealen Fall können *SAP Best Practices* oder die *SAP Model Company* zur Unterstützung eingesetzt werden. In diesem Fall ist ein großer Teil des Customizings bereits voreingestellt. Es sollte hier angemerkt werden, dass der Einsatz der SAP Model Company zusätzliche Kosten verursacht. Ob man sich dann für einen *Big Bang* (also einen gleichzeitigen Go-live aller SAP Landschaften) oder eine mehrstufige Implementierung entscheidet, hängt im Wesentlichen von der Komplexität der Migration und der damit verbundenen Risikoeinschätzung ab.

Mit dem Greenfield-Ansatz besteht die Möglichkeit, sich von Altlasten zu befreien und gleichzeitig den Vorteil der zusätzlichen neuen Funktionalität zu nutzen. Während der Umstellung auf SAP S/4HANA wird das bestehende SAP-System weitergenutzt. Das Projektrisiko für die Neuimplementierung wird so verringert. Durch die Standardisierung der Systeme werden die Kosten für Wartung und Updates gesenkt. Insgesamt ist der Projektaufwand, wie z. B. das Testen der neuen Prozesse bei einer Neuimplementierung, jedoch höher als bei einer System Conversion oder der sogenannten Brownfield-Strategie. Zusätzlich sind die erhöhten Aufwände und Kosten für den Betrieb der existierenden SAP-Systemlandschaften sowie der neuen Greenfield-Landschaften nicht zu unterschätzen. Gerade mittelständische Unternehmen mit begrenzten IT-Ressourcen stoßen hier schnell an ihre Grenzen.

Brownfield-Strategie

System Conversion

Im Rahmen einer Brownfield-Implementierung dient das bestehende SAP-System als Quelle für eine technische Migration (auch *SAP S/4HANA Conversion* genannt). Dabei wird gleichzeitig ein Upgrade (auf das neue SAP-S/4HANA-Release) und eine Änderung (Conversion) der Datenstrukturen durchgeführt.

Einige technische Voraussetzungen sind zu beachten:

- Das Quellsystem sollte bereits ein Unicode-System sein. Ist dies nicht der Fall, muss zunächst eine Unicode-Conversion durchgeführt werden.
- Dual-Stack-Systeme (ABAP und Java) werden nicht unterstützt. Sollte es sich um ein Dual-Stack-System handeln, muss vorab ein Dual-Stack-Split durchgeführt werden.
- Das SAP-ERP-System muss mindestens SAP ECC 6.0 sein.
- OS- und DB-Stände müssen ebenfalls Minimalanforderungen erfüllen, bevor die Conversion starten kann. SAP hat Hinweise mit detaillierten Informationen erstellt.

Readiness Check

Der *Readiness Check for SAP S/4HANA* besteht aus mehreren Tools, die das Quellsystem untersuchen und Informationen zu den zu erwartenden Conversion-Aufwänden und -Tätigkeiten liefern. Er beinhaltet ein interaktives Dashboard, das die Ergebnisse anzeigt:

- Consistency-Check-Ergebnisse
- Handlungsanweisungen für die gefundenen Consistency-Check-Ergebnisse
- Kategorisierung der Ergebnisse in *mandatory* und *optional* sowie Einstufung, ob Dinge vor Beginn des Projekts erledigt sein müssen oder während des Projekts umgesetzt werden können
- System-Sizing-Empfehlungen und Zusatzinformationen zur Sizing-Berechnung
- Informationen zu Add-on-Kompatibilität und Third-Party-Add-ons
- Informationen zu SAP-BW-Extraktoren und unerlaubten (»blacklisted«) IDoc-Schnittstellen

Maintenance Planner

Als Teil des Readiness Check for SAP S/4HANA bietet SAP den *Maintenance Planner* an, ein Tool, dass das Quellsystem bezüglich der aktivierten Business Functions, Industry Solutions und Add-ons untersucht. Wenn eine Conversion nicht möglich ist, zeigt der Maintenance Planner dies an. Inkompatibilitäten treten vor allem bei Third-Party-Add-ons auf – in diesem Fall muss der Hersteller eine neue Version bereitstellen, oder das Add-on muss entfernt werden.

Simplification Item Catalog und Simplification Item Check

Mit SAP S/4HANA hat SAP eine Reihe von Vereinfachungen bei Datenstrukturen und Prozessen eingeführt. Einfach ausgedrückt, handelt es sich hierbei um größere Änderungen im Datenmodell und im Code, die zu Inkompatibilitäten zu Vorgängerversionen führen. Eine umfangreiche, versionsspezifische Liste der betroffenen Objekte findet sich im *Simplification Item Catalog* unter: *https://launchpad.support.sap.com/#sic*. Er enthält neben den Beschreibungen der Objekte zusätzlich noch Informationen über die notwendigen Tätigkeiten in den jeweiligen Projektphasen, um diese Vereinfachungen umzusetzen.

Damit man diese Objekte nicht mühselig von Hand durchsuchen muss, gibt es den Report *Simplification Item Check* oder eben den Readiness Check for SAP S/4HANA, die möglichst frühzeitig im Migrationsprojekt (oder sogar vor dem Projektstart) ausgeführt werden sollten. Das Ergebnis des Reports gibt Aufschluss über die zu erwartenden Aufwände für Anpassungen.

Custom-Code-Analyse

Die *Custom-Code-Analyse* untersucht, ob es Kundenentwicklungen gibt, die nicht mit SAP S/4HANA kompatibel sind. Mithilfe des UPL (Usage Procedure Log) und des ABAP Call Monitors kann ermittelt werden, ob dieser Custom-Code tatsächlich genutzt wird, oder nur ungenutzt im System schlummert. Sollte er in Nutzung durch Geschäftsprozesse sein, muss er angepasst werden. Inkompatibilitäten betreffen vor allem native SQL-Anweisungen im Kunden-ABAP-Code (die es eigentlich nicht geben dürfte), und kundeneigene Pool-/Cluster-Tabellen – diese gibt es in SAP S/4HANA nicht mehr. Von SAP erstellte (Standard-)Pool-/Cluster-Tabellen werden im Rahmen der Conversion automatisch aufgelöst und in transparente Tabellen umgewandelt.

Die Erfahrung hat gezeigt, dass ca. 30 % des inkompatiblen Custom-Codes nicht genutzt werden, d. h., dieser Code kann während des Conversion-Projekts gelöscht werden. 60 % der Inkompatibilitäten können durch Quick Fixes behoben werden, und ca. 10 % müssen manuell angepasst werden.

Bei der Brownfield-Strategie werden die bestehenden Prozesse (sofern sie nicht aus Kompatibilitätsgründen angepasst werden mussten) in das SAP-S/4HANA-System übernommen. Das ist besonders dann von Vorteil, wenn die Prozesse weitgehend den aktuellen Anforderungen entsprechen. Die Projektlaufzeit ist dadurch, im Vergleich zu einer Neuimplementierung, in der Regel kürzer. Allerdings ist davon auszugehen, dass mit diesem Ansatz das volle Potenzial der SAP-S/4HANA-Funktionalität nicht ausgeschöpft werden kann und sich die Systemkomplexität nicht verringert. Auf der anderen Seite sind die Aktivitäten im Change Management, wie z. B. der Schulungsaufwand, im Vergleich zum Greenfield-Ansatz geringer einzuschätzen. Vorhandene und für die Geschäftsprozesse wichtige Eigenentwicklungen können übernommen werden. Da die vorhandenen Altdaten ebenfalls automatisch migriert werden, ist eine proaktive Bereinigung und Aktualisierung der Daten nicht nur empfehlenswert, sondern zwingend notwendig. Es gilt der Merksatz: »Garbage in, Garbage out.«

Erfolgsfaktoren für eine System Conversion

Aus Projektmanagementsicht sind für eine System Conversion folgende Erfolgsfaktoren, Empfehlungen und Planungsansätze zu berücksichtigen:

- Vereinfachung/Simplifizierung
- Finanz
- Testläufe
- User Experience (UX)

Die Migration auf SAP S/4HANA bietet die Möglichkeit, kundenspezifischen Anwendungscode durch SAP-Standardprozesse zu ersetzen und laufende Prozesse zu vereinfachen. Für die infrage kommenden Themen werden detaillierte Simplifizierungslisten erstellt, die laufend aktualisiert werden. Jeder Projektmitarbeiter und jede Projektmitarbeiterin und auch die Key-User sind mit den Simplifizierungslisten vertraut. Für Workshops, Schulungen und Change-Management-Aktivitäten ist genügend Zeit im Projektplan vorzusehen. Um eine System Conversion nach SAP S/4HANA erfolgreich umzusetzen, sind vor allem Prozessexpertise, Anwendungsmanagement und sehr gute Finanz-Skills erforderlich. Die Praxis hat gezeigt, dass Projekte ohne den Einsatz von Finanzexpert*innen regelmäßig Probleme im Projekt haben. Daher ist Finanzwissen ein Muss im Projekt!

Die technischen Anforderungen bzw. die technische Expertise der beteiligten SAP-Expertinnen und -Experten darf ebenfalls nicht unterschätzt werden. Wie immer gilt: Je geringer die produktive Downtime, desto höher die Aufwände und die erforderliche Expertise des Technikteams.

Die Testläufe laufen auf einer *Sandbox* (also einem von der regulären Systemlandschaft getrennten Testsystem) mit einer aktuellen Kopie des Produktivsystems. Zwei bis drei Testläufe sollten auf alle Fälle eingeplant werden. Bei Bedarf können es aber auch mehr sein. Für den Skill-Aufbau werden die Testmitarbeiter*innen frühzeitig in das Projekt eingebunden. Es ist empfehlenswert, ein detailliertes Logbuch zu führen, in dem alle durchgeführten Aktivitäten, die Sequenz der Aktivitäten, die Fehler und deren Behebung und die dafür benötigte Zeit dokumentiert werden. Das erfordert Disziplin, zahlt sich aber aus!

Empfehlungen

Generell: Klären Sie, ob Sie Daten archivieren können, um das zu migrierende Datenvolumen zu verringern. Bei den Migrationsläufen wird geprüft, ob die Daten in den Tabellen auch konsistent sind. Besonders im Finanzbereich führen inkonsistente Tabelleneinträge zu Problemen, die die Migrationsaktivitäten stoppen und verzögern können. Anwendungen von Fremdanbietern müssen frühzeitig geprüft und dahingehend getestet werden, ob Anpassungen erforderlich sind. In einigen Fällen kann es auch sein, dass die Fremdsoftware in der SAP-S/4HANA-Umgebung nicht mehr unterstützt wird. Ebenso ist es sinnvoll, dass dedizierte Prozessexpertinnen und -experten im Projekt eng mit den Business-Funktionen und Business-Teams zusammenarbeiten. Obwohl in vielen Fällen das SAP GUI noch verwendet werden kann, planen Sie den Einsatz der neuen Benutzeroberfläche SAP Fiori, um keine Innovationen zu verpassen und z. B. mobile Geräte wie Smartphones und Tablets nutzen zu können.

Im SAP-S/4HANA-Umfeld werden einige Logistikprozesse zukünftig im Finanzmodul abgewickelt. Ebenso gibt es neue Prozesse, die in der alten SAP-ERP-Lösung nicht vorhanden waren. Dies erfordert eine frühe Überprüfung des Autorisierungskonzeptes und der Benutzerzugriffe. Es ist sinnvoll, sich bereits vor dem Projektstart mit möglichen Problemen im Finanzbereich und den Kunden- und Lieferantenstammdaten zu beschäftigen.

Die Erstellung eines realistischen Projektplans wird erst nach dem ersten Migrationstestlauf möglich sein. Dieser erste Lauf wird, wie bereits erwähnt, auf einer Sandbox durchgeführt, die eine aktuelle Kopie des Produktivsystems abbildet (siehe Abbildung 2.7). Das Produktivsystem hat dabei den letzten Stand in Bezug zu technischem Setup, Business-Konfiguration und Masterdaten. Erst zu diesem Zeitpunkt wird man wissen, wie viele und inhaltlich welche Probleme vor oder während der eigentlichen Migration gelöst werden müssen. Für die Optimierung der Ausfallzeit des Produktivsystems sollte SAP-Expertise hinzugezogen werden. Dass der erste Versuch unter Umständen längere Ausfallzeiten als geplant verursacht, sollte das Projektteam nicht beunruhigen. Damit ist zu rechnen und das ist auch der Grund, warum im Projektplan mindestens zwei oder auch drei Versuche vorgesehen sind.

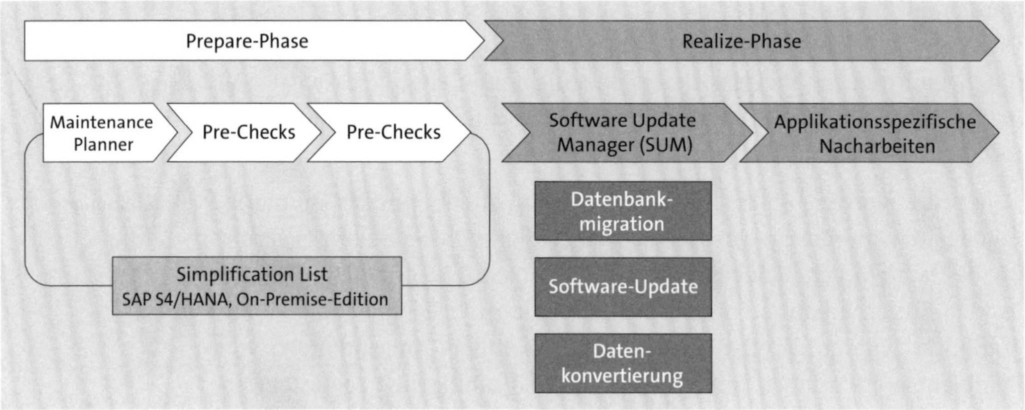

Abbildung 2.7 Schritte bei der Konvertierung

Planung für eine System Conversion

Abbildung 2.7 zeigt die einzelnen Migrationsschritte für den Umstieg vom bestehenden SAP-ERP-System auf SAP S/4HANA. Für die Durchführung des technischen Teils der Migration werden in der ersten Phase auch Konfigurationsanpassungen notwendig. Weitere Anpassungen sind nach Abschluss der Migration erforderlich. Planen Sie für den Test und die Korrektur der Business-Prozesse im Unit-Test genügend Zeit ein. Es kann sein, dass einige Anpassungen noch im alten SAP-ERP-System vorgenommen werden müssen. Wenn Sie z. B. Änderungen an Kundenstamm- oder auch Lieferantenstammdaten vornehmen, nehmen Sie sich die Zeit für die Evaluierung der bestehenden Prozesse, um möglichen Problemen bei der Umstellung vorzubeugen. Die Datenkorrektur während der Migration ist ein iterativer Prozess, der solange durchzuführen ist, bis man ein gutes Verständnis der möglichen Probleme bekommen hat. Korrekturen sind dabei rechtzeitig während der SAP-S/4HANA-Umstellung vorzunehmen, um nicht das Go-live-Datum zu gefährden. Wir empfehlen, sich mit den verschiedenen Optionen früh im Projekt zu beschäftigen und eine Roadmap zu entwickeln, die am besten zur eigenen Situation passt. Die erfolgreiche Umstellung auf die neue Plattform SAP S/4HANA wird Ihnen schließlich helfen, die Vorteile aller neuen Innovationen auch zu nutzen.

Weder Greenfield noch Brownfield passt: Selective Data Transition

Arbeitsgruppe für den Umstieg per Selective Data Transition

Sollte weder der Greenfield- noch-der Brownfield-Ansatz passen, unterstützt SAP die Kunden beim individuellen Umstieg auf SAP S/4HANA. Dafür hat SAP mit vier Beraterfirmen (CBS, Datavard, Natuvion und SNP) eine neue Arbeitsgruppe mit dem Namen *SAP S/4HANA Selective Data Transi-*

tion Engagement gebildet, die SAP-ERP-Großkunden die Datenmigration nach SAP S/4HANA erleichtern soll.

Diese Partner entwickeln Lösungen, die Eigenschaften einer klassischen Neuimplementierung mit denen einer System Conversion verbinden. Dabei werden Stammdaten und Salden zum Migrationsstichtag in die SAP-S/4HANA-Umgebung übernommen. Das gilt ebenfalls für bestimmte Objekte mit ihrer ganzen oder teilweisen Historie.

Außerdem wird definiert, welche Änderungen an Unternehmensstruktur und Geschäftsprozessen bei der Datenmigration Sinn ergeben (sogenannte valide Migrationsszenarien). Hier folgt die Gruppe einem selektiven Ansatz, der sich mit der SAP Model Company kombinieren lässt.

Das heißt, dass die Kunden weiterhin frei aus den Produkten und Dienstleistungen der verschiedenen Anbieter wählen können. Die Arbeitsgruppe wird keine gemeinsame neue Software für die hybride Datenmigration entwickeln (vgl. *https://news.sap.com/germany/2019/05/arbeitsgruppe-migration-s4hana*).

Fazit

Für den Greenfield-Ansatz sprechen die vollständige Überarbeitung der Prozesse, korrekte Datenbestände und die Chance, sich von Altlasten zu befreien. Mit dem Brownfield-Ansatz bringt man sein vorhandenes SAP-ERP-System auf SAP S/4HANA. Sinnvoll ist dieser Ansatz, wenn sich das SAP-ERP-System relativ nah am SAP-Standard befindet. Es ist in der Regel davon auszugehen, dass die Conversion weniger zeitintensiv ist als eine Neuimplementierung beim Greenfield-Ansatz. Selective Data Transition wird die Ausnahme sein, bietet aber interessante Möglichkeiten, die eigenen Systemlandschaften zu konsolidieren. Jedoch: Diese System Conversions per Selective Data Transfer sind aufwendig und teuer, daher rechnet sich dieses Vorgehen eher für Unternehmen mit einer großen Anzahl von SAP-Systemlandschaften und gleichzeitig großem Konsolidierungspotenzial.

2.5.5 Datenmigrationsaspekte beim Greenfield-Ansatz

Daten machen immer Probleme, aber es geht nicht ohne!

Ach ja, die Daten! Wegducken oder Ignorieren hilft hier nicht: Probleme mit den Daten oder auch der Datenqualität holen einen immer wieder während der gesamten Projektlaufzeit ein.

Die Datenmigration ist ein Thema, das in der Anfangsphase eines Projekts häufig nicht die erforderliche Aufmerksamkeit erhält. In einem SAP-Projekt sind die Daten entweder von den Legacy-Systemen in ein strukturiertes SAP-Zielsystem zu migrieren oder, wie in unserem Fall, von einem bestehenden SAP-ERP-System in das neue SAP-S/4HANA-System. Dabei handelt es sich um einen aufwendigen und komplexen Prozess, angefangen bei der Analyse der Daten, dem Aufbau der Testsysteme und letztendlich der Migration der Stamm- und Bewegungsdaten in das neue SAP-System.

Die Datenmigrationsstrategie ist daher ein elementarer Bestandteil im Projekt und baut, wie bereits oben beschrieben, auf den abzulösenden Verfahren auf. Dabei werden die Migrationsobjekte festgelegt, die für die SAP-S/4HANA-Implementierung Voraussetzung sind. Folgende Fragen müssen dabei geklärt werden:

- Mit welchen Aktivitäten muss die Datenübernahme erfolgen, wie sind die Zuständigkeiten, Rollen und Zeitpläne?
- Welche Daten sind pro Migrationsobjekt zu übernehmen, zu bearbeiten oder zu löschen?

Datenquellen identifizieren

Um herauszufinden, welche Daten Sie migrieren müssen, sind die Quellensysteme zu identifizieren (z. B. offene Rechnungen aus dem Vorjahr, offene Auftragsbestände, Stammdaten wie Kunden, Produkte und Lieferanten). Die Ergebnisse der Analyse der Datenquellen sind Datenprofile mit Informationen zu Inhalt, Struktur und Qualität der Datenquellen. Ein weiterer wichtiger Schritt ist es die geschäftsrelevanten Daten festzulegen, die bereinigt, harmonisiert oder auch gelöscht werden können.

Es ist dabei sinnvoll, eine einheitliche standardisierte Vorgehensweise für die Datenmigration und Datenbereinigungsaktivitäten zu entwickeln. Beantworten Sie folgende Fragen vorab:

- In welcher Reihenfolge müssen die Daten übernommen werden?
- Was sind die Qualitätsvoraussetzungen für die Übernahme der Daten in das SAP-S/4HANA-System?

Statistische Auswertungen

Zur Überprüfung der Qualität der migrierten Daten wird ein *Datenmigrationstest* durchgeführt. Der Datenmigrationstest besteht aus einer Anzahl von Zyklen mit folgenden statistischen Auswertungen:

- Sind die übertragenen Daten vollständig, und wie viele Daten werden übertragen?
- Sind die übertragenen Daten inhaltlich korrekt?
- Werden alle Pflichtfelder, die im SAP-S/4HANA-System benötigt werden, übertragen?
- Wie lang ist die Übertragungszeit der Daten?
- Wie hoch ist die Fehlerrate?

Fehlerrate

Die Anzahl der Zyklen wird deshalb so oft wiederholt, bis eine qualitativ zufriedenstellende Datenqualität erreicht wird (z. B. Fehlerrate < 1 %). Nach jedem Zyklus werden deshalb weitere Datenbereinigungsaktivitäten durchgeführt.

Wir kommen immer wieder darauf zurück: Eine hohe Datenqualität ist die Voraussetzung für einen erfolgreichen Test und die finale Übernahme der Daten in das SAP-S/4HANA-System, und ohne Zweifel ist die Datenbereinigung im Projekt ein arbeitsintensiver Prozess, der entsprechend geplant werden muss!

Welche Tools und Werkzeuge stehen für die Datenmigrationsaktivitäten zur Verfügung?

SAP S/4HANA Migration Cockpit – eine gute Wahl

Mit dem *SAP S/4HANA Migration Cockpit*, das als Nachfolger der Legacy System Migration Workbench (LSMW) gilt, stellt SAP ein komfortables Tool zur Unterstützung der Migrationsaktivitäten von Stamm- und Bewegungsdaten von Nicht-SAP- und SAP-Systemen nach SAP S/4HANA zur Verfügung. Aktivitäten, die dabei unterstützt werden, sind:

- Übersicht der Tabellen und Objekte für die Migration
- Ausführung der Datenmigration
- Sicherstellung der Reihenfolge aller Migrationsaktivitäten
- Übersicht über alle durchgeführten Migrationsläufe
- Unterstützung bei der Fehlerbehandlung
- Wiederholung und Zurücksetzung der Migrationsaktivitäten

Zunächst wird eine Liste mit allen anstehenden Migrationsaktivitäten erstellt. Diese Liste beinhaltet die Anzahl der zu übertragenden Tabellen mit der Anzahl der Tabelleneinträge. Die einzelnen Aktivitäten werden dann sequenziell abgearbeitet. Fehler werden angezeigt und Lösungsmöglichkeiten vorgeschlagen. Nicht in jedem Fall ist eine Korrektur notwendig. Wenn z. B. alte Tabelleneinträge im SAP-ERP-System im neuen SAP-S/4HANA-System nicht mehr benötigt werden, können die Fehler auch ignoriert werden. Für das Stammdatenmanagement bietet SAP die neuere Anwendung SAP Master Data Governance an. Weitere Details zu den Themen finden Sie in Abschnitt 9.4.3, »Stammdatenmanagement«, und Abschnitt 9.6, »SAP S/4HANA Migration Cockpit«.

Laden der Daten

Wenn alle Datenbereinigungsaktivitäten kontinuierlich durchgeführt und alle weiteren Vorbereitungen getroffen worden sind, können die Daten in das finale Produktivsystem SAP S/4HANA geladen werden. Zur Unterstützung stehen auch hier diverse Tools zur Verfügung, die das Laden der Daten variabel, entsprechend der Datenmigrationsstrategie, ermöglichen. Die Sequenz der Ladevorgänge kann teilweise flexibel definiert und dem zu ladenden Datenvolumen angepasst werden. Eine bestimme Abfolge der zu ladenden Daten ist jedoch zwingend, so müssen z. B. zuerst die Kundenstammdaten und dann die dazugehörigen Aufträge geladen werden.

Nach jedem Laden der Daten werden nochmals bestimmte Merkmale überprüft, z. B. ob die Anzahl der geladenen Datensätze korrekt im Zielsystem angekommen ist, die Summen übereinstimmen usw. Fehler sind in dieser Phase sofort zu bereinigen, entweder durch manuelle Intervention oder durch Korrektur mithilfe von Programmen.

2.5.6 Wirtschaftlichkeitsbetrachtungen/Business Case

Value-Discovery-Workshop

In diesem Abschnitt beschreiben wir die von SAP und auch die von uns Autoren empfohlene Vorgehensweise für die Erstellung eines Business Case bzw. einer Wirtschaftlichkeitsbetrachtung. SAP bietet in diesem Zusammenhang einen *Value-Discovery-Workshop* für SAP S/4HANA an. Berater*innen und Architekt*innen von SAP auf der einen Seite und Fach- und Führungskräfte auf der Seite beim Kunden führen Gespräche über Probleme mit dem bestehenden SAP-ERP-System. Ergänzend und unterstützend kann eine Benchmark-Analyse von kritischen Geschäftsprozessen durchgeführt werden, um Verbesserungspotenziale zu definieren. Das Ergebnis ist eine Kosten- und Nutzenbetrachtung bei der Einführung eines SAP-S/4HANA-Systems. Um solche Gespräche effizient führen zu können, bedarf es einer guten Vorbereitung des Unternehmens mit den im Folgenden beschriebenen Aktivitäten.

Problembereiche identifizieren

Was sind die Probleme?

Dabei geht es darum, echte geschäftliche Probleme zu identifizieren und Prioritäten zu setzen. Parallel dazu gibt es genügend Informationsmaterial über neue Funktionen und Möglichkeiten, die mit SAP S/4HANA umgesetzt werden können. SAP-ERP-Bestandskunden können auch über das Self-Service-Tool den Report *SAP Business Scenario Recommendations for SAP S/4HANA* anfordern. Zusätzlich steht der Self-Service *SAP Transformation Navigator* zur Verfügung. Beide Tools geben einen guten Überblick, welche Vorteile ein Umstieg vom bestehenden SAP-ERP-System auf ein SAP-S/4HANA-System für den Kunden bringen kann.

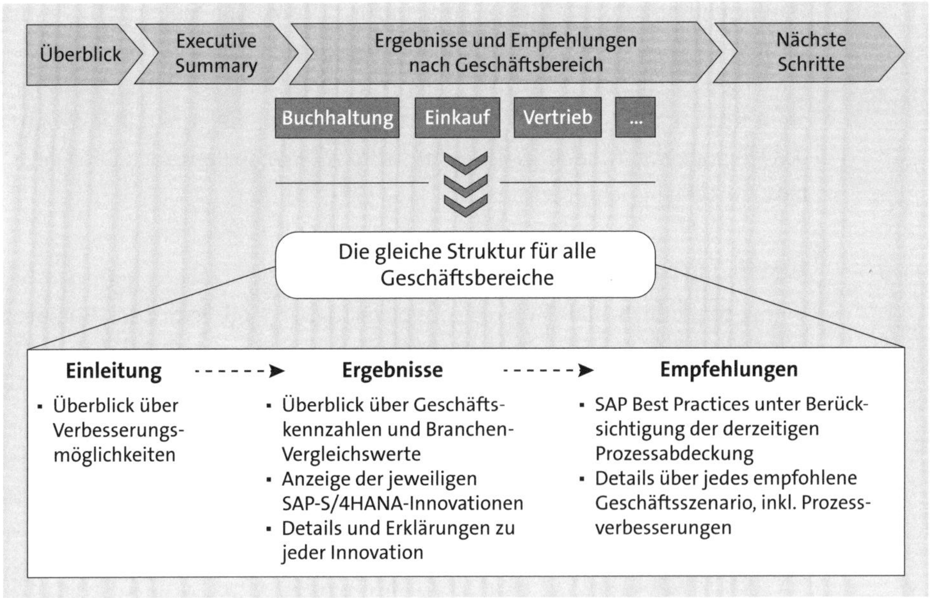

Abbildung 2.8 Struktur des Reports »SAP Business Scenario Recommendations for SAP S/4HANA«

Quantifizierung der Problembereiche

Für die Quantifizierung der Problembereiche gibt es verschiedene Ansätze. Entweder kann man sein Unternehmen mit Mitbewerbern über öffentlich verfügbare Informationen vergleichen (z. B. Jahresabschlüsse) oder mithilfe eines Benchmarking-Tools wie *SAP Value Lifecycle Manager*. So können Sie z. B. die Produktivitätseinbußen durch ineffiziente Prozesse in der Herstellung von Produkten berechnen oder einen Vergleich der Lagerbestandskosten mit den führenden Unternehmen in der Branche vornehmen.

Verbesserungspotenziale durch den Einsatz eines SAP-S/4HANA-Systems ermitteln

Was bringt die Umstellung auf SAP S/4HANA?

In diesem Abschnitt wird ermittelt, wie sich die Vorteile durch den Einsatz eines SAP-S/4HANA-Systems finanziell auswirken können. Versuchen Sie, eine realistische Kosten-Nutzen-Betrachtung aufzustellen, und gehen Sie dabei strukturiert vor. Sollte es mehrere Lösungsvorschläge für ein Problem geben, bewerten Sie die einzelnen Alternativen. Berücksichtigen Sie neben den harten monetären Faktoren, z. B. Einsparungen auf der IT-Seite durch Ablösung einer komplexen Systemlandschaft oder Personaleinsparungen auf der IT- und Benutzerseite, auch weiche Faktoren wie mögliche Umsatzsteigerungen durch eine höhere Kundenzufriedenheit bei verbesserten Prozessen oder eine bessere und in Echtzeit zur Verfügung stehende

Datenqualität zur Unternehmenssteuerung. Vergessen Sie auch nicht, die Risiken für das Projekt und die Umstellung aufzuzeigen. Hilfreich sind hier auch die Einschätzungen von Kunden, die bereits auf SAP S/4HANA umgestellt und ihre Erfahrungen veröffentlicht haben. Eine gute Hilfe ist dabei das *Flipbook mit Kundenberichten zu SAP S/4HANA*, in dem auch über messbare Vorteile berichtet wird.

Kosten und Nutzen vergleichen

Wenn schließlich alle Informationen verfügbar sind, kann der Business Case bzw. eine Wirtschaftlichkeitsrechnung erstellt werden. Versuchen Sie eine realistische Kosten-Nutzen-Betrachtung aufzustellen, und gehen Sie dabei strukturiert vor. Sollte es mehrere Lösungsvorschläge für ein Problem geben, bewerten Sie die einzelnen Alternativen. Der so erstellte Business Case kann dann durch weitere Detailanalysen erweitert werden, indem man z. B. Problemprozesse in weitere Teilprozesse untergliedert und analysiert. In Tabelle 2.4 finden Sie ein Beispiel für eine Matrix aus dem SAP-SCN-Blog »How to write your first ›Hello World!‹ SAP S/4HANA business case«.

Fachbereich	Prozessschwachstelle	SAP-S/4HANA-Lösungsansatz	Finanzielle Auswirkungen	Verbesserungsbereich	Potenzielle Zugewinne
Finance					
Produktion					
Supply Chain					
xxxxx					
xxxxx					

Tabelle 2.4 Elemente eines Business Case für eine SAP-S/4HANA-Umstellung (Quelle: SAP Community Network)

2.6 Fazit

Zusammenfassend ist festzuhalten, dass der Einsatz der neuen Innovationen mit SAP S/4HANA einen beträchtlichen Mehrwert für ein Unternehmen bringen kann. Daten können in Echtzeit analysiert und verlässliche Prognosen getroffen werden. Die Möglichkeiten, die die Intelligent Suite bietet, sind beeindruckend. Die Vereinfachung der Prozesse führt zu einem effizienteren Auditmanagement und damit zu einem qualitativ besseren Risikomanagement. Mit der SAP Cloud Platform lassen sich neue Geschäftsideen schneller umsetzen. Die Infrastrukturkosten für das System können u. a. durch den geringeren Speicherbedarf gesenkt werden.

Bei allen qualitativen und quantitativen Vorteilen, die der Einsatz einer SAP-S/4HANA-Plattform bringen kann, darf aber nicht unterschätzt werden, dass der Weg dahin sehr sorgfältig geplant werden, die erforderlichen Mittel und Ressourcen bereitstehen und ein erfahrenes Projektteam mit der Unterstützung von qualifizierten Beraterinnen und Beratern zur Verfügung stehen muss.

Wir haben die Erfahrung gemacht, dass die Implementierungskosten für die neue Software aus unterschiedlichen Motiven häufig unterschätzt und auf der anderen Seite die Einsparungen zu hoch angesetzt werden, um das Projekt auf den Weg zu bringen. Hier hilft nur Realismus!

Voraussetzungen für das Gelingen eines Projekts

Wir haben bereits in der Erstauflage dieses Buches die drei wichtigsten Merkmale für das Gelingen eines SAP-ERP-Projekts aufgezählt. Diese gelten nach wie vor auch für den Umstieg auf SAP S/4HANA:

1. **SAP-Projekte sind Chefsache**
   SAP-Projekte sind Transformationsprojekte mit Auswirkungen auf die Prozesse, Systemlandschaften und Organisationsstrukturen in Ihrem Unternehmen. Sie als Projektleiter oder Projektleiterin müssten Meister des Multitaskings sein, denn konkurrierende Ressourcen müssen über mehrere Projekte hinweg koordiniert werden. Transformationsprojekte bzw. Multiprojekte erfordern eine unternehmensweite und organisationsübergreifende Steuerung. Über SAP-Projekte wird deshalb meistens auf Unternehmensleitungsebene entschieden, und die Unternehmensleitung ist für den gesamten Projektverlauf einzubinden. Die Aufwände für eine SAP-Implementierung und die damit zusammenhängenden Änderungen und Auswirkungen werden häufig unterschätzt.
2. **Eine Anpassung der Unternehmensprozesse ist eine Chance**
   Anders als bei Entwicklungen von Individualsoftware beginnt man ein SAP-Projekt mit Standardgeschäftsprozessen. Das gilt sowohl für einen Umstieg von einem Nicht-SAP-System zu einem SAP-System als auch von einem SAP-ERP-System zu SAP S/4HANA. Die Anpassung der Unternehmensprozesse an SAP-Prozesse ist eine Chance für Simplifizierung. Änderungen und Modifizierungen des Standards sind schwierig und kostspielig. Auch wenn die SAP-Prozesse auf den ersten Blick unflexibel scheinen, liegt hier mit der möglichen Vereinfachung das Einsparungs-

potenzial für die Unternehmen. Programmierungsaufwände werden durch die Anpassung der bestehenden Geschäftsprozesse an die SAP-Prozesse reduziert. Unterschätzen Sie aber auch die Anforderungen rund um das Change Management nicht.

3. **Spot on auf die Datenmigration – Hausputz nicht vergessen**
   Die Datenmigration ist ein aufwendiger und komplexer Prozess. Datenbereinigungs- und -archivierungsaufgaben sind ein elementarer Bestandteil jeder Datenmigrationsstrategie, die in den Projektplänen zu berücksichtigen sind. Die Aufgaben müssen früh und kontinuierlich im Projekt wahrgenommen werden.

Kapitel 3
Das SAP-S/4HANA-Projekt: Wie es sein sollte

Wir werden oft gefragt, wie man ein SAP-Projekt vor dem Scheitern bewahren kann. Bevor wir Ihnen im nächsten Kapitel zeigen, was alles schiefgehen kann, beschreiben wir in diesem Kapitel, wie ein ideales SAP-Projekt aussehen würde, in dem alle Beteiligten alles richtig machen.

In einer idealen Welt wäre unser Buch nach diesem Kapitel beendet: Sie lernen hier die optimale Planung und Durchführung eines SAP-Projekts kennen, in dem sich Projektleitung, Projektmitarbeiter*innen und das gesamte Team punktgenau an diese Planung halten.

Wenn nur alles so einfach wäre! Dann würde es nicht so viele Projekte geben, die verspätet fertiggestellt oder nie zum Abschluss gebracht werden. Es gäbe auch keine Projekte, deren Scope sich im Projektverlauf immer und immer wieder ändert, die am Ende ihre Ziele nicht oder nur teilweise erreichen und schöngeredet werden müssen.

Dennoch gehen viele Unternehmen große IT-Projekte, die das Potenzial haben, die gesamte Unternehmensstruktur, geschäftskritische Abläufe und Prozesse zu verändern, (wie eine SAP-S/4HANA-Einführung) mit bemerkenswerter Blauäugigkeit an. Die Aufwände für professionelles Projektmanagement gehören zu häufig zu den Budgetpositionen, die im Zweifel gekürzt werden. Wir vergleichen Projektmanagement gern mit Öl im Motor. Auch wenn eine Projektleitung, oberflächlich betrachtet, nur Kosten produziert: Zu wenig oder gar überhaupt keine Projektleitung führt zu schwersten Schäden im Projekt, bis hin zum Totalverlust – Projektabbruch und Abschreibung der Kosten.

Projektleiter*in ist keine geschützte Berufsbezeichnung

Im Gegensatz zu Rechtsanwält*innen, Ingenieur*innen oder Ärztinnen und Ärzten ist Projektleiter bzw. Projektleiterin keine geschützte Berufsbezeichnung mit einer national oder gar international anerkannten Ausbildung. Unabhängig von Ausbildungsgrad, Erfahrungen und Qualifikationen kann sich jeder Projektleiterin oder sogar Programmmanager nennen. Dies führt zu einer sehr unterschiedlichen Qualität in der Projektleitung. Der formalen Qualifikation – nicht nur dem generellen Hinweis im Lebenslauf auf die (kaum wirklich zu prüfende) jahrelange Erfahrung wird jedoch seit einigen Jahren mehr Bedeutung bei der Auswahl von externen Beratern und Beraterinnen zugemessen. Für Unternehmen, die erhebliche finanzielle Mittel in die Hand nehmen und deren wirtschaftliche Zukunft maßgeblich von einem erfolgreichen SAP-Projekt abhängt, ist dies eine schwierige Situation: Wie können Sie sicherstellen, dass Sie eine Projektleitung beauftragen, die ihr Handwerk versteht?

Die Mehrzahl der IT-Projekte scheitert!

In der Einleitung haben wir bereits darauf hingewiesen: Die Mehrzahl der IT-Projekte scheitert teilweise oder ganz. In der Wirtschaftspresse werden immer wieder große »SAP-Projekte« (zumeist von SAP-Partnern verantwortet) vorgestellt, die mit hohen Zeitverzugs- bzw. Budgetproblemen zu kämpfen hatten oder abgebrochen wurden. Und die betroffenen Unternehmen mussten Lehrgeld im Millionenbereich zahlen. Gutes Projektmanagement ist entscheidend für den Projekterfolg! Überdies ist gutes Projektmanagement zu einem erheblichen Teil Handwerk, d. h. die Anwendung bewährter Best Practices und Methodik. Projekte sind dynamische, komplexe Gebilde aus formalen und informellen Prozessen, Beziehungen und Motivationen. Niemand kann ein komplexes Projekt komplett durchschauen und vorhersagen. Daher sind eine bewährte Methodik und erprobte Vorgehensweisen entscheidende Hilfsmittel für den Erfolg.

[+]

Buchempfehlung

Wer mehr über erfolgreiches Handeln in komplexen Situationen erfahren möchte, dem sei das bereits 1989 erschienene, sehr aufschlussreiche und gut lesbare Buch von Dietrich Dörner, »Die Logik des Misslingens«, ans Herz gelegt.

Dieses Kapitel ist als Referenzrahmen zu verstehen, auf den wir uns in den folgenden Kapiteln immer wieder beziehen werden. Die Fallstricke und Herausforderungen, die vorhersehbaren und unvorhersehbaren Probleme und überraschenden Wendungen, die wir Ihnen im Verlauf dieses Buches vorstellen, können Sie so mit dem SAP-S/4HANA-Einführungsprojekt, wie es sein sollte, abgleichen.

Zunächst zeigen wir Ihnen, wie die Reise beginnt und welche Voraussetzungen dafür geschaffen werden müssen, um danach ein SAP-S/4HANA-Projekt mit all seinen Phasen und seiner Struktur zu beschreiben. Stellen Sie sich vor, Ihr Chef oder Ihre Chefin gibt Ihnen freie Hand bei der Planung und Durchführung Ihres Projekts. Sie dürfen sich alles wünschen (was zu einem erfolgreichen Projekt gehört), und niemand mault über einzuhaltende Budgets, enge Zeitpläne und nicht vorhandene Ressourcen.

3.1 Projektmanagementstandards, Methodik und Werkzeuge: ein Überblick

Das Triumvirat: interne/externe Projektleitung und Solution Architect

Von Dr. Guido Westerwelle stammt das berühmte Zitat: »Auf jedem Schiff, das dampft und segelt, gibt es einen, der die Sache regelt – das bin ich.« In unserem Fall ist dies der oder die Projektleiter*in, entweder aus Ihrem Unternehmen oder als externer Dienstleister. Viele Unternehmen beauftragen Beratungshäuser mit der Durchführung von SAP-Projekten und entscheiden sich daher für eine Doppelspitze: Eine interne Projektleitung, die gemeinsam mit einer externen Projektleitung für die erfolgreiche Planung und Durchführung des Projekts verantwortlich ist. Im erweiterten Sinne ist es häufig sogar ein »Triumvirat« aus interner und externer Projektleitung sowie dem Solution Architect, der oder die die inhaltlichen Themen gesamtheitlich verantwortet.

Ob Sie ein SAP-Projekt ausschließlich mit eigenen Mitarbeiter*innen stemmen oder ein oder mehrere Beratungsunternehmen beauftragen: Wichtig ist neben der Qualifikation der Projektmitglieder vor allem die Qualifikation der Projektleitung.

Es haben sich eine Reihe internationaler Projektmanagementstandards und dazugehörige Organisationen entwickelt, die sich der Standardisierung der Projektmanagementmethodik und der Verbesserung der Projektmanagementqualität durch Schulungen und Zertifizierungen verschrieben haben.

Diese Projektmanagementstandards bieten mittlerweile einen ganzen Werkzeugkasten an Tools und methodischen Vorgehensweisen, die uns bei der Planung und Durchführung unseres Projekts unterstützen. Die dahinterstehenden Organisationen stellen die kontinuierliche Weiterentwicklung und Verbesserung der Methodik und der Werkzeuge sicher.

Die »Big 3« der Projektmanagementstandards

Weltweit haben sich drei große Projektmanagementmethoden mit dazugehörigen Organisationen und internationalen Zertifizierungen etabliert. Diese Schulungen und Zertifizierungen sollen Projektmanagement-Qualitätsstandards sicherstellen:

1. Das Vorgehen gemäß der vom Project Management Institute (PMI) in den USA entwickelten Projektmanagementmethodik wird als Best Practices in »Guide to the Project Management Body of Knowledge« (*PMBOK Guide*) beschrieben. Das PMI ist die weltweit mitgliederstärkste Projektmanagementorganisation. Es gibt acht international anerkannte Zertifizierungen, wovon die wichtigste und am weitesten verbreitete die Zerti-

fizierung *Project Management Professional (PMP)* ist, die für drei Jahre Gültigkeit hat.

2. Die *PRINCE2*-Projektmanagementmethodik (Projects in Controlled Environments) wurde ursprünglich vom Office of Government Commerce (OGC) in Großbritannien entwickelt und gehört mittlerweile AXELOS, einem Joint Venture des Cabinet Office der britischen Regierung und der Capita Group.
   Neben PRINCE2 gehört dazu auch die bekannte *ITIL*-Zertifizierung (IT Infrastructure Library). Es handelt sich um eine Sammlung von Best Practices, für die Schulungen und Standardzertifizierungen angeboten werden.
3. In Europa wurde der Projektmanagementverband *IPMA* (International Project Management Association) gegründet, der ebenfalls als Zertifizierungsstelle für Projektmanagementstandards fungiert. IPMA veröffentlichte die *ICB* (IPMA Competence Baseline), die die Grundlage für nationale Projektmanagement-Baselines ist. Diese nationalen Projektmanagementstandards orientieren sich an der ICB und berücksichtigen zusätzlich landesspezifische Anforderungen. Die aktuelle Version ist ICB 4.0, die die drei Kompetenzfelder (Kontextkompetenzen, persönliche und soziale Kompetenzen sowie technische Kompetenzen) umfasst. In Deutschland betreibt der Fachverband GPM (Deutsche Gesellschaft für Projektmanagement e.V.) die Zertifizierungsstelle *PM-ZERT*, die vier Zertifikatstypen vergibt:
   - IPMA Level D: Certified Project Management Associate
   - IPMA Level C: Certified Project Manager
   - IPMA Level B: Certified Senior Project Manager
   - IPMA Level A: Certified Project Director

[+]

Fachliche Qualifikation

Wenn Sie als Projektleitung in Ihrem Unternehmen Verantwortung für ein SAP-Projekt übernehmen wollen, sollten sie sich mit mindestens einem dieser Standards auskennen und idealerweise eine entsprechende Zertifizierung erworben haben.

3.1.1 Auswahl der externen Projektleitung

Sollten Sie einen externen Projektleiter oder eine externe Projektleiterin mit der verantwortlichen Durchführung Ihres SAP-Projekts beauftragen, gehört bei der Auswahl neben einer Referenzliste erfolgreich abgeschlossener SAP-Projekte der Nachweis einer Projektmanagementzertifizierung zu den Must-have-Beauftragungskriterien. Einerseits erhöht es die Wahrscheinlichkeit, dass eine gut qualifizierte Projektleitung beauftragt wird – und damit die Erfolgschancen Ihres Projekts. Andererseits trägt dieses Vorgehen zur Standardisierung des Projektleitungsmetiers und damit zu steigender Qualität bei.

Die Wahl der passenden Projektleitung

Nun ist es also soweit: Mehrere Kandidaten und Kandidatinnen werden Ihnen vorgestellt und bieten ihre Dienste an. Worauf sollten Sie achten? Im Folgenden finden Sie einige Hilfestellungen für die Auswahl des passenden Projektleiters bzw. der passenden Projektleiterin für Ihr SAP-S/4HANA-Projekt:

- **Formale Qualifikation**
  Dazu gehören Projektmanagementzertifizierungen, aber auch einschlägiges Branchen Know-how.
- **Referenzen**
  Kontaktieren Sie die angegebenen Referenzen, und versuchen Sie, Detailinformationen über bisherige Projekte sowie Stärken und Schwächen der Kandidatin oder des Kandidaten herauszufinden.
- **Kommunikationsfähigkeit**
  Die Projektleitung muss ein guter Kommunikator bzw. eine gute Kommunikatorin sein und sowohl das Projektteam als auch die Stakeholder motivieren, überzeugen und führen können. Die wichtigste Projektwährung ist Vertrauen – und das muss die Projektleitung ausstrahlen.
- **Sprachfähigkeiten**
  Nichts verbindet und trennt uns mehr als Sprache. Verhandlungssicheres Deutsch und Englisch ist eine Selbstverständlichkeit; weitere Sprachen sind von Vorteil, insbesondere wenn es sich um ein internationales Projekt handelt. Nebenbei: Achten Sie darauf, dass die Standardprojektsprache in internationalen Teams tatsächlich konsequent eingehalten wird, um Missverständnisse und Spannungen zwischen den Projektmitgliedern zu vermeiden..
- **Bauchgefühl**
  Vertrauen Sie Ihrem Bauchgefühl! Falls Sie nach dem Kennenlernen und einem eingehenden Gespräch auch nur den geringsten Zweifel an der Eignung des Bewerbers oder der Bewerberin haben, sollten Sie weitersuchen. Hier gilt: Im Zweifel gegen den Kandidaten oder die Kandidatin!

Eine fachlich gut qualifizierte und menschlich überzeugende Projektleitung ist ein zentraler Erfolgsfaktor für ihr SAP-Projekt. Nehmen Sie sich Zeit bei der Auswahl und scheuen Sie nicht davor zurück, von einem externen

Partner vorgeschlagene Kandidat*innen abzulehnen, wenn sie nicht vollständig überzeugen können. Mehrere Bewerbungsgespräche mit unterschiedlichen Stakeholdern können zu einem umfassenden Eindruck beitragen.

3.1.2 Die Bedeutung der Projektmanagementmethodik

SAP-Projekte sind, wie alle anderen Großprojekte, komplexe Systeme. Sie zeichnen sich durch Eigendynamik, Vernetztheit, Polytelie, Intransparenz und Komplexität aus. Was bedeutet das?

- **Eigendynamik**
  Das Projekt entwickelt sich selbstständig weiter – unabhängig von den Aktionen (oder Nicht-Aktionen) einzelner Akteure und Akteurinnen.
- **Vernetztheit**
  Die Dinge hängen voneinander ab. Änderungen an einer Stelle führen (manchmal überraschend) zu Veränderungen an anderen Stellen.
- **Polytelie**
  Es erfordert das Abwägen und Austarieren von möglicherweise gegensätzlichen Zielen, um das Gesamtziel zu erreichen (z. B. Qualitätsziele vs. Zeitplan).
- **Intransparenz und Komplexität**
  Es ist nicht möglich, alle Aspekte des Projekts gleichzeitig zu überblicken. Jeder und jede Projektbeteiligte sieht nur einen Ausschnitt, denkt aber häufig, er/sie habe das Projekt verstanden. Tatsächlich ist es eher wie beim Blick durch eine Milchglasscheibe: Vieles ist in seinen Details verschwommen und kann eher erraten als wirklich erkannt werden.

Konsequentes Vorausplanen ermöglicht rechtzeitiges Gegensteuern

Das sind die grundsätzlichen Ursachen, warum viele Projekte ihre Ziele nur eingeschränkt erreichen: Komplexität, Eigendynamik und Intransparenz führen unweigerlich zu Fehlentscheidungen mit gelegentlich weitreichenden Konsequenzen. Die Bedeutung der Projektmanagementmethodik besteht darin, die Wahrscheinlichkeit von Fehlentscheidungen zu reduzieren und – wenn sie rechtzeitig erkannt werden – genügend Zeit und Möglichkeiten zur Verfügung zu haben, ihre Folgen zu minimieren. Grundlegende Projektmanagementaufgaben wie die Erstellung eines Projektstrukturplans, eines Zeitplans, des Risikomanagements usw. sind Tätigkeiten, die die Komplexität reduzieren, die Vernetztheit sichtbar machen und die Intransparenz somit zumindest etwas reduzieren. Sie geben der Projektleitung wichtige Strukturen und Informationen für eine vorausschauende Planung und sorgfältig abgewogene, gut begründete Entscheidungen.

Eine generische, d. h. nicht SAP-spezifische Projektmanagementmethodik ist eine wichtige Grundlage, auf der sowohl *Accelerated SAP* (ASAP), die »klassische« SAP-Einführungsmethodik, als auch der Nachfolger *SAP Activate* aufbauen.

Es gibt keine von SAP vorgeschriebene Projektmanagementmethodik. Allerdings sind in der Praxis viele SAP-Projektleiter*innen PMI- oder PRINCE2-zertifiziert, und wie wir sehen werden, gibt es Überschneidungen und Ähnlichkeiten zwischen PMI/PRINCE2 und ASAP. Bevor wir auf ASAP und SAP Activate etwas tiefer eingehen, geben wir im Folgenden beispielhaft einen kurzen Überblick über die PMI-Projektmanagementmethodik. Um es deutlich zu sagen: Die PMI-Methodik ist eine von mehreren möglichen strukturierten Herangehensweisen – es ist ein gutes, aber sicherlich nicht das einzige Werkzeug in Ihrem Projektleiterwerkzeugkasten. Entscheidend ist nicht, für welche Methodik Sie sich entschieden haben, sondern deren konsequente und kompetente Anwendung in Ihrem SAP-Projekt.

3.2 Das Projektmanagement-Einmaleins: PMI-Projektmanagementmethodik

Jedes Projekt ist anders – und doch: Ein Projekt ist ein Projekt ist ein Projekt! Es gibt bestimmte Aspekte, die sich nicht ändern, und daher gibt es bewährte Vorgehensweisen, die bei jedem Projekt hilfreich sind. Natürlich ist es ein großer Unterschied, ob man eine Autobahnbrücke plant und baut, einen Weltraumsatelliten entwickelt und ins All schießt oder SAP-Standardsoftware einführt.

Was macht ein Projekt aus?

Aber es gibt dennoch viele Gemeinsamkeiten: Zum Beispiel hat jedes Projekt einen definierten Anfang, einen festgelegten Scope (der im offiziellen *Scope Statement* dokumentiert wird) und ein definiertes Projektende – und dazwischen Projektphasen mit Meilensteinen, die durchlaufen bzw. erreicht werden müssen. Im Gegensatz zum Tagesgeschäft gibt es in jeder Projektphase bestimmte Aufgaben und sogenannte *Deliverables*, also Ergebnisse, die erfolgreich erarbeitet und »abgeliefert« werden müssen, sowie Meilensteine, die zu erreichen sind, um das Projekt erfolgreich an sein Ziel zu bringen.

Die Projektmanagementmethodik strukturiert Projekte. Sie stellt einen Rahmen dar und vermittelt Konzepte und Fachbegriffe, die jeder Projektleiterin und jedem Projektleiter helfen, ein Projekt professionell zu planen und erfolgreich zu leiten. Mindestens ebenso wichtig ist, dass die Projektmanagementmethodik Fachbegriffe und Konzepte vermittelt, eine Art Projektmanagementsprache, die den Austausch zwischen den Projektleitern und -leiterinnen vereinfacht. So wie jeder Arzt und jede Ärztin weiß, was eine Fraktur ist, wissen ausgebildete Projektleiter*innen eben, was unter einem Projektstrukturplan (Work Breakdown Structure, WBS) zu verstehen ist.

Standardisierte Methodik

Das 1969 in den USA gegründete PMI ist seit 1996 Herausgeber des *PMBOK Guide*. Gemäß PMI besteht jedes Projekt aus folgenden Phasen, auch *Prozessgruppen* genannt (siehe Tabelle 3.1).

	Phase/Prozessgruppe	Details
1	*Concept and Initiation* (Konzeptions- und Projektvorbereitungsphase)	Klärung und Festlegung der Projektziele. Abstimmung/Herbeiführung eines gemeinsamen Verständnisses
2	*Definition and Planning* (Definitions- und Planungsphase)	Planung des Projektinhalts und -umfangs; Entwicklung von Projekt-, Zeit- und Kostenplänen unter Berücksichtigung der Abhängigkeiten
3	*Execution* (Ausführungsphase)	Zuordnung der Projektressourcen zu Vorgängen im Projektplan
4	*Monitoring and Controlling* (Überwachung und Kontrolle)	Berichtswesen und Änderungsmanagement
5	*Closing* (Projektabschluss)	Auftragsbeendigung und administrativer Projektabschluss

Tabelle 3.1 PMI-Prozessgruppen

Phase 4 (Überwachung und Kontrolle) ist eine Besonderheit: Im Gegensatz zu den anderen Phasen finden diese Tätigkeit während der gesamten Projektlaufzeit statt – daher kann man darüber streiten, ob es sich um eine eigene Phase oder um Tätigkeiten innerhalb aller Phasen handelt.

Phasen und Knowledge Areas: alles zur richtigen Zeit!

Die Diskussion über Phase 4 einmal als nebensächlich beiseite gelegt: Die PMI-Methodik besteht – und das ist entscheidend für das Verständnis – aus einer Matrix von zeitlichen Projektphasen und inhaltlichen Wissensbereichen, den *Knowledge Areas* (siehe Tabelle 3.2).

	Wissensbereich (Knowledge Area)	Details
1	Integration Management	Koordination und Informationsaustausch der Projektbeteiligten untereinander
2	Scope Management	Definition und Überwachung des Projektinhalts (Projektumfang); Prozesse zur Einsteuerung und Neuplanung bei notwendigen Änderungen
3	Time Management	Überwachung der Einhaltung des Zeitplans
4	Cost Management	Mithilfe der Projektkostenrechnung werden der Kostenverlauf überwacht und gegebenenfalls Maßnahmen ergriffen.
5	Quality Management	Standardisierung von Projektprozessen und Dokumentation der Ergebnisse (Qualitätsmanagement)
6	Human Resource Management	Zuordnung der Projektressourcen zu den Aufgaben gemäß Ausbildung/Befähigung (Personalplanung)
7	Communication Management	Informationsaustausch/Kommunikation mit allen Projektbeteiligten
8	Risk Management	Risikoanalyse, präventive Maßnahmen und Notfallkonzepte
9	Procurement Management	Zusammenarbeit mit Partnern und Lieferanten (Beschaffung)
10	Stakeholder Management	Koordination und Abstimmung mit Projektbeteiligten innerhalb und außerhalb des Projekts (Interessengruppen)

Tabelle 3.2 Wissensbereiche gemäß PMI

Die größte Hilfestellung bietet die PMI-Methodik der Projektleitung, da für jede Projektphase und jede Knowledge Area wichtige Aufgaben aufgeführt werden. Dies dient der Projektleitung als Orientierung, um alle notwendigen Projektmanagementaufgaben in jeder Projektphase im Blick zu behalten. Hier schließt sich der Kreis: Strukturierung, Reduktion der Komplexität, Fokussierung auf das Wesentliche, vorausschauende Planung, Risikomanagement – dies ist das Handwerkszeug des Projektleiters oder der Projektleiterin, das die Chancen, ein Projekt erfolgreich abzuschließen, erhöht. Denn wie Mark Twain richtig bemerkte: »Prognosen sind schwierig, vor allem, wenn sie die Zukunft betreffen.« Daher kann jedes, auch das am besten geleitete, Projekt scheitern. Der Projekterfolg ist das Ziel. Aber die Aufgabe der Projektleitung besteht darüber hinaus auch darin, alles zu tun, damit das Risiko des Scheiterns minimiert wird, und durch weit vorausschauende Planung den Handlungsspielraum für Gegenmaßnahmen zu maximieren.

3.3 Alles perfekt vorbereitet: die idealen Voraussetzungen

Der Weg zum SAP-Projekt

Schon lange bevor die erste Phase Ihres SAP-Projekts beginnt, müssen die richtigen Weichen gestellt werden. Die Beschäftigung mit den Anforderungen, die letztlich das SAP-Projekt ins Rollen bringen, hat bereits mit der *Unternehmensstrategie* begonnen, die vor der IT-Strategie und vor der Entscheidung für eine SAP-Software steht.

Für unser ideales Projekt gehen wir davon aus, dass sich das Unternehmen für eine IT-Strategie auf der Basis von SAP-Produkten entschieden hat. Die Entscheidungskriterien haben wir in Abschnitt 2.4.5, »Kriterien für die Auswahl der Software«, eingehend diskutiert. Die Entscheidung, ein SAP-S/4HANA-Einführungsprojekt durchzuführen, kommt also nicht aus heiterem Himmel: Ihre Prozesse oder sogar Ihr Geschäftsmodell ändern sich, Teile Ihres Unternehmens werden verkauft oder andere Unternehmen hinzugekauft. All diese Veränderungen machen auch Anpassungen an Ihrem IT-System notwendig. Grundlage für alle planbaren Änderungen im Unternehmen sollten langfristige, strategische Entscheidungen sein, die regelmäßig überprüft und gegebenenfalls neu bewertet werden.

Nachhaltige Unternehmensführung zeichnet sich durch langfristige Unternehmensstrategien aus, die eine passende IT-Strategie nach sich ziehen. Dass eine solche langfristige Sicht häufig der kurzfristigen Gewinnmaximierung zuwiderläuft, mag aus einiger Entfernung betrachtet klar sein, dennoch legen die strategischen Entscheidungen das Fundament für ein erfolgreiches SAP-Projekt.

Abbildung 3.1 zeigt eine ideale Projektorganisation, die in die Linienorganisation eingebettet ist und durch Fachexpert*innen aus den jeweiligen Fachabteilungen unterstützt wird. Die Vorgaben und die Ergebnisabnahme erfolgt durch die Linienorganisation, die Umsetzung liegt beim Projektteam, das in mehrere Teilprojekte unterteilt ist. Die zentralen Aufgaben der Projektsteuerung, des Solution Designs und des Integrationsdesigns (Schnittstellen) sind teilprojektübergreifend aufgestellt. Die technische Infrastruktur wird von der Unternehmens-IT bereitgestellt.

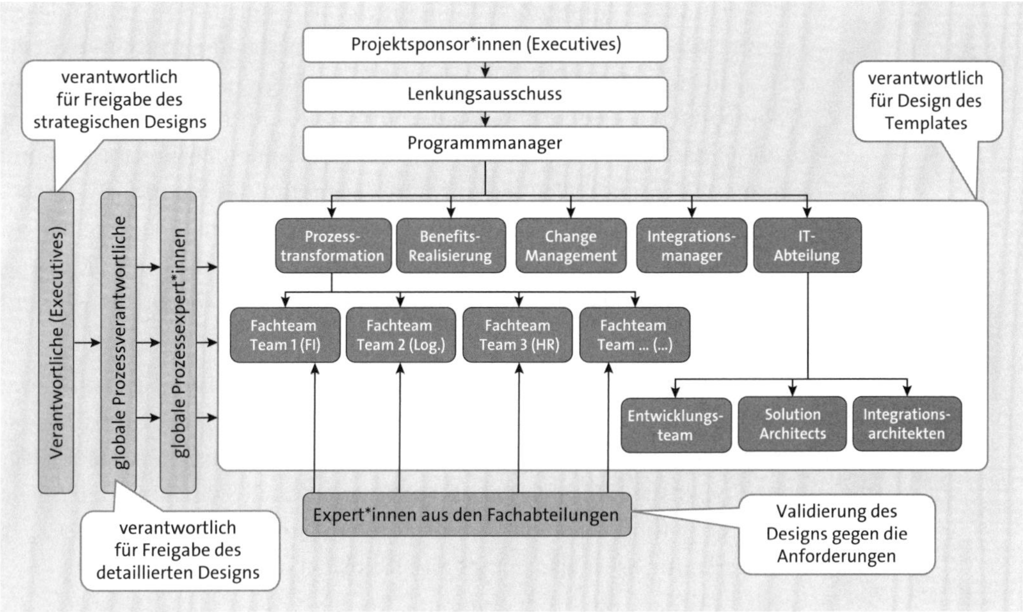

Abbildung 3.1 Projektteam mit Verantwortlichkeiten und Entscheider*innen

Alles auf null – Strategieänderungen

Komplexe SAP-Projekte dauern oft länger als zwölf Monate; bestimmte strategische Projekte, die nach Design und Implementierung zudem in verschiedene Regionen, Länder und in unterschiedliche Unternehmensbereiche ausgerollt werden, mitunter mehrere Jahre. Eine Änderung der strategischen Richtung während des Projekts ist daher extrem hinderlich und kann den Projekterfolg gefährden. Da dieses Buch aber nicht von erfolgreicher Unternehmensführung handelt, sondern von erfolgreichen SAP-Projekten, gehen wir auf die Auswirkungen kurzfristiger Strategieänderungen nur am Rande ein.

Alle strategischen Entscheidungen sind gefallen und von der Geschäftsführung bestätigt. Das SAP-Projekt kann beginnen. Im Folgenden beleuchten wir die ersten Schritte bis zum Start des eigentlichen SAP-Projekts.

Das Projektbüro als Kommandozentrale

Das Projektbüro (auch *Project Management Office* genannt, PMO) ist die Zentrale jedes SAP-Projekts – hier laufen alle Fäden zusammen.

Sie haben daher Ihr PMO mit Kolleginnen und Kollegen besetzt, die den Anforderungen gewachsen sind. Die Mitglieder des Projektbüros sind die erste Anlaufstelle für viele Themen. Sie sollten etwas vom fachlichen Inhalt des SAP-Projekts verstehen und organisatorisches Talent besitzen. Oft werden hier auch Themen besprochen, die noch nicht reif für die »öffentliche« Kommunikation sind. Sie als Projektleitung müssen uneingeschränkt Vertrauen zu Ihrem PMO haben. Viele »kleine« Anfragen und Aufgaben, die ein SAP-Projekt erst ermöglichen, laufen hier auf: Fehlt ein Arbeitsplatz oder benötigt das Team für ein Teilprojekt dringend einen Besprechungsraum, kümmern sich die Kolleg*innen sofort darum und finden immer eine Lösung. Probleme mit der Versorgung durch Verbrauchsmaterialien gibt es in Ihrem Projekt nicht, weil Ihr PMO rechtzeitig nachbestellt. Auch die operative Projektplanung, also die Pflege der Planungsunterlagen, obliegt dem PMO.

Wie ist die Projektwetterlage?

Die aus unserer Sicht wichtigste Aufgabe des PMO besteht jedoch darin, dass seine Mitglieder atmosphärische Störungen im Projekt zuerst bemerken. Lange bevor die ersten offiziellen Diskussionen über Missstände jeglicher Art, Risiken für den Projektverlauf oder auch zwischenmenschliche Probleme geführt werden oder das Problem gar eskaliert, hat das PMO es schon erkannt. Es ist also in mehrerlei Hinsicht das Herz des Projekts.

Verdeutlicht wird das durch Abbildung 3.2: Das PMO nimmt schon in der Organisationsstruktur im Projekt eine zentrale Rolle ein.

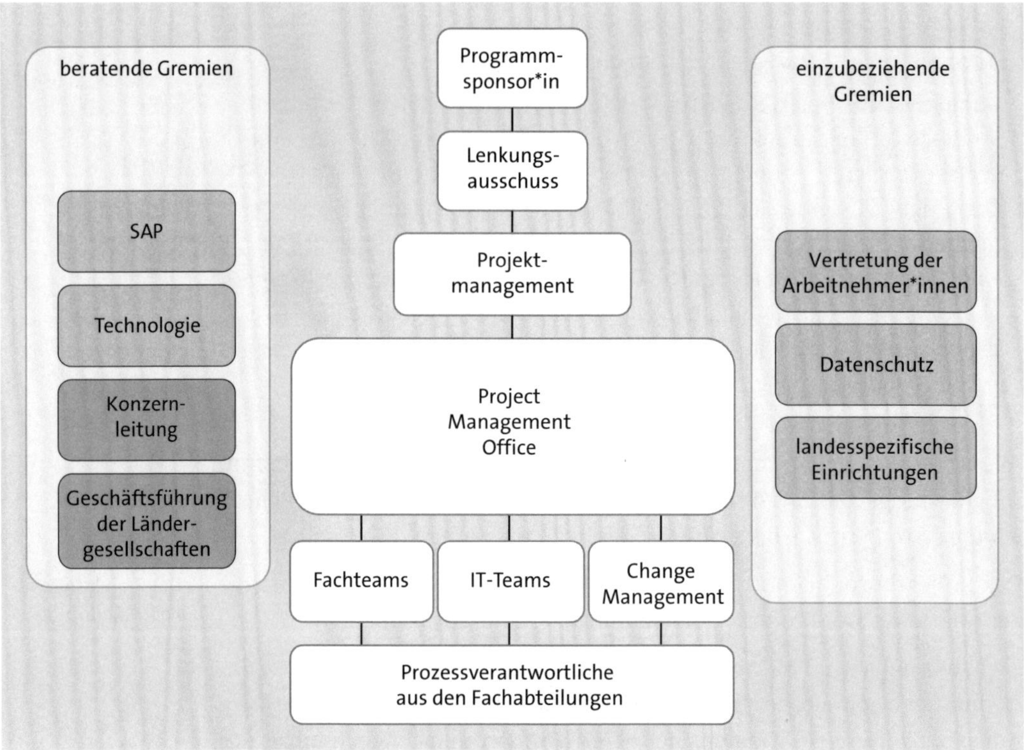

Abbildung 3.2 PMO als Projektzentrale

Es unterstützt in erster Linie Sie als Projektleitung, hat aber auch zu jedem Teilprojekt zumindest eine virtuelle Verbindung; und durch die zentralen administrativen Prozesse (Onboarding, Vermittlung von Material und Arbeitsplätzen usw.) kennen alle Beteiligten im Projekt die Kollegen und Kolleginnen aus dem PMO. Mehr zum Aufbau und zu den Aufgaben des PMO lesen Sie in Abschnitt 5.1, »Wer gehört zum Projektteam?«.

Die organisatorischen und administrativen Vorbereitungen des SAP-Projekts sind nun fast abgeschlossen. Bevor Sie mit der Arbeit beginnen, müssen Sie noch eine Vorgehensweise für Ihr SAP-Projekt festlegen: SAP Activate. Im Folgenden erklären wir, wie sich SAP Activate aus der vorangehenden Einführungsmethodik ASAP entwickelt hat.

3.4 ASAP – die Mutter aller SAP-Methoden

Jeder, der sich in den letzten Jahrzehnten mit SAP-Projekten befasst hat, kennt ASAP. ASAP bedeutet *Accelerated SAP* und beschreibt als Methode oder Modell die Einführung von SAP-Software als Projekt. Dass die Abkürzung *asap* allseits als Akronym für *as soon as possible* bekannt ist, war sicherlich mit ein Grund für die Namenswahl. Mit ASAP hat SAP als Entwickler der Software gleich eine Methode für deren Implementierung mitgeliefert.

Weiterentwicklung der Methode

ASAP wurde 1998 als Methode von SAP entwickelt. Die letzte und finale Softwareversion ist ASAP 8.0 aus dem Jahre 2013. Seither wird ASAP nicht mehr weiterentwickelt; allerdings steht die Dokumentation weiterhin unter *https://archive.sap.com/documents/space/asap-methodology* zur Verfügung.

ASAP wurde durch die neue SAP-Activate-Methodik abgelöst, die auf ASAP aufbaut und sie erweitert. Einige zentrale Dinge änderten sich bei der Weiterentwicklung von ASAP zu SAP Activate nicht – es folgt daher zunächst ein kurzer Überblick zu ASAP, bevor wir uns genauer mit SAP Activate beschäftigen.

Abbildung 3.3 zeigt die Phasen der ASAP-Roadmap und die verschiedenen Aufgaben, die während der einzelnen Phasen anstehen. Im Gegensatz zu den fünf Projektphasen gemäß PMI umfasst ASAP sechs Phasen.

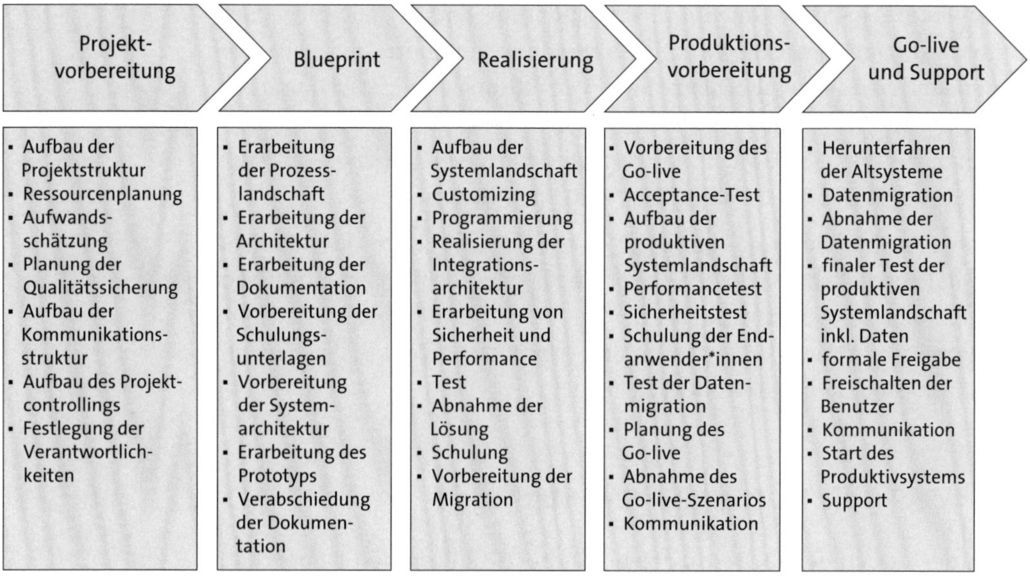

Abbildung 3.3 ASAP-Roadmap von SAP

3.4.1 Phase 1: Planung und Vorbereitung

Ist einmal die Entscheidung für ein SAP-Projekt getroffen, beginnt der Implementierungsprozess mit der Phase 1 nach ASAP, der Planung und Vorbereitung des Projekts (*Project Preparation*).

Top-down- und Bottom-up-Planung

Die Planung hat im Projekt einen zentralen Stellenwert: Mit ihr steht und fällt der Erfolg Ihres Projekts. Eine Kombination aus Top-down- und Bottom-up-Planung unter Einbeziehung aller wichtigen Stakeholder führt zu den besten Planungsergebnissen und mithin zu den zuverlässigsten Meilensteinprognosen.

Während der Projektplanung für die einzelnen Phasen empfiehlt es sich, die jeweils kommende Phase detailliert und alle zukünftigen Phasen eher überblicksartig zu planen. Die aktuelle Planung ist ein wichtiger Baustein für die weitere Planung, aber nicht in Stein gemeißelt. Das heißt, dass Sie bei zukünftigen Meilensteinen eine gewisse *Flexibilität* bewahren müssen.

Der »kritische Pfad« bestimmt die Laufzeit des Projekts

Die Bestimmung des *kritischen Pfads* (siehe Abbildung 3.4) ist die einfachste Möglichkeit, die Gesamtdauer des Projekts planerisch abzuschätzen. Alle Aktivitäten, die auf dem kritischen Pfad liegen, ergeben gemeinsam bzw. hintereinander die Gesamtlaufzeit des Projekts. Sollten sich bei einer der Aktivitäten auf dem kritischen Pfad Veränderungen ergeben, verschieben sich die nachfolgenden Aktivitäten. Aktivitäten, die nicht auf dem kritischen Pfad liegen, haben keinen Einfluss auf die Gesamtdauer, daher wäre eine verspätete Fertigstellung unkritisch.

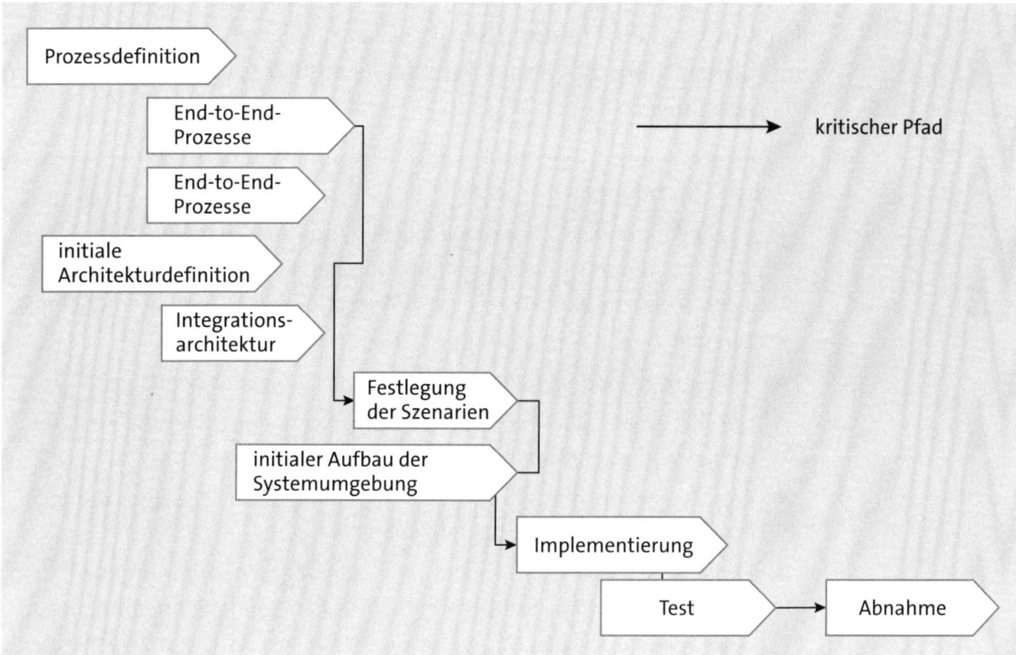

Abbildung 3.4 Kritischer Pfad im Projekt

Der kritische Pfad in Abbildung 3.4 setzt sich aus folgenden Aktivitäten zusammen:

1. End-to-End-Prozesse
2. Festlegung der Szenarien und initialer Aufbau der Systemumgebung
3. Implementierung
4. Test
5. Abnahme

Die übrigen Aktivitäten (beispielsweise die initiale Architekturdefinition und die Integrationsarchitektur) liegen nicht auf dem kritischen Pfad und haben daher keinen Einfluss auf die Laufzeit des Gesamtprojekts.

Ist der kritische Pfad erst einmal ermittelt, fokussiert sich die Aufmerksamkeit der Projektleitung auf alle Aktivitäten, die auf ihm liegen. Bitte beachten Sie aber, dass der kritische Pfad sich im Projektverlauf ändern kann. Aktivitäten, die bisher nicht auf dem kritischen Pfad lagen, können etwa durch einen Change Request oder wenn sie sich zu sehr verspäten auf den kritischen Pfad kommen. Fokussieren Sie sich daher nicht nur auf die Aktivitäten auf dem kritischen Pfad, sondern bestimmen Sie zusätzlich, wie viel Puffer die restlichen wichtigen Projektaktivitäten haben, bevor sie jeweils den kritischen Pfad beeinflussen. Umsicht und Sorgfalt bei der Steuerung und Überwachung des Projektfortschritts schützt Sie vor unangenehmen Überraschungen.

[»]

Scope Statement

Das Scope Statement ist das wichtigste Dokument, das im Rahmen der Projektvorbereitungsphase erstellt wird. Es beschreibt die Projektaufgaben und den Projektumfang. Folgende Punkte sollten im Scope Statement enthalten sein:

- Projektbegründung: Erklärung, warum das Projekt notwendig ist
- Geschäftsziele: Übersicht über die zu erreichenden Projektziele aus unternehmerischer Sicht
- Projektergebnisse: Liste der Projektergebnisse (Deliverables), die vom Projektteam erarbeitet werden sollen
- Projektausschlüsse und -annahmen: alle Themen oder Aufgaben, die vom Projektteam nicht übernommen werden, und die Annahmen, auf denen die Projektplanung beruht (z. B. ein starkes Umsatzwachstum, das eine bessere IT-Unterstützung erforderlich macht)
- Rahmenbedingungen: Beschreibung der finanziellen, zeitlichen und inhaltlichen Rahmenbedingungen, denen sich das Projekt unterliegt

Das Scope Statement ist ein Arbeitsdokument. Jeder Änderungsantrag (Change Request) im Projektverlauf wird mit dem Scope Statement abgeglichen, um zu entscheiden, ob die (zusätzlichen) Anforderungen akzeptiert werden können oder nicht. Wird ein Änderungsantrag akzeptiert, ist häufig eine Anpassung des Scope Statements erforderlich.

3.4.2 Phase 2: Business Blueprint

Mit Phase 2 (*Business Blueprint*) beginnt der eigentlich fachliche Teil des SAP-Projekts. Hier gilt es, den Rahmen, die Inhalte, die Interaktion mit anderen Systemen, Projekten, Abteilungen und die technische Umsetzung zu beschreiben.

Geschäftsprozessanforderungen

Der inhaltlich wichtigste und anspruchsvollste, oftmals umfangreichste und auch folgenreichste Aspekt ist die Erarbeitung und Dokumentation der *Geschäftsprozessanforderungen*. Sie bilden (wie in Abbildung 3.5 dargestellt) die Grundlage für die Prozessmodellierung und die spätere Abbildung der Geschäftsprozesse im SAP-System. Die Komplexität sollte nicht unterschätzt werden: Das Zusammenspiel zwischen dem Customizing im SAP-System, den notwendigen Geschäftsdaten (Stammdaten und Bewegungsdaten), möglicherweise notwendig werdenden Zusatzentwicklungen und Schnittstellendaten muss auf Prozessschrittebene im Detail beschrieben werden.

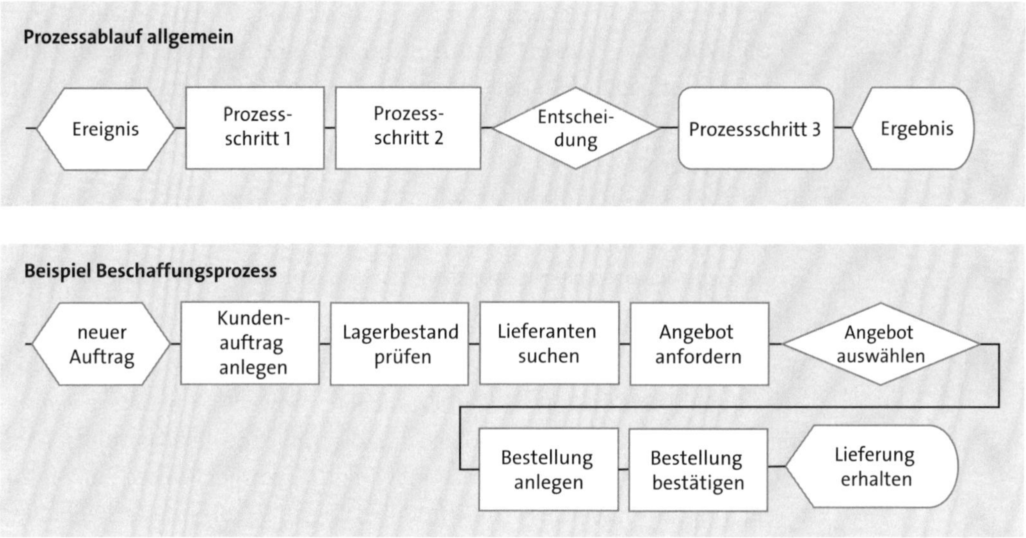

Abbildung 3.5 Beispiel für Geschäftsprozesse

Die folgenden Themen werden im Rahmen der Erstellung des Business Blueprint betrachtet:

- Integrationsszenarien (Schnittstellen)
- Frontends (Benutzeroberflächen)
- Implementierungsabfolge (zentrale Instanz vs. verteilte Systeme vs. Roll-out eines Templates)
- Industrielösungen, Add-ons, Third-Party-Produkte
- Go-live-Strategie

Denn Sie wissen, was Sie tun!

Das Ergebnis der Blueprint-Phase ist ein weitgehend kompletter Überblick über die zu implementierende Prozesslandschaft und die dazugehörige Architektur. Dabei geht es um eine detaillierte Einschätzung, denn allgemeine Aussagen sind bereits in den Vorphasen des Projekts getroffen worden. Ziel der Blueprint-Phase ist somit ein *implementierbarer Business Blueprint*.

Dokumentation des Blueprint-Wissenstransfers

Die Ergebnisse des Business Blueprint werden oft in Form einer *Dokumentation* erarbeitet und abgelegt. Im Prinzip ist das Ergebnis des Business Blueprint das »Buch« zum Projekt:

- **Blueprint-Dokument**
  Das Blueprint-Dokument enthält eine Beschreibung der Prozesslandschaft sowie das Fachkonzept.
- **RICEFW-Planungsdokument**
  RICEFW steht für *Reports, Interfaces, Conversions, Enhancements, Forms* und *Workflows*. Dieses Dokument umfasst eine Beschreibung aller Entwicklungsobjekte. In einer Vorlage für Spezifikationen werden später die zu entwickelnden Objekte dokumentiert.
- **RACI-Matrix**
  RACI steht für *Responsible, Accountable, Consulted, Informed*. Diese Matrix ist im Prinzip eine Tabelle, in der steht, wer was im Projekt macht und verantwortet (siehe Abschnitt 5.3.1, »Skill-Anforderungen im digitalen Projektmanagement«).

Blueprint, RICEFW und RACI-Matrix sind sehr wichtige Projektdokumente, die sorgfältig erarbeitet, versioniert, abgenommen und abgelegt werden müssen. Sie bilden die Grundlage für die folgende Realisierungsphase, daher ist ein »Versionswirrwarr« unbedingt zu vermeiden. Achten Sie zusätzlich darauf, dass jedes Projektmitglied Zugriff auf diese entscheidenden Informationen hat und weiß, wo sie zu finden sind.

3.4.3 Phase 3: Realisierung

Nach der Abnahme der Blueprint-Phase schließt sich sofort die Umsetzung in der dritten ASAP-Phase an – der Realisierungsphase (*Realization*). Jetzt geht es darum, die in der Blueprint-Phase dokumentierten Prozesse und die zugrundeliegende Architektur detailliert zu definieren und zu implementieren. Dies ist normalerweise die teuerste und zeitaufwendigste Projektphase.

Zentrale Aufgaben in der Realisierungsphase sind:

- Aufbau und Betrieb der Projektsysteme
- Customizing und Entwicklungen
- Definition der Daten
- Schnittstellen und Integrationsszenarien
- Erweiterungen
- Benutzer und Berechtigungen

- Archivierung
- nicht funktionale Anforderungen
- Schulungen
- Testabläufe

Zu diesem Zeitpunkt sollte ein solides Change-Request-Verfahren etabliert sein, da Änderungsanträge unvermeidlich sind. Während des Projekts entwickelt sich die Unternehmensorganisation weiter, und diese Änderungen müssen möglicherweise im Projekt berücksichtigt werden. Im Rahmen des Change-Request-Verfahrens werden die Auswirkungen der Änderungsanträge auf die Projektlaufzeit und die Projektkosten bewertet. Dies – gemeinsam mit der fachlichen Bewertung der Kritikalität der Änderung – ist die Grundlage für eine Annahme bzw. Ablehnung des Änderungsantrags.

3.4.4 Phase 4: Produktionsvorbereitung

Fast geschafft! Aufgaben in der Produktionsvorbereitung

Im Rahmen von Phase 4, der Produktionsvorbereitung (*Final Preparation*), werden die folgenden Aufgaben erfüllt:

- Schulung der Anwender*innen
- Aufbau der produktiven Systemlandschaft
- Vorbereitung der produktiven Datenübernahme
- Cut-over-Planung

Diese kritische Phase erfordert sorgfältige Planung und Ausführung. Bei komplexen Projekten entscheidet man sich häufig für sogenannte *Dry Runs* (Testläufe), um etwaige Fehler zu finden und die Durchführung der Tätigkeiten im Zusammenspiel aller Beteiligten zu üben. Je weniger Zeit für die produktive Umstellung (*Downtime*) zur Verfügung steht, desto mehr Aufwand muss in die Produktionsvorbereitungsphase gesteckt werden. Optimierte technische Verfahren wie *Minimized Downtime Service* reduzieren die Ausfallzeit während des Go-lives genauso wie organisatorische Maßnahmen zur schnelleren Übergabe zwischen beteiligten Personen und Teams. Es handelt sich um eine Optimierungsaufgabe, bei der in mehreren Iterationen die zeitaufwendigsten Aufgaben auf dem kritischen Pfad analysiert und beschleunigt werden, bis das Ziel, die maximal zulässige Downtime, erreicht wird.

Der wichtigste Meilenstein ist abgeschlossen, wenn alle Aufgaben geplant, dokumentiert und theoretisch (und wenn möglich, auch praktisch) erfolgreich getestet wurden. Dann ist alles gut vorbereitet für den Höhepunkt des SAP-Projekts: den Go-live.

3.4.5 Phase 5: Go-live und Support

In der Go-live- und Support-Phase zeigt sich, ob die Vorbereitungen wirklich gut genug waren – wobei auch unvorhergesehene Überraschungen den Erfolg gefährden können. Die Aufgaben in der Go-live- und Support-Phase beinhalten:

- Herunterfahren der Altsysteme
- Durchführung und Abnahme der Datenmigration
- abschließender Test der produktiven Systemlandschaft mit den geladenen Daten
- Erteilung der formalen Freigabe (Go-/No-go-Entscheidung)
- Entsperrung der Benutzer
- Aktivierung der Schnittstellen
- Öffnung des Produktivsystems für die Endanwender*innen

Wenn die Schnittstellen geöffnet sind, gibt es keinen Weg zurück!

Der wichtigste Meilenstein in dieser Phase ist die Go-/No-go-Entscheidung, die *vor* der Öffnung der Schnittstellen stattfinden muss. Sobald diese geöffnet sind und Daten zwischen dem neuen Produktivsystem und verbundenen internen und externen Systemen ausgetauscht werden, gibt normalerweise es keinen Weg mehr zurück. Falls zu diesem Zeitpunkt das neue Produktivsystem solche erheblichen Probleme aufweisen sollte, dass eine Abschaltung und Reaktivierung der vorherigen Systeme unumgänglich ist, führt dies zu massiven Schäden. Es ist bei komplexen Systemlandschaften nahezu unmöglich, den bis dahin stattgefundenen Datenaustausch über die Schnittstellen zu analysieren und in der vorherigen Systemlandschaft nachzubuchen. Es wäre eine Mammutaufgabe unter massivem Zeitdruck: Das alte produktive System bzw. die alte Systemlandschaft kann erst wieder reaktiviert werden, wenn die Aufräumarbeiten abgeschlossen sind. So lange muss das Business warten. Kurz gesagt: Solange die Schnittstellen noch nicht wieder aktiviert wurden, ist ein Abbruch des Go-live noch möglich; danach kann man nur versuchen, auftretende Probleme im laufenden Betrieb zu beheben.

Das Risiko mehr oder weniger gravierender Probleme während bzw. nach dem Go-live ist erheblich. Leider kommt es immer wieder vor, dass Details übersehen wurden und nun im beginnenden Betrieb zu Schwierigkeiten führen. Daher schließt sich an den Go-live eine sogenannte *Hypercare-Phase* an, in der besondere Maßnahmen und Vorbereitungen greifen, um das System zu stabilisieren und Probleme zeitnah zu lösen. Das neue System ist ungewohnt und stellt die Anwender*innen vor neue Herausforderungen; daher ist ihr Support ebenso wichtig wie die Lösung technischer Probleme.

3.4.6 Vor- und Nachteile von ASAP

ASAP ist eine bewährte Einführungsmethodik für SAP-ERP-Projekte. In den 1990er- und frühen 2000er-Jahren, als viele Unternehmen von Legacy-Systemen auf SAP umstellten, war ASAP ein wichtiges Werkzeug, um diese Projekte zum Erfolg zu führen.

Unternehmen, die heute vor ihrer ersten SAP-Einführung stehen, können ASAP weiterhin nutzbringend einsetzen, allerdings sei dies vorweg genommen: SAP Activate ist besser!

Frei nach Voltaire: Das Bessere ist der Feind des Guten!

Für die meisten Kunden, die diese Phase der ersten Einführung bereits hinter sich gelassen haben, ist der Nutzwert von ASAP begrenzt. Dessen Fokussierung auf die klassische SAP-Einführung ist Stärke und Schwäche zugleich:

- Optimierungsprojekte, die sich häufig an eine große SAP-Einführung anschließen, schließen kleinere, inkrementelle Verbesserungen und Go-lives ein; agile Projektmanagementmethoden, bestehend aus *Sprints*, werden von ASAP kaum unterstützt.
- ASAP bietet wenig Hilfestellungen bei der Einführung von cloudbasierten Lösungen oder dem Aufbau hybrider Landschaften.
- ASAP fokussiert auf die von SAP entwickelten Softwareprodukte – zugekaufte Software (gerade im Cloud-Bereich) wird eher stiefmütterlich behandelt.

Daher war aus unserer Sicht die Entscheidung von SAP richtig, ASAP 8.0 als letzte ASAP-Version zu veröffentlichen und stattdessen auf den Nachfolger SAP Activate zu setzen.

3.5 SAP Launch: die Einführungsmethodik für die SAP-Cloud-Produkte

Während ASAP traditionell für on-premise-basierte SAP-Einführungen genutzt wurde und hier seine Stärken hat, gibt es – was nicht jedem SAP-Experten bekannt ist – eine weitere Einführungsmethode, speziell für SAP-Cloud-Produkte, wie z. B. SAP SuccessFactors und SAP Ariba.

SAP Launch besteht aus vier Phasen, die im Folgenden kurz vorgestellt werden sollen:

1. *Prepare* (Vorbereitung)
2. *Realize* (Durchführung)
3. *Verify* (Testphase)
4. *Launch* (Anlaufphase)

Prepare-Phase

Die Prepare-Phase entspricht in etwa der Project-Preparation-Phase und dem Business Blueprint in ASAP: Es geht zunächst um die Erarbeitung eines Scope Statements, die verschiedenen Rollen und Aufgaben im Projekt und den High-Level-Projektzeitraum (Meilensteinplan). Im zweiten Schritt geht es um das *Solution Design*, d. h. die detaillierte Beschreibung der Softwarelösung.

Gerade in dieser Phase ist eine besonders enge Zusammenarbeit mit den Fachabteilungen notwendig, um die Geschäftsanforderungen vollständig zu erheben und einzuarbeiten. Die Herausforderung besteht in der Übersetzung der Geschäftsanforderungen in Eigenschaften und Fähigkeiten der Software. Hierbei ist immer im Blick zu halten, wozu die Cloud-Lösung überhaupt ausgelegt ist, damit am Ende ein tragfähiges Solution Design entsteht.

Zusätzlich werden Integrationsthemen beleuchtet: Hierbei geht es um Verbindungen zwischen der einzuführenden Cloud-Lösung und weiteren Systemen. Grundsatzentscheidungen, wie der Einsatz einer Middleware-Software oder, alternativ dazu, Punkt-zu-Punkt Schnittstellen, spielen hier eine wichtige Rolle. Außerdem geht es um die Identifikation der zu migrierenden Datenobjekte in die Cloud-Lösung.

Am Ende dieser Phase sind folgende wichtige Meilensteine erreicht:

- Alle Projektbeteiligten haben ein gemeinsames Verständnis vom Projekt-Scope. Was ist Teil des Projekts, und was wird nicht im Projekt behandelt?
- Zum Scope gehört auch ein verabschiedetes Vorgehen für Scope-Änderungen im Projekt. Wie werden Scope-Änderungen hinsichtlich Aufwand und Einfluss auf die Projektlaufzeit evaluiert? Wer entscheidet abschließend, ob eine Scope-Änderung akzeptiert wird?
- Rollen und Aufgaben sind definiert. Bestimmte Aufgaben werden von Fachexpert*innen erledigt, um andere – insbesondere Testaufgaben – kümmern sich Mitarbeiter und Mitarbeiterinnen der Fachabteilungen.

- Das Solution Design liegt in einem weit fortgeschrittenen Stadium vor. Es beschreibt detailliert die Funktionen der Software. Darüber hinaus beinhaltet es die Integrationsanforderungen, d. h. einen Plan, wie die Verbindungen zu anderen Systemen erstellt oder angepasst werden. Schließlich gehört zum Solution Design natürlich die Auflistung der zu migrierenden Datenobjekte.

Realize-Phase

In der Realize-Phase wird das Solution Design in der Entwicklungsumgebung umgesetzt. Die Systemkonfiguration wird durchgeführt und etwaige Entwicklungstätigkeiten bzw. Anpassungen werden realisiert. Wichtig ist in dieser Phase eine frühzeitige Einbindung der Fachbereiche, die das System in Zukunft nutzen werden. Als Phasenabschluss erfolgt eine Durchsprache (*Walk-through*) der gesamten Funktionalität mit den Fachbereichsverantwortlichen und ihr hoffentlich positives Feedback zur implementierten Lösung.

Verify-Phase

Sobald die Konfiguration und Entwicklung abgeschlossen sind, wird die Lösung in die Testumgebung übertragen, und die Verify-Phase beginnt. In einer Reihe von Testläufen werden zunächst einzelne Funktionalitäten und im Folgenden ganze Prozesse vom Anfang bis zum Ende getestet. Zusätzlich werden Integrationsszenarien (sofern möglich) verifiziert und die Datenmigration testweise durchgeführt. Es empfiehlt sich, die Tests auf migrierten Echtdaten (notfalls pseudonymisiert) durchzuführen, um aussagekräftige Ergebnisse zu erhalten.

Launch-Phase

In der letzten Projektphase, der Launch-Phase, geht es um die Vorbereitung und Durchführung des Cut-over (also der Inbetriebnahme des neuen Systems) in der produktiven Umgebung. Die Konfigurationen und Entwicklungsobjekte werden in das Produktivsystem eingespielt und die Datenübertragung durchgeführt. Nach erfolgreichem Go-live wird das System an das Betriebsteam übergeben, das die Aufgabe hat, den reibungslosen Betrieb fortan sicherzustellen.

3.6 SAP Activate: das bessere ASAP

SAP Activate: das »Schweizer Taschenmesser«

Im Laufe der Jahre ist die Einführung von SAP-Software immer komplexer geworden, was nicht nur am gestiegenen Funktionsumfang der Software selbst liegt. Zum einen hat sich die SAP-Produktpalette bzw. das -Lösungsangebot stetig erweitert, zum anderen variieren die Startpunkte bzw. Zielsetzungen der SAP-Projekte erheblich: Einige Kunden planen die Ersteinführung von SAP-Software, andere stehen vor dem Wechsel auf SAP S/4HANA und wieder andere wollen ihre SAP-Systemlandschaft durch SAP-

Cloud-Produkte optimieren. SAP Activate bietet Unterstützung für jeden dieser unterschiedlichen Projekttypen.

SAP-S/4HANA-Einführungen

SAP Activate unterstützt alle drei derzeitigen Varianten von SAP-S/4HANA-Einführungen, dem Fokus dieses Buches: SAP S/4HANA, On-Premise-Version, SAP S/4HANA Cloud, Extended Edition, und SAP S/4HANA Cloud, Essentials Edition. Funktionell unterscheiden sich diese SAP-S/4HANA-Varianten von Haus aus ohnehin nicht – lediglich die Deployment-Option (On-Premise-Version, Private Cloud, Public Cloud) variiert, was allerdings wiederum Auswirkungen auf das Vorgehen im Einführungsprojekt hat. Die Möglichkeit, Änderungen am Code vorzunehmen, ist bei SAP S/4HANA Cloud, Essentials Edition, ausgeschlossen und bei SAP S/4HANA Cloud, Extended Edition, eingeschränkt. Dies hat Auswirkungen auf die Fit-to-Standard-Analyse in der Explore-Phase (siehe Abschnitt 3.6, »SAP Activate: das bessere ASAP«).

SAP Activate erhebt den Anspruch, die von Kundensituation zu Kundensituation verschiedenen Ausgangslagen zu berücksichtigen und die richtigen Werkzeuge sowie die passende Methodik für das Vorgehen anzubieten. Es ist damit möglich, sowohl die SAP-S/4HANA-On-Premise-Version als Greenfield-Version einzuführen als auch Konvertierungen zu SAP S/4HANA durchzuführen (Brownfield) – und natürlich gibt es auch die SAP-S/4HANA-Cloud-Varianten.

Das ist das generelle Ziel von SAP Activate , Kunden in die Lage zu versetzen, SAP-Lösungen zeit- und kostensparend einzuführen, indem man ihnen neben der Methodik weitere Hilfsmittel an die Hand gibt: *SAP Best Practices* und *Guided Configuration* (geleitete Konfiguration). Außerdem ist SAP Activate in den SAP Solution Manager 7.2 integriert, und dank der SAP Model Company ist eine weitere Zeitersparnis durch vorgefertigtes Customizing möglich.

Das alles hat allerdings zu einer gewissen Komplexität von SAP Activate selbst geführt, wie Sie im Folgenden sehen werden.

Die SAP-Activate-Methodik besteht, wie ASAP, aus sechs Phasen, die Sie in Abbildung 3.6 sehen. Die Monitoring- und Controllingaufgaben der Projektleitung, die gemäß PMI eine eigene Phase parallel zu den anderen Projektphasen darstellen, werden bei SAP Activate nicht mehr als eigene Phase dargestellt. Diese Tätigkeiten sind stattdessen in die jeweiligen Phasen integriert.

Wir geben Ihnen zunächst eine Übersicht über die Phasen und wichtigsten Aufgaben darin.

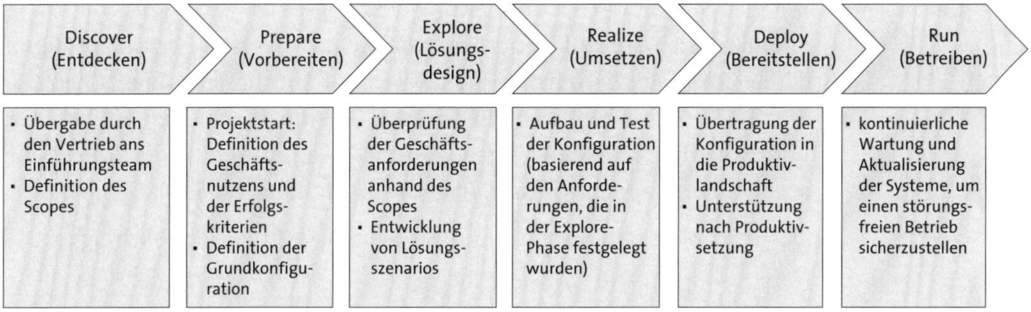

Abbildung 3.6 Die sechs SAP-Activate-Phasen

3.6.1 Phase 1: Discover

Phasen von SAP Activate: Discover bis Run

Bevor es mit dem eigentlichen Projekt losgehen kann, geht es darum, eine Firmenstrategie zur digitalen Transformation zu erstellen bzw. sie zu überarbeiten, falls es sie bereits gibt. Sie bildet den übergreifenden Rahmen, in dem sich das Projekt bewegt. SAP S/4HANA als zukünftiges ERP-System stellt den Kern dar, aber weitere wichtige Themen sind ebenfalls zu bedenken: IoT, Big Data, Omnichannel (d. h. die integrierte, abgestimmte Kundenkommunikation über verschiedene Kommunikationskanäle zur Optimierung des Kundenerlebnisses) und Business Networks (wie z. B. Cloud-Lösungen SAP Ariba, SAP Fieldglass und SAP Concur), um einige zu nennen. Die Frage, die es zu beantworten gilt, ist: Welche dieser Produkte versprechen einen signifikanten Nutzen bei der Transformation des Unternehmens zum Intelligent Enterprise? Das Grundkonzept der Verbindung von O-Daten (*Operational Data*,Geschäftsdaten) und X-Daten (*Experience Data*, Kundenerlebnisse) ist auf die Unternehmenssituation anzuwenden.

Doch zurück zu den »Mühen der Ebene«: Im nächsten Schritt geht es darum, die Funktionalität von SAP S/4HANA bzw. die Neuerungen im Vergleich mit der klassischen SAP Business Suite zu analysieren. Neben den funktionalen Änderungen und Vereinfachungen geht es auch um die SAP-Fiori-basierte Benutzerführung und z. B. um die Möglichkeit, agile Innovationen mithilfe der SAP Cloud Platform zu realisieren. SAP bietet für viele Lösungen kostenlose (zeitlich oder funktional begrenzte) Demo-Versionen an, mit deren Hilfe man sich mit den Neuerungen vertraut machen kann:

SAP-S/4HANA-Trial-Angebote

- SAP S/4HANA Cloud Trial (14 Tage nutzbar), zu finden unter: *https://www.sap.com/cmp/oth/crm-s4hana/s4hana-cloud-erp-trial.html*
- SAP S/4HANA Trial (30 Tage nutzbar), zu finden unter: *https://www.sap.com/cmp/oth/crm-s4hana/s4hana-on-premise-trial.html*
- SAP Cloud Platform Trial (6 Monate gültig, verlängerbar), zu finden unter: *https://www.sap.com/cmp/td/sap-cloud-platform-trial.html*

Das Lösungsszenario: Blick zurück, Blick nach vorn

Der dritte Schritt ist die Erarbeitung des Scopes bzw. Lösungsszenarios. Es empfiehlt sich, im Falle einer SAP S/4HANA Conversion, bereits in dieser frühen Phase das bestehende ERP-System mithilfe des Readiness Check for SAP S/4HANA im Hinblick auf notwendige Anpassungen zu analysieren. Dadurch erhält man einen ersten Eindruck, wie aufwendig die Conversion sein wird – eine wichtige Grundlage für die weitere Projektplanung.

Das Ergebnis ist ein Business Case als Grundlage für die Projektfreigabe.

3.6.2 Phase 2: Prepare

Die Prepare-Phase markiert den eigentlichen Projektstart. Das Projektteam wird zusammengestellt, Scope und Projektplan werden finalisiert:

- Projektziele, High-Level-Scope und Projektplan erstellen
- Projektsponsor*in (Executive!) definieren und für das Projekt gewinnen
- Projektstandards, Projektorganisation und Governance festlegen
- Rollen und Verantwortlichkeiten im Projektteam bestimmen
- Projektziele im Detail analysieren
- Projektmanagementstrukturen, Fortschrittsüberwachung und Reporting-Anforderungen aufbauen
- Know-how-Aufbau im Projektteam: Berater und Beraterinnen lernen das Geschäft der Auftraggeber*innen kennen, Mitarbeiter*innen beschäftigen sich mit der neuen SAP-S/4HANA-Lösung.
- Projekt Kick-off durchführen

Am Ende der Prepare-Phase sollten alle vorbereitenden Maßnahmen getroffen und alle wichtigen Entscheidungen hinsichtlich Scope, Projektorganisation, Governance usw. gefallen sein, damit alle Voraussetzungen für den Beginn der Explore-Phase geschaffen sind.

3.6.3 Phase 3: Explore

Fit-to-Standard-Analyse als zentrale Aufgabe

Es hat sich in der Explore-Phase bewährt, gemeinsame Workshops mit Kunden, Subject Matter Experts (SMEs) bzw. Key-Usern und Fachberater*innen durchzuführen, in denen die Standardfunktionalität (am besten im Demo-System!) vorgestellt wird. In dieser *Fit-to-Standard* genannten Aktivität kann festgestellt werden, welche Lücken bestehen und welche Customizing-Einstellungen notwendig sind. Diese Informationen sind sorgfältig zu dokumentieren, damit sie in der nächsten Phase als Grundlage für die Entwicklungstätigkeiten zur Verfügung stehen. Außerdem sind sie im weiteren Verlauf des Projekts ein wichtiger Inhalt für die zu erstellenden und durchzuführenden Testfälle. Die wichtigsten Aktivitäten in der Explore-Phase sind:

- Fit-to-Standard-Analyse
- Definition der Konfiguration (Customizing)
- Festlegung der Benutzerberechtigungen und Systemzugriffe
- Vorbereitung für die Datenmigration (Greenfield)
- Testplanung
- Analysieren der Schulungsbedarfe der Endanwender*innen
- Meilenstein: Phasenabschluss und Abnahme der Ergebnisse

Die Explore-Phase schafft die Voraussetzungen für die Umsetzung des Solution Designs. Gründliche und detaillierte Definition der Geschäftsprozesse – wann immer möglich validiert mithilfe eines Demosystems – sind entscheidend für eine erfolgreiche Realize-Phase. Alle nicht sorgfältig geplanten und vorbereiteten Themen treten in der Realize-Phase als offene Punkte zutage, für die ein Konzept und eine Lösung erarbeitet werden müssen. Schlimmstenfalls machen diese Lücken im Solution Design weitere Anpassungen an anderer Stelle erforderlich, mit potenziell erheblichen Auswirkungen auf Projektaufwand und -zeitplan. Je mehr Zeit und Sorgfalt auf die Explore-Phase verwendet werden, desto reibungsloser ist der Projektverlauf in der nachfolgenden Phase.

3.6.4 Phase 4: Realize

Agile Umsetzung der Anforderungen

Die wichtigsten Aufgaben in der Realize-Phase sind die Konfiguration und der Test der Lösungslandschaft. SAP Activate unterstützt agile Methoden, d. h., das Projektteam baut die Lösung in Zyklen/Iterationen (auch Sprints genannt) auf: Jeder Zyklus besteht aus einer Konfigurations-, Test- und Abnahmephase, verbunden mit der jeweiligen Dokumentation. Parallel zu diesen Zyklen finden (beim Greenfield-Ansatz) die Vorbereitungen für die Datenmigration statt.

Entscheidend für diesen Ansatz ist die enge Kooperation mit den Expertinnen und Experten aus den Fachabteilungen. Sie achten darauf, dass die Lösung tatsächlich den Geschäftsanforderungen entspricht. Die häufige und frühzeitige Bereitstellung der Lösung während der agilen Entwicklungszyklen soll die Projektdauer verkürzen und die Qualität der Lösung verbessern.

Dies sind die wichtigsten Tätigkeiten in der Realize-Phase:

- Aufbau der Systemlandschaft (Qualitätssicherungs- und Produktivsystem – kurz QAS und PRD genannt) inklusive der High-Availability-Landschaft (HA-System)
- Konfiguration der Lösung (Customizing)
- Entwicklung der Lösungserweiterungen (Development)
- Aufbau der Integrationsszenarien (Schnittstellen) in der QAS-Landschaft
- Output-Management-Konfiguration (Druckereinstellungen)
- Planung und Durchführung regelmäßiger Integrationsworkshops (Walk-through)
- Datenübernahme aus den Quellsystemen: Definition der Datenobjekte und Konfiguration der Datenübernahme-Tools
- Vorbereitung und Durchführung der Tests:
  - Testfälle
  - Testplan
  - Testausführung und Koordination
  - Korrektur der Fehler
- Erstellung der Schulungsunterlagen für die Anwender und Anwenderinnen
- Erstellung des Betriebshandbuch und der Übergabepläne
- Erstellung des Cut-over-Plans
- Meilenstein: Phasenabschluss und Abnahme der Ergebnisse

[»]

(Kostenlose) Continuous Quality Check and Improvement Services

Abhängig vom gewählten SAP-Support-Vertrag bietet SAP eine Reihe von Continuous Quality Check and Improvement Services an. Einige davon sind kostenlos, müssen aber frühzeitig (zumeist mindestens sechs Wochen vor dem Go-live) beauftragt werden. Nähere Informationen dazu finden Sie unter: *https://support.sap.com/en/offerings-programs/enterprise-support/enterprise-support-academy/continuous-quality-check-improvement-services.html*

3.6.5 Phase 5: Deploy

Produktionsvorbereitung und Go-live

In der Deploy-Phase werden die Vorbereitungen und Pläne für den Produktivstart des neuen Systems bzw. der neuen Landschaft finalisiert. In dieser

Phase zeigt sich, ob wirklich alles zusammenpasst. Für alle verbliebenen kritischen offenen Punkte müssen nun Lösungen gefunden werden, damit der Go-live stattfinden kann. Die Systeme werden abschließend getestet (z. B. anhand von sogenannten *Last-Tests*), um sicherzustellen, dass das Sizing für die zu erwartende Daten- und Benutzerlast ausreichend ist.

[«]

System-Sizing

Als System-Sizing bezeichnet man die Abschätzung der Systemgröße (Anzahl der Prozessoren, Größe des Arbeitsspeichers usw.), damit die Landschaft den Anforderungen gewachsen, andererseits aber auch nicht zu groß dimensioniert ist.

SAP bietet als Hilfestellung seit vielen Jahren das Tool Quick Sizer an, unter: *https://www.sap.com/about/benchmark/sizing.quick-sizer.html*

Es gibt drei Versionen:

- HANA
- Classic
- HANA Cloud

Die wichtigsten Faktoren sind die Datenmenge und das erwartete Datenwachstum (bei der In-Memory-Datenbank SAP HANA sollte die Datenmenge nie mehr als 50 % des Arbeitsspeichers belegen), die Anzahl der Benutzer und die Prozesse. Sizing ist halb Wissenschaft und halb Kunst, d. h. es handelt sich immer um eine mehr oder weniger belastbare Schätzung. Wenn das Sizing während der Sales-Phase durchgeführt wurde, ist sie erfahrungsgemäß am unteren Ende und sollte verifiziert werden.

Grundlage der Sizing-Schätzung ist nie die durchschnittliche Systemauslastung, sondern die Spitzenlast, wie sie z. B. am Monats-, Quartal- oder Jahresende auftritt.

Aufgaben in der Deploy-Phase hängen vom Ansatz ab

Die genaue Ausgestaltung der Deploy-Phase hängt von der gewählten Vorgehensweise ab: Beim Big-Bang-Ansatz gibt es einen großen Go-live, an dem alle neuen Funktionalitäten gleichzeitig live gesetzt werden. Bei inkrementellen Go-lives hingegen werden die Funktionalitäten sukzessive live gesetzt. Das Risiko ist geringer als beim Big Bang, aber man zahlt den Preis der häufigen Anpassungen an die Systemlandschaft, die bei jeder neuen funktionalen Live-Setzung notwendig sind. In einem (internationalen) Roll-out-Projekt geht man häufig landesspezifisch oder regional vor: Ein Land bzw. eine Region nach der anderen wird live gesetzt.

Dies sind die wichtigsten Tätigkeiten in der Deploy-Phase:

- Abschließende Konfiguration der Produktivlandschaft
  - Customizing und Zusatzentwicklungen einspielen
  - Schnittstellen und Integrationsszenarien für die Umstellung vorbereiten
  - Datenmigration vor dem Go-live vorbereiten (z. B. Übertragung der Stammdaten)
- Finalisierung der Ausbildung von Anwender*innen
- Finalisierung des detaillierten Cut-Over-Plans; dazu gehören auch Notfall- bzw. Contingency-Pläne für den Fall, dass der Go-live nicht erfolgreich ist.
- Durchführung des Cut-over
- Go-live (Go-/No-go-Entscheidung)
- Meilenstein: Phasenabschluss und Abnahme der Ergebnisse

[»]

Cut-over-Plan

Der Cut-over-Plan beinhaltet die detaillierte Auflistung aller Aufgaben, Tätigkeiten und Verantwortlichkeiten, die im Rahmen der Produktivsetzung anfallen. Die Zeitplanung erfolgt zumeist auf Stunden- oder Minutenbasis, um die zur Verfügung stehende Zeit optimal auszunutzen. Es hat sich bewährt, vor dem eigentlichen Go-live-Termin einen *Mock Cut-over* durchzuführen, d. h., eine möglichst realistische Generalprobe, bei der die Abläufe geübt und bislang unentdeckte Probleme gefunden und gelöst werden können.

Zusätzlich zu den auszuführenden Tätigkeiten enthält der Cut-over-Plan auch Vorkehrungen für den Fall, dass nicht alles nach Plan läuft: Diese Notfallpläne (*Contingency Plans*) beschreiben die Maßnahmen zur Risikominimierung und zur Behebung aller denkbaren Probleme während des Go-lives.

Zu guter Letzt gehört zu jedem Cut-over-Plan die *Go-/No-go-Entscheidung*: Bei einem Treffen aller wichtigen Projektmitglieder und Stakeholder wird abschließend über den Einsatz oder den Stopp der neuen Systemlandschaft entschieden.

3.6.6 Phase 6: Run

Alles gut – und es wird immer besser!

Nach dem erfolgreichen Go-live beginnt die Run-Phase. Zunächst geht es um die Stabilisierung der neuen Systemlandschaft. In der Hypercare-Phase sollen Systemausfälle vermieden und Anlaufschwierigkeiten behoben werden. Danach fokussiert sich das Team darauf, den erreichten Qualitätsstandard zu halten und sukzessive Verbesserungen umzusetzen.

Auf der Anwenderseite unterscheidet man zwischen normalen Endanwender*innen und *Key-Usern* (SMEs), die sich um die Behebung von Anwendungsproblemen im Betrieb kümmern. Sie sind die ersten Anlaufstellen für Anwenderinnen und Anwender, die das System nicht so nutzen können, wie sie sollten. Dabei kann es sich um unterschiedlichste Probleme handeln: Berechtigungsprobleme, fehlerhafte Benutzerrollen oder Defizite in der Ausbildung. Natürlich kann es sich auch um Konfigurations- oder Datenfehler handeln, die während der Tests nicht aufgefallen sind. Die Key-User kümmern sich z. B. um die Durchführung einer ersten Problemanalyse und – falls sie selbst nicht helfen können – um die Weiterleitung an die richtigen Stellen zur Behebung.

Dies sind die wichtigsten Tätigkeiten in der Run-Phase:

- Unterstützung der Anwender und Anwenderinnen
- Lösen von auftretenden Problemen
- Definition zukünftiger funktionaler Verbesserungen und Erweiterungen

Zu guter Letzt möchten wir Ihnen mit Abbildung 3.7 und Abbildung 3.8 noch einmal einen Überblick über alle SAP-Activate-Phasen und die dazugehörigen Tätigkeiten geben.

	Phase 1: Discover	**Phase 2: Prepare**	**Phase 3: Explore**	**Phase 4: Realize**	**Phase 5: Deploy**	**Phase 6: Run**
Projektmanagement	Roadmap auswählen	Projektsteuerung aufsetzen, Onboarding und Kick-off Standards, Infrastruktur	Ausführungsüberwachung/Monitoring und Controlling Baseline Plan und Build	Sprints koordinieren	Finalisierung der Lösung	
Teamausbildung		Projektteam ausbilden Ausbildungsplan entwickeln				
Technische Infrastruktur	Trial-System-Bereitstellung	Demo-System Hardware-Sizing	Technisches Solution-Design Aufbau DEV-System	Aufbau QAS- + PRD- + HA-System Konfiguration und Erweiterungen einspielen		Kontinuierliche Verbesserungen
Anwendungsentwicklung	Strategische Planung Business Case und Scope	Business Process Map Lösung auswählen	Fit-2-Standard-Analyse Baseline Build	Konfiguration und Erweiterungen erstellen		

Abbildung 3.7 Übersicht über die SAP-Activate-Phasen und -Aktivitäten – 1

	Phase 1: Discover	Phase 2: Prepare	Phase 3: Explore	Phase 4: Realize	Phase 5: Deploy	Phase 6: Run
Integration		Schnittstellenübersicht erstellen	Schnittstellen entwickeln/anpassen		Schnittstellen aktivieren	
Testen		Teststrategie festlegen	Testfälle und Pläne	Ausführen der Tests: Unit, Integration, Last, Schnittstellen, Abnahme		
Datenmigration		Datenmigrationsstrategie festlegen	Datenmigrationstool bauen und testen	Datenladen QAS für Tests	Produktive Datenmigration	
Übergabe an Betrieb				Verwaltung von Rollen und Berechtigungen Betriebshandbuch, Übergabeplanung	Hypercare-Phase	Kontinuierliche Verbesserungen
Erarbeitung der Lösung	Projektbeteiligte auswählen	OCM (Organizational Change Management)-Roadmap erstellen	Change Management	Ausbildung der Anwender*innen		Change Control

Abbildung 3.8 Übersicht über die SAP-Activate-Phasen und -Aktivitäten – 2

[»]

Regelmäßige Updates der SAP-S/4HANA-Cloud-Lösungen

Die SAP-S/4HANA-Cloud-Lösungen werden regelmäßig aktualisiert und erweitert. In Systemen, die auf SAP S/4HANA Cloud, Essentials Edition, basieren, wird ein Update vierteljährlich automatisch eingespielt. Für SAP S/4HANA Cloud, Extended Edition, werden alle sechs Monate Updates bereitgestellt, die spätestens nach zwölf Monaten eingespielt werden müssen. Diese Änderungen sind in Bezug auf den Aufwand, der für das Testen und die Konfigurationsanpassungen anfällt, mit klassischen Upgrades überhaupt nicht vergleichbar. Hier zeigt sich der große Vorteil einer komplett standardisierten Lösung, die ohne Modifikationen und Erweiterungen auskommt.

3.7 Tools zur Unterstützung von SAP Activate

SAP bietet mit SAP Activate ein komplett integriertes System bestehend aus Methodik, Best Practices und Guided Configuration an. Zusätzlich ist SAP Activate in den SAP Solution Manager als zentrales Landschaftsverwaltungssystem integriert, und mit der SAP Model Company steht eine vorkonfigurierte SAP-S/4HANA-Konfiguration zur Verfügung. Im Folgenden stellen wir Ihnen die einzelnen SAP-Activate-Tools vor.

3.7.1 Roadmap Viewer

Navigationssoftware für Ihr Projekt

Der *Roadmap Viewer* bietet sogenannte *Implementation Roadmaps*, die nach Kategorien und nach Lösungen angeordnet sind. Diese Implementation Roadmaps bieten einen Gesamtüberblick über die Projekte und die dabei anfallenden Aufgaben, Aktivitäten und Deliverables.

Die ausgewählte Roadmap kann angepasst werden, sodass eigene, unternehmensspezifische Aktivitäten ergänzt werden können. Zusätzlich kann sie als Projektstrukturplan in den SAP Solution Manager hochgeladen werden, um dort als Ausgangspunkt für die Projektplanung und -ausführung verwendet zu werden. Den Roadmap Viewer finden Sie unter: *https://go.support.sap.com/roadmapviewer*. Abbildung 3.9 zeigt den Startbildschirm des Roadmap Viewers.

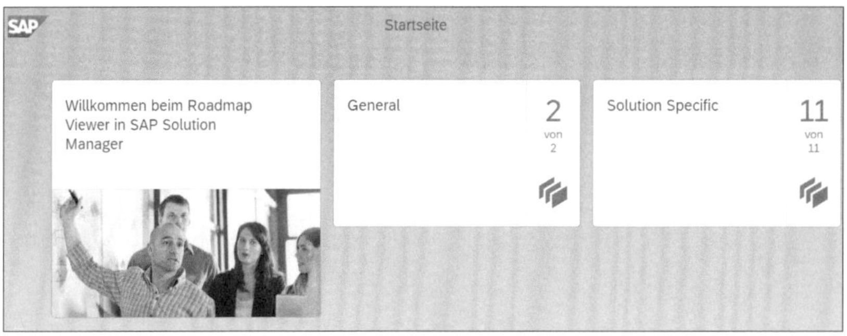

Abbildung 3.9 Roadmap Viewer – Startbildschirm

Es gibt zwei generische Roadmaps:

1. **SAP Activate Methodology for New Cloud Implementations**
   Diese Roadmap ist für Public-Cloud-Projekte gedacht.
2. **SAP Activate Methodology for Business Suite and On-Premise**
   Diese Roadmap gibt es in zwei Varianten: als agile und als Wasserfallvariante. Die Roadmap ist für On-Premise-Projekte gedacht.

Zusätzlich gibt es elf weitere, in diesem Fall aber eben lösungsspezifische Roadmaps:

1. SAP S/4HANA Cloud, Essentials Edition
2. SAP S/4HANA Cloud, Extended Edition
3. SAP SuccessFactors (Cloud)
4. SAP Service Cloud
5. SAP Data Warehouse Cloud
6. Intelligent Spend Management (Cloud)

7. SAP Analytics Cloud
8. Hire to Retire (Cloud)
9. Transition to SAP S/4HANA (on-premise)
10. Transition to SAP BW/4HANA (on-premise)
11. S4/HANA Upgrade and Product Integration Roadmap (on-premise)

In Abbildung 3.10 sehen Sie ein Beispiel für die Informationen, die man über den Roadmap Viewer für SAP S/4HANA Cloud, Extended Edition, erhält.

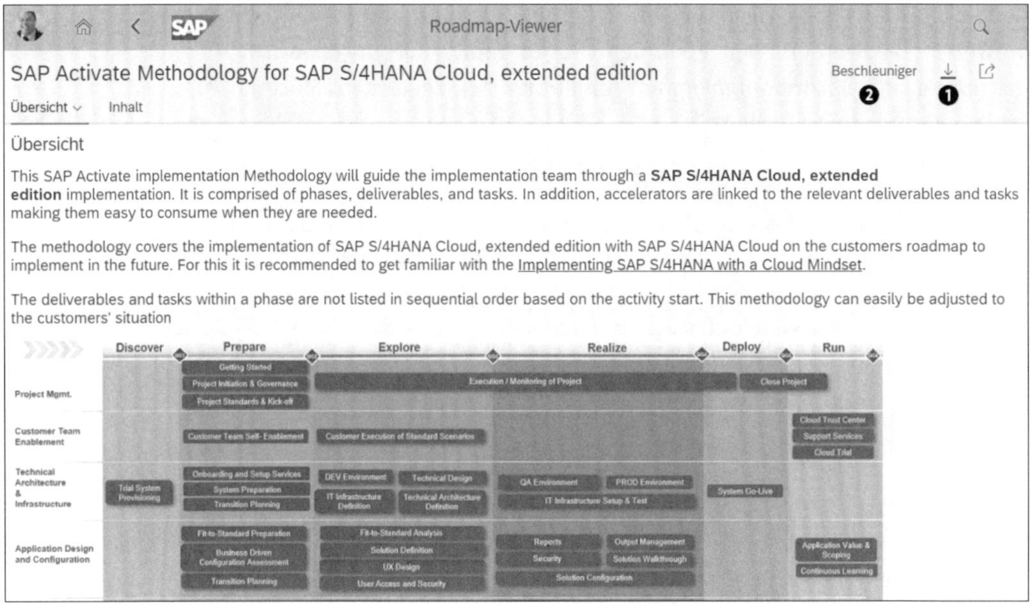

Abbildung 3.10 Roadmap Viewer für SAP S/4HANA Cloud, Extended Edition

Es ist außerdem möglich, die Informationen als komprimiertes Archiv (ZIP-Datei) herunterzuladen ❶. Die ZIP-Datei enthält einen Projektstrukturplan in Microsoft Project und das XML-Format (siehe Abbildung 3.11).

Darüber hinaus wird eine XLSX-Datei (Microsoft Excel) mitgeliefert, die Erklärungen zu den Projektstrukturplaneinträgen enthält. Die mitgelieferte XML-Datei bietet die gleichen Informationen wie der Projektstrukturplan im Microsoft-Project-Format, zusätzlich aber die Möglichkeit der Integration (Upload) in den SAP Solution Manager 7.2. Dadurch wird der SAP Solution Manager zum zentralen Projektsteuerungs-Tool.

Dazu findet sich nach Auswahl einer Roadmap im Roadmap Viewer unter dem Link **Beschleuniger** eine detaillierte Anleitung (siehe ❷ in Abbildung 3.10 und dann Abbildung 3.12). Die Beschleuniger stellen eine umfangreiche Sammlung nützlicher Dokumente dar, sortiert nach Projektphasen und

Arbeitsgruppen. Dazu gehören Fragebogen und Templates für die Prepare-Phase, Microsoft-PowerPoint-Slides und Checklisten. Außerdem finden sich Links zu Blogs und Webseiten mit weiterführenden Informationen.

GANTT CHART

	Task Name	Duration	Start	Finish
1		**2 days**	**Fri 22.05.20**	**Mon 25.05.20**
2	**Discover**	**0 days**	**Fri 22.05.20**	**Fri 22.05.20**
3	**Stakeholder Identification**	**0 days**	**Fri 22.05.20**	**Fri 22.05.20**
4	Identify Key Stakeholders	0 days	Fri 22.05.20	Fri 22.05.20
5	**Value Discovery**	**0 days**	**Fri 22.05.20**	**Fri 22.05.20**
6	Perform a benchmarking analysis	0 days	Fri 22.05.20	Fri 22.05.20
7	Create a Value Case (Business Case)	0 days	Fri 22.05.20	Fri 22.05.20
8	Create a Point of View (POV) document	0 days	Fri 22.05.20	Fri 22.05.20
9	**Application Value and Scoping**	**0 days**	**Fri 22.05.20**	**Fri 22.05.20**
10	Perform a Business Scenario and Solution Mapping	0 days	Fri 22.05.20	Fri 22.05.20
11	Define the Implementation Strategy	0 days	Fri 22.05.20	Fri 22.05.20
12	Create a Strategic Road Map and Value Case	0 days	Fri 22.05.20	Fri 22.05.20
13	**Cloud Trial**	**0 days**	**Fri 22.05.20**	**Fri 22.05.20**
14	Access a Trial Solution	0 days	Fri 22.05.20	Fri 22.05.20
15	**Prepare**	**2 days**	**Fri 22.05.20**	**Mon 25.05.20**
16	**Getting Started with the Implementation of SAP S/4HANA Cloud, extended edition**	**0 days**	**Fri 22.05.20**	**Fri 22.05.20**
17	Review Overview Documentation	0 days	Fri 22.05.20	Fri 22.05.20
18	Learn about SAP Solution Manager 7.2	0 days	Fri 22.05.20	Fri 22.05.20
19	Learn about SAP Fiori UX	0 days	Fri 22.05.20	Fri 22.05.20
20	**SAP Supporting Implementation Tools Access**	**0 days**	**Fri 22.05.20**	**Fri 22.05.20**
21	Ensure Project Team Members Access to the SAP Support Portal, SAP Best Practices Explorer, and SAP Customer Communities	0 days	Fri 22.05.20	Fri 22.05.20
22	Ensure Project Team Members Access to the SAP Activate Methodology Jam Groups	0 days	Fri 22.05.20	Fri 22.05.20
23	Ensure availability of SAP Solution Manager 7.2	0 days	Fri 22.05.20	Fri 22.05.20
24	Request Cloud Integration Automation Services (CIAS)	0 days	Fri 22.05.20	Fri 22.05.20
25	Set up of Testing Tools	0 days	Fri 22.05.20	Fri 22.05.20
26	**Customer Team Self-Enablement**	**0 days**	**Fri 22.05.20**	**Fri 22.05.20**
27	Review Self-enablement Materials	0 days	Fri 22.05.20	Fri 22.05.20
28	Ensure Project Team Members Access to the SAP Learning Hub	0 days	Fri 22.05.20	Fri 22.05.20
29	Self-Enable on the SAP S/4HANA Migration Cockpit	0 days	Fri 22.05.20	Fri 22.05.20
30	Self-Enable on Test Management Tools and Solution Manager Test Management	0 days	Fri 22.05.20	Fri 22.05.20

Abbildung 3.11 Detaillierter Projektstrukturplan für eine Einführung in SAP S/4HANA Cloud, Extended Edition

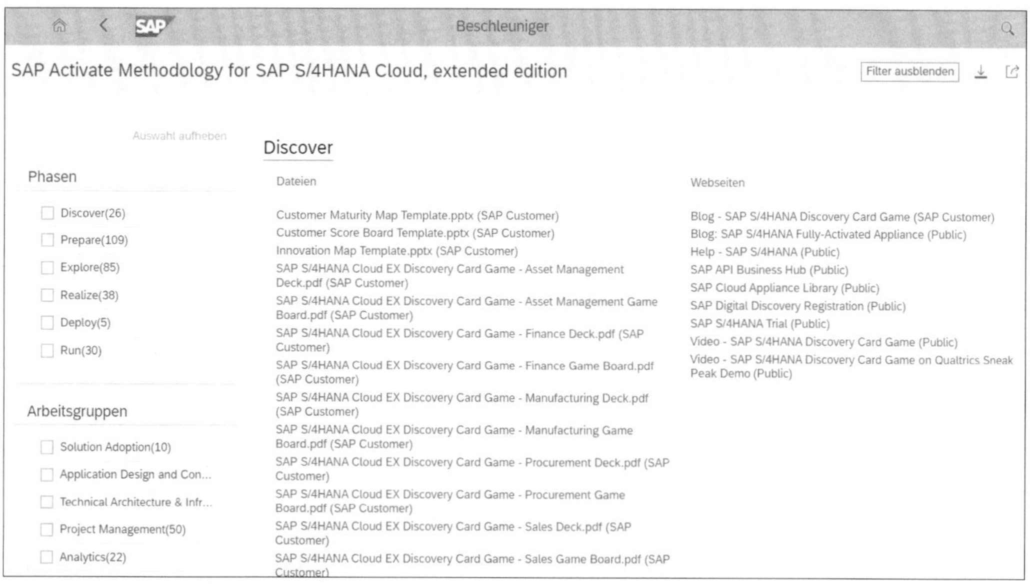

Abbildung 3.12 Beschleuniger für SAP S/4HANA Cloud, Extended Edition

SAP Best Practices: Auf die richtige Auswahl kommt es an!

Insgesamt ist die Anzahl der bereitgestellten Informationen beeindruckend. Allerdings ist es nicht immer ganz einfach, die passenden Informationen für das eigene Projekt zu finden, und in den meisten Fällen müssen diese an die eigenen Bedürfnisse angepasst werden. Dennoch liefert der Roadmap Viewer eine Vielzahl an nützlichen und hilfreichen Werkzeugen, um das SAP-S/4HANA-Projekt mit der SAP-Activate-Methodik erfolgreich zu managen.

3.7.2 SAP Best Practices Explorer

Der SAP Best Practices Explorer (Abbildung 3.13) ist der zentrale Einstieg für alle SAP Best Practices und Rapid Deployment Solutions (RDS). SAP Best Practices beinhalten alle notwendigen Informationen, um Standardgeschäftsprozesse in SAP zu modellieren und zu nutzen. Rapid Deployment Solutions beinhalten vorkonfigurierte, sofort ausführbare Geschäftsprozesse.

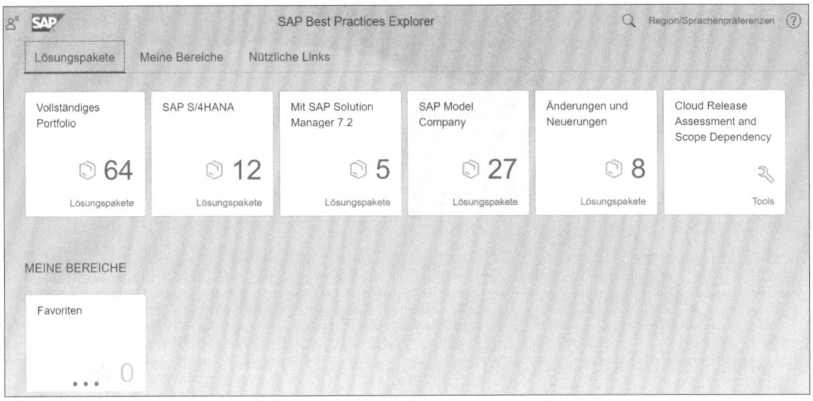

Abbildung 3.13 SAP Best Practices Explorer

SAP Best Practices: vorkonfigurierte Bausteine für das neue SAP-System

Die SAP Best Practices sind verwandt mit dem SAP-Model-Company-Ansatz: Inhalte werden in ein existierendes System importiert, zusammen mit den notwendigen Daten, Customizing usw. Somit ist es möglich, ein System mit Standardprozessen aufzubauen, die für den Kunden in seiner Branche im Idealfall weitgehend änderungsfrei übernommen werden können. Die Vorteile sind offensichtlich: Kunden können SAP S/4HANA schneller einführen und Geschäftsprozesse in kurzer Zeit modellieren. Es gibt landesspezifische Lösungen, die auf rechtliche Besonderheiten im jeweiligen Land abgestimmt sind.

Nach der Aktivierung der SAP-Best-Practices-Lösung kann man die Konfiguration, wie gewohnt, über die Transaktion SPRO erweitern und ändern.

Wichtig ist es, den Administration Guide für die SAP Best Practices zu kennen, der im Detail beschreibt, wie die Systemkonfiguration mit SAP Best Practices eingerichtet wird: *https://help.sap.com/viewer/S4HANA1909_AdminGuide*.

[«]

Integration von SAP Solution Manager 7.2 mit SAP Best Practices

Ab SAP Solution Manager 7.2 ist es möglich, die SAP Best Practices zu importieren. Jedes SAP-Best-Practices-Paket beinhaltet Prozess- und Konfigurationsinhalte wie Prozessdiagramme, Testskripte und Konfigurationsempfehlungen. Diese Pakete werden laufend an neue SAP-S/4HANA-Versionen angepasst. Der SAP Best Practices Explorer kommt daher in der Discover- und Prepare-Phase zum Einsatz und unterstützt bei der Auswahl der passenden Best Practices für das jeweilige Projekt.

Mithilfe des SAP Solution Builders können SAP Best Practices im Entwicklungssystem aktiviert werden. Danach wird die Konfiguration über Transporte in nachgelagerte Systeme (Test und Produktion) verteilt.

3.7.3 SAP Model Company

SAP Model Company: zusammengebaute Best-Practices-Bausteine

Seit 2017 gibt es die SAP Model Company, eine Kombination aus SAP Best Practices, die gemeinsam die meisten Standardprozesse eines »Modellunternehmens« abdecken. SAP Model Company ist eine Ready-to-run-Lösung, bestehend aus Geschäftsinhalten (Daten), vorgefertigten Lösungen und Acceleratoren wie Testdaten und Testskripten. Man kann sie sich wie eine Zusammenstellung von Best-Practice-Bausteinen vorstellen, die gemeinsam eine vollständig lauffähige Umgebung ergeben, die die Kernprozesse eines Unternehmens abdecken.

Die Vereinfachung besteht darin, dass man sich nicht wie bei jeder Best Practice fragen muss, ob sie passt und für das eigene Projekt notwendig ist. Das SAP-Model-Company-Paket ist vollständig konfiguriert – eine Auswahl ist nicht mehr auf Prozessebene, sondern nur auf Geschäftsbereichs- und Industrieebene möglich.

Andererseits verliert man Flexibilität bei der Definition des Projekt-Scopes, da man nicht selektiv einzelne Prozesse in den Scope aufnehmen oder herauslassen kann. Die SAP Model Company kommt zwar vorkonfiguriert für 17 Branchen und umfasst zwölf Geschäftsbereiche (*Lines of Business*, LoB), aber wenn man sich für eine Model Company entschieden hat, kann der Inhalt initial nicht verändert werden. Erst nach der Einspielung der Model Company, kann man im Projektsystem Anpassungen vornehmen.

SAP Model Company Packages existieren (Stand: Sommer 2020) für folgende Branchen:

- Agribusiness
- Airline Back Offices
- Automotive
- Chemicals
- Consumer Products
- Core Retail
- Defense Logistics
- Fashion and Vertical Business
- High Tech
- Industrial Machinery and Components
- Integrated Digital Banking
- Integrated Utilities
- Mill Products
- Mining Production and Execution
- Oil and Gas
- Pharmaceuticals
- Trade Management for Consumer Products
- Utilities for Regulated Markets

Folgende Geschäftsbereiche werden durch SAP Model Company Packages abgedeckt:

- Billing and Revenue Innovation Management
- Connected Assets
- Connected Manufacturing
- SAP Customer Experience
- SAP EWM for Industries
- Finance
- Human Resources
- Logistics Execution
- Multinational Corporations
- Research and Development/Engineering and Sustainability
- Shared Services

- Supply Chain Planning
- Wholesale Distribution

Das SAP-Model-Company-Konzept ist wohl die erfolgreichste Innovation im Bereich der Einführungsmethodik und Werkzeuge der letzten Jahre. Es hat die Komplexität und damit den Zeitaufwand und den Invest (*Time-to-Value*) erheblich reduziert und ist für viele Kunden für ihre Einführungsprojekte (Greenfield) die erste Wahl. Die Vorteile liegen in fünf Kernbereichen:

1. Die initiale Festlegung des Projekt-Scopes und die Qualität der damit verbundenen Aufwandsschätzungen ist erheblich besser und belastbarer. Eine solidere Grundlage für den Business Case und die Budgetplanung!
2. Die Projektlaufzeit wird zum Teil drastisch reduziert.
3. Die Prozessmodellierung orientiert sich viel stärker am SAP-Standard, was sich durch geringere Entwicklungsaufwände und langfristig geringere Anpassungsaufwände bei der Einspielung neuerer Softwareversionen gleich mehrfach auszahlt.
4. Die Entscheidungsfindung im Projekt wird beschleunigt (was wiederum Zeit und Geld spart), da man sich an von SAP vorgedachten Prozesseinstellungen orientieren kann.
5. Das Prozess- und Landschaftsdesign ist zukunftssicher, d. h., es orientiert sich an der SAP-Roadmap und zukünftigen Entwicklungen.

Der große Vorteil der Model Company gegenüber den einzelnen Beschleunigern liegt im integrierten, lauffähigen Ansatz: Das System stellt sicher, dass die verschiedenen Unternehmensbereiche zusammenpassen.

Komplexität reduzieren und Risiken beherrschbar machen

Wie eingangs erwähnt, ist die größte Herausforderung bei einem SAP-Projekt die Komplexität sowohl in technischer als auch in prozessualer und organisatorischer Sicht. Eine SAP-Einführung ist ein gewaltiger Kraftakt für jedes Unternehmen – und, wie die Anzahl gescheiterter Projekte verdeutlicht, ein enormes Risiko.

Die Einführungsmethodik soll einen wichtigen Beitrag dazu leisten, diese Komplexität zu reduzieren und Risiken beherrschbarer zu machen. Fehler werden immer passieren, aber die Anzahl und die Schwere der Fehler können reduziert werden. Durch solide, vorausschauende Planung hat man außerdem die Möglichkeit, früher zu reagieren, um die schlimmsten Konsequenzen aus Fehlentscheidungen zu vermeiden.

Generische Vorgehensweisen wie PMI oder PRINCE2 sind sozusagen das Einmaleins des Projektmanagements. SAP-spezifische Einführungsmodelle bauen darauf auf und bieten hochspezialisierte Werkzeuge für ihren designierten Zweck.

SAP hat enorm viel Zeit und Ressourcen in die Einführungsmethode SAP Activate als Nachfolgerin der ASAP-Methode investiert und treibt die Erstellung und Aktualisierung weiter voran. Roadmap Viewer und SAP Best Practices beinhalten geballtes SAP-Know-how, das gezielt eingesetzt werden kann, um Projekte zu beschleunigen und Entscheidungen für Lösungen zu treffen, die sich möglichst eng am SAP-Standard orientieren.

Die Grenzen von SAP Activate liegen da, wo die Kundenlandschaft die SAP-Welt verlässt. Sobald Kunden ihre SAP-Systeme mit Drittanbietersystemen verbinden – und das ist bei fast allen SAP-Kunden der Fall – hört die Unterstützung durch SAP Activate auf. Hier sind Kunden auf die Unterstützung ihrer Softwarepartner angewiesen, um Probleme, die nach der Einführung auftauchen können, frühzeitig zu identifizieren und zu lösen.

Kapitel 4
Das SAP-S/4HANA-Projekt: Wie es tatsächlich ist

Vom Traum zum Albtraum: In diesem Kapitel kehren wir auf den harten Boden der Realität zurück. Es gibt wohl kein komplexes SAP-S/4HANA-Projekt, das ohne Probleme abläuft. Meist steckt der Fehler jedoch nicht im (SAP-)System: Nein, die Probleme sind selbst gemacht, selbst übersehen oder selbst unterschätzt!

Trotz (vermeintlich) sorgfältiger Planung und methodischer Vorgehensweise wird es immer mal wieder Ereignisse geben, die Ihr Projekt ins Trudeln bringen. Dieses Kapitel soll Ihre Aufmerksamkeit auf die Fallstricke lenken, die in der Praxis am häufigsten auftreten. Inhaltlich befassen wir uns dabei vor allem mit »neuen« SAP-S/4-HANA-Projekten. Es handelt sich dabei um Projekte, die als Grundlage SAP S/4HANA und SAP HANA als Technologieplattform verwenden, und außerdem um SAP-S/4HANA-Projekte mit agilen Anteilen. Wir sind uns der Tatsache bewusst, dass aktuell (2020) noch eine Vielzahl von SAP-Implementierungen auf der Basis von SAP ERP Central Component (SAP ECC) produktiv sind und so schnell auch nicht auf SAP S/4HANA umgestellt bzw. migriert werden. Darüber hinaus gibt es laufende Projekte, die sich mit Accelerated SAP (ASAP) als Projektmethode und SAP ECC oder dessen Vorläuferreleases befassen bzw. hybride Implementierungen betreffen (vor allem auch, weil die Funktionalität von SAP S/4HANA noch nicht den Umfang der »alten« SAP Business Suite erreicht hat).

Wir beziehen uns in diesem Kapitel auf die Phasen der mit SAP S/4HANA eingeführten Methode *SAP Activate*, die Sie in Kapitel 3, »Das SAP-S/4HANA-Projekt: Wie es sein sollte«, kennengelernt haben. In diesem Kapitel sind bereits Gemeinsamkeiten und Unterschiede zwischen SAP Activate und ASAP diskutiert worden.

Fehler, die im Projektverlauf häufig vorkommen, diskutieren wir in diesem Kapitel im Kontext der Phase, in der sie die gravierendsten Auswirkungen auf den Erfolg Ihres Projekts haben können. Denken Sie vor Projektbeginn und vor jeder einzelnen Projektphase kreativ darüber nach, wie Sie die jeweiligen Stolpersteine umgehen können – oder zumindest einen Großteil davon. Unterstützung dabei erhalten Sie in Kapitel 6, »Planung, Steuerung und Qualitätssicherung«.

Ein SAP-S/4HANA-Projekt ein kein IT-Projekt im klassischen Sinne, sondern es handelt sich dabei um ein Transformationsprojekt, das Prozesse, Geschäftsmodelle und Unternehmensorganisationen nachhaltig verändern wird. Wenn es Ihnen gelingt, diese Besonderheit in den Köpfen der Projektsponsor*innen, Stakeholder und Entscheider*innen im Unternehmen zu verankern, haben Sie bereits einen wichtigen Schritt in Richtung Projekterfolg getan.

Einen Einblick in die Projektorganisation mit SAP Activate haben wir bereits in Kapitel 3, »Das SAP-S/4HANA-Projekt: Wie es sein sollte«, gegeben.

4.1 Phase 1: Discover (oder: Möglichkeiten sondieren)

Den Projektumfang festlegen

Diese Phase vor dem eigentlichen Projektstart ist neu in der Methodik zur Einführung von SAP-Software – nicht nur vom Namen her, sondern als zusätzliche wichtige Phase. Bereits vor dem eigentlichen Projektstart wird in dieser Phase die Vorbereitung des Projekts methodisch unterstützt. Der Übergang des Projekts vom (internen) »Verkauf« (jedes Projekt hat Fürsprecher*innen und Gegner*innen und muss sich erst durchsetzen) in die operative Phase findet hier statt und ist der erste Schritt in dieser Phase (*Delivery*). Jedes Projekt der Größenordnung eines SAP-S/4-HANA-Transformationsprojekts bedarf einer gründlichen Vorbereitung in fachlicher Hinsicht, aber auch (und vielleicht vor allem) in der Einbeziehung und Überzeugung wichtiger Entscheidungsträger und -trägerinnen und der Abstimmung des *Scopes* (Umfangs) des Projekts. Genauso wichtig ist die Festlegung dessen, was nicht Teil des Projekts sein soll. Werden diese Entscheidungen hier getroffen, dokumentiert und abgenommen, lassen sich lästige Diskussionen und Verschiebungen innerhalb von Planung und Budget während der späteren Projektumsetzung vermeiden.

Die Ergebnisse dieser Phase sind somit die dokumentierte Übergabe des Projekts an die ausführende Projektorganisation sowie die Definition und Abnahme des Projektumfangs.

Was geht und was (noch) nicht?

Im Gegensatz zu »herkömmlichen« SAP-Projekten auf Grundlage der SAP Business Suite, bei denen man funktional »aus dem Vollen« schöpfen konnte, sind SAP-S/4-HANA-Projekte aktuell funktional noch etwas limitiert. Im Bereich Finanzen und Controlling gibt es viele neue Möglichkeiten, und auch viel Altbewährtes finden wir wieder und können es nutzen. In einigen anderen Bereichen (z. B. SAP Supplier Relationship Management, SAP SRM, oder SAP ERP Human Capital Management, SAP ERP HCM) bietet SAP S/4HANA (noch) nicht den vollen Funktionsumfang. Hier ist bei der Scope-Definition von Anfang an klar zu unterscheiden, was geht und was (noch) nicht.

Ein weiterer wichtiger Aspekt ist es, bereits zu diesem frühen Zeitpunkt einen oder mehrere Projektsponsor*innen gefunden zu haben. Es wird immer wieder Diskussionen über die Sinnhaftigkeit von Entscheidungen geben. Daher ist es wichtig, standfeste Entscheider*innen hinter sich zu wissen.

Sie als Projektleiterin oder Projektleiter sind natürlich in dieser Phase schon am Steuer (oder auch im »Driver's Seat«). Den Großteil der Projektorganisation holen Sie aber erst in der nächsten Phase an Bord.

4.2 Phase 2: Prepare (oder: das Projekt vorbereiten)

Den Grundstein legen

Die Entscheidung für das SAP-S/4-HANA-Projekt ist gefallen. In der Vorbereitungsphase legen Sie nun den Grundstein für die erfolgreiche Projektdurchführung: Sie setzen Ziele, planen Zeiten und Ressourcen, bauen die Projektorganisation auf und legen die Infrastruktur für die Projektarbeit fest. Besonderes Augenmerk legen Sie auf die Abstimmung und Kommunikation des Projekts im Unternehmen. So weit, so gut! In diesen Abschnitten stellen wir Ihnen die Herausforderungen vor, denen Sie bei der Planung und Vorbereitung des Projekts am häufigsten gegenüberstehen.

4.2.1 Offizieller Projektstart

Projekte der Größenordnung eines SAP-S/4HANA-Projekts betreffen (oder vielleicht besser »treffen«) meist mehrere Teile Ihres Unternehmens und in den jeweiligen Unternehmensteilen eine Vielzahl an Mitarbeiterinnen und Mitarbeitern. Ab sofort werden sich immer neue externe Beraterinnen und Berater am Projekt beteiligen und oft im Unternehmen für einige Zeit ihren neuen Arbeitsplatz belegen. Es gibt viele Veränderungen – und diese sollten gut vorbereitet und kommuniziert werden. Auch müssen Sie dafür sorgen, dass all das, was sie jetzt planen, entsprechend umgesetzt wird. Ist das Projektteam startklar, gibt es einen gemeinsamen *Kick-off*. Der Startschuss für das Projekt ist gefallen!

4.2.2 Vereinfachung durch Lösungsbausteine

Eine der größten (und besten) Neuerungen in SAP Activate ist die Bereitstellung von vorgefertigten Lösungen in Form von geführter Konfiguration (*Guided Configuration*) und die Auslieferung von Ready-to-Run-Geschäftsprozessen. Das erleichtert (und verkürzt) auf der einen Seite die Implementierung, gibt aber auch strengere Standards vor Weitere Informationen hierzu finden Sie in Kapitel 3, »Das SAP-S/4HANA-Projekt: Wie es sein sollte«, und Kapitel 9, »Werkzeuge zur Projektunterstützung«.

Für Sie als Projektleitung heißt das (noch mehr als vielleicht bei einem SAP-ECC-Projekt), auf die Nutzung dieser Standardfunktionalität zu achten.

4.2.3 Planung des Projekts

They want it all

Nicht selten sind Sie bereits bei der Planung Ihres SAP-S/4HANA-Projekts einem großen Erwartungsdruck ausgesetzt. Wenn Sie ein Projekt in Ihrem Unternehmen verantworten, kommt dieser Druck vonseiten der eigenen Geschäftsleitung, sind Sie als Berater*in beim Kunden tätig, entsteht der Druck durch den bzw. die Auftraggeber*in. Folgende Beispiele sollen verdeutlichen, welche Schwierigkeiten in dieser Projektphase lauern:

- **Druck aus dem eigenen Lager (interne Projekte)**
  Mit dem »Go« für ein neues Projekt ist häufig die klare Erwartungshaltung verbunden, die vorgegebenen Einführungstermine einzuhalten und, wenn möglich, sogar noch zu unterschreiten. Vom Überschwang getragen, aber auch aufgrund der mangelnden Erfahrung mit Transformationsprojekten, wird der Termin keiner qualifizierten Überprüfung unterzogen. Leise Zweifel werden unterdrückt. Niemand möchte sich die Blöße geben und sich eingestehen, dass der Zeitplan viel zu ambitioniert sein könnte.

  Hatten Sie schon erfolgreiche SAP-Projekte im Unternehmen, steigt der Erwartungsdruck vielleicht sogar noch (»kann ja nicht so schwer sein, haben wir ja beim ersten Mal auch hinbekommen«). Hier ist allerdings Vorsicht geboten: Wir sprechen von einer vollkommen neuen technologischen Plattform mit neuen Möglichkeiten! (Die *Simplification List*, die die Prozessvereinfachungen von SAP S/4HANA gegenüber SAP ECC beschreibt, hat für die aktuelle Version 1909 über 1.000 Seiten – und diese Veränderungen machen Ihr SAP-S/4HANA-Projekt in jedem Fall zu einem vollkommen neuen Projekt.)

- **Wünsche vonseiten des Kunden (Beratungsprojekte)**
  Im Kampf um einen Auftrag hat sich schon so mancher Anbieter zu unrealistischen Versprechungen hinreißen lassen. Ausgehend von Anfor-

derungen des Kunden, die in der Angebotsphase oft noch nicht klar definiert sind, müssen Sie Aussagen zu Budget und Termin machen. Dabei besteht die Gefahr, zugunsten zukünftiger Umsatzerwartungen wohlwollend über mögliche Probleme hinwegzusehen. Oft sind die zugesagten Termine mit den vereinbarten Aufwänden unmöglich einzuhalten.

In beiden Fällen sind Sie als Projektleitung zum ersten Mal richtig gefordert. Lassen Sie sich nicht in die Falle locken, den Projektplan zu optimistisch auf ein Zieldatum auszurichten. Denn generell resultieren sehr viele Planungsfehler aus dem Bemühen, vorgegebene Termine einzuhalten (auch wenn sie unrealistisch sind).

- **Die Verfügbarkeitsfalle**
  Die Termine sind bei realistischer Einschätzung der Projektkomplexität und/oder der Verfügbarkeit der Projektmitarbeiter*innen von vornherein nicht erreichbar. Mitarbeiterinnen und Mitarbeiter werden z. B. oft mit fünf Tagen pro Woche für das gesamte Jahr verplant. Die Erkenntnis, dass auch in diesem Jahr ein Sommerurlaub ansteht, setzt erst im Juni ein.
- **Die Optimismusfalle**
  Die Aufwandsschätzungen für das Projekt sind zu optimistisch, zu oberflächlich oder sogar falsch. Sie bilden damit keine verlässliche Grundlage für die Projektdurchführung.
- **Zu grobe Planung**
  Der Detaillierungsgrad der Planung ist zu gering: Es gibt keine Planung auf der Basis von Meilensteinen, und kritische Pfade werden nicht festgelegt.
- **Unvollständige Planung**
  Die Planung ist nicht vollständig: Arbeitspakete fehlen oder sind den Projektphasen nicht in logischer Reihenfolge zugeordnet.
- **Unzureichende Kommunikation**
  Es erfolgt keine ausreichende Kommunikation der Pläne an Projektmitarbeiter*innen, Stakeholder, Fachabteilungen und angrenzende Projekte.
- **Der Scheuklappeneffekt**
  Potenzielle Risiken werden nicht seriös bewertet. Die Pläne enthalten keine Maßnahmen zur Risikovermeidung oder -minimierung. Zum Beispiel wird nicht damit gerechnet, dass Mitarbeiterinnen und Mitarbeiter in anderen Projekten oder in ihrer Fachabteilung eingeplant sein könnten und dadurch dem Projekt nur eingeschränkt zur Verfügung stehen.

- **Fehlende Qualitätssicherung**
  Es sind keine Abläufe zur Qualitätssicherung eingeplant. Es ist unklar, wer wann und auf welcher Grundlage Qualitätschecks durchführt. In komplexen Projekten ist jedoch eine unabhängige Beurteilung durch externe Auditor*innen hilfreich, die Erfahrung und Fingerspitzengefühl mitbringen.
- **Zu wenig oder zu viele Puffer**
  Bei engen Terminvorgaben wird ohne oder mit zu geringen Puffern geplant. Planen Sie ohne Zeitreserve, gefährden Sie das Projekt. Doch auch der umgekehrte Fall ist ein Problem: Zu großzügige Puffer haben eine gewisse Nachlässigkeit zur Folge und verteuern das Projekt.
- **SAP-S/4HANA-Releasezyklus**
  Aktuell befindet sich das SAP-S/4HANA-System zwar in einem sehr stabilen Zustand, wird aber funktional weiterentwickelt. Sie werden mit ziemlicher Wahrscheinlichkeit während Ihres Projekts auf ein neues Release wechseln können. Sowohl für die technische Umstellung als auch für die notwendigen Tests wird Zeit benötigt, die Ihnen ohne vorausschauende Planung am Ende fehlen wird.

Ist man auf die vielen Herausforderungen vorbereitet, die in einem so komplexen Projekt wie einer SAP-S/4HANA-Einführung warten, können viele Klippen elegant(er) umschifft werden.

4.2.4 Projektorganisation und Projektressourcen

In diesem Abschnitt möchten wir Ihnen die wichtigsten Tücken zeigen, mit denen Sie beim Aufbau der Projektorganisation und der Nominierung der Projektmitarbeiter und -mitarbeiterinnen konfrontiert werden können.

Wichtigste Ressource: qualifiziertes Personal

Der Aufbau einer effizienten Projektorganisation und Projektstruktur sowie die Besetzung der Teams mit qualifizierten Mitarbeiter*innen erfordert viel Aufmerksamkeit und Sorgfalt. Wird nicht klar geregelt, wer was macht und wie dabei vorgegangen werden soll, geraten Projekte schon zu Beginn ins Trudeln.

Aus dem Projektleben gegriffen

In dem Praxisbeispiel, das Sie in Kapitel 2, »Was ein SAP-S/4HANA-Projekt so anders macht«, kennengelernt haben und das Sie auch im weiteren Verlauf dieses Buches begleiten wird, entwickelt sich z. B. ein Konkurrenzkampf um die nur begrenzt vorhandenen SAP-Prozess- und Projektmanagement-Skills, denn die Interessen auf weltweiter und lokaler Ebene sind nicht immer deckungsgleich. Zudem hat die neue SAP-S/4HANA-Plattform die Welt der SAP-Expert*innen vorerst in zwei Lager gespalten: auf der einen Seite die SAP-S/4HANA-Expertise und auf der anderen Seite die aktuell noch relativ große Anzahl an SAP-Beraterinnen und -Beratern mit SAP-Business-Suite-Zertifizierung. Für beide Gruppen gibt es ausreichend zu tun: Für Ihr SAP-S/4HANA-Projekt benötigen Sie eine erhebliche Anzahl an SAP-S/4HANA-Beraterinnen und -Beratern – und solche mit umfangreicher Projekterfahrung sind immer noch relativ selten.

Fragen Sie sich beim Aufbau der Projektorganisation, wer die Menschen sind, mit denen Sie Ihr Projekt erfolgreich gestalten wollen. Das gilt nicht nur für das Projektteam im engeren Sinne, denn zur Projektorganisation gehört die Gesamtheit aller projektinvolvierten Personen (Management, Lenkungsausschuss, Stakeholder und Fachabteilungen).

Beim Aufbau einer Projektorganisation sowie im Projektverlauf können Ihnen die folgenden Vorkommnisse besondere Schwierigkeiten bereiten:

- **Verantwortlich sind immer die anderen**
  Die Verantwortlichkeiten aller am Projekt beteiligten Personen sind nicht festgelegt und im Unternehmen abgestimmt. Es gibt keine Übersicht, in der eindeutig beschrieben ist, wer welche Aufgaben im Projekt verantwortet, z. B. eine RACI-Matrix (Responsible, Accountable, Consulted, Informed), siehe Abschnitt 5.3.1, »Skill-Anforderungen im digitalen Projektmanagement«).
- **Unklare Entscheidungsbefugnisse**
  In einem SAP-Projekt müssen Entscheidungen getroffen werden, die personelle, organisatorische und prozessspezifische Veränderungen bedeuten. Wenn nicht klar geregelt ist, wer im Unternehmen für welche Fragen entscheidungsbefugt ist, führt das mindestens zu Verzögerungen in der Entscheidungsfindung. Im schlechtesten Fall entstehen massive Akzeptanzprobleme beim Roll-out.
- **Die richtigen Personen fehlen**
  Die Verfügbarkeit qualifizierter Fachkräfte zum richtigen Zeitpunkt ist nicht sichergestellt. Zum Beispiel wird ein Projektleiter oder eine Projektleiterin mit mangelnder Erfahrung in komplexen SAP-Projekten und/oder mit fehlenden Führungsqualitäten eingesetzt. Auch sollte die Projektleitung eines SAP-S/4-HANA-Projekts zumindest an einer erfolgreichen Implementierung von SAP S/4HANA in einer leitenden Position teilgenommen haben. Schulungswissen ist hier hilfreich, aber nicht ausreichend. Die Suche nach geeigneten Kandidat*innen gestaltet sich oft schwierig und nimmt viel Zeit in Anspruch, in der ein Projekt nicht vorangetrieben werden kann.

- **Aufgabenkonflikte bei parallelem Mitarbeitereinsatz**
  Mitarbeiterinnen und Mitarbeiter werden oft lediglich in Teilzeit für ein Projekt abgestellt, um, was durchaus sinnvoll sein kann, den Bezug zur Praxis und den Kontakt zu den Fachbereichskolleg*innen zu halten. Diese Mitarbeiter*innen befinden sich dann jedoch in einem permanenten Konflikt zwischen den Anforderungen im Projekt und dem Tagesgeschäft in ihrer angestammten Aufgabe. Es besteht die Gefahr, dass sie mehrfach eingeplant werden.
- **Die Chemie stimmt nicht: Unstimmigkeiten im Team**
  Nicht alle Beteiligten passen menschlich zueinander. Denn neben den fachlichen Qualifikationen spielen auch die zwischenmenschlichen Faktoren für das Gelingen des Projekts eine wichtige Rolle.
- **Keine gemeinsamen Ziele**
  Persönliche Ziele der Projektmitarbeiter*innen und der Verantwortlichen des Unternehmens stimmen nicht mit den Zielen des Projekts überein, z. B. hinsichtlich der Dauer der Mitarbeit im Projekt, der Karriereinteressen der Projektmitarbeiter*innen und der unterschiedlichen Interessenslagen in den Fachabteilungen.
- **Zukunftsängste**
  Mitunter werden die bisherigen Arbeitsplätze der Projektmitarbeiter*innen anderweitig besetzt, was ihre Wiedereingliederung in die Fachfunktionen erschweren kann. Die Sorgen um den späteren Arbeitsplatz können sich negativ auf die Leistungsbereitschaft auswirken.
- **Kompetenzgerangel**
  Es gibt Konflikte zwischen externen Beraterinnen und Beratern und alteingesessenen Prozessverantwortlichen oder zwischen Betreuer*innen von Altsystemen gegenüber der SAP-S/4HANA-Projektgruppe. Ressentiments von Verfechter*innen des Status quo gegenüber Neuem sind weit verbreitet und nicht zu unterschätzen.
- **Unklare Erwartungshaltung**
  Sie haben es versäumt, mit Ihren Mitarbeiter*innen vor Projektbeginn klar zu besprechen, was Sie in fachlicher und persönlicher Hinsicht von ihnen erwarten.
- **Agile Teilprojekte**
  Auch in SAP-S/4HANA-Projekten werden agile Teilprojekte (vor allem bei der Softwareentwicklung) häufiger. Hier sind andere Methoden und Projektsteuerungsansätze notwendig. Expertinnen und Experten dafür sind (noch) rar und müssen früh eingebunden werden.

Der Aufbau der Projektorganisation ist eine sehr grundlegende Aufgabe, weil sie normalerweise für die gesamte Projektlaufzeit gültig ist. Die Zeit, die hier investiert wird, zahlt sich in den meisten Fällen am Ende des Projekts aus.

4.2.5 Bereitstellung der Infrastruktur

Rahmenbedingungen schaffen

Trotz der im vorangehenden Abschnitt angeführten Hindernisse haben Sie es geschafft, ein hochqualifiziertes, motiviertes Projektteam zusammenzustellen. Dennoch herrscht Unruhe, und die Arbeit geht nicht so gut voran, wie Sie es im Projektplan vorgesehen haben. Was ist passiert?

Wenn logistische und technische Voraussetzungen für eine erfolgreiche Projektarbeit nicht rechtzeitig geschaffen werden, entstehen Verzögerungen in der täglichen Arbeit. Statt sich ihrer Aufgabe im Projekt zu widmen, sind die Mitarbeiterinnen und Mitarbeiter damit beschäftigt, wichtigen Arbeitsmitteln hinterherzulaufen. Der Projektfortschritt wird durch die daraus resultierende Unzufriedenheit und Frustration gefährdet.

Die folgenden Beispiele aus unserem Erfahrungsschatz kommen Ihnen vielleicht bekannt vor:

- **Arbeitsplätze fehlen**
  Mitarbeiter*innen können nicht arbeiten, da nicht ausreichend Arbeitsplätze bereitgestellt werden.
- **Kein Systemzugriff**
  Mitarbeiter*innen können nicht arbeiten, weil sie keinen Systemzugriff haben oder die PCs nicht rechtzeitig bestellt worden sind. Das kann z. B. daran liegen, dass die zuständige Mitarbeiterin nicht wusste, welche Hardware zu bestellen war – oder der zuständige Mitarbeiter war schlicht und ergreifend gerade im Urlaub.
- **Systeme fehlen**
  Mitarbeiter*innen können nicht arbeiten, weil die Systemlandschaften (SAP-System oder Altsysteme) für Entwicklung oder Tests nicht rechtzeitig zur Verfügung stehen.

Cloud-Nutzung

Mit SAP S/4HANA hat sich die Strategie von SAP noch deutlicher in Richtung hin zu einem Anbieter von Cloud-Lösungen entwickelt. Viele der neuen Komponenten, die nicht mehr im digitalen Kern enthalten sind, wie z. B. SAP SuccesFactors, SAP Ariba oder SAP Fieldglass sind nur noch als Cloud-Lösung erhältlich. Bei SAP S/4HANA selbst gibt es nach wie vor die Möglichkeit, die Software im eigenen Rechenzentrum zu betreiben, in der

Public Cloud stehen die Innovationen der sich weiter entwickelnden Software aber schneller zur Verfügung. Mit dem Einsatz von SAP S/4HANA aus der Cloud – z. B. beim SAP-eigenen Anbieter SAP HANA Enterprise Cloud – kommt mit dem Clouddienstleister ein weiterer »Player« in unser Projekt. Dieser ist zwar (meist) sehr serviceorientiert, arbeitet aber Aufgaben nach Katalog und mit nicht direkt dem Projekt zugeordneten Expertinnen und Experten ab. Hier sind spezielles Wissen und erhöhte Aufmerksamkeit notwendig.

4.2.6 Kommunikation im Unternehmen

Tue Gutes und rede darüber!

Eigentlich sollten Abstimmung und Veröffentlichung des Projekts im Unternehmen eine Selbstverständlichkeit sein. Die Erfahrung lehrt jedoch, dass Versäumnisse in diesem Bereich zu erheblichen Missverständnissen und Schwierigkeiten führen können:

- **Unklare Projektziele**
  Die Projektziele werden nicht an alle beteiligten oder betroffenen Organisationen im Unternehmen kommuniziert. Es herrscht kein gemeinsames Verständnis hinsichtlich der Projekterwartungen, Dringlichkeiten und Prioritäten. So mancher direkt Beteiligte weiß nicht, was ihn während und vor allem nach dem Projekt erwartet.
- **Grenzen fehlen**
  Es wird versäumt, festzulegen und klar zu kommunizieren, was Gegenstand des Projekts und – ganz wichtig – was *nicht* Teil des Projekts sein wird. Gerade bei Unternehmen, die schon eine breite SAP-Landschaft betreiben, wird das SAP-S/4HANA-Projekt nur einen Teil ablösen. Hier ist eine klare Abgrenzung notwendig.
- **Fehlende Einbindung der Fachabteilungen**
  Die Teilnahme der Fachabteilungen wird nicht in ausreichendem Maße eingefordert. In der Konsequenz fühlen sich die betreffenden Fachbereiche nicht verpflichtet, das Projekt zu unterstützen. Das kann zu permanenten Auseinandersetzungen führen, die das Projekt erschweren, verzögern oder sogar scheitern lassen. Ohne klare Abstimmungen im Unternehmen sind auch Konflikte im Hinblick auf Budgets und Projektressourcen zu erwarten.
- **Fehlende Grundlagen**
  Es gibt kein Dokument (*Statement of Work*), das Inhalt, Umfang, Laufzeit und Budget des Projekts festlegt. Manchmal ist ein solches Dokument zwar vorhanden, wird aber nicht von allen Projektbeteiligten akzeptiert.

- **Die eine Hand weiß nicht, was die andere tut**
  Es wird versäumt, Parallel- oder Teilprojekte inhaltlich und technisch aufeinander abzustimmen. Gravierende Folgen für den Projektverlauf sind zu erwarten, wenn Auswirkungen durch Parallelprojekte auf vor- und nachgelagerte Prozesse zu spät erkannt oder ignoriert werden. Unstimmigkeiten im Prozessdesign oder in der Systemarchitektur können ein komplettes Redesign erforderlich machen.

Wenn Sie es nicht geschafft haben, mit Ihrer Geschäftsleitung und anderen wichtigen Parteien im Unternehmen ein gemeinsames Verständnis für die Prioritäten des SAP-S/4HANA-Projekts zu schaffen und sich über realistische Zeitpläne und Budgets einig zu werden, sollten Sie spätestens jetzt die Empfehlung aussprechen, das Projekt nicht fortzuführen.

4.3 Phase 3: Explore (oder: Geschäftsprozesse abbilden)

Was hier versäumt wird, ist schwer aufzuholen!

Jetzt geht es richtig los mit dem Projekt. Ziel ist es, eine optimal passende Unterstützung für notwendige Geschäftsprozesse zu erarbeiten. Ausgangspunkt sind die in SAP Activate vorgefertigten Grundlagen (Angebote für die Realisierung von Geschäftsprozessen und deren Umsetzung). Dieser Inhalt stammt aus den SAP Best Practices (diese gab es schon unter ASAP) und aus den für deren Implementierung mitgelieferten Lösungsvorschlägen. Diese gibt es als Inhalte für Geschäftsprozesse, als Inhalte für die Migration und für die Integration.

So weit, so gut! Die Herausforderung besteht darin, diese Angebote mit den tatsächlichen Anforderungen im Unternehmen (und damit in unserem Projekt) in Übereinstimmung zu bringen. Welche Anforderungen lassen sich standardmäßig abdecken (hoffentlich recht viele) und welche nicht? Unter SAP Activate reden wir hier von der *Fit-Gap-Analyse* (diese gab es unter ASAP aber auch schon). Ziel ist eine Beschreibung der Lösung: der *Business Blueprint*.

Business Blueprint

Im Business Blueprint legen Sie die entscheidenden Grundlagen für Ihr SAP-S/4-HANA-Projekt. Sie entwerfen das künftige SAP-System auf Basis der Geschäftsprozessanforderungen und treffen die finale Entscheidung zur Systemarchitektur. Fehler und Nachlässigkeiten in dieser Phase gefährden das Projekt in hohem Maße. Korrekturen im späteren Projektverlauf bedeuten immer zusätzlichen Aufwand und in vielen Fällen auch Verzögerungen. Umso wichtiger ist es, dass Sie sich mit den in den folgenden Abschnitten beschriebenen Fallstricken intensiv auseinandersetzen.

4.3.1 Geschäftsprozessanforderungen

Die Erarbeitung von Geschäftsprozessanforderungen und deren Umsetzung im neuen SAP-S/4HANA-System erfordert ausgearbeitete Unternehmensstrategien für die nächsten Jahre.

Unternehmensstrategie als Ausgangspunkt

Die Geschäftsstrategien und die daraus abgeleiteten Prozesse werden normalerweise vor der Entscheidung für SAP S/4HANA getroffen. Fehlen solche Strategien im Projektteam oder werden nicht in ausreichendem Maße verstanden, drohen folgende Gefahren für das Projekt:

- **Schwer realisierbare Anforderungen**
  Die Prozessanforderungen sind nicht auf die SAP-S/4HANA-Standardprozesse ausgerichtet. Es wird nicht ausreichend evaluiert, inwieweit die detaillierten Prozessanforderungen in der SAP-S/4HANA-Software abgebildet werden können. Aus Zeit- und Budgetgründen wird darauf verzichtet, einen Prototyp zu erstellen, um den Fachbereichen die Möglichkeiten des SAP-Standards zu demonstrieren. Die gewünschten Prozesse sind deshalb im SAP-System nicht lauffähig oder nur mit großem Programmieraufwand umzusetzen.
- **Verpasste Chancen: Strategie und Umsetzung passen nicht**
  Die im Blueprint beschriebenen Geschäftsprozesse passen nicht zur Unternehmensstrategie.
- **Prozesse laufen aus dem Ruder**
  Die Prozessexperten und -expertinnen im Projekt entwickeln eigene »Visionen«, die bei der Abstimmung mit den Fachabteilungen auf Ablehnung stoßen.
- **Alte Prozesse im neuen System**
  Die Prozessexperten und -expertinnen beschreiben das, was sie kennen, nämlich die bestehenden Prozesse. Dies führt im Extremfall dazu, dass Geschäftsprozesse mit hohem Projektaufwand für lange Zeit festgeschrieben werden. Gerade beim Umstieg von SAP ECC auf SAP S/4HANA werden dabei viele Möglichkeiten, die SAP S/4HANA neu bietet, nicht genutzt.
- **Unpräzise Anforderungen**
  Geschäftsprozessanforderungen werden nicht präzise genug formuliert. Um Interpretationen und Missverständnisse bei der Umsetzung im SAP-S/4HANA-System zu vermeiden, sind durchdachte Anforderungen, die sowohl zum Unternehmen als auch zum SAP-S/4HANA-Standard passen, notwendig.

- **Lückenhafte Dokumentation**
  Die Dokumentation der Anforderungen enthält nicht den für eine Abstimmung mit den Fachabteilungen erforderlichen Detaillierungsgrad.
- **Abstimmung mit der Fachabteilung fehlt**
  Es erfolgt keine formale Abnahme der neuen Prozesse durch die Fachabteilungen, beispielsweise wenn Geschäftsprozessmanager nicht in die Entscheidungsprozesse eingebunden sind.

Die in unserer SAP-S/4HANA-Lösung implementierten Geschäftsprozesse sind ja das Hauptergebnis unseres Projekts. Schon aus diesem Grund kommt dieser Phase besondere Bedeutung zu.

4.3.2 Systemarchitektur

Die Festlegung der Prozesslandschaften hat direkte Auswirkungen auf die Systemarchitektur. Oft wird vergessen (oder unterschätzt), dass mit der Entscheidung für ein SAP-S/4HANA-System auch eine Entscheidung für eine neue SAP-Architektur getroffen wird. Viele Randbedingungen sind damit vorgegeben, z. B. die einer Client-Server-Architektur eines In-Memory-Datenbanksystems oder auch die zu nutzende Programmiersprachen (immer noch ABAP unter SAP S/4HANA).

Hardware als Grundlage jedes SAP-Projekts – auch in der Cloud

Eine instabile Architektur gefährdet das Projekt: Die Szenarien für die Implementierung der SAP-Software haben großen Einfluss auf Architektur und Kosten. Worin liegen die Tücken

- **Versäumnisse bei der Softwareauswahl**
  Es ist nicht endgültig geklärt, welche Systeme dem SAP S/4HANA-System vor- und nachgelagert sind – oder die Entscheidung wird immer wieder über den Haufen geworfen. Oft werden Entscheidungen über Verbleib oder Ablösung der nicht direkt von dem Projekt betroffenen Systeme einfach vertagt oder vergessen. Später im Projekt führen solche Versäumnisse zu Veränderungen in der Architektur, zu zusätzlichen Kosten oder zur Anpassung des Projektumfangs.
- **Das Rad wird immer wieder neu erfunden**
  Die Vorgaben, die SAP im Hinblick auf Referenzarchitekturen macht, werden nicht in ausreichendem Maße befolgt. Statt aus den Erfahrungen anderer Projekte zu lernen, wird alles selbst entworfen und somit mehr Zeit und Geld investiert, als nötig gewesen wäre.
  Auch werden oft nur die Funktionen implementiert, die der Berater oder die Beraterin selbst kennt. Nicht bekannte Funktionen werden dadurch manchmal nachempfunden (sprich neu programmiert), auch wenn sie

im Standard vorhanden sind. Hier helfen mitunter Kolleg*innen der SAP Consulting als Qualitätssicherung im Projekt (oder erfahrene Berater*innen, die sich mit der SAP-S/4HANA-Funktionalität auskennen).

- **Die Schnittstellenplanung fehlt**
  Es gibt Untersuchungen, dass in SAP-S/4HANA-Projekten für die Integration bis zu 50 % des Budgets ausgegeben werden. Trotzdem sind die benötigten Integrationsszenarien (Schnittstellen) oft unklar, obwohl sich durch durchdachte Planung, die Nutzung von Integrationsplattformen und eine Standardisierung viel Geld sparen lässt. Wird die SAP-S/4HANA-Lösung in der Cloud betrieben, werden Schnittstellen oft über Rechenzentrumsgrenzen hinweg notwendig. Für die Realisierung und den Test der Schnittstellen sind zusätzliche Aufwände (etwa für die Abstimmung mit Betreibern der Netzwerkinfrastruktur) einzuplanen.

Spielraum bei der Anpassung der Software

Eine der grundlegenden Fragen lautet, wie viele Veränderungen in unserer neuen Systemarchitektur gegenüber dem SAP-S/4HANA-Standard erforderlich/notwendig sind. Die verschiedenen Optionen für die Implementierung von SAP S/4HANA haben unterschiedliche Vorgaben. Eine On-Premise-Implementierung, also im eigenen Rechenzentrum oder bei einem Rechenzentrumsbetreiber Ihrer Wahl, bietet den größten Spielraum bei der Anpassung der Software an eigene Bedürfnisse. Diese Form der Implementierung ist aus dem SAP-ECC-Umfeld noch gut bekannt. Von der Programmierung eigener Funktionalität zusätzlich zu SAP S/4HANA bis hin zur Modifikation des Standards ist alles möglich – und diese Möglichkeiten wecken oft Begehrlichkeiten.

Anders sieht es beim Einsatz von SAP S/4HANA Cloud aus. Hier sind der Erweiterung Grenzen gesetzt und Modifikationen schlichtweg unmöglich. Doch der Einsatz der von SAP »vorgedachten« Lösungen für Prozesse, die in SAP S/4HANA standardmäßig abgebildet sind, ist für kleinere Unternehmen oder Unternehmen mit einer standardmäßigen Prozesslandschaft vollkommen ausreichend. Für diese Kunden hat der Einsatz von SAP S/4HANA Cloud große Vorteile. So gibt es keinen Grund, nicht die neuesten Innovationen mit jedem neuen Release zu nutzen. Und die wiederkehrende Diskussion darüber, ob bestimmte, liebgewonnene »Besonderheiten« in die neue SAP-S/4HANA-Lösung übernommen werden, hat sich von vornherein erledigt: Es ist prinzipiell nicht möglich. Allerdings ist hier ebenso Weitsicht vonnöten, denn auch zukünftige, vom Standard abweichende Anforderungen werden nicht umsetzbar sein.

4.3.3 Projektstandards und Vorgehensweisen

Wenn Sie für Ihr Projekt keine Standards festgelegt haben und Sie sich über die Vorgehensweise uneinig sind, werden Sie keinen Erfolg haben. Das Gleiche ist zu erwarten, wenn Standards und Vorgehensweisen zwar definiert sind, sich aber leider niemand daran hält. Sie wollen wissen, welche Probleme auf Sie zukommen können? Wir zeigen sie Ihnen im Folgenden auf:

- **Keine klare Linie im Projekt**
  Projektorganisationen, Projektmethoden und Vorgehensweisen werden spontan und im Vorbeigehen geändert. Beispielsweise werden Aufgaben neu vergeben, Teams neu zusammengewürfelt, Dokumentations- und Berichtsstrukturen geändert oder Abarbeitungszyklen umstrukturiert. In der Konsequenz erwarten Sie zusätzlicher Einarbeitungsaufwand und Intransparenz.
- **Projektmanagementwerkzeuge werden nicht genutzt**
  Tools für Planung, Steuerung, Dokumentation und Controlling werden nicht in ausreichendem Maße genutzt oder fehlen sogar ganz.
- **Unklare Kommunikationswege**
  Kommunikation ist der Schlüssel zum Erfolg, und trotzdem werden Kommunikations- und Eskalationswege oft nicht verbindlich festgelegt. Es gibt z. B. keine fest vereinbarten Termine für Statusmeetings, Sitzungen des Lenkungsausschusses oder die Kommunikation mit den Stakeholdern. Dies führt dazu, dass auf allen Ebenen Unsicherheit und Misstrauen im Hinblick auf den Status und die Auswirkungen des Projekts bestehen.
- **Fehlende Dokumentationsstandards**
  Standards für die Dokumentation von Prozessen und Systemlösungen (Konfiguration/Programmierung) fehlen.
- **Dokumente gehen verloren**
  Es gibt keine Ablagestruktur für Dokumente, was die Wiederauffindbarkeit erheblich beeinträchtigt.
- **Wissenstransfer nicht organisiert**
  Es wird kein System zur Wissensspeicherung und Wissensvermittlung eingesetzt. Alternativ gibt es vielleicht ein System, aber nicht alle Projektmitarbeiter*innen sind in dessen Benutzung eingewiesen.
- **Abkehr vom Einsatz des SAP-Standards**
  Spezielle Anforderungen, die sich zwar im Standard abbilden lassen, aber selbst entwickelt »viel schöner« sind, lassen sich on-premise zwar oft umsetzen; in der Cloud können sie jedoch häufig nicht abgebildet werden.

Bestimmte Projektstandards kehren immer wieder. Hier können Erfahrungen aus vorangegangenen Projekten und natürlich auch die Erfahrungen der externen Projektmitarbeiter und Projektmitarbeiterinnen genutzt werden.

4.4 Phase 4: Realize (oder: die Umsetzung)

Die Realisierungsphase: ein Langstreckenlauf

Auch wenn Sie die vorhergehenden Phasen streng nach Projektmanagementregeln und nahezu ohne Schwächen durchlaufen haben, sind Sie noch längst nicht am Ziel angekommen. In der längsten und schwierigsten Phase des Projekts steigt naturgemäß die Zahl der Fehler und Versäumnisse.

Wir möchten Ihnen in diesem Abschnitt zeigen, welche Fehler in den Disziplinen Projektsteuerung und -kontrolle, Konfiguration der SAP-S/4HANA-Systeme, Tests, Datenmigration und Change Management auftreten können.

Denn sie wissen (noch) nicht, was sie tun

Bevor wir in die Details eintauchen, möchten wir eines der häufigsten Versäumnisse ansprechen, das alle genannten Aufgaben der Realisierungsphase betrifft: Mit dem Eintritt in diese aufwendigste Phase des Projekts erhöht sich die Zahl der Projektmitarbeiter*innen, und neue Kolleginnen und Kollegen stoßen zu Ihrem Projekt dazu. Die Ausbildung der neuen Teammitglieder und die Vorbereitung des Teams insgesamt auf die Aufgaben der Realisierungsphase werden oft unterschätzt. Nehmen Sie deshalb neue Teammitglieder an die Hand!

4.4.1 Projektsteuerung und -kontrolle

Ein wichtiger Erfolgsfaktor liegt in der Steuerung und Kontrolle des Projekts durch die Projektleitung und das Project Management Office (PMO). Fachliche Defizite und Schwächen im Führungsverhalten spiegeln sich sofort im Projektfortschritt wider. Dazu zwei Erfahrungen aus der Praxis:

- **Fachkompetenz als Stolperfalle**
  Die Projektleitung hält sich für den besten Spezialisten bzw. die beste Spezialistin. Er oder sie versucht, Visionen umzusetzen, indem er oder sie selbst die neuen Prozesse beschreibt und vorgibt. Projektmitarbeiter*innen werden damit in eine Statistenrolle gedrängt und verlieren die Eigeninitiative.

- **Vertrauensverlust**
  In einem Projekt wechselt eine Seite (entweder das Beratungsunternehmen oder der Kunde) die Projektleitung, ohne es mit dem Partner abzustimmen. Ein solches Verhalten kann zu großen Verstimmungen und zu viel Misstrauen im Projekt führen.
- **Mängel im Führungsverhalten**
  Der Projektleiter oder die Projektleiterin hat fachliche Defizite und/oder Schwächen im Kommunikations- und Führungsverhalten. Er oder sie
  - kann nicht delegieren
  - übernimmt kritische Aufgaben selbst
  - taucht zu tief in Detailaufgaben ein
  - versteht es nicht, die Teambildung zu fördern
- **Fehlende Fachkompetenz im Project Management Office**
  Die Mitarbeiter*innen im PMO sind für ihre zentrale Aufgabe im Projekt nicht ausreichend qualifiziert. Es fehlt z. B. an betriebswirtschaftlicher Kompetenz, um Projektsituationen richtig einzuschätzen.
- **Mangelnde Soft Skills im Project Management Office**
  Die Mitarbeiter*innen des PMO sind nicht in der Lage, atmosphärische Störungen und daraus resultierende Risiken für den Projektverlauf frühzeitig zu erkennen.
- **Steuerung nur der Steuerung wegen**
  Die Projektsteuerung entwickelt ein Eigenleben: Nur Kennzahlen und Tools zu bedienen, ohne notwendige Maßnahmen daraus zu erkennen und einzuleiten, hilft dem Projekt nicht.
- **Der Projektstatus leuchtet immer grün**
  Die Transparenz des Projektstatus lässt zu wünschen übrig. Es gibt keine ehrliche Statuskommunikation, Informationen werden unterdrückt und Probleme bagatellisiert. Die linke Hand weiß nicht, was die rechte tut.
- **Fehlende Konsequenzen**
  Man lässt Fristen verstreichen, ohne Maßnahmen einzuleiten. Es gibt keine faktische Bewertung von Teilergebnissen und Realisierungsschritten. Identifizierte Schwachstellen werden missachtet bzw. nicht konsequent verfolgt und abgestellt.
- **Teams arbeiten als Inseln**
  Einzelne Teams widmen sich isolierten Teilaufgaben, deren Ergebnisse sich später nicht oder nur mit großem Aufwand integrieren und korrigieren lassen.

- **Kompetenzen fehlen oder gehen verloren**
  Häufig fehlen Kompetenzen oder sie gehen verloren; dieses Problem kann viele Gesichter haben:
  - Erst im Laufe der Realisierungsphase wird erkannt, dass internen und externen Projektmitarbeiter*innen wichtiges Know-how fehlt.
  - Zentrale Kompetenzen gehen verloren, weil unverzichtbare Mitarbeiter*innen das Projekt vorzeitig verlassen.
  - Fachabteilungen ziehen ihre Mitarbeiter*innen zurück, Mitarbeiter*innen kündigen oder werden zu früh befördert, externe Berater*innen werden abberufen.
- **Projekt-Reviews finden nicht statt**
  Projekt-Reviews finden nicht oder nicht mit der erforderlichen Sorgfalt statt.

Diese zeitlich längste Phase im Projekt verlangt auch Durchhaltevermögen und eine durchgängige Fokussierung auf das Wichtige.

4.4.2 Konfiguration des Systems

Generell stehen in dieser Phase Ihre ursprünglich geschätzten und in den Plan eingestellten Aufwände auf dem Prüfstand. Realismus und Erfahrung bei der Planung zahlen sich jetzt aus. Basis für die Konfiguration des SAP-S/4HANA-Systems sind detaillierte Beschreibungen der Prozessschritte, wie sie von Endanwender und Endanwenderinnen ausgeführt werden sollen.

Mehraufwand beim Customizing?

In der Realisierungsphase zeigt sich nun, inwieweit die oft optimistischen Vorstellungen bei der Planung der Aufwände (in Phase 1) und bei der Detailbeschreibung der Prozessanforderungen im Blueprint (in Phase 2) mit möglichst geringem Programmieraufwand umgesetzt werden können.

Was kann also beim Customizing des SAP-Systems passieren?

- **Mehraufwand durch mangelnde Kenntnis des SAP-Standards**
  Die neuen Prozesse nur über das Customizing im SAP-Standard zu lösen, das ist der Traum aller Projektauftraggeber*innen und der Projektleitung! Oft sieht es aber so aus: Die Prozessschritte lassen sich nicht im Customizing umsetzen, und der Programmieraufwand steigt. Mangelnde Detailkenntnisse über die Möglichkeiten im SAP-S/4HANA-Standard bei der Definition der Prozesse, aber auch die fehlende Bereitschaft der Fachabteilungen, neue Wege zu beschreiten, sind häufig die Ursachen.

- **Abdriften der Prozesse**
  Die zu Beginn des Projekts definierten Prozesse entfernen sich immer weiter vom SAP-Standard. Ein Grund dafür kann sein, dass die Verantwortlichen die permanente Auseinandersetzung mit den Fachabteilungen im Sinne des Projektfortschritts zu vermeiden suchen.
- **Anforderungen nehmen kein Ende**
  Ein schwaches oder gar fehlendes Anforderungsmanagement führt dazu, dass laufend neue Anforderungen platziert werden. Das kann die Einhaltung der Projektlaufzeit und des Projektbudgets massiv erschweren. Oft wird es einfach nur versäumt, Termine für die Übermittlung von Anforderungen zu setzen oder diese Termine im Unternehmen zu kommunizieren.
- **Budget zu knapp kalkuliert**
  Die im ursprünglichen Plan ausgewiesenen Aufwände sind so knapp kalkuliert, dass kaum Raum für zusätzliche Anforderungen bleibt. Akzeptieren Sie trotzdem neue Anforderungen, erhöht dies Ihren Aufwand, Ihr Budget und Ihre Projektlaufzeit. Vielleicht waren auch die Aufwandsschätzungen in der Vorbereitungsphase zu optimistisch, weil z. B. der Aufwand im Rahmen der Fehlerbereinigungen unterschätzt wurde.
- **Oberflächliche Anforderungsanalyse**
  Bei fehlenden oder oberflächlichen Analysen der Anforderungen riskieren Sie nicht nur zusätzliche Aufwände, sondern auch Integrationsrisiken für Prozessabläufe und Systemarchitektur.
- **Änderungen ohne Freigabe**
  Der Anforderungsprozess, so er denn etabliert ist, wird mit zunehmendem Druck zum Ende der Realisierungsphase mehr und mehr aufgeweicht. Änderungen werden dann oft ungesehen, unkommentiert und ohne Freigabe realisiert.

In dieser Phase zeigt sich auch, ob all die guten Ideen wirklich im System umgesetzt werden können. Hier ist mitunter Kreativität gefragt.

4.4.3 Testen

Ihr System auf dem Prüfstand

Eine wichtige Säule zur Fertigstellung des neuen Systems ist der Test aller Komponenten, also auch der Test über die SAP-S/4HANA-Grenzen hinweg. Vom Ergebnis der Tests hängt letzten Endes die Entscheidung über die Produktivsetzung des neuen Systems ab. Die Aussagefähigkeit eines Tests steht und fällt mit den fachlichen und methodischen Qualifikationen der

Testmitarbeiter und -mitarbeiterinnen und einer fundierten und realistischen Testplanung.

Leider werden diese Voraussetzungen in der Praxis nicht immer erfüllt, sondern stattdessen werden Sie mit den folgenden Situationen konfrontiert:

- **Unterschätzen der Bedeutung von Tests**
  Die Bedeutung der Tests sowie ihre Komplexität und damit die Vorbereitungsdauer werden oft unterschätzt. Unter Zeit- und Budgetdruck wird dann kein dezidiertes Testteam etabliert. Stattdessen wird versucht, den Test nur mit virtuellen Teilzeitressourcen zu bewältigen.
- **Fehlende Testmitarbeiter**
  Es besteht allgemein Zurückhaltung bei den Fachabteilungen, ihre besten Mitarbeiterinnen und Mitarbeiter für Testaufgaben zur Verfügung zu stellen und sie für den Testzeitraum von ihren operativen Tätigkeiten freizustellen.
- **Mängel in der Testplanung und der Testmethode**
  Ohne Fachkenntnisse kein erfolgreicher Test: Es bestehen Mängel in der Testplanung, im Einsatz moderner Testmethoden und von Testwerkzeugen und damit in einer effizienten Testabdeckung. Vieles bleibt dem Zufall und den individuellen Kenntnissen der zum Test abgeordneten Mitarbeiter*innen überlassen, was sich zumeist negativ auf die Testabdeckung auswirkt.
- **Testumgebung fehlt**
  Die Testumgebung (im SAP-S/4HANA-System und in vor-/nachgelagerten Systemen) steht zum Teststart nicht durchgängig zur Verfügung. Die zugrundeliegenden Ursachen können vielfältig sein. Zum Beispiel sind Stammdaten nicht rechtzeitig geladen, oder es wurde einfach versäumt, Testmaschinen rechtzeitig zu bestellen. Bei parallel laufenden Tests werden potenzielle Systemlimitierungen nicht vorausschauend in Betracht gezogen.
- **Keine Abstimmung der Teststrategien**
  Die Teststrategien und die Testabdeckung werden mit den betreffenden Unternehmenseinheiten nicht vor Eintritt in die Realisierungsphase abgestimmt.
- **Zu hohe Testaufwände**
  Oft mangelt es vonseiten der Unternehmenseinheiten an Verständnis für eine Testoptimierung; alle möchten die Gesamtprozesse testen. Dies würde z. B. bei länderübergreifenden Implementierungen zu einer massiven Erhöhung der Testaufwände führen.

- **Zu frühe Tests**
  Aufgrund des Termindrucks zum Ende der Realisierungsphase hin werden Tests gestartet, obwohl noch entwickelt wird.
- **Fehlende Testdaten**
  Die »richtigen« Daten, also die Daten, die im Echtbetrieb aus den Altsystemen übernommen wurden, fehlen zu den Testzyklen – eventuell, weil die Datenmigration noch nicht so weit ist oder weil die Planung nicht passt. Es wird mit »synthetischen« Daten getestet. Oft werden aber so nicht alle möglichen Datenkonstellationen getestet, und die Überraschung folgt nach der eigentlichen Datenmigration – oft zu spät.

Das Testen der Lösung ist einer der spannendsten Zeitpunkte im Projektablauf. Jetzt zeigt sich, ob alles wie gedacht funktioniert und zusammenspielt. Der (erfolgreiche) Test ist auch für eine Minimierung des Risikos zum Produktivstart unerlässlich!

4.4.4 Datenmigration

Datenmigration: eine unterschätzte Aufgabe

In Kapitel 2, »Was ein SAP-S/4HANA-Projekt so anders macht«, haben wir bereits beklagt, dass die Datenmigration oft nicht die erforderliche Aufmerksamkeit erfährt. Der Aufwand für die Überführung der Daten in die neuen Systeme wird leider oft unterschätzt. Bedenken Sie: Eine erfolgreiche Datenmigration erfordert ein Expertenteam, das parallel zur Systemkonfiguration arbeitet.

Die Schlüsselrisiken im Zusammenhang mit der Datenmigration sind:

- **Fehlende Qualifikationen**
  Es wird nicht erkannt, wie viel Fachwissen für die Datenmigration notwendig ist. Dies birgt die Gefahr, dass die eingesetzten Mitarbeiter und Mitarbeiterinnen nicht die fachliche Qualifikation für diese Aufgabe mitbringen. Gerade die Transformation von Altdaten in die neue SAP-Datenstruktur erfordert eine gründliche Kenntnis der Geschäftsprozesse und Daten sowie der Komponenten Ihres neuen SAP-S/4HANA-Systems. Weil sich Konfigurations- und Datenmigrationsaktivitäten überlappen, besteht die Gefahr, dass Ihre Top-Prozessexpert*innen primär für das Prozessdesign eingesetzt werden.
  Auch die Migration von SAP ECC nach SAP S/4HANA ist eine umfangreiche Aufgabe. Das Datenmodell hat sich grundlegend verändert.
- **Zu spätes Daten-Mapping**
  Die Daten-Mapping-Aktivitäten werden nicht als iterativer Prozess parallel zur Systemkonfiguration gesehen und demzufolge zu spät eingeleitet.

- **»Garbage out – Garbage in«**
  Häufig wird der Bereinigung der Altdaten vor der Übertragung ins SAP-S/4HANA-System nicht die notwendige Bedeutung beigemessen. Zu glauben, mit der Migration in die neuen Systeme seien alle Datenprobleme gelöst, erweist sich immer als Trugschluss. Bestehende Probleme werden damit ins neue System transportiert.
- **Fehlende Tests von Übertragungsprogrammen**
  Die zumeist großen Datenmengen machen eine weitgehende Automatisierung der Übertragung unumgänglich. Wenn Sie es versäumen, ausreichende Kontrollmechanismen für eine korrekte Übertragung der Daten zu schaffen, laufen Sie in unübersehbare Probleme im Produktivbetrieb.

Mit dem *SAP S/4HANA Migration Cockpit* bringt SAP S/4HANA ein weiterentwickeltes Tool für die Datenmigration mit. Es ist sicher kein Allheilmittel für alle möglichen Migrationsszenarien, aber ein sehr guter Startpunkt für das Thema. In Kapitel 9, »Werkzeuge zur Projektunterstützung«, werden wir näher darauf eingehen.

Eine häufige Ursache dafür, dass Projekte letztlich nicht 100%-ig erfolgreich sind, ist die Verkettung vieler der hier beschriebenen Probleme und kleiner Fehler, die im Laufe des Projekts als Einzelnes oft gar nicht als Problem erkannt werden. Erst mit dem integrierten Testen über Funktionen und Systeme hinweg lässt sich das einwandfreie Funktionieren der neuen SAP-S/4HANA-Lösung garantieren.

4.4.5 Change Management

Wenn die Gerüchteküche brodelt

Ein SAP-S/4HANA-Projekt bringt immer Veränderungen der Prozessabläufe mit sich, die potenziell Auswirkungen auf Geschäftsmodelle und Unternehmensorganisationen haben. Dies kann im Unternehmen zu einem Klima der Unsicherheit und sogar zu Angst um Arbeitsplätze führen. Unwissenheit und Ungewissheit bieten den idealen Nährboden für Gerüchte und Emotionen. Offene oder auch sehr subtile Ablehnungen und Blockaden können die Folge sein.

An einer proaktiven Anwendung von Change-Management-Methoden führt kein Weg vorbei. Wenn Sie es versäumen, alle betroffenen Mitarbeiter*innen und Führungskräfte in den Transformationsprozess einzubinden, gefährden Sie die Akzeptanz Ihres Projekts.

Wo liegen die einschlägigen Versäumnisse, die Sie vermeiden sollten?

- **Fehlende Abstimmung von Projektzielen**
  Die Projektziele werden nicht mit allen Geschäftsbereichen abgestimmt.
- **Große Fragezeichen: regelmäßige Informationen fehlen**
  Führungsinstanzen und Mitarbeiter*innen werden nicht regelmäßig oder nicht offen über Projektergebnisse und Auswirkungen informiert.
- **Unpassendes Schulungskonzept**
  Das Schulungskonzept ist nicht speziell auf den Wissensbedarf der jeweiligen Mitarbeitergruppen ausgerichtet.

Das Change Management ist das vielleicht am meisten unterschätzte Thema in Transformationsprojekten. Jedes dieser Projekte führt zu einer schier unübersehbaren Anzahl an Veränderungen in Prozessen, Organisation oder der Zusammenarbeit zwischen den Menschen und Abteilungen, und wenn die Belegschaft nicht angemessen vorbereitet und mit ins Boot geholt wird, sind Konflikte und Ablehnung vorprogrammiert.

4.5 Phase 5: Deploy (oder: die Produktivsetzung vorbereiten)

Vorbereitungen für den Go-live

Die letzten Meter haben Sie noch vor sich, und dann ist das große Ziel, der Go-live, erreicht. Nun müssen Sie die letzten Vorbereitungen für den Produktivstart treffen. Zu den letzten Aktivitäten in der Vorbereitung der Produktivsetzung gehören zum einen die Schulung der zukünftigen Endanwender*innen und zum anderen die Planung der Produktivsetzung. Nutzen Sie SAP S/4HANA als Cloud-Variante, kommen (oftmals nicht namentlich bekannte) Kolleginnen und Kollegen aus den Support-Teams der großen Cloudanbieter dazu. Die notwendigen Support-Prozesse müssen klar und die Mitarbeiterinnen und Mitarbeiter vorbereitet sein. Diesen Themen widmen wir uns im Folgenden.

4.5.1 Schulung der Anwender*innen

In Kapitel 3, »Das SAP-S/4HANA-Projekt: Wie es sein sollte«, haben Sie erfahren, dass die Schulung der Endanwender und Endanwenderinnen zu den wesentlichen Erfolgsfaktoren im SAP-S/4HANA-Projekt gehört. Haben Sie die Endanwender*innen gut geschult, sinkt der Aufwand für den Support, und Sie verhindern Reibungsverluste, weil Sie die Sorgen und Nöte der Anwender*innen erkennen und ihnen entgegensteuern können. Aber schon bei der Schulungskonzeption besteht die Gefahr, Punkte außer Acht zu lassen, was sich später rächen kann. Dazu gehört Folgendes:

- **Wer soll eigentlich geschult werden?**
  Es gibt keine klare Vorstellung davon, wer im Unternehmen welchen Schulungsbedarf hat.
- **Unzureichendes Schulungsmaterial**
  Die Fachabteilungen sind nicht in die Erstellung des Schulungsmaterials einbezogen. Dadurch besteht die Gefahr, dass das Schulungsmaterial zu stark systembezogen sowie zu wenig prozess- und anwenderorientiert aufgebaut ist.
- **Fehlende Trainingssysteme**
  Die Trainingssysteme stehen nicht rechtzeitig zur Verfügung, oder die Daten im System sind nicht aktuell.

Die Anwender und Anwenderinnen aus den Fachbereichen sind die wichtigsten Indikatoren für ein erfolgreiches Projekt. Und nur wenn es gelingt, sie mit dem System vertraut zu machen, kann das Projekt erfolgreich beendet werden.

4.5.2 Produktivsetzung

Auf Los geht's los – halt, stopp!

Jetzt ist es fast geschafft: Der Starttermin steht, und alle Aktivitäten für die Datenmigration sind festgelegt. Doch halt: Ist wirklich schon alles fertig? Möglicherweise nicht, denn es kann sein, dass in Ihrem Projekt die eine oder andere Aktivität vergessen wurde:

- **Unfertige Produktivsysteme**
  Der Aufbau der Produktivsysteme nimmt mehr Zeit in Anspruch als geplant.
- **Fehlende Schnittstellen**
  Die Schnittstellenanbindung ist nicht mit allen Beteiligten abgestimmt.
- **Unzureichende Qualitätssicherung**
  Qualitätssichernden Maßnahmen wird nicht die notwendige Bedeutung beigemessen, oder sie fallen sogar dem Zeitdruck zum Opfer.
- **Vernachlässigung von Tests**
  Die abschließenden Produktivsystemtests (Performancetests oder Stresstests) werden vernachlässigt.
- **Längeres Laden von Daten**
  Die Zeiten für das Laden der Altdaten werden unterschätzt (eventuell erfolgen keine ausreichenden Tests).
- **Niemand hat einen Plan**
  Der Produktionsplan ist nicht vollständig oder zu ungenau und nicht mit allen Beteiligten abgestimmt.

Die Produktivsetzung ist der letzte Meilenstein in jedem SAP-S/4HANA-Projekt. Jetzt entscheidet sich, ob das Projekt ein Erfolg oder ein Misserfolg wird. Es wäre schade, wenn ein großes Transformationsprojekt nur wegen fehlender Hardware oder anderer »Kleinigkeiten« auf der Zielgraden scheiterte oder verschoben werden müsste.

4.6 Phase 6: Run (oder: Go-live und Support)

Letzter Check

Selbst wenn die Entscheidung zum Produktivsetzung gefallen ist, ist es noch zu früh zum Zurücklehnen und Feiern. Es gilt, vorher noch typische Fallstricke zu vermeiden:

- **Ein fehlerhaftes System produktiv setzen**
  Unter dem Druck einer termingerechten Einführung wird das System produktiv gesetzt, obwohl kritische Fehler noch nicht behoben worden sind. Dies kann zu ernsthaften Beeinträchtigungen und Belastungen im Produktivsystem führen.
- **Support funktioniert nicht**
  Sowohl die interne als auch die externe Support-Struktur ist zum Produktivsetzung nicht komplett etabliert. Wenn der Support gerade am Anfang nicht effizient und kompetent geleistet wird, wirkt sich das negativ auf die Akzeptanz des neuen Systems durch die Mitarbeiter und Mitarbeiterinnen aus.
- **Verlust von Kompetenz**
  Mitarbeiter und Mitarbeiterinnen mit projektkritischen Fähigkeiten (Skills) verlassen das Projekt zu früh und stehen für die Stabilisierungsphase, aber auch für den weitergehenden Support nicht mehr zur Verfügung.
- **Zu lange Ausfallzeiten, keine Vorkehrungen**
  Die Ausfallzeiten während der Systemumstellung zur Produktivsetzung werden unterschätzt und verlängern sich entsprechend, was zu ernsthaften Beeinträchtigungen in der Abwicklung der Geschäftsprozesse führen kann. Die Abwicklung der betriebswirtschaftlichen Prozesse während der Ausfallzeiten ist nicht ausreichend im Unternehmen abgestimmt.
- **Lückenhafte Dokumentation**
  Die Dokumentation der Prozesse und Systemlösungen ist zur Produktivsetzung nicht abgeschlossen oder nicht detailliert genug. Dadurch wird die Fehleranalyse und Fehlerbereinigung erheblich erschwert.

Bevor wir die Büchse der Pandora wieder schließen und uns in Kapitel 5, »Der unterschätzte Erfolgsfaktor: der Mensch«, den Mitarbeiterinnen und Mitarbeitern im Projekt widmen, möchten wir Ihnen unsere persönliche »Hitliste« typischer Fallstricke vorstellen.

4.7 Top-Flops im SAP-S/4HANA-Projekt

Pleiten, Pech und Pannen

Aus der langen Liste von Pleiten, Pech und Pannen, die Sie in diesem Kapitel kennengelernt haben, geben wir Ihnen zusammenfassend die Quintessenz unserer Praxiserfahrungen mit auf den Weg. Tun Sie das in den folgenden Abschnitten Beschriebene nicht!

4.7.1 Fallstricke im gesamten Projektverlauf

Sie unterschätzen, dass ein SAP-S/4-HANA-Projekt kein IT-Projekt ist, sondern gravierende Auswirkungen auf Prozesse, Arbeitsplätze und Organisationen hat.

Sie achten nicht darauf, dass Projektleitung und Projektmitarbeiter*innen die Anforderungen für ein komplexes SAP-S/4HANA-Projekt erfüllen. Zu den Problemen zählen sowohl fachliche Defizite als auch Schwächen im Führungs- und Kommunikationsverhalten.

Sie haben die Projektziele nicht mit allen betroffenen Geschäftsbereichen abgestimmt und informieren sie nicht über die Ergebnisse.

Es gibt keinen klaren Anforderungsprozess.

Sie unterschätzen, dass sich viele kleine, im Einzelnen unscheinbare Probleme am Ende zu einem großen Problem, sowohl zeitlich als auch inhaltlich, aufaddieren können.

4.7.2 Phase 1: Discover

Das Projekt beginnt zwar mit einer gut überlegten Idee, der eigentliche Scope wird aber nicht definiert oder nicht verabschiedet. Damit öffnen Sie möglichen Problemen die Tür.

Sie versäumen es, die Projektsponsoren und -sponsorinnen auf einen Marathon einzuschwören. Sie brauchen ihre Unterstützung über die volle Projektlaufzeit – gerade bei kritischen Entscheidungen.

Sie haben zwar eine gut vorbereitete Projektidee und den Scope definiert und verabschiedet, sich aber nicht mit den neuen Möglichkeiten von SAP S/4HANA (und dem, was (noch) nicht möglich ist) auseinandergesetzt.

Das Produkt SAP S/4HANA entwickelt sich während der Projektlaufzeit kontinuierlich weiter – aktuell ein Release pro Jahr. Ob die »Mitnahme« jedes Releases im Projekt sinnvoll ist, will gut überlegt sein.

4.7.3 Phase 2: Prepare

Die Projektpläne sind zu aggressiv auf ein (vorgegebenes) Zieldatum ausgerichtet.

Die Planung ist zu oberflächlich, erfolgt nicht auf der Ebene von Meilensteinen, und es gibt keine kritischen Pfade.

Projekt- und Prozessverantwortungen sind nicht eindeutig geregelt.

Es sind nicht die richtigen Experten und Expertinnen (mit den benötigten Skills) an Bord.

Es sind zwar die richtigen Expert*innen im Projekt, diese sind aber mit dem Tagesgeschäft ausgelastet und das Projekt leidet darunter (»Geld verdienen ist wichtiger als Geld ausgeben«).

4.7.4 Phase 3: Explore

Unternehmensstrategien fehlen oder werden im Projektteam nicht verstanden. Deshalb entwickeln sie eigene Visionen oder zementieren alte Prozesse.

Sie wissen nicht, welche Möglichkeiten der SAP-S/4HANA-Standard bietet, und berücksichtigen diese nicht bei den Prozessanforderungen.

Es wurde keine abschließende Entscheidung über die Systemarchitektur und über Schnittstellenszenarien getroffen.

Bei der Definition von Integrationsszenarien werden Schnittstellen zwischen Rechenzentren definiert, ohne mögliche Restriktionen zu beachten (z. B. Anforderungen an die Datensicherheit).

4.7.5 Phase 4: Realize

Unverzichtbares Wissen wird nicht durchgängig im Projekt gehalten.

Es gibt keine ausreichenden Qualitätssicherungsmaßnahmen.

Tests werden parallel zur Entwicklung gestartet.

Sie unterschätzen die Migration der Daten von den Altsystemen ins neue System und haben nicht auf die fachliche Qualifikation der Mitarbeiterinnen und Mitarbeiter geachtet.

Sie haben eine Bereinigung der Altdaten vor der Datenmigration unterlassen.

Der Projekt-Scope wird nicht konsequent überwacht, und Änderungen werden nicht mit dem Budget und dem Zeitplan abgeglichen (Change Request Management): Dadurch kommt es im Projektverlauf zu Verzögerungen gegenüber dem ursprünglichen Zeit- und Budgetplan, die Planung wird zunehmend unrealistisch, und das Projekt kommt in Verzug.

Funktions- und Integrationstests werden mit speziell für den Test angelegten Daten anstatt mit migrierten Echtdaten durchgeführt: Die scheinbar positiven Ergebnisse dieser Tests täuschen – sie sagen sehr wenig darüber aus, ob das System nach dem Go-live mit den migrierten Daten zuverlässig läuft. Diese Art von Tests können Sie sich sparen.

Die Dauer der Datenmigration aus Legacy-Systemen wird unterschätzt oder ihr wird aufgrund eines bereits existierenden Projektverzugs geringere Priorität eingeräumt. Das führt zu Problemen mit der Datenqualität, die bestenfalls im abschließenden Integrationstest auffallen (schlimmstenfalls erst nach dem Go-live) und erhebliche Kosten und Projektverzögerungen nach sich ziehen können.

Wichtige Schnittstellen werden vor dem Go-live nicht ausreichend getestet, da es keine Testumgebung mit Lieferanten gibt. Suchen Sie unbedingt nach kreativen Lösungen, um Schnittstellentests so gut wie möglich durchzuführen.

4.7.6 Phase 5: Deploy

Das Schulungsmaterial geht an den Anforderungen der Endanwender und Endanwenderinnen vorbei.

Die Zeit für den Aufbau der Produktivsysteme wird unterschätzt, und die Einbindung externer Experten und Expertinnen aus den Rechenzentren erfolgt zu spät.

Es gibt keine klaren Entscheidungskriterien, nach denen der Erfolg des Produktivstarts gemessen wird.

Schnittstellen zu Produktivsystemen werden jetzt erstmalig getestet und funktionieren nicht.

4.7.7 Phase 6: Run

Durch zu lange Ausfallzeiten zum Produktivstart werden laufende Geschäftsprozesse beeinträchtigt.

Die Support-Struktur ist nicht ausreichend etabliert. Wichtiges Wissen geht verloren.

Die Qualität von Implementierung und Datenmigration zeigt sich oft erst nach einer gewissen zeitlichen Phase. So müssen zeitlich nicht sofort nach dem Produktivstart stattfindende Ereignisse wie Monatsabschlüsse, MRP-Läufe oder Ähnliches genau geprüft werden, auch wenn sämtliche Tests erfolgreich waren.

Kapitel 5
Der unterschätzte Erfolgsfaktor: der Mensch

In diesem Kapitel geht es um die sogenannten weichen Faktoren, die von vielen unterschätzt werden, aber tatsächlich einen enormen Einfluss auf den Projekterfolg haben. Auf den folgenden Seiten dreht sich deshalb alles um die Menschen, die an Ihrem Projekt beteiligt sind.

Unter den vielen Faktoren, die über den Projekterfolg entscheiden, gibt es einige, die wichtiger sind als andere: Die Menschen, die an einem Projekt beteiligt sind, gehören dazu. Wir möchten Ihnen in diesem Kapitel zeigen, wie Sie den Mitarbeiterinnen und Mitarbeitern im Projekt die Bedeutung beimessen, die sie verdienen. Und weil wir wissen, dass Zeitmangel und die Komplexität eines SAP-Projekts den Blick für das Wesentliche versperren können, geben wir Ihnen praktische Tipps aus unserem Erfahrungsschatz, die Ihnen dabei helfen.

Projektteam

Sie erfahren, wer zum Projektteam gehört, warum Sie von einem erweiterten Verständnis des Begriffs *Projektteam* profitieren und welche Bedeutung die Projektleitung für die gute Zusammenarbeit im Team hat. Weil die Qualifikationen, die persönliche Eignung und Verfügbarkeit der Projektmitglieder zentrale Kriterien für die Personalauswahl bei der Projektbesetzung sind, widmen wir diesem Thema einen eigenen Abschnitt. Wir zeigen überdies, welche Schlüsselfaktoren zu einer hohen Performance im Projektteam führen.

Einerseits ist es natürlich wichtig, im Projekt die richtigen Menschen zusammenzubringen. Andererseits muss jedoch auch die Kommunikation funktionieren. Stimmt die Kommunikation nicht, wird der beste Projektleiter und die beste Projektleiterin mit dem fähigsten Team das Projekt nicht zum Erfolg führen können. Die richtige Kommunikation ist ein entscheidender Erfolgsfaktor. Ihre Bedeutung im Projekt wird oft unterschätzt, und das paradoxerweise umso mehr, je größer und komplexer ein Projekt ist, obwohl hier die Verständigung besonders wichtig ist. Wir erläutern deshalb, wie Sie mit wirksamen Kommunikationsstrukturen, einer unterstützenden Projektkultur und stakeholder-orientierten Botschaften die Kommunikation als weiteren Erfolgsfaktor kultivieren können.

Es gibt kaum ein großes SAP-Projekt, in dem nicht Personen aus unterschiedlichen Ländern und Kulturen zusammenarbeiten. Die internationale Besetzung in SAP-Projekten kann Fluch und Segen zugleich sein. Wir betrachten sie vor allem als Segen! Im Folgenden lernen Sie die Fallstricke bei der Arbeit mit und in international besetzten SAP-Projektteams kennen und meiden.

Auswirkungen der Digitalisierung im Projektmanagement

Kein Bereich des modernen Lebens entwickelt sich schneller und mit weitreichenderer Bedeutung und weitreichenderen Konsequenzen als die Technologie. Diese Auswirkungen, insbesondere die Digitalisierung der Arbeitswelt, sind natürlich auch im Projektbereich zu beobachten und deutlich zu spüren. Wir erläutern die wesentlichen Auswirkungen, die die Digitalisierung im Bereich des Projektmanagements mit sich bringt, und erklären Ihnen, wie Sie zugunsten Ihres Projekterfolgs damit umgehen.

In diesem Kapitel geht es um etwas, das uns am Herzen liegt – die Menschen, die in SAP-Projekten Tag für Tag und nicht selten jahrelang zusammenarbeiten. In einem SAP-Projekt werden nicht nur die SAP-Landschaft und Geschäftsprozesse eines Unternehmens »transformiert«, sondern auch die Personen, die an dem Projekt beteiligt waren. Wir haben Interviews mit einigen Menschen geführt, die viel SAP-Projekterfahrung gesammelt haben. Es war uns wichtig, Ihnen eine möglichst breite Erfahrungspanne bieten zu können. Deshalb haben wir mit Menschen gesprochen, die Transformationsprojekte aus verschiedenen Perspektiven erlebt haben, als Projektmitglieder, Projektleiter*innen oder Stakeholder – vom Entwickler und der Entwicklerin über erfahrene Berater*innen bis zum CIO.

Wir stellten ihnen zu den unterschiedlichen Themen in diesem Kapitel folgende Fragen:

- Welche Faktoren oder Gegebenheiten spielten bei Ihren erfolgreichsten bzw. nicht erfolgreichen/gescheiterten Projekten eine entscheidende Rolle?
- Wie präsent waren die Kriterien für ein High-Performance-Team in den erfolgreich abgeschlossenen Projekten, an denen Sie beteiligt waren?
- Wie bewerten Sie die Kriterien für die Teamperformance in den Projekten, die nicht erfolgreich bzw. nur mit einer erheblichen Zeit- oder Budgetüberschreitung bzw. Zielveränderung abgeschlossen wurden?
- Welche Faktoren stellen, basierend auf Ihrer Erfahrung, eine hohe bzw. die höchste Belastung für die Mitarbeiterinnen und Mitarbeiter im Projekt dar?

- Welche Hilfestellung oder Unterstützung wünschen Sie sich am meisten im Projekt?
- Welche Fähigkeiten sind für die Projektleitung in Hinblick auf die Digitalisierung wichtig?
- Welchen Tipp würden Sie für eine bessere Zusammenarbeit und bessere Ergebnisse im Projekt geben?

Auszüge aus den Antworten finden Sie in diesem Kapitel als »O-Töne«. Diese Gesprächsauszüge sind kursiv gesetzt.

Noch ein Hinweis: Sollten Sie Schwierigkeiten haben, eine Idee, eine Aussage oder einen Tipp in eine bestimmte Schublade des Projektmanagements zu schieben, denken Sie daran, dass vieles in diesem Buch auf Erfahrung basiert. Die Theorie lässt sich oft nicht unverändert in die Praxis umsetzen, und so wurden die Erkenntnisse und Best Practices sowohl aus den harten Lektionen des Misserfolgs als auch aus der erfolgreichen Praxis abgeleitet.

5.1 Wer gehört zum Projektteam?

Gemeinsam sind wir stark

Ein gutes Team ist mehr als die Summe seiner Mitglieder: Neben ihrer fachlichen Expertise und ihren Qualifikationen müssen die Mitglieder des Projektteams noch etwas mehr mitbringen, um in ihrem Projekt auf die Überholspur zu wechseln. In diesem Abschnitt zeigen wir Ihnen, welche Qualitäten und persönlichen Eigenschaften die Menschen benötigen, die diese Rollen bekleiden sollen.

Rollen im SAP-Projekt

Betrachten wir noch einmal die Rollen im SAP-Projekt, die Sie in Abschnitt 1.2.1, »Ein SAP-ERP-System für alle Geschäftsbereiche«, kennengelernt haben:

- die Projektleitung
- das operative Projektteam (die Einsatztruppe)
- der Auftraggeber/die Auftraggeberin
- die Geschäftsprozessmanager
- Key-User aus den jeweiligen Fachabteilungen

Stakeholder

Alle, die das Projekt durch ihr Wirken beeinträchtigen, behindern, aber auch befürworten, bestärken und begünstigen können, sind *Stakeholder*. Dies gilt unabhängig von den Rollen, Aufgaben und Interessen im und am Projekt. In unserer langjährigen Projekterfahrung haben wir u. a. gelernt, wie wichtig es ist, dass alle Stakeholder als Teil des *erweiterten Projektteams* gesehen werden. Dieser Ansatz unterstützt den nachhaltigen Projekterfolg:

Auch nach einem erfolgreichen Projektabschluss haben die im Projekt eingeführten Prozesse, Strukturen und gegebenenfalls die neue Kultur so lange Bestand, dass sich die gewünschten Effekte einstellen.

Das erweiterte Projektteam kann, wenn Sie es richtig anstellen, sehr hilfreich sein. Wenn Sie es falsch anstellen oder die Bedeutung der Stakeholder nicht erkennen, kann es zu Verzögerungen und Behinderungen bis hin zum Scheitern Ihres SAP-Projekts kommen.

Stakeholder im SAP-Projekt

Die offensichtlichen Stakeholder neben dem Projektteam sind:

- die Geschäftsleitung
- die Abteilungsleiterinnen und Abteilungsleiter
- der Lenkungsausschuss (Steering Committee)
- der Betriebsrat

Weniger offensichtliche Stakeholder sind z. B.:

- externe Lieferanten bzw. Kunden
- Beraterinnen und Berater
- Vermittlungsagenturen
- Mitarbeiterinnen und Mitarbeiter in anderen, nicht direkt beteiligten Unternehmensbereichen

Abbildung 5.1 stellt die Personen, die zum erweiterten Projektteam gehören, im Überblick dar.

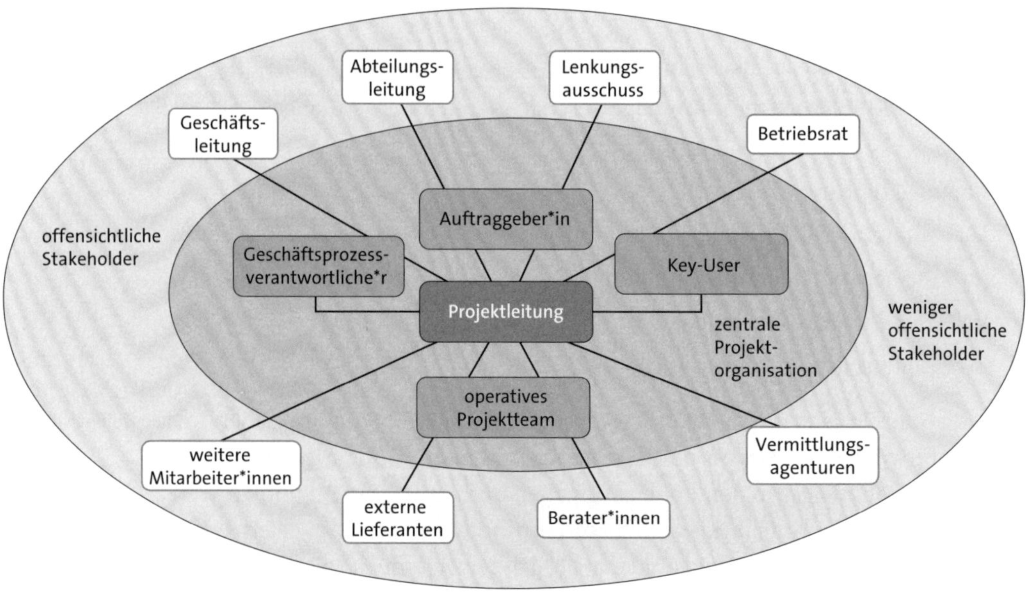

Abbildung 5.1 Übersicht über das erweiterte Projektteam

[+]

Kennen Sie die Stakeholder in Ihrem Projekt!
Erstellen Sie so früh wie möglich eine Übersicht mit allen Gruppen und Menschen, die Interessen an Ihrem SAP-Projekt haben könnten. Notieren Sie sich auch, worin dieses Interesse besteht und in welchem Verhältnis die Stakeholder zum Projektverlauf sowie dem Projektergebnis stehen. Auf welche Weise können diese Ihr Projekt unterstützen oder auf der anderen Seite behindern? Nur so können Sie eine wirksame stakeholder-orientierte Kommunikation aufbauen.

Aus dem Projektleben gegriffen

Wie wichtig Stakeholder sind, möchten wir anhand einer Anekdote verdeutlichen. Die Vermittlungsagentur E-Z Expert (der Name ist fiktiv) soll ein Projekt mit fachlicher Expertise versorgen, die im Unternehmen nicht in ausreichendem Maße zu finden ist.

Mit diesem sowie allen weiteren Lieferanten und Dienstleistern werden sorgfältig geprüfte Verträge abgeschlossen – wie für alle anderen E-Z-Expert-Kunden auch. Der Verantwortliche, Herr Müller, pflegt darüber hinaus seit längerer Zeit gute Beziehungen zu einigen Top-Vermittlungsagenturen, z. B. zu E-Z Expert.

Als es im Projektverlauf zu einem unerwarteten Ausfall gleich zweier für den Projekterfolg kritischer Expert*innen kommt, legt sich E-Z Expert richtig ins Zeug, um innerhalb kürzester Zeit das notwendige Personal zu finden – und das zu guten Konditionen ohne einen Zuschlag, der oft verlangt wird, wenn die Vermittlung besonders schnell gehen soll. Warum ist das so? Weil hinter jeder Organisation Menschen stehen, die am liebsten mit anderen Menschen arbeiten, die sie und ihre Arbeit wertschätzen und ihnen respektvoll entgegentreten. Herr Müller versteht es ausgezeichnet, die Dienstleister als Teil seines erweiterten Projektteams zu sehen. Durch offene Kommunikation und verbindlichen Umgang sichert er sich eine besonders verlässliche Unterstützung für die von ihm geleiteten Projekte.

Wer als Projektverantwortliche oder Projektverantwortlicher so agiert wie Herr Müller, ist nicht nur nett und professionell, sondern weist Führungsqualitäten auf und hat bei Lieferanten oder Dienstleistern einen Stein im Brett. Sie oder er erhält den bestmöglichen Preis für die bestmögliche Leistung. Für Herrn Müller bedeutet dies, dass auch mal Expert*innen (fast) aus dem Nichts hervorgezaubert werden können, auch wenn es trotz bester Planung einen plötzlichen Engpass im Projekt gibt, sodass keine kostspieligen Verzögerungen auftreten.

Win-Win-Situation

Wenn Sie als Projektleitung oder Projektverantwortliche*r die Weichen für einen solchen wertschätzenden Umgang mit allen Personen aus dem erweiterten Projektteam stellen, werden Sie aus der Masse hervortreten. Sie werden die Menschen, die oft nur am Rande des Projekts stehen, als die wertvolle Ressource, die sie sind, betrachten – eine Win-Win-Situation für alle Beteiligten.

Im nächsten Abschnitt gehen wir auf die wichtigsten Fähigkeiten ein, die alle Mitglieder des Projektteams mitbringen oder kultivieren müssen, um ihren Beitrag zum Projekterfolg zu leisten. Im Einklang mit unserer Empfehlung in Abschnitt 1.2.2, »Standardsoftware als Alternative zu Eigenentwicklungen«, sich bei großen Transformationsprojekten für eine reine Projektorganisation zu entscheiden, heben wir hier die Bedeutung der Projektleitung hervor.

5.2 Die Bedeutung der Projektleitung

»Wem viel gegeben wird, dem wird auch viel abverlangt« – dieser Sinnspruch war nie passender als im Zusammenhang mit einer guten Projektleitung. Eine der weitreichendsten Entscheidungen für den Erfolg des Projekts wird schon früh im Projektverlauf, aber oft ohne genug Weitsicht getroffen: Wer wird Projektleiter oder Projektleiterin?

[»]

Die Projektleitung als tragende Säule des Projekts?

In Transformationsprojekten, auch mit agilen Anteilen, gibt es immer noch eine Projektleitung. Auch wenn die Projektleitung nicht mehr allein der Mittelpunkt des Projektteams ist, ist sie dennoch von großer Bedeutung. Sie übernimmt eine Vielzahl von Aufgaben und behält den Überblick über das gesamte Projekt. Gleichzeitig stellt sie das Bindeglied zwischen den unterschiedlichen Gruppen und Personen in den Projektteams dar. Eine der wichtigsten Aufgaben der Projektleitung ist eine gute Kommunikation auf allen Projektebenen und mit allen Projektbeteiligten und Stakeholdern. Dabei muss die Projektleitung stets darauf achten, die Botschaften zielgruppengerecht zu übermitteln.

Eine besondere Herausforderung im Zusammenhang mit dem Einsatz von agilen Methoden wie z. B. Scrum ist, dass bei entsprechend großen Projekten anstelle von nur einem Projektleiter oder einer Projektleiterin mehrere Product Owner benötigt werden, die aber ebenfalls den hohen Anforderungen an diese Rolle gerecht werden müssen. Dies gilt insbesondere für ihre Kommunikationsfähigkeiten.

Es ist von zentraler Bedeutung, dass die Projektleitung die volle Unterstützung des Auftraggebers bzw. der Auftraggeberin sowie der Geschäftsleitung hat. Ein Projektleiter, der trotz Vorbehalten der Key-Stakeholder und Entscheidungsträger*innen im Projekt eingesetzt wird, sieht sich bald zusätzlichem Widerstand gegenüber. In solchen Situationen wird auch die kompetenteste Projektleiterin gegen Windmühlen kämpfen.

Wie unglücklich die Lage sowohl für die Betroffenen als auch für das Vorhaben sein kann, wenn eine durchaus fähige, aber umstrittene bzw. nicht von allen Entscheidungsträger*innen akzeptierte Führungskraft eingesetzt wird, zeigen genügend Beispiele – auch außerhalb von Transformationsprojekten. An dieser Stelle blicken wir nach Westen und nehmen den ehemaligen Präsidenten der Vereinigten Staaten, Barack Obama, als Beispiel: Viele inhaltlich sehr gute Vorhaben hatten wegen starken politischen Widerstands von Anfang an geringe Erfolgschancen.

> *»I am president, I am not king. I can't do these things just by myself.« (US-Präsident Barack Obama, aus einem Transkript eines Interviews mit Univision Radio, LA Times, 25. Oktober 2010)*

Fähigkeiten der Projektleitung

Die eierlegende Wollmilchsau – gibt es sie wirklich? Gäbe es sie, wäre sie vermutlich als Projektleiter*in getarnt. Ohne Projektleiter*innen mit einem fiktiven Nutztier gleichzusetzen, möchten wir doch hervorheben, welche hohen Erwartungen und Anforderungen an sie gestellt werden.

> *»Bei meinen erfolgreichsten Projekten haben die Projektleiter immer sehr strukturiert gearbeitet. Sie haben mit allen Stakeholdern kommuniziert und wussten genau, wer welche Informationen und Reports brauchte.« (O-Ton eines Projektleiters)*

Wenn Sie in Ihrer Laufbahn bereits das Vergnügen hatten, in die Rolle des Projektleiters oder der Projektleiterin in großen Projekten zu schlüpfen oder mit eine sehr guten Projektleitung arbeiten durften, wissen Sie sicher, dass man neben guten Fachkenntnissen auch eine Vielzahl persönlicher Eigenschaften mitbringen sollte. Die Digitalisierung und das Bestreben, agilere Arbeitsweisen einzusetzen, hat die ohnehin schon lange Liste noch erweitert. Die Fähigkeiten, die im Zusammenhang mit Digitalisierung oder agilerem Arbeiten eine besondere Bedeutung haben, sind in der folgenden Liste mit einem Sternchen (*) gekennzeichnet und werden im Anschluss näher erläutert.

Zu den Fähigkeiten einer Projektleiterin oder eines Projektleiters gehören:

- agiles Mindset*
- Ambiguitätstoleranz* (Gelassenheit im Umgang mit Mehrdeutigkeit und Unsicherheit)

- analytisches Vermögen
- Anpassungsfähigkeit*
- Delegationsbereitschaft
- Durchsetzungsvermögen
- Dynamik/Engagement
- Entscheidungsfreude
- Kreativität*
- Konfliktfähigkeit*
- Kooperationsbereitschaft
- Lernbereitschaft*
- Motivationsfähigkeit
- Optimismus*
- Organisationstalent
- Resilienz
- unternehmerisches Denkvermögen
- Verantwortungsbereitschaft
- Verhandlungsgeschick
- vernetztes Denken (in Bezug auf alle Teams, Bereiche und Stakeholder)
- Vertrauen*
- Zielbewusstsein
- zielgerichtetes und lösungsorientiertes Handeln

Nachfolgend finden Sie die bereits erwähnte Erläuterung der Eigenschaften bzw. Fähigkeiten, die mit der Zunahme der Digitalisierung und Einführung von agilen Methoden eine erhöhte Bedeutung für die Projektleitung eingenommen haben.

In einer *VUCA-Welt* (*Volatility, Uncertainty, Complexity, Ambiguity*, zu Deutsch »Unbeständigkeit, Unsicherheit, Komplexität, Mehrdeutigkeit«) ist es wichtig, als Projektleiter oder Projektleiterin die folgenden Eigenschaften zu mitzubringen:

- **Agiles Mindset (Denkweise)**
  Es ist wichtig, ein agiles Mindset zu haben, um dies auch im Projekt zu fördern und zu einer agilen Projekt- und Unternehmenskultur beizutragen.
- **Ambiguitätstoleranz**
  Über Ambiguitätstoleranz zu verfügen ist wichtig, um andere Meinungen und Sichtweisen akzeptieren sowie Mehrdeutigkeiten und Wider-

sprüche in Situationen und Handlungsweisen ertragen zu können, ohne sich unwohl zu fühlen oder aggressiv zu reagieren.

- **Anpassungsfähigkeit**
  Anpassungsfähigkeit versetzt Sie in die Lage, trotz fortwährender Veränderungen ein Ziel zu verfolgen und zu erreichen.
- **Delegationsbereitschaft**
  Delegationsbereitschaft ist, unabhängig von der gewählten Projektmanagementmethode, eine notwendige Eigenschaft, da ein erfolgreiches Transformationsprojekt heute nicht ohne eine Übertragung der Verantwortlichkeit an die richtigen Expertinnen und Experten möglich ist.
- **Kreativität**
  Wenn nur das Ziel klar, aber der Weg noch unbekannt ist, muss man offen für neue, kreative Ideen sein.
- **Konfliktfähigkeit**
  Mit Konfliktfähigkeit ausgestattet zu sein ist wichtig, weil flacher werdende Hierarchien Konflikte oft viel früher sichtbar machen. Das ist ein großer Vorteil, *wenn* man mit Konflikten richtig umgeht.
- **Lernbereitschaft**
  Die rasante Digitalisierung erfordert immer neue Fähigkeiten, neues Wissen und kontinuierliches Lernen.
- **Optimismus**
  Optimismus ist wichtig, weil in Projekten, in denen ein iteratives Vorgehen herrscht, temporären Niederlagen und Setbacks positiv begegnet werden muss. Sowohl eine positive als auch eine negative Einstellung wirkt im Projektteam ansteckend.
- **Vernetztes Denken**
  Eine weitere Grundvoraussetzung ist die Fähigkeit zu vernetztem Denken – in Bezug auf alle Teams, Bereiche und Stakeholder, mit den eng zusammengearbeitet werden und deren unterschiedliche Bedürfnisse man stets vor Augen haben muss. Dies ist sowohl in Bezug auf fachliche Aspekte des Projekts als auch in Bezug auf die Kommunikation und das Change Management notwendig.
- **Vertrauen**
  Es ist wichtig, Vertrauen in hohem Maße zu haben, denn gerade bei einer Mischform der klassischen und agilen Methoden bestimmt die Projektleitung nicht die Vorgehensweise. Sie muss viel mehr delegieren und auch anderen Beteiligten Entscheidungskompetenzen einräumen bzw. hinnehmen, dass sie diese haben. Es gilt, auf die Expertise und das Ein-

schätzungsvermögen der anderen zu vertrauen, z. B. im Entwicklungsteam.

Führungsaufgaben der Projektleitung

Um die unterschiedlichen Steuerungs- und Führungsaufgaben, die sie oder ihn im Projekt erwarten, meistern zu können, muss die Projektleiterin bzw. der Projektleiter zwar auch Fachwissen und Projekterfahrung mitbringen, viel wichtiger sind jedoch Führungs- und Managementkompetenzen. Wenn Sie sich als Projektleiter*in in der folgenden Aufzählung wiederfinden, haben Sie die besten Voraussetzungen, um Ihr SAP-Projekt mit Bravour zu meistern – und sollten Sie merken, dass Sie noch nicht alle Kriterien erfüllen, haben Sie jetzt die Chance, diese Kompetenzen aufzubauen. Zu den wichtigsten Führungsaufgaben der Projektleitung gehören:

- Sie sollten Vorbild sein, d. h., selbst beispielhaft das gewünschte und erwartete Verhalten bzw. Auftreten im Projekt vorleben.
- Sie sollten Projektziele, Meilensteine, Planänderungen, Projektstatus sowie Probleme an alle relevanten Projektbeteiligten kommunizieren können. In diesem Punkt sollten die Informationen zum aktuellen Stand des Projekts, wie soeben beschrieben, für alle Projektmitarbeiter und -mitarbeiterinnen jederzeit eigenständig abrufbar sein, um ein agileres Arbeiten zu ermöglich.
- Sie sollten die Auswahlgespräche für Schlüsselpositionen im Projektteam begleiten.
- Sie sollten Mitarbeitergespräche führen und ein Mitarbeiter-Coaching durchführen können.
- Sie sollten die Teambildung und die Einbindung aller Teammitglieder unter Berücksichtigung der individuellen und fachlichen Bedürfnisse und Fähigkeiten fördern.
- Sie sollten Konflikte steuern und lösen.

[+]

Konflikte konstruktiv lösen

Wenn Sie verstehen, wie und warum Konflikte entstehen, können Sie sie besser steuern und lösen. Eine einfache und effektive Möglichkeit, um mit Konflikten (nicht nur in einem Projekt) umzugehen, ist die sogenannte *gewaltfreie Kommunikation* von Dr. Marshall Rosenberg.

Die Hauptprinzipien der gewaltfreien Kommunikation sind folgende:

- Erkennen Sie Ihre Beobachtungen, Gefühle und Bedürfnisse und lernen Sie, diese ohne Schuldzuweisung auszudrücken.

- Lernen Sie, die Beobachtungen, Gefühle und Bedürfnisse Ihres Gegenübers zu erkennen und anzunehmen, ohne sie zu kritisieren.

Eine ausführliche Beschreibung dieser Gesprächsmethoden finden Sie in »Nonviolent Communication – A Language of Life« von Marshall Rosenberg (3. Auflage 2015), erhältlich auch auf Deutsch unter dem Titel »Gewaltfreie Kommunikation. Eine Sprache des Lebens«.

Organisatorische Aufgaben der Projektleitung

Darüber hinaus werden die Projektablaufprozesse und -aufgaben, mit denen die Projektvorgaben eingehalten werden können, durch die Projektleitung zusammen mit den Fachverantwortlichen im Projekt geplant, überwacht und gesteuert. Zu den wichtigsten organisatorischen Aufgaben der Projektleiterin oder des Projektleiters zählen:

- die Abstimmung von Zielen und erwarteten Ergebnissen
- die Abstimmung von Meilensteinen
- die Terminplanung und -überwachung
- die Budgetplanung und -überwachung
- die Definition und Organisation von notwendigen Ressourcen
- die Aufgabenverteilung innerhalb des Teams – beim agilen Vorgehen wird diese Aufgabe für die Entwicklung dem Entwicklungsteam selbst überlassen
- das Veranlassen von externer Ressourcenbeschaffung
- die dynamische Risikoanalyse (vor und während des Projekts)
- die Einberufung und Organisation von notwendigen Meetings mit den Projektteams und weiteren Stakeholdern
- das Reporting
- das Controlling

[«]

Das Project Management Office (PMO)

Die Plankontrolle und Überwachung wird in großen Projekten von einem *Project Management Office* (PMO), also einem Projektbüro, wahrgenommen. Das PMO und seine Aufgaben werden in Abschnitt 2.3, »Digitalisierung im Projektmanagement«, und in Abschnitt 5.1, »Wer gehört zum Projektteam?«, ausführlich beschrieben. Das PMO ist eine sehr wichtige Unterstützung sowie eine Informationsquelle für die Projektleitung. Sie muss sich darauf verlassen können, dass das PMO nicht nur das Projekt überwacht, sondern sie auch umgehend über Abweichungen von den definierten Zielen, Terminen und Ergebnissen informiert.

Zunächst erörtern wir, welche konkreten Kompetenzen in puncto Management und Führung bei der Projektleitung gefragt sind. Da sowohl die Management- als auch die Führungsfähigkeiten für einen erfolgreichen Projektabschluss unbedingt vorhanden sein müssen, haben wir uns an dieser Stelle sehr bewusst dafür entschieden, diese beiden Bereiche getrennt zu betrachten. Wir beginnen mit den Führungskompetenzen.

Führungskompetenzen

Zum Einstieg sollten Sie sich zu Wort melden. Nehmen Sie einen Stift in die Hand, überlegen Sie einen Augenblick, benennen Sie fünf Fähigkeiten, die aus Ihrer Sicht für die erfolgreiche Führung im Projekt unerlässlich sind, und tragen Sie diese in die unten stehenden Kästchen ein.

1.	
2.	
3.	
4.	
5.	

Sehen Sie: Sie haben sich auf diese kleine Aufgabe eingelassen und Stellung bezogen. Offenheit und Entscheidungsfreude (nicht Verbohrtheit) gehören schon mal zu den Eigenschaften, die für eine erfolgreiche Projektleitung äußerst hilfreich sind.

Und nun zur Auflösung – dies sind aus unserer Sicht die fünf wichtigsten Führungskompetenzen für die Projektleitung (Fähigkeiten, die im Zusammenhang mit Digitalisierung oder agilem Arbeiten eine besondere Bedeutung haben, sind mit einem Sternchen (*) gekennzeichnet):

- Kommunikationsfähigkeit*
- Sozialkompetenz*
- operative Führungsfähigkeit* (z. B. Arbeit delegieren und Mitarbeiter-Coaching)
- Methodenwissen
- Fachkompetenz

Kommunikationsfähigkeiten

Die komplexe Führungsrolle der Projektleitung erfordert sehr ausgeprägte *Kommunikationsfähigkeiten*. Diese ermöglichen es, Aufgaben, Ziele und Meilensteine klar zu vermitteln. Sie helfen, Lob und Anerkennung gezielt und wirkungsvoll auszusprechen. Auch schwierige Gespräche offen, direkt und zielführend zu gestalten, gelingt nur den wenigen Projektleiter*innen, die auf exzellente Kommunikationsfähigkeiten zurückgreifen können. Die effektive Kommunikation ist so wichtig für den Projekterfolg, dass wir später in diesem Kapital noch näher darauf eingehen.

Sozialkompetenz

Auch Authentizität, Souveränität und *emotionale Intelligenz* (darunter besonders Empathie und Einfluss) als Ausdruck von *Sozialkompetenz* sind unerlässlich, damit die Projektleitung das Projektteam verstehen, motivieren und zusammenbringen kann. Dieses Team setzt sich oft aus mehreren Einzelpersonen, kleineren Teams und anderen Gruppen zusammen. Die stets wachsenden Möglichkeiten des digitalisierten und globalen Arbeitens bedeuten, dass die Mitwirkenden häufig aus diversen Kulturen aus aller Welt kommen. Das Team besteht aus Expertinnen und Experten, sowohl aus den gleichen als auch unterschiedlichen fachlichen Richtungen mit unterschiedlichen Aufgaben, Kenntnissen und Erwartungen, zwischen denen es zu vermitteln gilt. Das Team besteht außerdem aus den bereits genannten Stakeholdern, die teils sehr unterschiedliche Erwartungen mitbringen. Die Projektleitung muss diesen Personengruppen auf Augenhöhe begegnen, um sie informieren und überzeugen zu können.

[«]

Die Bedeutung von Soft Skills

Die gemeinsamen Werte, die Fähigkeiten (Skills), das Wissen sowie die Organisationskultur bezeichnet man als weiche Faktoren. Sie glauben nicht daran, dass es sich lohnt, Zeit, Energie und Geld in die sogenannten weichen Faktoren in Ihrem SAP-Projekt zu investieren? Damit sind Sie nicht allein: Viele Projektleiter*innen und häufig auch das Management sind nicht vom Nutzen derartiger Investitionen überzeugt. Dies ist bedauerlich, denn sehr oft sorgt gerade die Vernachlässigung der weichen Faktoren für eine Bauchlandung im Projekt – und die ist alles andere als weich! Zur unrühmlichen Bauchlandung kommt, dass das Geld, das bei den weichen Faktoren vermeintlich gespart wurde, am Ende oft für die Schadensbegrenzung ausgegeben werden muss.

Operative Führungsfähigkeit

Die *operative Führungsfähigkeit* spielt oft in großen Projekten eine Rolle und beinhaltet die Überwachung und Steuerung von Teilen der operativen Projektmanagementaufgaben, z. B. Kostenschätzungen oder die Vergabe von Arbeitspaketen, die durch die Projektleitung weiter delegiert werden. Die Projektleitung muss einen Blick und das Gespür dafür haben, welche Aufgaben sie in welchem Maße delegieren kann. Denn auch wenn wichtige Aufgaben durch andere durchgeführt werden, werden müssen und werden sollen, bleibt die Verantwortung für die Ergebnisse beim Hauptprojektleiter bzw. bei der Hauptprojektleiterin.

Methodenkompetenz

Methodenkompetenz beschreibt systemisches, erprobtes Wissen, das es einer Person bzw. Organisation ermöglicht, mittels geeigneter Tools, Techniken und Methoden Informationen zu beschaffen, zu strukturieren, zu bearbeiten, richtig zu interpretieren und auch immer wieder in unterschiedlichen Formen anzuwenden und zu präsentieren. Beispiele für Methodenkompetenz sind die Fähigkeiten, auch bei einer Vielzahl von Möglichkeiten die richtigen Lösungswege zu finden bzw. zu identifizieren, ziel- und ergebnisorientiert Diskussionen zu moderieren und Konflikte zu lösen oder auch das Qualitätsmanagement über Projektschnittstellen hinweg zu sichern. Methodenkompetenz bietet Struktur und gleichzeitig Flexibilität in der Problemlösung und ist für die Projektleitung enorm wichtig, um zuverlässig gute Ergebnisse zu erzielen – trotz der Eigendynamik, die jedem Projekt innewohnt.

Fachkompetenz

Fachkompetenz fällt sowohl unter Managementkompetenz als auch unter Führungskompetenz; es stehen aber jeweils unterschiedliche Facetten im Vordergrund. Fachkompetenz ist die Summe des Wissens und der Fähigkeiten, die notwendig ist, um ein Projekt unter Einhaltung der Zeit- und Budgetvorgaben durchzuführen. Fachkompetenz wird auch benötigt, um die technischen und fachlichen Aspekte des Projekts ausreichend zu berücksichtigen und somit einen erfolgreichen Abschluss mit den gewünschten Ergebnissen herbeizuführen. Zur technischen Fachkompetenz gehören u. a. Kenntnisse der Technologie, die eingeführt wird, sowie der dafür notwendigen Werkzeuge und Methoden. Außerdem ist Wissen über Abhängigkeiten zwischen den Technologien sowie über ihre Anwendungsgebiete und Einschränkungen notwendig.

Nicht zuletzt müssen Sie wissen, welche Expertise für die Einführung und den erfolgreichen Einsatz der Technologie notwendig ist, auch wenn Sie die Expertise nicht selbst vorweisen können. Als Projektleitung müssen Sie nicht selbst die Top-Fachfrau oder der Top-Fachmann sein, Sie müssen aber über ausreichend Fachkompetenz verfügen, um die erforderlichen Expert*innen ins Boot zu holen, sich mit ihnen sachlich auszutauschen und sie führen zu können. Eine Projektleitung, die z. B. das Projektmanagement als fachliche Expertise hat, aber über kein oder extrem wenig Verständnis des Systems und der Technologie verfügt, die sie einführen soll, wird es schwer haben, Probleme und mögliche Lösungen mit ihren Teams zu besprechen. Sie riskiert damit, dass ihre Kompetenz insgesamt infrage gestellt wird. Somit ist die Fachkompetenz eine Komponente der Führungskompetenz.

[«]

Fallstrick Fachkompetenz

Es kommt in vielen Unternehmen vor, dass die Karriereentwicklung zwangsläufig mit der Übernahme von Personalführungsaufgaben verbunden ist. In diesen Fällen werden Mitarbeiterinnen und Mitarbeiter aufgrund ihrer exzellenten Fachkompetenzen in Führungsrollen hineinbefördert – z. B. zur Projektleitung. Gerade weil sie über beste fachliche Kompetenzen verfügen, fällt es einigen dieser Projektleiter*innen jedoch schwer, sich aus ihrer vorherigen exklusiven Rolle als »die technische Expertin« oder »der technische Experte« zu lösen und Aufgaben zu delegieren. Sie springen ungebeten bei technischer Arbeit ein, engen die Kompetenzen ihres Teams ein und verlieren den Blick für die weiteren Aufgaben als Führungskraft. Es besteht die Gefahr, dass sie sich verausgaben und das Team aufgrund ihres mangelnden Vertrauens demotivieren. Darüber hinaus bewirkt ein solches Verhalten der Projektleitung meistens, dass die Projektmitglieder immer weniger Verantwortung für ihre Arbeit und die Projektergebnisse übernehmen.

Operatives vs. strategisches Management

Es wird grundsätzlich zwischen dem *operativen* und dem *strategischen Management* unterschieden, und dieser Unterschied gilt auch beim Projektmanagement. Das operative Management verantwortet alle Fragen, Probleme und Aufgaben im Projekt. (Dies wird oft auch als klassisches oder ausführendes Projektmanagement bezeichnet.) Beim operativen Projektmanagement lautet die Leitfrage: »Machen wir das Projekt richtig?«

Strategisches Projektmanagement adressiert hingegen die Frage: »Machen wir das richtige Projekt?«, und verdeutlicht, warum eine Projektinvestition überhaupt notwendig ist. Abbildung 5.2 stellt die Beziehung zwischen dem strategischen und dem operativen Projektmanagement und die Positionierung der Projektleitung dar.

Strategisches Projektmanagement verbindet die strategischen Unternehmensziele mit dem operativen Projektmanagement, damit die strategischen Ziele leichter in operative Projektziele umgesetzt werden können. Durch die Vorgaben und definierten Ziele eines Projekts, die an den strategischen Unternehmenszielen ausgerichtet sind, können Projekte effizienter durchgeführt werden, dem Unternehmen nachhaltigere Vorteile bringen und somit auch einen besseren ROI erzielen. Denn ein erfolgreiches Projekt, das die Unternehmensziele verfehlt oder – schlimmer noch – untergräbt, ist eine Fehlinvestition. Der Projektleiter im Sinne eines erfolgreichen SAP-Projekts bildet eine wichtige Schnittstelle zwischen dem operativen und dem strategischen Projektmanagement.

Abbildung 5.2 Strategisches und operatives Projektmanagement

Darüber hinaus gibt es weitere Managementkompetenzen, die eine gute Projektleiterin bzw. ein guter Projektleiter vorweisen muss: die *technischen Kompetenzen* sowie die *analytischen Kompetenzen*, die es ihr oder ihm ermöglichen, neben den Führungsaufgaben auch die weiteren Managementaufgaben im Hinblick auf die Planung, die Organisation, den Personaleinsatz, die Personalentwicklung sowie das Controlling im Rahmen des SAP-Projekts zu verantworten.

5.3 Qualifikation, persönliche Eignung und Verfügbarkeit der Projektmitglieder

Der nächste wichtige Schritt nach der Auswahl der Projektleitung ist die Planung der Kapazitäten, also die Ressourcenauswahl und die Planung der Ressourcenverfügbarkeit. In den folgenden Abschnitten lernen Sie, wie Sie bei Ihrer Ressourcenplanung am besten vorgehen.

5.3.1 Skill-Anforderungen im digitalen Projektmanagement

Qualifizierte Mitarbeiter*innen unter den Top 5 der Erfolgsfaktoren

Im CHAOS Report 2015, der von der Standish Group im Oktober 2015 veröffentlicht wurde, wurden über die Zeitspanne von 2011 bis 2015 insgesamt 50.000 IT-Projekte unterschiedlicher Größen auf der ganzen Welt untersucht. Aus dieser Untersuchung wurden zehn Kriterien identifiziert, die für den Projekterfolg entscheidend sind. Der Faktor »qualifizierte Mitarbeiter*innen« befindet sich unter den Top 5.

Tabelle 5.1 stellt die Wichtigkeit jedes Faktors und die Empfehlung der Standish Group zu Aufwand und Investitionen dar, die berücksichtigt werden sollten, um den Projekterfolg zu verbessern.

Erfolgsfaktoren	Punkte	Investition
Executive Sponsorship (Fürsprache und politischer Rückhalt für ein Projekt durch die obere Führungsebene der Organisation)	15	15 %
Emotionale Reife	15	15 %
Beteiligung der Anwender*innen	15	15 %
Optimierung	15	15 %
Qualifizierte Mitarbeiter*innen	**10**	**10 %**
Standardarchitektur	8	8 %
Agiler Prozess	7	7 %
Moderate Ausführung	6	6 %
Projektmanagement-Expertise	5	5 %
Klare Geschäftsziele	4	4 %

Tabelle 5.1 Erfolgsfaktoren 2015, übersetzt aus dem CHAOS Report 2015 (© Standish Group)

Qualifizierte Mitarbeiter*innen sind Menschen, die die notwendigen fachlichen und persönlichen Kompetenzen haben, um effektiv und zielorientiert im Projekt mitzuwirken. Diese Menschen verstehen sowohl die Technologie als auch das Geschäft. Sie sind kompetent in der Ausführung der Projektanforderungen und der Lieferung des Projekts oder Produkts. So weit, so gut!

Es stellt sich nun die Frage, welche Skill-Anforderungen für die Mitarbeiter*innen in Zeiten des digitalen Projektmanagements bestehen. Sicher ist, dass die Anzahl der Tools und technischen Mittel, mit deren Hilfe Sie Projekte effektiver und effizienter gestalten können, wachsen wird und die Projektmitarbeiter*innen entsprechend in Echtzeit geschult werden müssen.

Die Bereiche, die zunächst neue Skills im digitalen Projektmanagement erfordern werden, sind zu einem die Organisation des Projekts, die Aufnahme und Analyse von Informationen und die Dokumentation im Projekt.

Die Möglichkeit, vieles zu automatisieren, sowie die Tatsache, dass die Kommunikationswege zum Teil informeller geworden sind und die Phasen der Planung und Steuerungen in immer kürzeren Abschnitten erfolgen, bedeutet, dass auch hier neue Skills notwendig werden, die wir aus heutiger Sicht noch nicht hundertprozentig identifizieren können – und dies ist aus unserer Sicht in Ordnung, denn der Schwerpunkt der benötigten Skills liegt ohnehin nicht im technischen Bereich.

Wenn Sie Programmierer*innen oder Datenbank- und Netzwerkadministrator*innen brauchen, können Sie diese Arbeitskräfte frei am Markt finden oder über Zeitarbeitsfirmen »leihen«. Was weitaus schwieriger wird, ist die Menschen zu finden, die Sie mit all den Anforderungen in agiler werdenden Transformationsprojekten voll ins Team integrieren können. Sie müssen technisch fit sein und die Fähigkeiten haben, eng mit anderen zusammenzuarbeiten, ihnen richtig zuzuhören und ihre Geschäftsprozesse verstehen zu können.

Diese Projektmitarbeiter*innen zu finden, stellt eine große Herausforderung dar, die sich im gleichen Schritt mit der Technologie stetig verändert. Auch deshalb erscheint hierzu eine Studie nach der anderen. Im Folgenden führen wir die Kompetenzen näher aus, die aktuell und in Zukunft für das Projektmanagement immer wichtiger werden.

Kundenfokussierung (Customer Focus)

Die Fähigkeit, kundenfokussiert zu arbeiten, ist keine Anforderung, die durch die Digitalisierung entstanden ist. Sie ist aber durch die größere Transparenz und die Kundenintelligenz (Customer Intelligence, CI), die durch Big Data ermöglicht wird, sowie die Erwartungshaltung, dass Kundenwünsche nicht nur genau, sondern auch sofort erfüllt werden, wichtiger geworden.

Veränderungsmanagement (Change Management)

In Transformationsprojekten geht es um nichts anderes als um Veränderung. Trotz Tausenden von Jahren der Evolution und dem neuen Druck, agiler zu werden, sind wir Menschen weiterhin selten begeistert von massiven Veränderungen. Die Digitalisierung macht es möglich, massive Veränderungen in schnellem Tempo einzuführen – und dies durch eine gesamte Organisation, auch über alle Grenzen hinweg. Projektmitarbeiter und -mitarbeiterinnen müssen auf allen Ebenen in der Lage sein, die Auswirkungen dieser Veränderungen zu erkennen. Sie müssen erkennen, wenn sie etwas empathischer vorgehen müssen, z. B. wenn Mitarbeiter*innen an einem Transformationsprojekt arbeiten sollen, das wiederum ihre Arbeitsstellen wegnehmen wird. Ein Verständnis für schwierige Themen oder auch Trauerreaktionen auf Veränderungsprozesse in Unternehmen sind keineswegs typisch im Projektmanagement, dennoch können sie für den Erfolg oder Misserfolg im Projekt entscheidend sein.

Umgang mit Data Science (Datenwissenschaft)

Erst die Fähigkeit, mit großen Datenmengen zu arbeiten und diese zu verstehen, versetzt den die Projektleiterin oder den Projektleiter in die Lage, die besten Entscheidungen zu treffen. Das Projektmanagement benötigt Mitarbeiterinnen und Mitarbeiter mit der Fähigkeit zur Datenanalyse im Projekt.

Innovation Mindset

Projektteams werden immer mehr dazu angehalten, Probleme und Herausforderungen aus neuen Perspektiven zu betrachten und auf kreative Weise innovative Lösungen zu finden (*Innovation Mindset*). Sie müssen sich an neue Technologien anpassen, sich neue Kenntnisse und Fähigkeiten aneignen und neue Chancen entdecken und optimal nutzen. In diesem Zusammenhang ist es wichtig, sich von dem, was war und ist, etwas distanzieren zu können, um die Lösungen, die noch nie da waren, zu entdecken.

Datensicherheit

Spätestens seit Inkrafttreten der DSGVO in Europa im Mai 2018 haben Datensicherheit und Datenschutz für viele Projektteams eine sehr hohe Priorität. Unternehmen möchten sowohl ihre eigenen Daten schützen als auch die Daten ihrer jeweiligen Kundinnen und Kunden (Verbraucherinnen und Verbraucher).

Compliance-Kenntnisse

Das Projektmanagement soll keineswegs die Aufgaben von Compliance-Expertinnen und -Experten übernehmen, dennoch muss das Team verstehen, wie weitreichend Compliance-Themen die Durchführung ihrer Projekte beeinflussen können. Projektteams müssen Kenntnisse über gesetzliche Regelungen und Vorschriften haben, die sich auf die Durchführung und Verwaltung eines Projekts auswirken. Diese reichen von Arbeitsgesetzen bis zu Steuerregelungen. Wichtig ist es, mindestens genügend Wissen zu haben, um zu entscheiden, wann Compliance-Expert*innen hinzugezogen werden sollten.

Fähigkeit, datenbasierte Entscheidungen zu treffen

Projektmanager mussten schon immer die Fähigkeit haben, datengesteuerte Entscheidungen zu treffen. Mit der Digitalisierung kommt nun eine Flut von Daten, die zusammengebracht und in anwendbare Informationen umgewandelt werden. Deshalb hat die Fähigkeit, Daten als Grundlage für Entscheidungen, die das Projekt vorantreiben, zu nutzen, an Wichtigkeit gewonnen.

Kollaborative Führungsqualitäten

Auch hier ist die Anforderung nach kollaborativen Führungsqualitäten keine spezifische Auswirkung der Digitalisierung, denn die Zusammenarbeit auch in Cross-Function-Teams war für das Projektmanagement schon immer wichtig. Projekte werden komplexer und Hierarchien flacher; deshalb wird die Fähigkeit, Einfluss auf andere Menschen zu nehmen, noch wichtiger. Nur wer kollaborative Führungsqualitäten aufweist, kann Teams mit unterschiedlichen Bedürfnissen und individuellen Zielen zusammenbringen, um große gemeinsame Ziele zu erreichen.

5.3.2 So wählen Sie die richtigen Mitarbeiter*innen aus

Ein starkes Team bilden

Mit *Ressourcenauswahl* meinen wir in diesem Abschnitt die Auswahl des Personals für das Projektteam. Es gilt, die Personen zu finden, die die notwendigen Fähigkeiten für die Planung, Durchführung und den Abschluss ihrer Aufgabe im Projekt mitbringen. Eigentlich ist alles ganz einfach: Wenn Sie bei der Personalauswahl sowohl auf die Qualität als auf die Quantität achten, haben Sie gewonnen: Sie müssen nur wissen, welche Personen mit welchen Qualifikationen Sie im Projekt brauchen und wie viele. In der Realität ist es natürlich nicht so simpel.

Für Ihr Projekt suchen Sie Mitarbeiterinnen und Mitarbeiter, die sich sowohl fachlich als auch persönlich für ein großes, wichtiges, unter Umständen langes und oft stressiges Projekt eignen. Ihre Projektmitarbeiter*innen müssen in der Lage sein, selbstständig zu arbeiten. Hierzu benötigen sie fachliche Expertise. Das heißt: Verschaffen Sie sich zuerst einen Überblick über die unterschiedlichen Anforderungen des Projekts, und finden Sie heraus, welche Fähigkeiten Sie benötigen. Schauen Sie nicht nur, wer »gerade da« ist.

Rollenbeschreibungen

Die Erstellung von *Rollenbeschreibungen* und einem Fragenkatalog als Basis für die Ressourcenauswahl ist bei der Auswahl von Mitarbeiterinnen und Mitarbeitern eine große Hilfe. Erstellen Sie zunächst eine Rollenbeschreibung für die jeweils unterschiedlichen Positionen, die Sie besetzen möchten. Für jede Rolle entwickeln Sie einen Fragenkatalog, um die Kriterien für eine passende Ressource zu ermitteln.

Die Rollenbeschreibung dokumentiert die Rolle mit den dazugehörigen Aufgaben und Prozessen, die von einer Mitarbeiterin oder einem Mitarbeiter (oder auch mehreren Personen) ausgeführt werden soll. Wir empfehlen Ihnen, Rollenbeschreibungen sowohl für Rollen rund um die SAP-Prozesse als auch für alle weiteren Rollen im Projekt zu erstellen.

Fragenkatalog

Der *Fragenkatalog* umfasst eine Sammlung von Fragen, die Ihnen helfen werden, die passenden Ressourcen für das Projekt zu identifizieren. Die folgenden Fragen gehören in das Mitarbeiterauswahlverfahren für jedes SAP-Projekt:

- Welche technischen Qualifikationen werden benötigt?
- Welche fachliche Expertise wird benötigt?

- Welche Soft Skills benötigt die Mitarbeiterin bzw. der Mitarbeiter (in besonderem Maße)?
- Wie oft brauche ich diese Mitarbeiterin bzw. diesen Mitarbeiter (in Wochentagen)?
- Wie wichtig ist Projekterfahrung für diese Position?
- Über welchen Zeitrahmen soll die Mitarbeiterin bzw. der Mitarbeiter im Projekt eingebunden sein?
- In welchem anderen Projekt ist die Mitarbeiterin bzw. der Mitarbeiter bereits eingebunden oder eingeplant?
- In welchem Bereich ist die Mitarbeiterin bzw. der Mitarbeiter bereits im Tagesgeschäft eingebunden?
- An wie vielen Wochentagen ist die Mitarbeiterin bzw. der Mitarbeiter in anderen Projekten oder mit anderen Aufgaben beschäftigt?

Wir haben in den Fragen zum Einsatz der Mitarbeiterin oder des Mitarbeiters bewusst mit Wochentagen statt mit einem Prozentsatz gerechnet. So können Sie Konfliktpotenziale in der späteren Ressourcenverfügbarkeit schneller erkennen.

Aus dem Projektleben gegriffen

Dazu ein Beispiel: Wenn Sie von der Bereichsleiterin der HR-Abteilung die Zusage erhalten, dass Herr Schröder aus seinem Bereich zu 40 % seiner 40 Stundenwochen über einen Monat lang bei Ihnen im Projekt arbeiten darf, werden Sie sich zunächst freuen. Sie können nun damit rechnen, dass Sie Herrn Schröder für 16 Stunden die Woche problemlos ins Projekt integrieren können. Denn 40 % von 40 Stunden sind 16 Stunden. Allerdings geht die Rechnung doch nicht auf. Die Freude verfliegt schnell, sobald Sie feststellen, dass Herr Schröder nur theoretisch verfügbar ist, weil er für seine Fachabteilung an drei Tagen der Woche gänzlich unabkömmlich ist. Leider benötigen Sie Herrn Schröder für mindestens drei Stunden an fünf Wochentagen für Funktionstests in der geplanten heißen Phase. Ihnen stehen lediglich zwei Tage zur Verfügung, an denen Herr Schröder tatsächlich verfügbar ist.

Wenn Sie geplant hatten, Herrn Schröder und einen SAP-Experten bzw. eine SAP-Expertin in einem täglichen Test- und Revisezyklus arbeiten zu lassen, müssten Sie jetzt die Arbeitspakete anders organisieren.

Anhand dieses Beispiels sollte deutlich werden, welche Auswirkungen die exakte Verfügbarkeit auf die Arbeitsplanung haben kann und warum Sie bei den Abstimmungen der Projektmitarbeiter*innen nicht nur in der prozentualen Arbeitszeit, sondern auch in Wochentagen denken und kommunizieren sollen.

Methoden bei der Personalauswahl

Es gibt verschiedene Methoden, die die *Personalauswahl* bei den externen bzw. noch nicht vorhandenen Projektmitgliedern unterstützen. Einige Möglichkeiten, um eine Entscheidungsgrundlage zu bilden, sind:

- Review und Analyse der Bewerbungsmappe
- Interviews
- fachliche Tests
- Assessment-Center
- externe Personalagenturen (mit dem Schwerpunkt IT-Projekte)

Wir empfehlen Ihnen, für jede wichtige Position oder Rolle im Projekt das Personalauswahlverfahren durch ein persönliches Interview und mindestens eine weitere Auswahlmethode zu gestalten. Die unterschiedlichen Auswahlmethoden liefern unterschiedliche Informationen über einen potenziellen Mitarbeiterinnen und Mitarbeiter und betrachten die Person aus unterschiedlichen Perspektiven. Wenn Sie im Team z. B. Fachexpert*innen suchen, ist es sinnvoll, den Kandidaten oder die Kandidatin durch fachliche Tests zu überprüfen. Dies ist vor allem dann sehr wichtig, wenn die gewünschte Expertise nicht ausreichend durch dokumentierte und überprüfbare Erfahrung nachweisbar ist.

Die Chemie stimmt!

Dennoch sollten Sie sich bei der Personalauswahl nicht ausschließlich auf den Einsatz von quantitativen Beurteilungsmethoden wie z. B. Leistungstests verlassen. Diese Methoden lassen einige wichtige Faktoren, wie z. B. die persönliche Disposition (u. a. Motivation, Pünktlichkeit und Teamfähigkeit) oder auch die sprichwörtliche »Chemie«, d. h. die *zwischenmenschliche Harmonie* oder gegebenenfalls Disharmonie, außer Acht. Insbesondere die zwischenmenschliche Harmonie ist ein Faktor, der das Zusammenarbeiten stark beeinflusst, sowohl im positiven als auch im negativen Sinne. Da ein großes Projekt fast immer mit einem hohen Arbeitspensum unter erhöhtem Zeitdruck einhergeht, ist es besonders wichtig, jeden vermeidbaren Störfaktor von vornherein auszuschließen. Auch deshalb ist es am besten, wenn Sie das persönliche Interview als festen Bestandteil der Personalauswahl für wichtige Positionen etablieren.

Die Ressourcenauswahl zur Besetzung des Projektteams mit bereits in der Organisation vorhandenen Mitarbeiter*innen muss ähnlich kritisch erfolgen wie die Personalauswahl aus Kandidat*innen über externe Quellen. Schauen Sie sich die Mitarbeiterinnen und Mitarbeiter für Schlüsselprojekte genau an. Lassen Sie sich davon überzeugen, dass sie tatsächlich die Expertise und Erfahrung vorweisen können, die für die entsprechende Position bzw. Rolle benötigt werden.

Gerade bei den vorhandenen Mitarbeiter*innen wird häufig nach dem Motto »was nicht passt, wird passend gemacht« gehandelt. Und hiermit ist keineswegs ein besonderer Weiterbildungsplan oder eine sinnvolle Qualifizierungsmaßnahme für die Projektmitarbeiter und -mitarbeiterinnen gemeint. Vielmehr soll sich die Projektleitung mit den verfügbaren Mitarbeiterinnen und Mitarbeitern zufriedengeben und das Beste daraus machen. Wenn allerdings der technische Experte, der Ihrem Projekt mehr oder weniger aufgedrängt wird, bislang alle, mit denen er im Projekt gearbeitet hat, vergrault hat, ist es das Beste, diesen Mitarbeiter möglichst vor Projektbeginn mit einem gezielten Coaching teamfähig zu machen. Nimmt der Mitarbeiter das Coaching nicht oder nur zögerlich an, sollten Sie einen großen Bogen um ihn machen. Falls weder die Möglichkeit für ein gezieltes Coaching noch für ein Ausweichmanöver besteht, machen Sie sehr früh im Projekt Ihre Erwartungen an die Teamarbeit deutlich.

Was nicht passt, wird passend gemacht?

5.3.3 So stellen Sie die Ressourcenverfügbarkeit sicher

Die *Ressourcenverfügbarkeit* bezieht sich in unserem Kontext auf das tatsächliche Vorhandensein und die Zugänglichkeit zu den im Projekt eingeplanten Ressourcen. Bei der Ressourcenverfügbarkeit müssen Sie in erster Linie darauf achten, dass die Personen, die Sie im Projekt einplanen, auch tatsächlich verfügbar sind, und zwar zu dem Zeitpunkt, zu dem Sie sie eingeplant haben. Das klingt wie eine Selbstverständlichkeit, ist aber leichter gesagt als getan. Diese im Prinzip einfache Voraussetzung scheint in der Realität ungemein schwierig umzusetzen zu sein. Aber warum? In diesem Abschnitt gehen wir auf die Aspekte der Ressourcensicherstellung ein, die besonders berücksichtigt werden sollen, sowie auf die Faktoren, die am häufigsten die Sicherstellung der Ressourcenverfügbarkeit erschweren.

Spezielles technisches Wissen sicherstellen

Welches *technische Spezialwissen* in Ihrem Projekt benötigt wird, hängt von mehreren Faktoren ab, darunter von dem Projektziel, aber auch von der Branche, in der Ihr Kunde tätig ist.

Aus dem Projektleben gegriffen

Ein Beispiel für den Bedarf an speziellem technischem Wissen wäre ein SAP-Projekt bei einem großen Versandkonzern, in dem die Verwaltung der Wareneingangsprozesse, das Lager- und Betriebsmanagement sowie die Verwaltung der Warenausgangsprozesse optimiert werden sollen. Die Optimierung soll mit der Lösung SAP Extended Warehouse Management (SAP EWM) umgesetzt werden, die unter SAP S/4HANA mittlerweile Teil des Cores und nicht mehr eine zusätzliche Komponente ist. In diesem Beispiel ist es wichtig, Ressourcen (Menschen) mit dem Fachwissen über diese SAP-Lösung für die Logistik- und Auftragserfüllung im Projektteam zu haben.

Wichtige Mitarbeiter*innen bei der Planung berücksichtigen

Dass in einem Projekt Mitarbeiterinnen und Mitarbeiter eingeplant werden, die nur theoretisch mitarbeiten können oder die es sogar nur theoretisch gibt, kommt öfter vor, als Sie wahrscheinlich vermuten.

Wissens- und Vertrauensträger identifizieren

Folgenden oder ähnlichen Situationen sind wir im Laufe der Jahre schon öfter begegnet: Die Mitarbeiterin Frau Meyer, die mit den Geschäftsprozessen des Fachbereichs *Finanzen* am besten vertraut ist und als einzige von der Abteilung weitgehend akzeptiert und respektiert wird, erfüllt sich den Traum einer sechswöchigen Australienreise – und zwar genau in der Phase der Prozessanalyse im Projekt. Das Resultat ist, dass die Kolleg*innen im Fachbereich sowie die Bereichsleitung bereits zu Beginn wenig Vertrauen in das Projekt setzen. Das Misstrauen rührt daher, dass die wichtige Grundlage des Projekts ohne Beteiligung der Expertin und zugleich Vertrauensperson, Frau Meyer, geschaffen wurde.

Dieses Beispiel illustriert, dass es extrem wichtig ist, das benötigte fachliche Wissen frühzeitig zu identifizieren. Das Gleiche gilt für Mitarbeiterinnen und Mitarbeiter, die durch ihre Akzeptanz in der Organisation und ihre Rolle als Vertrauensperson das Projekt günstig beeinflussen können. Nur so können Sie den Zugriff auf die bestmöglichen Ressourcen für Ihr SAP-Projekt sichern.

Das Projekt kollidiert mit dem Tagesgeschäft

Mehr Arbeit erfordert mehr Mitarbeit

In großen Projekten gibt es viele Unternehmensbereiche, die in starker Abhängigkeit zueinander operieren. Darunter sind auch Bereiche, die bis zum Projektbeginn wenig Kontakt miteinander hatten. Im Projekt müssen sie plötzlich eng zusammenarbeiten und gegebenenfalls auch Ressourcen teilen, die bislang unter der Zuständigkeit der jeweiligen Bereichsleitung standen. Jetzt müssen diese Bereichsleiter*innen nicht nur das Tagesgeschäft weiterhin führen, sondern sollen darüber hinaus das große Projekt voll und ganz unterstützen. Nicht selten erwartet die Geschäftsleitung, dass diese zusätzliche Arbeit mit den bereits vorhandenen Ressourcen bewältigt wird.

Bereits diese Erwartung ist aus unserer Sicht nicht realistisch und eine Stolperfalle für die Ressourcenverfügbarkeit. Sie müssen darauf achten und dafür werben, dass zusätzliche Mitarbeiterinnen und Mitarbeiter eingesetzt werden, um die Geschäftsbereiche während des Projekts zu entlasten.

[+]

Tagesgeschäft entlasten

Suchen Sie eine Verstärkung, die interimsweise Aufgaben aus den Abteilungen übernimmt, aus denen Mitarbeiterinnen und Mitarbeiter für Ihr Projekt abgestellt sind. Dazu können Sie auf Personalagenturen zurückgreifen, befristete Einstellungen vornehmen oder Vertretungen aus anderen, weniger stark beanspruchten Bereichen anfordern.

Kritische Phasen berücksichtigen

Zudem müssen die Arbeiten im Projekt so geplant sein, dass sie mit den für den Geschäftsbereich kritischen Arbeitsphasen nicht kollidieren. Das können Sie nur schaffen, wenn Sie mit den Leiterinnen und Leitern der unterschiedlichen Bereiche in Kontakt treten, sich über deren Prozesse informieren und sich mit ihnen sehr gut abstimmen.

Unabkömmlichkeit der besten Mitarbeiter*innen

Kein Ringen um kritische Personalressourcen

Oft kommt zur Problematik der Ressourcenverfügbarkeit die Erwartung sowie oft die Notwendigkeit hinzu, dass die Abteilungen die Mitarbeiterinnen und Mitarbeiter zur Verfügung stellen, auf die sie am wenigsten verzichten können oder wollen. Dies sind üblicherweise besonders leistungsstarke Mitarbeiterinnen und Mitarbeiter, die über die meiste Erfahrung verfügen.

Ein Beispiel hierzu ist eine Finanzabteilung, die eine Mitarbeiterin oder einen Mitarbeiter für das Projekt bereitstellen soll. Die Anforderung lautet, dass die Mitarbeiterin bzw. der Mitarbeiter umfassendes Wissen über alle Prozesse der Abteilung sowie über deren fachlichen Hintergrund samt Abhängigkeiten zu den anderen Geschäftsprozessen mit Überschneidungen zum Finanzbereich mitbringt. Dass solche Personen jedoch auch für ihre eigene Abteilung enorm wichtig sind, ist klar. Hinzu kommt, dass externe Mitarbeiterinnen und Mitarbeiter oft nicht so schnell verfügbar sind, wie sie benötigt werden. Und so beginnt das Ringen um die Ressourcen, die man im Projekt dringend braucht.

5.4 Schlüsselfaktoren für gute Teamarbeit

Welche Schlüsselfaktoren tragen zu einer hohen Performance im Projektteam bei? Die Antwort auf diese Frage sollte jeder kennen, der ein großes SAP-Projekt erfolgreich durchführen und abschließen möchte.

Das A und O des Teamerfolgs

In mehreren Studien sowie in praktischen Beobachtungen einiger bekannter Organisationen (Pentlant 2012, Hakanen/Soudunsaari 2012 und Google

2015) wurde dokumentiert, dass verschiedene Faktoren für die erfolgreiche Zusammenarbeit in leistungsstarken, sogenannten *High-Performance-Projektteams* ausschlaggebend sind.

Bevor wir in die Einzelheiten guter Teamarbeit eintauchen, sollten wir ein gemeinsames Verständnis davon haben, was mit dem Begriff *Team* gemeint ist, denn nicht jede Gruppe, die zusammenarbeitet, ist ein Team. Wir haben uns dazu entschlossen, mit einem Verständnis von »Team« zu arbeiten, das sich an die Definition einer Studie zu High-Performance-Teams aus dem Jahr 2015 von Google anlehnt. Nach diesem Verständnis sind Teams stark voneinander abhängige Gruppen. Sie planen die Arbeit, lösen Probleme, treffen Entscheidungen und überprüfen den Fortschritt im Dienste eines bestimmten Projekts. Teammitglieder brauchen einander, um ihre Arbeit zu erledigen. (Sie werden im Laufe der nächsten Seiten sehen, welche konkreten Auswirkungen diese Abhängigkeit auf die Zusammenarbeit hat.)

Neben der fachlichen Eignung der Mitarbeiterinnen und Mitarbeiter sind auch die folgenden Kriterien für den Erfolg eines performanten Projektteams entscheidend:

- gegenseitiges Vertrauen (unter Umständen der wichtigste Faktor für ein High-Performance-Projektteam)
- gemeinsames Verständnis der Mission als Team
- individuelles Engagement und Selbstverpflichtung zu den Teamzielen
- klar definierte Rollen und Verantwortlichkeiten (sowohl im Team als auch im Gesamtprojekt)
- gemeinsam verabschiedete Regeln für das Arbeiten und der Umgang im Team
- ein definiertes und dokumentiertes Modell zur Entscheidungsfindung
- ein effektiver Gruppenprozess, der offene Kommunikation, gegenseitige Verantwortlichkeit und eine angemessene Selbsteinschätzung, die die Autonomie beim Arbeiten unterstützt, vorsieht

Jetzt wollen Sie bestimmt wissen, welche Wirkung die Kriterien im Einzelnen haben. Die soeben genannten Punkte führen wir in den folgenden Abschnitten weiter aus.

5.4.1 Gegenseitiges Vertrauen

Gegenseitiges Vertrauen ist wohl der wichtigste Faktor für ein High-Performance-Projektteam. Studien wie »Trust Factor: The Science of Creating High-Performance Companies« von Paul J. Zak aus dem Jahr 2017 (*https://*

rework.withgoogle.com/blog/creating-a-high-trust-performance-culture/) zeigen, dass die Steigerung vom Vertrauen im Unternehmen stets auch eine Verbesserung der individuellen Performance bewirkt. Menschen, die in einer Organisation arbeiten, die im oberen Viertel auf der »Vertrauensskala« liegt, sind um 76 % engagierter und um 50 % produktiver verglichen mit Mitarbeiter*innen einer Organisation, die sich im untersten Viertel bewegt. Ein Team besteht aus Individuen, die in starker Abhängigkeit zueinander stehen, deshalb ist es nicht verwunderlich, dass Vertrauen auch im Team eine entscheidende Rolle in Bezug auf die Performance spielt. Wenn kein oder wenig Vertrauen herrscht, sehen sich die Teammitglieder gezwungen, auf ihr jeweils eigenes Interesse zu achten. Die gemeinsamen Interessen, nämlich die des Projekts, finden dann wenig bis keine Beachtung.

5.4.2 Ein gemeinsames Verständnis der Mission

Erfolgsfaktor »Wir-Gefühl«

Ein gemeinsames Verständnis der Mission als Team bringt ein erhöhtes Niveau an Klarheit und ermöglicht eine zielgerichtete Projektausführung über die gesamte Projektorganisation. Darüber hinaus fördert es das *Wir-Gefühl*, d. h., der Zusammenhalt des Projektteams wird gestärkt. Dies ist besonders wichtig, weil man in Projekten zuweilen starkem Arbeitsdruck und Stress ausgesetzt ist.

In großen Teams, die ein hohes Maß an Diversität aufweisen, gewinnt die gemeinsame Mission und das Wir-Gefühl an Bedeutung. Darunter zu verstehen sind Teams mit vielen unterschiedlichen Aufgaben, zahlreichen Expertinnen und Experten mit unterschiedlichen Fachgebieten sowie Menschen aus unterschiedlichen Kulturkreisen und Unternehmenskulturen. Je vielfältiger die Unterschiede sind, umso wichtiger ist es, ein gemeinsames Verständnis der Mission als Team herbeizuführen.

> *»In den erfolgreichsten Projekten wussten wir alle genau, wohin die Reise ging. Die Strategie war klar und jeder wusste, warum er dabei war.« (O-Ton einer Projektleiterin)*

5.4.3 Individuelles Engagement und Selbstverpflichtung zu den Teamzielen

Jede*r ist Teil der Lösung

Individuelles Engagement und Selbstverpflichtung zu den Teamzielen ist ein wichtiger Faktor in High-Performance-Projektteams. Sie bewirken, dass sich die einzelnen Mitglieder, insbesondere in schwierigen Projektzeiten, als Teil einer möglichen Lösung sehen und oft über sich hinauswachsen, um die Teamziele zu erreichen.

5.4.4 Klar definierte Rollen und Verantwortlichkeiten

Klar definierte *Rollen und Verantwortlichkeiten*, sowohl im Projekt als auch im Gesamtprojekt, sind kritisch für High-Performance-Teams. Sie bestimmen, wie und von wem die Arbeit im Projekt zu machen ist. Sie stellen sicher, dass jedes Teammitglied ein Verständnis dafür hat, in welchem Verhältnis seine Rolle zu den Projektzielen steht. Klare Rollen und Verantwortlichkeiten machen auch die Erwartungen klar, sowohl an die einzelnen Teammitglieder als an das Projektteam als Einheit. Sie ermöglichen auch bei Planänderungen bis hin zum Krisenfall ein klares, durchdachtes und zielorientiertes Vorgehen im Projekt.

> *»Nur wenige Projekte sind wirklich gescheitert, aber bei denen gab es keine klare Rollendefinition oder Verantwortlichkeiten. Die Kommunikation lief auch schlecht.« (O-Ton eines Projektleiters)*

5.4.5 Regeln für das Arbeiten im Team

Gemeinsam verabschiedete *Regeln* für das Arbeiten und den Umgang im Team unterstützen das Projektteam. Regeln relativieren Performancefaktoren, wie z. B. individuelle Arbeitsstile, persönliche Werte oder auch kulturelle Normen. Diese Regeln dürfen nicht so eng oder starr sein, dass sie die Entfaltung von Kreativität und Innovation im Team bremsen.

[»]

Regeln richtig dosieren

Stellen Sie Regeln sparsam und gezielt auf, und arbeiten Sie verstärkt mit Empfehlungen. Somit geben Sie nur das wirklich Notwendige vor und zeigen in den anderen Fällen eine Richtschnur für das erwünschte Verhalten. So lassen Sie den Mitarbeiterinnen und Mitarbeitern Raum für Individualität und Eigeninitiative.

5.4.6 Klar geregelte Entscheidungsfindung

Ein definiertes und dokumentiertes Modell zur *Entscheidungsfindung* erhöht die Effizienz des Projektteams, wenn Entscheidungen gefällt werden sollen. Darüber hinaus minimiert es die Reibungen, die durchaus entstehen können – nicht nur bei Entscheidungen, die schnell und unter erhöhtem Druck gefällt werden sollen.

5.4.7 Effektive Gruppenprozesse

Ein *effektiver Gruppenprozess*, der offene Kommunikation und gegenseitige Verantwortlichkeit vorsieht, ist für High-Performance-Teams unerlässlich. Ebenso unerlässlich innerhalb des Gruppenprozesses ist der Raum für eine angemessene Selbsteinschätzung, die die Autonomie beim Arbeiten unterstützt. Ein Projektteam, das Höchstleistung bringen soll, braucht sowohl Richtlinien als auch Spielraum und Flexibilität bei der operativen Zielsetzung innerhalb des Teams.

So einfach sich diese Faktoren darstellen lassen und so selbstverständlich sie klingen: Genau diese Anforderungen bleiben häufig in großen Projekten unberücksichtigt. In der Folge kann das Projektteam sein volles Potenzial nicht entfalten. Die Konsequenzen sind im besten Fall ein Projektteam, in dem man sich oft in die Haare kriegt, das ineffektiv und ineffizient arbeitet und das Projekt mit Not, Mühe und mehr Glück als Verstand zum annehmbaren Abschluss bringt. Und im schlimmsten Fall scheitert das gesamte Projekt daran.

[«]

Vertrauen muss wachsen

Regelwerke sind schnell aufgestellt. Vertrauen, ein gemeinsames Verständnis der Mission als Team sowie ein hohes Engagement benötigen Raum und den richtigen Rahmen, um erst entstehen zu können.

5.4.8 Richtlinien für High-Performance-Teams

Früh anfangen

Wenn Sie sich ein funktionierendes und effektives Projektteam wünschen, ist es sinnvoll, die Erfolgsfaktoren bereits beim Projekt-Kick-off auf die Agenda zu setzen.

High-Performance-Teams werden durch klare Regeln und Richtlinien für die gemeinsame Arbeit unterstützt. Eine sehr gute Beschreibung der Regeln für die Zusammenarbeit eines erfolgreichen Teams finden Sie in dem Buch »Pulling Together – 10 Rules for High Performance Teamwork« von John Murphy (1. Auflage 2010, aktuelle Auflage von 2016).

Die Tipps im folgenden Kasten sind an die Regeln von John Murphy angelehnt. Hier finden Sie auch Beispiele für die konkrete Ausgestaltung dieser Regeln. Diese können Ihnen Impulse geben, um ein eigenes Regelwerk für die Zusammenarbeit in Ihrem SAP-Projektteam zu erstellen.

[+]

9 Regeln für die Zusammenarbeit im Team

1. **Wir stellen die gemeinsamen Projektziele vor die individuellen Ziele.**
   - Seien Sie sich der Reichweite Ihrer Entscheidungen und Aktivitäten im gesamten Projekt bewusst.
   - Kennen Sie Ihre individuellen Ziele und deren Stellenwert im Kontext des gesamten Projekts.
   - Der Beitrag jedes und jeder Einzelnen zum gemeinsamen Projekterfolg muss anhand definierter Kriterien messbar gemacht werden.
   - Geben Sie Ihre Urlaubsplanung so früh wie möglich bekannt, und stimmen Sie diese mit der Projektleitung und dem Team ab.
2. **Wir kommunizieren offen, ehrlich und wertschätzend.**
   - Sprechen Sie Ihren Kolleginnen und Kollegen öfter ein konkretes und ehrliches Lob aus.
   - Formulieren Sie Kritik sachlich und lösungsorientiert.
   - Fragen Sie sich immer, was Sie mit einem Gespräch bewirken möchten, um zielgerichtet zu kommunizieren.
   - *Wir sind alle ein Teil der Lösung statt Teil des Problems.*
   - Versuchen Sie, lösungsorientiert zu denken und Ansätze zu finden, wie eine Herausforderung konkret bewältigt werden kann.
   - Überlegen Sie, welchen Beitrag Sie selbst zur Problemlösung leisten können.
3. **Wir respektieren die Unterschiede im Team und im gesamten Projektumfeld.**
   - Seien Sie offen für neue Ideen, und lernen Sie von den Beiträgen anderer.
   - Gehen Sie auch bei Meinungsverschiedenheiten respektvoll mit den Kolleginnen und Kollegen um.
   - Humor ist wichtig, darf aber niemals auf Kosten anderer gehen. Machen Sie keine Witze, die bestimmte Personen(kreise) ausgrenzen oder angreifen (Kulturen, Geschlechter, Rassen, Religionen, sexuelle Orientierung usw.).
4. **Wir stellen die richtigen Fragen und ermuntern andere, das Gleiche zu tun.**
   - Fragen Sie bei Problemen nach Lösungen: »Was haben wir noch nicht probiert? Wie kann ich helfen? Wer kann noch helfen?«
   - Nutzen Sie Lösungen, um neue Standards zu schaffen, und suchen Sie nach Möglichkeiten, um Ihre Arbeit zu optimieren: »Wie können

wir das weiter nutzen? Was würde den Kunden begeistern? Warum geht es nicht schneller?«

5. **Wir setzen nachvollziehbare, quantifizierbare und qualifizierte Methoden bei der Problemlösung ein.**
   - Setzen Sie Best-Practice-Methoden ein, um ressourceneffizient zu arbeiten.
   - Bei neuen Ansätzen und Methoden beantworten Sie die Fragen: »Woran werden wir Erfolg und Effektivität messen? Wann werden wir es messen? Wie werden wir es messen? Wer kümmert sich darum?«
6. **Wir verdienen und bewahren Vertrauen durch vertrauenswürdiges Verhalten.**
   - Handeln Sie integer und gehen Sie mit gutem Beispiel voran.
7. **Wir verpflichten uns der Exzellenz in allem, was wir tun.**
   - Liefern Sie stets die bestmöglichen Ergebnisse, und setzen Sie alle verfügbaren Ressourcen hierfür ein.
8. **Wir fokussieren auf unseren eigenen Verantwortungsbereich und behalten die gemeinsame Verantwortung füreinander und für das Projekt im Blick.**
   - Suchen Sie bei Problemen oder Fehlern nicht nach Schuldigen, sondern nach Lösungen.
   - Wenn Sie merken, dass jemand Hilfe braucht, helfen Sie.
   - Wenn Sie Hilfe benötigen, bitten Sie das Team und die Projektleitung darum.
9. **Die Regeln gelten für uns alle im Team. Wir respektieren sie, handeln danach und unterstützen einander dabei, sie einzuhalten.**
   - Wenn Sie zum Team gehören, respektieren Sie die Regeln und handeln Sie danach.
   - Der Umgang mit den Teamregeln sollte im Rahmen der individuellen Projektbeurteilung angesprochen werden.

5.5 Menschlichkeit, Machbarkeit und Motivation

Der Mix macht den Projekterfolg

Menschlichkeit, *Machbarkeit* und *Motivation* werden angesichts der angestrebten Effizienzsteigerung und der erhofften Kostenersparnisse gerne schon zu Beginn des Projekts ausgeklammert. Beim Qualitäts-Review lässt sich später allerdings oft feststellen, dass dieser Umstand sehr zum Nachteil zahlreicher, einst vielversprechender IT-Projekte gereicht hat. In diesem Abschnitt möchten wir Ihnen Strategien zeigen, die Ihnen helfen sollen, diesen Punkten die nötige Aufmerksamkeit zu schenken.

Superheld*innen im Projekt

Es gibt Projekte, in denen die Projektziele nur erreicht werden können, wenn die Mitarbeiterinnen und Mitarbeiter fast ununterbrochen arbeiten oder jedes Teammitglied auf wundersame Weise die Arbeit von mindestens drei weiteren Personen erledigen kann. Diese Projekte werden scheinbar mit Supermenschen geplant, die im Gegensatz zu normalen Menschen nur wenig essen oder schlafen. In der Tat machen sie kaum eine Pause, denn diese ist nicht eingeplant. Sie können sich wohl auch von einem Projektort zum nächsten teleportieren, denn für einen Ortswechsel auf herkömmliche Weise ist keine Zeit vorgesehen – und es ist auch klar, dass diese Supermenschen ganz ohne ein Leben jenseits der Arbeit, z. B. mit Freund*innen, Familie oder persönlichen Interessen, wunderbar auskommen. Die Supermenschen arbeiten ohne nennenswerte Unterbrechung und sind stets zur Höchstleistung bereit – all dies ohne gesundheitliche Beeinträchtigungen.

Auch wenn so der Traum mancher Projektleiter*innen aussieht, ist die Wirklichkeit und Menschlichkeit im Projekt anders. Wer auf die Erfolgsmaschine »Supermensch« im Projekt baut, errichtet sein Projekt auf Sand – zulasten von gestressten, demotivierten und burnoutgefährdeten Projektmitarbeiterinnen und -mitarbeitern.

[»]

Warum sich Motivation auszahlt

Warum sollten Sie sich – neben den menschlichen – auch aus betriebswirtschaftlichen Gründen Gedanken über Dinge wie Überlastung, Motivation oder Gesundheit Ihrer Projektmitarbeiter*innen machen? Die Antwort ist einfach: Weil diese Faktoren auch Auswirkungen auf deren Leistung im Projekt haben. Damit beeinflussen sie mittelbar die Projektkosten und den Projekterfolg insgesamt.

5.5.1 Überlastung erkennen

Wir betrachten in diesem Abschnitt die möglichen Auswirkungen von Überlastung auf die Motivation und die Gesundheit der Mitarbeiterinnen und Mitarbeiter und somit auf das Arbeiten im Projekt. Zu unserem praktischen Ansatz gehören auch einige Vorschläge und Tipps, damit Sie das Projekt in eine positive Richtung steuern können, bevor der Ernstfall eintritt bzw. wenn Situationen entstehen, die für das Projekt und die Mitarbeiter*innen bedrohlich sein könnten.

Wir möchten zunächst einen Blick auf die Auswirkungen werfen, die eine Überlastung der Projektmitarbeiterinnen und -mitarbeiter haben kann. Mit Überlastung meinen wir nicht die Situation, in der sich ein Teammitglied oder das gesamte Team in der heißen Phase des Projekts einmal »eine Nacht um die Ohren haut«, sondern wir reden von einer sich wiederholenden Überschreitung der Arbeitszeit und des normalen Arbeitspensums unter erhöhtem Leistungsdruck ohne ausreichende Pausen während des Arbeitstages sowie echten Erholungszeiten zwischen den Arbeitseinsätzen.

Nichts geht mehr

Überlastung kann sich auf vielfältige Weise auf die Projektmitarbeiter*innen auswirken und sich ganz unterschiedlich bemerkbar machen. Dennoch sind bei den meisten Menschen typische Anzeichen zu beobachten, wenn sie sich in einer Phase der Überlastung befinden. Darunter fallen sowohl körperliche als auch psychische Symptome wie:

- Müdigkeit
- Schlafmangel und Schlafstörungen
- Essstörungen bzw. eine starke Veränderung des Essverhaltens (z. B. viel mehr/viel weniger)
- Kopfschmerzen, Rückenschmerzen, Magenbeschwerden
- Konzentrationsmangel
- Vergesslichkeit
- erhöhte Reizbarkeit
- Stimmungsschwankungen
- negative Veränderung der Grundhaltung

Diese Aufstellung ist keineswegs abschließend; dennoch umfasst sie die Überlastungsanzeichen, die besonders oft und meist zuerst auftreten. Viele dieser Anzeichen betreffen innerliche Zustände, die für Außenstehende nicht oder nur schwer erkennbar sind. Sie können jedoch auf die Anzeichen und Auswirkungen dieser Prozesse achten, wie sie sich möglicherweise im Arbeitsalltag bemerkbar machen. Tabelle 5.2 gibt Ihnen dazu eine Hilfestellung.

Anzeichen	Mögliche Anzeichen im Arbeitsalltag: Die Mitarbeiterin bzw. der Mitarbeiter ...
Müdigkeit	▪ sieht immer häufiger »übernächtigt« oder »fertig« aus ▪ kommt häufiger morgens verspätet an ▪ trinkt eine stark erhöhte Menge Kaffee oder nimmt andere aufputschende Substanzen ▪ hat Schwierigkeiten, in Besprechungen wach zu bleiben oder nickt sogar ein ▪ arbeitet zunehmend länger als zuvor
Schlafmangel und Schlafstörungen (Achtung: Bereits nach drei Tagen in Folge mit weniger als sechs Stunden Schlaf können die kognitiven Leistungen beeinträchtigt werden.)	(siehe Müdigkeit), zzgl.: ▪ beteiligt sich weniger in Besprechungen als zuvor ▪ macht häufiger Fehler ▪ hat ungewohnte Schwierigkeiten, komplexe Sachverhalte zu verstehen; bittet öfter um eine Wiederholung
Essstörungen bzw. eine starke Veränderung des Essverhaltens (z. B. viel mehr/viel weniger)	▪ zeigt eine schnelle und/oder starke Gewichtsveränderung ▪ hat öfter keinen Appetit oder kommt nicht mehr mit zum gemeinsamen Mittagsessen ▪ nascht ungewöhnlich viel und/oder oft, insbesondere fetthaltige und/oder zuckerreiche Snacks wie Schokolade
Kopfschmerzen, Rückenschmerzen, Magenbeschwerden	▪ merkt an, dass sie/er solche Beschwerden hat ▪ nimmt öfter Schmerzmittel ▪ arbeitet öfter im Stehen ▪ muss die Arbeit gelegentlich wegen Schmerzen unterbrechen oder abbrechen
Konzentrationsmangel	▪ macht häufiger Fehler ▪ verfehlt häufiger Deadlines ▪ liefert Arbeit, die qualitativ schlechter ist als bislang
Vergesslichkeit	▪ verpasst Termine ▪ liefert Arbeiten nicht termingerecht ab ▪ macht Anmerkungen, dass sie/er sich nichts mehr merken kann, darunter auch persönliche Anekdoten, z. B. dass es zu Hause Ärger gab, weil sie/er vergessen hat, die Kinder abzuholen
erhöhte Reizbarkeit	▪ zeigt aggressives Verhalten ▪ vergreift sich öfter im Ton ▪ erntet Beschwerden aus dem Kollegenkreis aufgrund unsachlichen Verhaltens

Tabelle 5.2 Anzeichen der Überlastung bei Projektmitarbeiterinnen und -mitarbeitern

Anzeichen	Mögliche Anzeichen im Arbeitsalltag: Die Mitarbeiterin bzw. der Mitarbeiter ...
Stimmungs-schwankungen	(siehe erhöhte Reizbarkeit), zzgl.: ▪ ist launisch und zeigt große Stimmungsschwankungen auch innerhalb kurzer Zeit ▪ wechselt scheinbar unvermittelt und häufig zwischen einer sehr optimistischen und einer sehr pessimistischen Einstellung zu ihrer/seiner Arbeit und/oder zum Projekt im Allgemeinen
negative Veränderung der Grundhaltung	äußert sich plötzlich grundsätzlich aus einer negativen Perspektive und Grundhaltung zu ihrer/seiner Arbeit, ihrem/seinem Umfeld und/oder dem Projekt im Allgemeinen.

Tabelle 5.2 Anzeichen der Überlastung bei Projektmitarbeiterinnen und -mitarbeitern (Forts.)

Abbildung 5.3 stellt die Anzeichen von Überlastung (auch im Projekt) noch einmal im Überblick dar.

Abbildung 5.3 Anzeichen von Überlastung (auch im Projekt)

An welchem Punkt eine Mitarbeiterin bzw. ein Mitarbeiter überlastet ist, hängt nicht nur vom Arbeitseinsatz ab, sondern auch von der persönlichen Belastbarkeit. Deshalb ist es schwierig, genau zu wissen, ab wann es der einzelnen Person tatsächlich »zu viel« wird. Als Projektleiterin bzw. Projektleiter schützen Sie nicht nur die Projektmitglieder, sondern auch sich selbst bzw. das Unternehmen, wenn Sie sich bei der Projektplanung und vielmehr bei der Durchführung strikt an die Arbeitszeitgesetze halten. Damit ist ein erster Schritt getan, um Überlastung im Projekt entgegenzuwirken.

Überlastung entgegenwirken

Dieser erste Schritt ist gut und notwendig und dennoch für den erfolgreichen Projektverlauf und Abschluss selten ausreichend. Die strikte Einhaltung der Gesetze genügt nicht, um Mitarbeiter*innen, die oft über viele Monate bis hin zu Jahren an ihren Grenzen und unter erhöhtem Stress arbeiten, vor Überbelastung zu schützen. Als Projektleitung können und sollen Sie aber nicht in die Privatsphäre Ihrer Mitarbeiterinnen und Mitarbeiter eingreifen. Sie können z. B. nicht dafür Sorge tragen, dass sie mindestens sechs Stunden pro Nacht schlafen, sich ausgewogen und gesund ernähren und sich mit einem kurzen Programm aus Sport, Entspannungstechniken sowie Konzentrations- und Achtsamkeitsübungen für die erhöhte Belastung in der Projektarbeit fit halten. Ihrer Verantwortung werden Sie dann am besten gerecht, wenn Sie sowohl den formellen Rahmen der Arbeitsbedingungen nach den entsprechenden Arbeitsgesetzen gestalten als auch ein waches Auge für frühe Anzeichen von Überlastung haben, um gezielt Unterstützung und Hilfe anbieten zu können.

Hilfsmittel gegen Überlastung

Diese Unterstützung kann in Form von Gesprächen, Trainings, Coachings und Beratung umgesetzt werden; sie kann aber auch z. B. einen Jobwechsel innerhalb des Projekts bedeuten – und weil Sie als Projektleitung nicht überall sein können, sorgen Sie dafür, dass alle im Projektteam bereits zum Projektbeginn ausreichend zu den Themen Stressmanagement und Leistungserhalt auch unter Arbeitsdruck und -belastung, z. B. durch den Aufbau der eigenen Resilienz, geschult sind. Resilienz in diesem Kontext bedeutet, die psychische Widerstandskraft und die Fähigkeit zu haben, gut mit schwierigen oder auch stark belastenden Situationen umzugehen, ohne langfristige Schäden davonzutragen.

5.5.2 Mitarbeiter*innen brauchen Motivation

In diesem Abschnitt betrachten wir das Thema *Motivation* und die Auswirkungen einer fehlenden Motivation im Projekt. Mit Motivation meinen wir den Antrieb, durch den ein zielorientiertes Handeln angestoßen, gesteuert und aufrechterhalten wird.

Extrinsische und intrinsische Motivation

Es gibt zwei Arten von Motivation, *extrinsische* und *intrinsische Motivation*. Steht die extrinsische Motivation im Vordergrund, macht man etwas, z. B. seine Arbeit im Projekt, um etwas anderes zu bekommen, z. B. sein Gehalt, eine Bonuszahlung, Lob oder Anerkennung. Die intrinsische Motivation geht dagegen vom inneren Antrieb einer Person aus. Bei der intrinsischen Motivation handelt es sich im Grunde darum, etwas zu machen, weil man es gerne macht. Ein Beispiel hierfür ist sind Mitarbeiter*innen, die darum bitten, an einem Projekt mitzuwirken, weil sie ihre Kenntnisse in dem Bereich gerne einsetzen und ihnen die Arbeit besonders viel Spaß macht.

[«]

Auswirkungen fehlender Motivation

Wenn durch Motivation ein zielorientiertes Handeln angestoßen, gesteuert und aufrechterhalten wird, heißt das im Umkehrschluss:

- Fehlende Motivation verhindert, dass Mitarbeiter*innen im Projekt zielorientiert handeln.
- Fehlende Motivation nimmt Ihnen als Projektleitung das Mittel, das zielorientierte Handeln der Mitarbeiter*innen im Projekt zu steuern.

Es liegt auf der Hand, dass eine fehlende Motivation bei den Teammitgliedern eine verheerende Auswirkung auf das Projekt insgesamt haben kann und haben wird, wenn Sie nicht rechtzeitig eingreifen.

Vorteile von Motivation

Die negativen Auswirkungen fehlender Motivation sind einfach zusammenzufassen. Wichtiger, aber ungleich schwieriger ist es, zu erkennen, welche wirkungsvollen Möglichkeiten die Motivation im Rahmen der Mitarbeiterführung innerhalb eines Projekts bietet. Studien belegen, dass motivierte Mitarbeiterinnen und Mitarbeiter bereit und in der Lage sind, mehr, härter und länger zu arbeiten. Sie machen sich die Ziele des Projekts zu eigen und suchen in kritischen Situationen hartnäckig und ehrgeizig nach Lösungen. Dies ist auch unsere Erfahrung sowohl aus den Gesprächen mit Kolleg*innen und Mitarbeiter*innen im Projekt als auch aus der Sicht als Projektleitung.

Und was treibt Sie an?

Auch wenn Sie es sich wünschen würden, als Projektleitung können Sie Motivation nicht herbeizaubern oder Ihren Mitarbeiter*innen aufzwingen. Motivation – das, was einen Menschen anspornt und dazu bringt, etwas Bestimmtes zu tun, um etwas anderes zu erzielen, also zielorientiert zu handeln – ist subjektiv und persönlich. Das, was Frau Schmidt zur Höchstleistung anspornt, kann Herrn Müller völlig apathisch werden lassen. Sicher ist jedoch, dass es für jeden Menschen etwas gibt, was ihn motiviert.

»Oft werden nur die Superstars im Projekt wahrgenommen. Es ist wichtig für das Engagement, wenn ein Projektleiter auch die scheinbar kleinen Sachen honoriert, denn ohne sie würde es auch keinen Projekterfolg geben. Es reicht, wenn die Projektmitglieder auch mal ihre Arbeit präsentieren können.« (O-Ton eines Projektleiters)

Das wissen wir auch durch unsere nicht ganz so wissenschaftliche Beobachtung anderer Menschen: Diese Menschen lassen sich mit langen Gesichtern Tag für Tag und Woche für Woche von den Bussen, Bahnen und Flugzeugen des Landes zu den verschiedensten Arbeitsstätten befördern. Wir konnten nicht alle befragen, haben aber oft unvermeidlich ihre Gespräche mitverfolgt. In diesen Gesprächen wird deutlich, dass ihre Motivation, dieses scheinbar ungenießbare Ritual immer wieder durchzuführen, darin besteht, ihre Hausraten pünktlich zu bezahlen, die Urlaubsreisen unbesorgt anzutreten, die Kinder zu versorgen und dabei nicht unbekleidet herumlaufen zu müssen. Geld als Motivationsfaktor ist ein Beispiel für die sogenannte extrinsische Motivation.

Anreize schaffen

Im Folgenden zeigen wir Anreize, die eine motivierende Wirkung beim überwiegenden Teil der Mitarbeiterinnen und Mitarbeiter haben, und dies auch in den unterschiedlichsten Unternehmen. Eine angemessene Bezahlung ist zwar eine Grundvoraussetzung, hat jedoch nur im begrenzten Umfang motivierende Wirkung auf die Mitarbeiter*innen im Projekt.

[+]

5 Tipps für mehr Motivation

1. **Geben Sie Feedback.**
   Regelmäßiges, direktes und konstruktives Feedback von den Führungskräften wird von vielen Mitarbeiterinnen und Mitarbeitern als motivierend empfunden.
2. **Vermitteln Sie Lob und Anerkennung.**
   Nachvollziehbares Lob und Anerkennung, das auf konkrete Situationen abzielt, vermittelt dem Mitarbeiter und der Mitarbeiterin, dass er/sie nicht nur wahrgenommen, sondern auch geschätzt wird.
3. **Geben Sie die richtigen Aufgaben.**
   Tätigkeiten und Rollen, die es Mitarbeiter*innen ermöglichen, ihre besonderen Fähigkeiten zu zeigen, haben oft motivierende Wirkung.
4. **Spornen Sie mit Herausforderungen und Vertrauen an.**
   Herausforderungen, die zeigen, dass die Projektleitung ein hohes Maß an Vertrauen in die Mitarbeiterin und den Mitarbeiter setzt, können sie und ihn anspornen. Sie müssen jedoch darauf achten, dass Mitarbeiter*innen auch die notwendigen Ressourcen und die Unterstützung haben, um die Aufgabe erfolgreich abschließen zu können. Anderenfalls ist die Wirkung negativ und demotivierend.
5. **Vergeben Sie Belohnungen.**
   Belohnungen im Team, wie z. B. ein gemeinsames Essen in einem guten Restaurant, aber auch eine Runde Drinks nach der Arbeit, kön-

nen das Gemeinschaftsgefühl stärken und die Motivation erhöhen. Sie sollten darauf achten, dass dies auch dann geschieht, wenn es mal weniger gut im Projekt vorangehen sollte. Es geht um die Wertschätzung des Einsatzes und nicht nur des Ergebnisses.

5.5.3 Helfen Sie, Stress zu vermeiden

Auch wenn Sie darauf achten, die Arbeitsbedingungen im Projekt möglichst menschlich und sozialverträglich zu gestalten, und die Mitarbeiterinnen und Mitarbeiter hochmotiviert und leistungsbereit sind, können Sie davon ausgehen, dass es dennoch stressig wird – und manchmal wird es zu stressig und zu viel für einige Mitarbeiter*innen. Deshalb wollen wir das Thema *Burnout* ansprechen.

Manchmal wird es zu stressig und zu viel

Auch wenn nach den aktuellen Erkenntnissen einiger Statistiken die Anzahl von Burnout-Fällen nach einer Dekade des Wachstums langsam wieder sinkt, ist das Thema Burnout im Zusammenhang mit der Projektarbeit ein Thema, mit dem man sich aus Sicht der Prävention beschäftigen sollte. Denn obwohl die Anzahl der Menschen gesunken ist, die mit einem Burnout diagnostiziert wurden, ist gleichzeitig die Anzahl von Beschäftigten gestiegen, die mit einer psychischen oder seelischen Erkrankung diagnostiziert wurden. Ob es einen Zusammenhang zwischen den beiden Trends gibt, ist derzeit genauso unklar wie die Definition von Burnout selbst.

Wir streben hier aber nicht an, das zu tun, was Mediziner*innen und Psycholog*innen seit Jahren versuchen: eine allseits akzeptierte Definition des Phänomens Burnout zu etablieren. Wir wollen Ihnen stattdessen helfen, Probleme, die Ihr SAP-Projekt stören oder torpedieren könnten, gar nicht erst entstehen zu lassen.

[«]

Definition von Burnout

Wir bleiben praktisch und bedienen uns einer Definition der Bundesanstalt für Arbeitsschutz und Arbeitsmedizin, die besagt, dass Burnout ein Syndrom körperlicher, geistiger und emotionaler Erschöpfung, Depersonalisierung und reduzierter Leistungsfähigkeit ist. Und diese Definition ergänzen wir um eine Aussage der Deutschen Gesellschaft für Psychiatrie, Psychologie und Nervenheilkunde (DGPPN); sie lautet: »Burnout ist für sich genommen keine Krankheit, sondern ein Risikozustand für die psychische und physische Gesundheit und muss deshalb sehr ernst genommen werden.«

Wir meinen auch, dass alles, was die wichtige Ressource Mensch in seiner Gesundheit gefährdet, ernst zu nehmen ist. Diese Einstellung ist vor allem menschlich, dennoch ist sie auch aus einem unternehmerischen Standpunkt schlüssig.

Auch wenn Burnout nicht als Krankheit definiert wird, erleben betroffene Mitarbeiter*innen einen arbeits- und lebensbeeinträchtigenden Erschöpfungszustand. Darüber hinaus steigt das Risiko, tatsächlich zu erkranken. Zu den häufigen, durch Burnout verursachten Erkrankungen zählen Depression, Angst- und Suchtstörungen, Tinnitus oder auch Bluthochdruck. Diese Krankheiten bringen oft weitere Beeinträchtigungen und Nachteile mit sich, sowohl für das Arbeitsleben als auch das Privatleben eines betroffenen Menschen.

> *»Es hängt von der Person ab, aber es gibt drei Dinge, die für viele Kollegen eine sehr hohe Belastung im Projekt darstellen: die Projekte, die parallel laufen, die oft sehr lange tägliche Arbeitszeit über Monate hinweg und, wenn es so etwas gibt, Mobbing oder psychische Belastung.«*
> *(O-Ton eines Projektleiters)*

Faktoren, die einen Burnout begünstigen

Die Relevanz von Burnout in Bezug auf große, lang andauernde Projekte wird ersichtlich, wenn Sie die Hauptfaktoren betrachten, die einen Burnout begünstigen. Diese sind:

- Überlastung durch parallel laufende Projekte
- Überlastung durch zu lange Arbeitszeiten
- zu viele komplexe und/oder extrem detailorientierte Aufgaben
- zu wenig echte Erholungszeit
- andauernde oder extreme psychische Belastung, darunter auch Mobbing, Angst um den Job usw.
- mangelnde Aufklärung und unzureichende Kenntnisse über Praktiken zum Stressmanagement und vor allem zum Aufbau der eigenen Resilienz

Risikofaktor »Multitasking«

Natürlich möchte jede Leitung ihre Projekte mit dem bestmöglichen Team besetzen, aber bitte planen Sie nicht denselben Experten oder dieselbe Expertin für drei Projekte im gleichen Zeitrahmen und mit jeweils 33,33 % Auslastung ein! Viele Studien belegen, dass das allgegenwärtige *Multitasking* in einer Vielzahl von unterschiedlichen Situationen stets zu einer verminderten Leistung bei den jeweiligen Einzelaufgaben führt. Die mehrfache Beteiligung von Teammitgliedern an simultan laufenden Projekten ist Multitasking auf hohem Niveau und vervielfacht das Risiko der Überlastung der Mitarbeiterinnen und Mitarbeiter im Projekt.

Auch wenn es sich in der Praxis oft nur schwer gestalten lässt, sollten Sie bei der Ressourcenplanung darauf achten, dass keine Mitarbeiterin und kein Mitarbeiter, ausgenommen hochspezialisierte Personen, an mehr als zwei simultan laufenden großen Projekten mitwirkt. Bei besonders komplexen oder hochpriorisierten Projekten sollten Mitarbeiter*innen, die an mehreren Stellen im Hauptprojekt eingebunden sind, ausschließlich an einem Projekt arbeiten.

Auch wenn man es schafft, die Einsatzplanung möglichst verträglich für die Mitarbeiterinnen und Mitarbeiter zu gestalten, bleiben große und hochkomplexe Projekte mit all ihren Facetten häufig anstrengend und zum Teil sehr stressig. Denn neben den Projekten und der Arbeit läuft weiterhin das private Leben der Mitarbeiter*innen, dessen Organisation, besonderes in heißen Projektphasen, oft eine große persönliche Herausforderung ist. Jede Herausforderung und jede weitere Aufgabe, die von Projektmitarbeiter*innen bewältigt werden muss, verlangt ihnen Kraft ab. Diese Kraft steht der Person und somit dem Projekt nicht mehr zur Verfügung. So betrachtet, geht auch das Gesamtwohl der Mitarbeiter*innen im Projekt die effizienz- und erfolgsorientierte Projektleitung etwas an.

[«]

Work-Life-Balance im Blick behalten

Der Projektleitung ist dazu aufgefordert, in vertretbarem Rahmen unter Gewährleistung der Privatsphäre die Work-Life-Balance ihrer Teammitglieder im Blick zu haben und die Situation bei Ungleichgewicht gegebenenfalls anzusprechen. Dies ist sowohl aus Fürsorge für die Mitarbeiterinnen und Mitarbeiter als auch aus strategischen und pragmatischen Gründen wichtig, um den Erfolg des Projekts zu sichern bzw. nicht zu gefährden.

Puffer einplanen

Auch die immer wiederkehrenden und doch so gerne verdrängten Engpasszeiten, wie z. B. Weihnachten und die Sommerferien, sollten unbedingt berücksichtigt werden. Ebenso einzuplanen sind Auslastungspuffer von ca. 10 % der verfügbaren Arbeitszeit pro Projektmitglied und Projekt für unerwartete Ausfälle im Projektteam. Wenn diese nicht benötigt werden, sind am Ende alle umso erfreuter.

Auch deshalb empfiehlt es sich, den Projektmitarbeiterinnen und Projektmitarbeitern eine Projektumgebung zu bieten, in der sie auf möglichst breiter Basis Unterstützung und Hilfestellung bei Schwierigkeiten, sowohl von fachlicher als auch nicht fachlicher Seite, finden.

> *»Bei den großen und insbesondere bei den globalen Projekten kommen die persönlichen Situationen oft viel zu kurz. Die Leute sind einfach wei-*

ter weg und anonymer. Wenn man die Mitarbeiter besser kennenlernen kann, ist es besser für das gesamte Projekt.« (O-Ton einer Projektleiterin)

[»]

Chancen und Risiken internationaler Projektteams

Hinzu kommt, dass in komplexen, großen Projekten fast ausschließlich internationale Projektteams eingesetzt werden. Das hat viele positive Auswirkungen, z. B. dass die verschiedenen Nationalitäten unterschiedliche Vorgehensweisen einbringen und bei globalen Roll-outs sehr früh nationale Besonderheiten beachtet werden. Bei unzureichender Vorbereitung der Teammitglieder kann dies aber eine Quelle zusätzlichen Stresses sein. Der Einsatz internationaler Teams birgt auch weitere Risiken, u. a. die Kommunikation in einer fremden Sprache, unterschiedliche Denkweisen und kulturell geprägte Verhaltensweisen, die wir in Abschnitt 5.7, »Internationale Projektbesetzung – eine besondere Herausforderung«, und in Abschnitt 8.7, »Projekte mit Offshore- oder Nearshore-Teams«, näher betrachten.

Coaching der Mitarbeiter*innen

Wir raten dazu, allen Projektmitarbeiterinnen und Projektmitarbeitern neben der Kommunikation im Projekt und der interkulturellen Zusammenarbeit auch praktische Strategien zum Stressmanagement und den Aufbau der eigenen Resilienz nahe zu bringen. Dies lässt sich auf vielfältige Weise durch externes sowie internes Training, Coaching und die Lektüre passender Bücher umsetzen.

»Die fachlichen Schulungen werden angeboten, aber ich würde mir mehr Soft-Skills-Training und qualifiziertes Coaching nicht nur für Projektleiter, sondern auch für die normalen Projektmitarbeiter wünschen. Stressmanagement und interkulturelles Training sind zwei wichtige Themen.« (O-Ton eines Projektleiters)

Stressmanagement im Büro

Wir geben Ihnen an dieser Stelle einige einfache Tipps, die sich in unserer eigenen Projektarbeit sowie in der Beratung von Mitarbeiterinnen und Mitarbeitern auch bei geringem Aufwand als besonders wirkungsvoll sowie wertvoll beim Stressmanagement und der Stärkung der eigenen Resilienz erwiesen haben. Wichtig ist hierbei, dass alle Mitarbeiter*innen mindestens ein oder zwei Techniken bzw. Strategien in ihrem Repertoire haben, die ihnen helfen und sie vor stressbedingter Überlastung schützen.

- **Meditations- und Aufmerksamkeitsübungen**
  Um besser mit Stress im Büro umzugehen und auch abbauen zu können, sind einfache Meditations- und Aufmerksamkeitsübungen gut geeignet. Schon eine fünf- bis siebenminütige Meditation mit Atemübungen täg-

lich vor Arbeitsbeginn kann Wunder bewirken. Wichtig ist, dass diese Praxis regelmäßig und am besten täglich verfolgt wird.

- **Einhalten der Mittagspause**
  Eine oft vernachlässigte Praxis, um sowohl physischen als auch psychischen Stress abzubauen, ist das Einhalten der Mittagspause. Eine leichte Mahlzeit gefolgt von einem Spaziergang in etwas erhöhtem Tempo verhindert eine körperliche und geistige Talfahrt durch einen zu niedrigen Blutzuckerspiegel. Die Bewegung sorgt für eine Verbesserung der Durchblutung und der Sauerstoffversorgung des Gehirns, damit man wieder klar denken kann.

[+]

In der Ruhe liegt die Kraft

In den Materialien zu diesem Buch unter *www.sap-press.de/5070* finden Sie eine Audiodatei mit einer stimmgeführten Achtsamkeitsübung für Präsenz und Entspannung (»Be the Calm in Your Storm«).

- **Gesunde Ernährung**
  Wer schon einmal in einem großen Projekt gearbeitet hat, kennt folgende Situation. Es ist halb vier im Büro; die Kolleginnen und Kollegen stöhnen und seufzen lautstark unter dem Druck und Stress. Dazwischen brummt die Stimme des Kollegen Klaus Bärchenbauch: »Ich brauche Nervennahrung!«, und schon macht er sich auf den Weg zum Süßwarenautomaten in der Kantine.

  Es stimmt, dass bestimmte Lebensmittel hilfreich bei Stress sind, allerdings sind diese selten in den Süßwarenautomaten zu finden. Die Schokolade, die man dort kaufen kann, hat meistens einen zu geringen Kakaoanteil. (Kakao enthält eine Vielzahl verschiedener Inhaltsstoffe, die dem Abbau von Stress und der Bildung von Glückshormonen dienen.) Greifen Sie also lieber auf »echte« Nervennahrung wie eine kleine Menge dunkler Schokolade oder Pistazien, Walnüsse, Mandeln und Joghurt zurück.

[+]

Gesunde Nervennahrung

Die Projektleiterin bzw. der Projektleiter, die/der für einen kleinen Vorrat solcher Nervennahrung für das Projektteam sorgt, kann mit dieser Geste nicht nur für ein besseres Arbeitsklima sorgen, sondern auch zum Wohlbefinden und zur Gesundheit des Teams beitragen.

- **Proaktive Mitarbeiterführung**
  Zusätzlich zu den individuellen Maßnahmen, die die einzelnen Mitarbeiterinnen und Mitarbeiter durchführen können, sind Projektleiterinnen und Projektleiter in der Lage, durch gute Führung proaktiv vorzugehen, um negativem Stress vorzubeugen. Sie können z. B. die Unklarheit sowie Unsicherheit, die oft enorme Stressfaktoren in der Projektarbeit sind, minimieren. In einem sehr kurzen Teammeeting, ein sogenanntes *Team Huddle*, das weniger als zehn Minuten dauert, werden die Top-Prioritäten des Tages klar und deutlich formuliert sowie zeitnah kommuniziert. So wissen alle im Team, welche Aufgaben und Themen am Tag unbedingt behandelt werden müssen und welche Probleme unbedingt gemeldet werden sollen. Diese Klarheit schafft mehr Freiraum in den Köpfen der Mitarbeiter*innen, damit sie sich auf das Wesentliche fokussieren können.
- **Resilienz aufbauen und stärken**
  Wenn man von Resilienz spricht, ist die psychische Widerstandsfähigkeit und die Fähigkeit gemeint, gut mit schwierigen Situationen umzugehen, ohne langfristige Schäden davonzutragen. Hier besteht sicherlich auch eine Wechselwirkung zwischen der psychischen und der physischen Widerstandskraft.

Krisenfest sein

Aus eigener, zum Teil schmerzvoller Erfahrung halten wir Resilienz für eine zentrale Fähigkeit in komplexen Projekten. Als fachliche und personelle Führungskräfte in globalen, mehrjährigen SAP-Projekten haben wir unter häufig wechselnden Bedingungen unseren Beitrag zum Projekterfolg geleistet. Wechselnde Bedingungen waren u. a.:

- mehrere Planungs- und Repriorisierungsrunden
- wechselnde Projektmanager und Projektsponsor*innen
- wechselnde Methoden und Tools
- wechselnde Beratungsgesellschaften
- unterschiedlichen Kulturen und Mentalitäten

In diesen Situationen war stets die Fähigkeit, sich flexibel an die sich ändernden Gegebenheiten anpassen zu können, von besonderer Bedeutung.

5.6 Kommunikation als Erfolgsfaktor

Kommunikation ist nicht alles, dennoch ist alles, was Menschen tun, Kommunikation. Ob gesagt oder verschwiegen, ob verbal, schriftlich oder gar durch unsere Körpersprache – wir kommunizieren ständig, und dies schon lange vor jeglicher Digitalisierung. Allerdings hat die Digitalisierung uns noch mehr Möglichkeiten gegeben, um viel schneller und mit einer größeren Reichweite zu kommunizieren. Wer klug ist, wird diese Tatsache zum Vorteil des Transformationsprojekts nutzen.

Kommunikation ist nicht alles, dennoch ist alles Kommunikation!

In diesem Kapital geht es um den Menschen als Erfolgsfaktor im Projekt. Deshalb wird es Sie vermutlich kaum überraschen zu erfahren, dass wir in diesem Zusammenhang auch die Kommunikation als kritischen Erfolgsfaktor im Projekt benennen. Diese Behauptung wird nicht nur durch unsere Erfahrungen und die Aussagen aus unseren Interviews gestützt, sondern auch von zahlreichen Studien und Umfragen belegt, darunter auch eine Umfrage der globalen Beratungsfirma McKinsey & Company mit dem Titel »How to beat the transformation odds« vom 1. April 2015 (siehe *https://www.mckinsey.com/business-functions/organization/our-insights/how-to-beat-the-transformation-odds*).

In der Umfrage wurden Führungskräfte, die ein Transformationsprojekt umgesetzt hatten, zu 24 praktischen Handlungen befragt, die nach der Erfahrung von McKinsey die erfolgreiche Implementierung einer Transformation unterstützen. Das Ergebnis war eine deutliche Korrelation zwischen der Durchführung dieser spezifischen Handlungen und dem Transformationserfolg. Bei konsequenter Umsetzung dieses aktionsbasierten Ansatzes erhöhte sich die Erfolgsrate bei den Transformationsprojekten bis auf 58 %, das doppelte der durchschnittlichen Erfolgsrate. Am erfolgreichsten waren die Projekte, in denen alle oder eine hohe Anzahl der abgefragten 24 Aktionen erfolgte. Deutlich wurde aber auch, dass noch wichtiger als die bloße Anzahl der Aktionen war, *welche* der Handlungen umgesetzt wurden.

Wir haben die Liste der 24 Handlungen im Folgenden für Sie bereitgestellt (übersetzt). Die Handlungen sind in der Reihenfolge ihrer Auswirkung auf die Wahrscheinlichkeit des Erfolgs einer Transformation aufgelistet (von der größten bis zur schwächsten Wirkung). Bei allen 24 Transformationsaktionen hängt die Kommunikation – insbesondere über den Fortschritt – am engsten mit dem Erfolg zusammen. Aktionen, die unmittelbare Kommunikation darstellen, haben wir mit einem Sternchen (*) gekennzeichnet.

[+]

Die 24 Aktionen der Transformation

1. Führungskräfte kommunizieren im gesamten Unternehmen offen über den Fortschritt und den Erfolg der Transformation.*
2. Alle können sehen, wie sich ihre jeweilige Arbeit auf die Vision der Organisation auswirkt.*

3. Führungskräfte leben die Verhaltensänderungen vor, zu denen sie ihre Mitarbeiter und Mitarbeiterinnen auffordern (Führungskräfte als Vorbild).*
4. Alle Mitarbeiter und Mitarbeiterinnen passen ihre tägliche Kapazität an Änderungen der Kundennachfrage an.
5. Führungskräfte kommunizieren im gesamten Unternehmen offen über die Auswirkungen der Transformation auf die tägliche Arbeit des/der Einzelnen.*
6. Alle sind aktiv damit beschäftigt, Fehler zu identifizieren, bevor diese Fehler die Kunden erreichen.
7. Best Practices werden systematisch identifiziert, ausgetauscht und verbessert.*
8. Die Organisation entwickelt ihre Mitarbeiter und Mitarbeiterinnen so, dass sie die Leistungserwartungen übertreffen können.
9. Manager wissen, dass ihre Hauptaufgabe darin besteht, ihre Teams zu führen und weiterzuentwickeln.
10. Leistungsbewertungen nehmen die Leiter und Leiterinnen der Initiative für ihre Transformationsbeiträge in die Verantwortung.
11. Führungskräfte verwenden eine konsistente Änderungsgeschichte (Change Story), um die Organisation an den Zielen der Transformation auszurichten.*
12. Rollen und Verantwortlichkeiten bei der Transformation werden klar definiert.*
13. Alle Mitarbeiter und Mitarbeiterinnen sind voll engagiert, um ihre individuellen Ziele zu erreichen.
14. Es wird ausreichend Personal zur Unterstützung der Umsetzung der Initiative bereitgestellt.
15. Erwartungen an neue Verhaltensweisen werden direkt in die jährlichen Leistungsbewertungen einbezogen.
16. Auf allen Ebenen der Organisation haben Mitarbeiter und Mitarbeiterinnen, die die Transformation aktiv unterstützen, auch Schlüsselrollen bei der Transformation inne.
17. Die Transformationsziele werden für relevante Mitarbeiter und Mitarbeiterinnen auf allen Ebenen der Organisation angepasst.
18. Initiativen werden von Vorgesetzten bzw. Manager im Rahmen ihrer täglichen Aufgaben geleitet.
19. Die Organisation beauftragt sogenannte *High Potentials* oder verdiente Führungskräfte damit, die Transformation zu leiten (z. B. durch das Übertragen von direkter Verantwortung für Initiativen).

20. Ein Programm zum Aufbau von Fähigkeiten wurde entwickelt, um den Mitarbeitern und Mitarbeiterinnen zu ermöglichen, die Transformationsziele zu erreichen.
21. Die Teams beginnen jeden Tag mit einer formellen Besprechung der Ergebnisse des Vortages und die Arbeit des aktuellen Tages.*
22. Ein Diagnosewerkzeug hilft bei der Quantifizierung von Zielen (z. B. für neue Denkweisen und Verhaltensweisen, kulturelle Veränderungen, organisatorische Beweglichkeit) für die langfristige Nachhaltigkeit der Transformation.
23. Leiterinnen und Leiter von Initiativen erhalten während der Transformation eine Schulung zum Thema Veränderungsführung (Change Leadership).
24. Ein spezielles Organisationsteam (z. B. ein Projektmanagement- oder Transformationsbüro) koordiniert die Transformation zentral.

Die Handlungen bestehen zu einem Drittel aus Aktionen, die eine unmittelbare Kommunikation darstellen. Die Kommunikationsarten reichen von gesprochener und geschriebener über gezeichnete Kommunikation bis hin zur gelebten Kommunikation durch die Vorbildfunktion.

Vielleicht hat es Sie bei der Durchsicht der Tabelle überrascht, welch wichtige Rolle und große Auswirkung die Kommunikation auf ein Transformationsprojekt hat. Uns wundert es nicht, denn so erleben wir es immer wieder, dass die Weichen für den Projekterfolg durch eine gute, großzügige stakeholder-orientierte Kommunikation gestellt werden sowie die Förderung der Entwicklung einer unterstützenden Kommunikationskultur.

5.6.1 Kommunikationskultur

Wie der Begriff vermuten lässt und entgegen der Meinung noch zu vieler Führungskräfte, kann man eine Kommunikationskultur weder erstellen noch anordnen. Eine Kultur braucht Zeit und einen Rahmen, um sich dann entwickeln zu können. Dennoch gibt es einiges, was Sie als Projektleiterin oder Projektleiter tun können, um eine gute Kommunikationskultur im Transformationsprojekt zu fördern.

An dieser Stelle möchten wir keine Ausführung über die stets wachsende Zahl an technischen Möglichkeiten darstellen, um miteinander in Kontakt zu treten und sich auszutauschen. Ohnehin kennen Sie diese vermutlich besser als wir. Wir möchten über den besagten Rahmen sprechen, den Sie ganz ohne technische Hilfsmittel anbieten können. Auf diesen Rahmen, der aus vier simplen Prinzipien besteht, kann die Grundlage für eine starke und für die Menschen im Projekt bestärkende und nachhaltige Kommunikationskultur wunderbar aufgebaut werden.

Prinzipien einer nachhaltigen Kommunikationskultur

Wir nennen sie *systemische Prinzipien* der Kommunikation. Systemische Prinzipien sind Gegebenheiten, die auch bei sich verändernden Umständen Bestand haben. Sie sind wie Naturgesetze, in diesem Fall in Bezug auf eine gute und wirksame Kommunikation. Wenn Sie sie beherzigen, helfen sie Ihnen nicht nur, schwierige Gespräche zu meistern, sondern sie verhindern oft, dass Gespräche überhaupt erst schwierig werden.

Wie bereits erwähnt, geht es um einfache Lösungen für komplexe Herausforderungen. Diese vier Prinzipien sind auch eine Art Harmonielehre, weil ohne sie all die Techniken und Methoden zur Kommunikation nur oberflächlich wirken können. Die Techniken und Strukturen können helfen, effektive Gespräche zu führen und schwierige Diskussionen zu navigieren, aber sie können nicht Menschen, Beziehungen und Organisationen komplett transformieren. Dafür brauchen Sie eine tiefere Basis, etwas, das das Denken, Fühlen und Handeln grundlegend ändern kann.

Die vier Prinzipien, von denen die Rede ist, sind ebenso wirksam wie einfach. Sie lauten:

- Kommuniziere mit Ehrlichkeit und Offenheit.
- Kommuniziere mit Intention.
- Kommuniziere mit Integrität.
- Kommuniziere mit Empathie.

Schön, dass Sie fragen!

Mit *Ehrlichkeit und Offenheit* zu kommunizieren bedeutet, für eine neue Sicht der Dinge offen zu sein. Dies ist der Inbegriff von »agil sein«. Wichtig ist ein ständiges Hinterfragen der Realität, denn die Dinge können aus mehreren Perspektiven wahr sein.

Wer schon einmal die Erfahrung gemacht hat, Zeuge eines Autounfalls gewesen zu sein, weiß, dass nur weil es wahr ist, es nicht heißt, dass es die ganze Wahrheit widerspiegelt! Ja, Frau Meyer kommt jeden Tag eine Stunde später als allen anderen, aber ist sie deswegen faul oder nicht am Projekt interessiert? Möglicherweise hat sie eine vorübergehende Vereinbarung zur Arbeitszeit, weil ihr Mann einen Unfall hatte. Oder vielleicht hat sie bereits von zu Hause aus zwei Stunden gearbeitet?

Ehrlich und offen zu reden heißt auch, aktiv zuzuhören, keine versteckten Botschaften oder Agenden zu vermitteln und auch nicht durch die Blume zu sprechen. Man sollte versuchen, wohlwollend zu handeln, und z. B. Ärger, Verletzung oder Enttäuschung lieber aussprechen als insgeheim jemandem »eins auswischen« zu wollen. Es bedeutet, eine Wir-gewinnen-Mentalität statt einer Ich-gewinne-und-du-verlierst-Ideologie zu leben.

Mit *Intention* zu kommunizieren bedeutet, dass Sie sich bewusst machen, warum Sie ein Gespräch führen, wie es ablaufen und was es bewirken soll. Dieses Prinzip kann wahre Wunder wirken, wenn, wie es manchmal so ist, starke Persönlichkeiten aufeinandertreffen und auch einmal voneinander abprallen.

Aus dem Projektleben gegriffen

So war es auch in diesem Beispiel aus dem Projektleben. Frau Hoch wurde als Projektleiterin benannt. Herr Tief, ein Manager im Projekt, war vom Anfang an aus persönlichen Gründen unglücklich über die Benennung, und nun sollten sie täglich zusammenarbeiten. Herr Tief benahm sich zunehmend unfreundlich und respektlos Frau Hoch gegenüber. Und obwohl Frau Hoch ihn mehrfach darauf angesprochen hatte, ging das Verhalten weiter.

Als Projektleiterin war es Frau Hoch wichtig, die Angelegenheit möglichst selbst zu regeln. Dennoch holte sie sich nach einem letzten Vorfall Rat. Wie könnte sie die Situation in den Griff bekommen, ohne Herrn Tiefs Vorgesetzen zu involvieren? Die Empfehlung an Frau Hoch lautete, mit Intention zu kommunizieren. Sie sollte sich darüber klar werden, warum sie das Gespräch führen möchte, wie es ablaufen und was es bewirken soll.

Der nächste Zwischenfall mit Herrn Tief ließ nicht lange auf sich warten. Frau Hoch zog sich zunächst zurück an ihren Arbeitsplatz. Nach dem Sie kurz nachgedacht hatte, schrieb sie die oben genannten Fragen zum Gespräch sowie ihre Antworten auf einen Zettel:

- **Aus welchen Gründen möchte ich ein Gespräch mit Herrn Tief führen?**
  - Ich verdiene es, mit Respekt behandelt zu werden.
  - Ich möchte eine Grundlage für eine respektvolle Haltung und einen professionellen Umgang miteinander schaffen.
  - Dies ist wichtig, weil wir sonst nicht gut arbeiten können. Es belastet die Atmosphäre im Team, und es gefährdet das Projekt für uns beide.
- **Wie soll das Gespräch ablaufen und was soll es bewirken?**
  - Ich werde Herrn Tief fragen, ob ihm bewusst ist, dass ich sein Verhalten mir gegenüber respektlos und feindselig finde, um zu klären, ob dies Absicht ist.
  - Ich werde ihm zwei Beispiele für dieses Verhalten geben und ihn bitten, von solchen Handlungen ab sofort abzusehen.
  - Ich werde ihn darüber informieren, dass ich dieses Gespräch nicht wiederholen und bei einem erneuten Vorfall um ein Meeting zusammen mit ihm und seinem Vorgesetzen bitten werde.

- Ich werde fragen, ob er Fragen hat, bevor ich das Gespräch beende.
- Abschließend werde ich darauf hinweisen, dass wir uns nicht mögen müssen, einander aber dennoch mit professionellem Respekt begegnen sollten.

Frau Hoch ging also zu Herrn Tiefs Büro und sprach so mit ihm, wie sie es vorbereitet hatte. Nach zehn Minuten war das Gespräch beendet, und schon am nächsten Tag waren Herrn Tiefs Auftreten der Umgang zwischen den beiden ganz anders – eben professionell und respektvoll.

Verantwortung für das Gesagte übernehmen

Um mit *Integrität* zu kommunizieren, müssen Sie sich Ihrer eigenen Werte bewusst sein. Das setzt voraus, dass Sie in der Lage und auch dazu bereit sind, die Verantwortung dafür zu übernehmen, was und wie Sie es sagen, ebenso wie für dessen Auswirkungen. Fragen Sie sich, ob die Art, wie Sie auftreten und kommunizieren, und das, was Sie vermitteln, mit dem Bild übereinstimmt, das Sie von sich haben und das Sie wahrgenommen wissen möchten.

Mitfühlend auftreten

Mit *Empathie* zu kommunizieren bedeutet, sich in die Lage des Gegenübers zu versetzen. Sie müssen verstehen, dass alles, was jemand erlebt, auch Ihnen passieren könnte. Es erfordert, dass Sie verstehen, dass jeder von uns, auch die Projektmitstreiter, aus ihrer Perspektive in jeder Situation das Beste tun, was sie vermögen. Wenn wir es besser wissen, tun wir es auch besser. Hier stehen noch mehr als sonst die Beziehungen und die Menschen im Vordergrund.

Wenn Sie nach diesen Prinzipen handeln, werden Sie ein Kommunikationsvorbild, ein besserer Projektleiter bzw. eine bessere Projektleiterin und insgesamt eine bessere Führungskraft sein. In der Theorie sind diese Prinzipien ganz einfach, die konsequente Umsetzung aber anscheinend nicht, denn wie sonst erklärt man, dass Projekte so oft genau an der Kommunikation scheitern.

5.6.2 Kommunikationsstruktur und Unternehmenskultur

Eine *Kommunikationsstruktur* ist eine formalisierte Abbildung des Informationsflusses in einer Gruppe. Als Gruppe ist in diesem Zusammenhang sowohl das Projektteam als auch die gesamte Organisation zu verstehen. Kommunikationsstrukturen sind existentiell wichtig für den Erfolg Ihres Projekts.

Fehlende Kommunikationsstrukturen setzen das Projekt und die Mitarbeiter*innen unnötig unter Druck. Eine sorgfältige und realistische Detailplanung in Bezug auf Anwendungsentwicklungskapazitäten, verfügbare Endanwender*innen der Fachabteilung, Budgetvorgaben und auch weitere relevante interne und externe Abhängigkeiten ist ein wesentlicher Erfolgsfaktor für das Projekt. Die Detailpläne versetzen die Projektleitung in die Lage, die ursprünglichen Projektannahmen und Eckdaten für das Projekt entweder zu bestätigen oder durch proaktives Verhalten gegenüber dem Lenkungsausschuss und den Sponsor*innen die überarbeiteten Termine zu kommunizieren – und es ist schlichtweg unmöglich, diese umfassende, detailorientierte und bereichsübergreifende Planung ohne gut durchdachte Kommunikationsstrukturen durchzuführen.

Kurskorrekturen ermöglichen

Wir erleben häufig in der Praxis, dass diese Gelegenheit zur Kurskorrektur durch fehlende oder nicht ausreichende Kommunikationsstrukturen nicht genutzt werden kann. Eine Kurskorrektur kann z. B. bedeuten, dass eine kritische Projektphase bereits früh in der Planung verschoben wird, um einen Ressourcenengpass in einer kritischen Geschäftsphase zu meiden. Ohne eine Kommunikationsstruktur, in der die relevanten Stakeholder frühzeitig angesprochen werden, könnte diese Situation erst kurz vor dem Eintreten des Engpasses auffallen und zu kostspieligen Verzögerungen und unnötigem Stress führen.

> *»Je größer und wichtiger das Projekt, umso besser läuft es mit einer starken Kommunikation, die direkt von oben (Unternehmensleitung) an das gesamte Projektteam und alle Beteiligten gerichtet ist. Diese Art von Kommunikation signalisiert, wie wichtig das Projekt ist, und macht es leichter, Unterstützung zu gewinnen.« (O-Ton eines Projektleiters)*

Abbildung 5.4 zeigt, dass effektive Kommunikation weniger Projektdruck erzeugt.

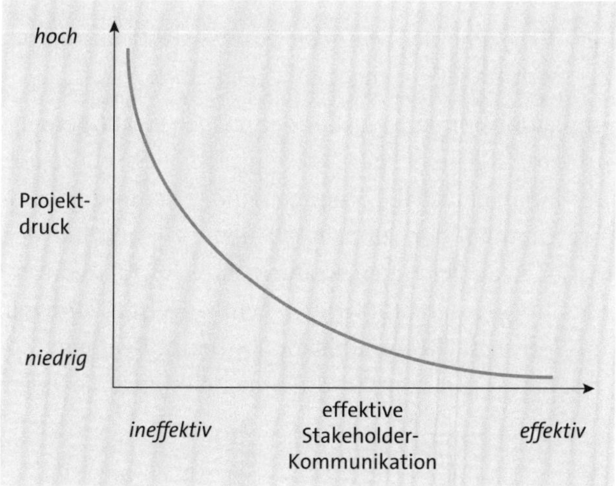

Abbildung 5.4 Weniger Projektdruck durch effektive Kommunikation

Zentrale vs. dezentrale Kommunikationsstruktur

Ein großes und komplexes Projekt stellt immer eine Herausforderung dar, insbesondere in Bezug auf die Kommunikation. Die Art der Anforderungen ist für Ihre Auswahl der Kommunikationsstrukturen im Projekt maßgeblich – und weil in großen Projekten die Anforderungen komplex sind und einen hohen Kommunikationsbedarf mit sich bringen, ist eine *dezentrale Kommunikationsstruktur* (siehe Abbildung 5.5) einer zentralen Kommunikationsstruktur vorzuziehen.

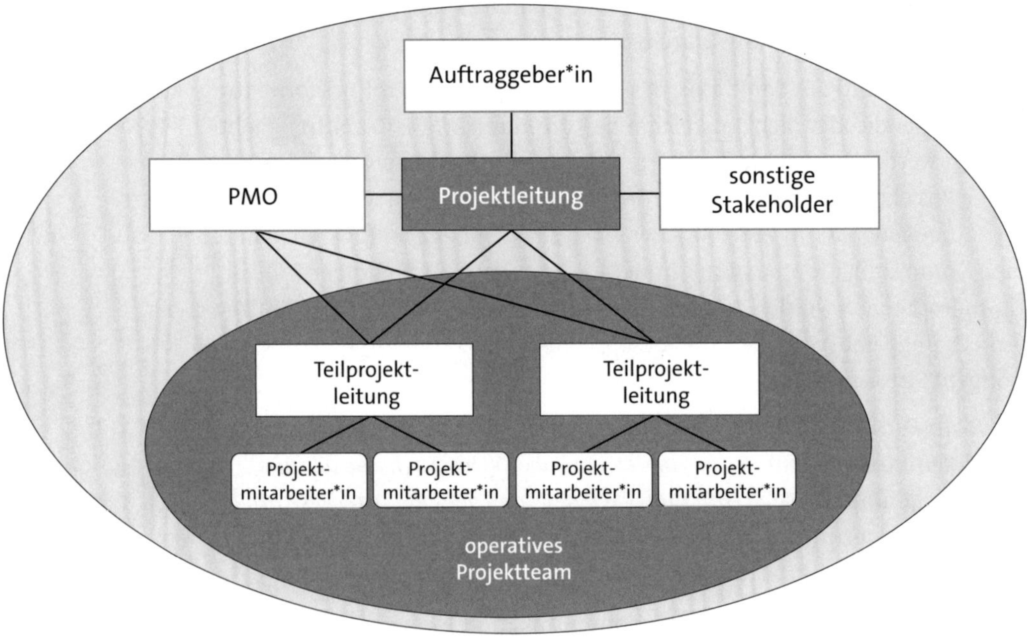

Abbildung 5.5 Dezentrale Kommunikationsstruktur

Abbildung 5.6 zeigt ein Beispiel einer *zentralen Kommunikationsstruktur*, die wie gesagt für ein großes Projekt weniger gut geeignet ist.

Sie brauchen Kommunikationsstrukturen, die es ermöglichen, alle Beteiligten – vom einzelnen Teammitglied bei der Dateneingabe über Teilprojektteams und Mitarbeiter*innen der Fachabteilungen und erweiterte Projektteams bis hin zu allen Gremien der Führungsebenen – zeitnah mit den notwendigen Informationen zu versorgen, wodurch auch Ihr Team mit Informationen aus diesen Kreisen versorgt wird. In der Praxis ist es sinnvoll, eine zentrale und eine dezentrale Kommunikationsstruktur in einem Modell zu integrieren, das den komplexen Anforderungen Ihres Projekts gewachsen ist.

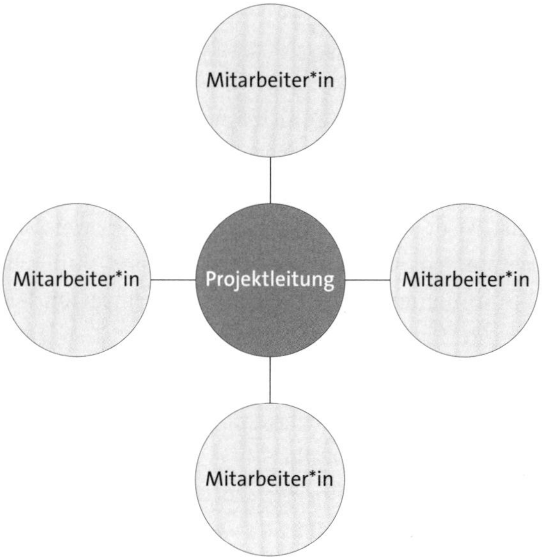

Abbildung 5.6 Zentrale Kommunikationsstruktur

Eine offene Unternehmenskultur hilft

Zu den fehlenden Kommunikationsstrukturen kommt häufig eine *Unternehmenskultur* hinzu, die eine offene und rechtzeitige Kommunikation verhindert. Darunter ist eine Unternehmenskultur zu verstehen, in der u. a. Fehler wie auch Fehleinschätzungen in der Projektplanung mit negativen Konsequenzen bestraft werden.

> *»In meinen erfolgreichsten Projekten gab es offene, konstruktive Kritik im Team und auch sonst regelmäßiges Feedback von der Projektleitung.« (O-Ton eines Projektleiters)*

Wenn Mitarbeiterinnen und Mitarbeiter damit rechnen müssen, dass sie beim nächsten Projektmeeting bloßgestellt werden, vom Projekt ausgeschlossen werden oder gar um ihren Job fürchten müssen, werden sie sich scheuen, aktiv zu kommunizieren, z. B. auch, wenn sie mögliche Gefahren im Projekt erkennen. Darüber hinaus werden sie Fehler verschweigen.

Angstkultur abschaffen

Diese Art von Angstkultur führt z. B. dazu, dass kritische Situationen, obwohl sie früh erkannt werden, erst so spät kommuniziert werden, dass dadurch noch größere Probleme entstehen. Frühzeitige Kommunikation ermöglicht ein effizienteres Problemmanagement! Ein wichtiger Teil der Kommunikationsstrategie bei jedem Projekt ist z. B. eine Regelung, die besagt, dass man bei Problemen und Bedenken stets nach Lösungen und nicht nach Schuldigen sucht.

5.7 Internationale Projektbesetzung – eine besondere Herausforderung

Internationale Projekte sind nicht nur im Hinblick auf die Mitarbeiter*innen und den Umgang mit ihnen immer eine besondere Herausforderung. Wenn sie gut geplant und geführt werden, bergen sie jedoch gleichermaßen viele Chancen. Zunächst ist es wichtig zu unterscheiden, in welchen Ländern international besetzte Projekte durchgeführt werden. Wird z. B. ein Projekt im eigenen Land mit einem Team, das aus dem umsetzenden Land kommt und um einige internationale Projektmitglieder ergänzt, sind Probleme oft leichter zu lösen.

Wie bei anderen Projekten muss man bei international besetzten Projekten auch auf die *Verfügbarkeit der Projektmitarbeiter*innen* achten. Die Möglichkeiten der virtuellen Zusammenarbeit führen dazu, dass man manchen Kolleg*innen tatsächlich nie »in Fleisch und Blut« begegnet. Dennoch gibt es genügend Situationen, in denen es wichtig ist, eine Projektmitarbeiterin oder einen Projektmitarbeiter vor Ort zu haben. Wenn es notwendig ist, Projektmitarbeiter*innen aus dem Ausland hinzuzuziehen, ist zu bedenken, dass das Feld der möglichen Hindernisse um einiges größer ist und die Lösungswege oft langwieriger sind.

Aus dem Projektleben gegriffen

Diese Aussage möchten wir mit einem Beispiel verdeutlichen: In einem komplexen Projekt zur Harmonisierung der unternehmensweiten Geschäftsprozesse nach dem Ankauf einer Firma und einer Restrukturierung wird unbedingt eine Expertin aus dem Ausland benötigt. Frau Lee ist bereits ab Tag X eingeplant. Allerdings wurde die Planung ohne die Auslandsbehörden gemacht. In diesem Fall ist ein einfaches Versehen der Auslöser für eine nervenaufreibende Verzögerung im Projekt – vermutlich weil Frau Lee bereits problemlos in anderen Projekten mitgearbeitet hat, wurde dieses Mal nicht auf alle Details geachtet. Mit einer abgelaufenen Arbeitserlaubnis und einem Reisepass, der während des geplanten Aufenthaltes ablaufen würde, darf die Mitarbeiterin die Stelle zunächst nicht antreten. Bis alle notwendigen Dokumente, darunter der Krankenversicherungsnachweis, der neue Reisepass und das Einreisevisum beisammen sind, vergehen sechs sehr lange Wochen, trotz tatkräftiger Unterstützung der Personalabteilung bei der Kommunikation mit der Auslandsbehörde. In der Zeit bleibt die Expertin genau dort, wo sie ist – und das ist leider fernab des Projekts.

5.7.1 Gut beraten ist halb gewonnen

Hilfe mit Rat und Tat: PMO & Co.

Für die besonderen Herausforderungen rund um das Thema *Personaleinsatz* in internationalen Projekten sollte die Projektleitung sicherstellen, dass sie mit fachkundigen Mitarbeiter*innen der Personalabteilung bzw. des PMO zusammenarbeitet. Die Anforderungen und Regelungen sind für verschiedene Länder sehr unterschiedlich. Wir empfehlen, weitere Informationen und Rat bereits in der frühen Planungsphase einzuholen.

Rat und Hilfe zum Einsatz ausländischer Mitarbeiter*innen

Zu diversen Themen rund um den Einsatz von *ausländischen Mitarbeiterinnen und Mitarbeitern* in Deutschland, die über das Aufenthalts- und Arbeitsvisum hinausgehen, erhalten Sie Information und Beratung u. a. bei Organisationen wie dem Bund der Auslands-Erwerbstätigen (BDAE) e. V. (unter *https://www.bdae-ev.de/*) und dem Info-Center der Zentralen Auslands- und Fachvermittlung (ZAV) der Bundesagentur für Arbeit (*https://www.arbeitsagentur.de/vor-ort/zav/startseite* und per E-Mail unter *ZAV-Bonn@arbeitsagentur.de*). Weitere Hilfe finden Sie auch auf dem European Employment Services Portal (EURES) unter der URL *http://ec.europa.eu/eures*. Darüber hinaus bietet der Bürgerservice des Auswärtigen Amtes (*http://www.auswaertiges-amt.de/DE/Infoservice/Uebersicht_node.html*) Beratung sowie weiterführende Informationen zu dieser Thematik.

5.7.2 Nach der Anreise fängt die Reise erst an

Wenn Sie die ersten Hürden geschafft haben, um die geeigneten ausländischen Mitarbeiterinnen und Mitarbeiter für Ihr SAP-Projekt zu finden und tatsächlich einzustellen, glauben Sie nicht, dass Sie dann bedenkenlos Business as usual machen können. In Abschnitt 8.7, »Projekte mit Offshore- oder Nearshore-Teams«, nennen wir einige Herausforderungen, die mit dem Einsatz von ausländischen Mitarbeiterinnen und Mitarbeitern in SAP-Projekten einhergehen.

Interkulturelle Kommunikation

An dieser Stelle möchten wir Sie auf die Herausforderungen von unterschiedlichen Sprachen, Kulturen und Arbeitskulturen vorbereiten und Ihnen helfen, sie in Vorteile umzumünzen. Bei allen Unterschieden, die in international und multikulturell besetzten Teams zu finden sind, ist es wichtig, sich daran zu erinnern, dass die in Abschnitt 5.4, »Schlüsselfaktoren für gute Teamarbeit«, bereits benannten Kriterien für High-Performance-Teams auch hier gelten. Sie bedürfen lediglich einer neuen Interpretation bei der Umsetzung.

[+]

10 Erfolgsfaktoren für internationale Teams

Die folgenden Erfolgskriterien im Zusammenhang mit internationalen Teams berücksichtigen die kulturellen Unterschiede von Sprache, Kultur und Arbeitskultur:

1. **Interkulturelles Verständnis entwickeln**
   Gegenseitiges Vertrauen wird durch Offenheit aufgebaut und durch Wertschätzung des Gegenübers verstärkt. Interkulturelle Schulungen, sowohl formell als auch informell, können hier sehr hilfreich sein.
2. **Sprachbarrieren überwinden**
   Bei sprachlichen Schwierigkeiten sollten wichtige Kommunikationen sowohl schriftlich in der gemeinsamen Arbeitssprache als auch mündlich erfolgen. Sollten Sie feststellen, dass das sprachliche Niveau keine verlässliche Kommunikation im Arbeitsalltag zulässt, kann es notwendig und zielführend sein, Wichtiges übersetzen zu lassen.
3. **Räumliche Entfernung überbrücken**
   Mit der räumlichen Trennung über eine große Entfernung kommt erschwerend hinzu, dass oft in unterschiedlichen Zeitzonen gearbeitet wird, sodass man mit Mitarbeiterinnen und Mitarbeitern oft über zeitlich verzögerte E-Mails und im SAP-System hinterlegte Tickets kommuniziert. In solchen Fällen und besonders in großen und lang andauernden Projekten ist es wichtig und jede Mühe wert, einen sehr guten Teilprojektleiter oder eine sehr gute Projektkoordinatorin vor Ort zu haben, mit dem oder der Sie regelmäßig (mindestens einmal wöchentlich) in Kontakt sind. Darüber hinaus sollten Sie alle zwei Wochen mindestens eine Telefonkonferenz im Frage-und-Antwort-Stil halten, zu der alle Projektmitarbeiter*innen, auch die virtuellen Kolleg*innen, die Sie selten oder nie sehen, eingeladen werden.
4. **Einsatz würdigen**
   Individuelles Engagement und Selbstverpflichtung zu den Teamzielen ist bereits in monokulturellen und homogenen Teams nicht leicht heraufzubeschwören, und in internationalen Teams gleicht die Herausforderung oft einer olympischen Disziplin. Dennoch ist es möglich. Sie müssen auch hier die einzelnen Mitarbeiterinnen und Mitarbeiter dort abholen, wo sie stehen und ihnen zeigen, wie sie und ihre Rollen zum Erfolg beitragen. In manchen Kulturkreisen liegt der Fokus auf dem Erfolg in der Gemeinschaft, also im Team. In anderen Kulturkreisen steht das Individuum an erster Stelle. Sie müssen erfahren, mit wem Sie es zu tun haben, um die beste Strategie zu definieren.

5. **Wege zur Entscheidung finden**
   Ein definiertes und dokumentiertes Modell zur Entscheidungsfindung hat auch eine ähnliche, differenzenüberbrückende Wirkung wie die soeben erwähnten Arbeitsregeln.
6. **Selbstständiges Arbeiten fördern**
   Ein effektiver Gruppenprozess, der offene Kommunikation, gegenseitige Verantwortung und eine angemessene Selbsteinschätzung vorsieht, die die Autonomie beim Arbeiten unterstützt, stellt im Zusammenhang mit internationalen Teams eine besondere Herausforderung dar. Gerade diese Themen sind durch kulturelle und unternehmenskulturelle Einflüsse am stärksten geprägt.
7. **Rückmeldungen einholen: Heißt »Ja« eigentlich »Jein«?**
   Bedenken Sie z. B., dass die Antwort »Ja« bei dem einen Projektmitglied eine klare Zusage sein kann, wenn das den Gepflogenheiten des jeweiligen Kulturkreises entspricht. Woanders kann ein solches »Ja« aber auch bedeuten, dass sich jemand nicht wirklich sicher ist, die kulturelle Norm aber »Nachfragen ist nicht erlaubt« lautet. Und schließlich können Sie auch ein »Ja« als Antwort erhalten, weil »Nein« zu unhöflich wäre. Hier ist eine gewisse interkulturelle Feinfühligkeit gefragt, und Sie sollten darauf achten, dass stets alle Teammitglieder in den Prozess eingebunden sind und das Reporting gut funktioniert, damit Sie im Falle eines Falles rechtzeitig eingreifen können.
8. **Rollen klar definieren und dokumentieren**
   Klar definierte Rollen und Verantwortlichkeiten im Team sowie im Gesamtprojekt nehmen in international besetzten Teams eine noch größere Bedeutung an. Weil unterschiedliche Sprachen und kulturell bedingte Interpretationen oft auch einfache Themen verkomplizieren können, ist es wichtig, die definierten Rollen und Verantwortlichkeiten zu dokumentieren und allen Projektmitgliedern zur Verfügung zu stellen, z. B. über firmeninterne Intranetplattformen.
9. **Rollen und Verantwortlichkeiten ausfüllen**
   Es reicht nicht aus, die Rollen und Verantwortlichkeiten nur zu definieren und zu dokumentieren. Sie müssen ausgelebt werden. Dazu müssen Sie hinterfragen, ob die Rollen und Verantwortlichkeiten wirklich klar sind. Der Umgang mit Hierarchien, Autorität sowie Zeit- und Termineinhaltung kann zu Unstimmigkeiten bis hin zu Arbeitskonflikten und Projektbeeinträchtigungen führen, wenn man sich der kultur- und unternehmenskulturbedingten Unterschiede nicht bewusst ist bzw. diese nicht berücksichtigt.

10. **Verbindliche Regeln aufstellen**
    Gemeinsam verabschiedete Regeln für das Arbeiten und den Umgang im Team helfen, Differenzen zu relativieren bzw. zu überbrücken, die sowohl durch unterschiedliche kulturelle Herkunft als auch durch unterschiedliche Unternehmenskulturen gegeben sein können.

5.8 Auswirkung der Digitalisierung auf das Projektmanagement

Für viele bedeutet Digitalisierung schlichtweg, dass alles über die IT läuft. Diese Betrachtung ist nicht weit genug gefasst, denn auch wenn in der einfachsten Definition Digitalisierung die Umwandlung von analogen Inhalten und Prozessen in eine digitale Form oder Vorgehensweise umschreibt, ist es nicht so einfach. Denn diese Umwandlung bedeutet für die Menschen im Projekt, dass sie sich auf tiefgreifende Veränderungen in schnellem Tempo einlassen müssen und nebenher ein Transformationsprojekt erfolgreich durchziehen sollen.

5.8.1 Worauf es ankommt

Unternehmen in der gesamten Wirtschaft nutzen digitale Technologien und fortschrittliche Analyseverfahren, um neue Quellen von wirtschaftlichem Wert zu entdecken. Diese möchten sie erschließen, um die Produktivität, Flexibilität und Geschwindigkeit zu steigern, u. a. von Arbeit, aber auch von Innovationen. Wenn wir von all den Vorteilen der Digitalisierung profitieren wollen, müssen wir uns auch neuen Herausforderungen stellen. Weil wir uns in diesem Kapital des Buches intensiv mit dem Thema »Menschen im Projekt« beschäftigen, betrachten wir die Auswirkungen der Digitalisierung auf das Projektmanagement vorrangig aus diesem Blickwinkel.

Säulen der Digitalisierung

Das Unternehmens- und Strategieberatungsunternehmen Boston Consulting Group (BCG) hat vier Bereiche der Digitalisierung identifiziert, in denen Unternehmen in hohem Maße Anpassungsfähigkeit beweisen müssen, weil sie für den Erfolg der Transformation entscheidend sind. Diese Bereiche werden auch als die vier *Säulen der Digitalisierung* bezeichnet:

- Digitalisierung von Kundenbeziehungen
- Aufbau von Digital Talents und Organisation

- Nutzung von Daten und fortschrittlicher Technologie
- Digitalisierung von Betriebsabläufen und Automatisierung von Prozessen

Anhand dieser vier Bereiche möchten wir im Folgenden die bedeutendsten Auswirkungen der Digitalisierung auf das Projektmanagement ansprechen.

5.8.2 Digitalisierung von Kundenbeziehungen

Relationales Modell

Die Digitalisierung von Kundenbeziehungen bedeutet, dass Anbieter und Kunden im Umgang miteinander immer weiter weg von einem produktorientierten Transaktionsmodell zu einem relationalen Modell kommen. In diesem beziehungsorientierten Modell arbeiten Anbieter und Kunde eng zusammen, um die Geschäftsziele zu erreichen und die gewünschte betriebliche Effizienz zu erzielen. Der Anbieter ist nicht mehr nur der Experte, der eine gute Lösung liefert, sondern wird zunehmend zum »Sparring-Partner« für den Kunden. Mit dem agilen Denken und Arbeiten verändern sich die Fragen: Es geht nicht mehr darum, ob, sondern wie etwas funktionieren kann.

Für das Projektmanagement bedeutet dies, gekoppelt mit dem Streben nach mehr Agilität, dass die Prioritäten des Kunden zweifelsfrei verstanden werden müssen, sowohl im Projektteam als auch von allen Stakeholdern. Auch wenn »wie« und »bis wann« noch offen sind, muss in Anbetracht des Ziels kritischer untersucht, geklärt und verstanden werden, was geleistet werden soll und kann. Unabhängig davon, wie man es umsetzt – ob mithilfe eines dynamischen Pflichtenhefts oder mit einem Produkt-Backlog inklusive Kunden-Storys: Ein agiles Anforderungsmanagement wird zunehmend wichtiger für das Projektmanagement. Dies wiederum bedeutet u. a., dass die Fähigkeit, kritisch zu denken und aktiv zuzuhören, nicht nur bei der Projektleitung notwendig sind, sondern im gesamten Team möglichst weit verbreitet sein sollten.

5.8.3 Aufbau von Digital Talent

Blicken wir zurück, erinnern wir uns an Unternehmen, die es gefühlt schon immer gab, die es aber seit nicht allzu vielen Jahren nicht mehr gibt, z. B. das ehemals größte Versandhaus Europas, Quelle, oder das Urgestein der Kamerawelt, Kodak, oder auch die Firma Nokia, die noch im Jahr 2006 mit ca. 50 % Marktanteil Herrscherin der Mobiltelefonie war und dann aber binnen sechs Jahren bei weniger als vier Prozent Marktanteil angekommen und kurz vor dem Aus war. All das sind Beispiele für große Unternehmen, die untergegangen sind, maßgeblich weil sie sich der Digitalisierung und der damit verbundenen kundenzentrierten Entwicklung des Marktes zu lange erwehrt haben. Wir können davon ausgehen, dass die Unternehmen, die in Zukunft erfolgreich sein werden, die sind, die die Digitalisierung zu einem hohen Grad vollzogen haben.

Mitarbeiter*innen mit digitalen Kompetenzen

An dieser Stelle haben wir eine Frage für Sie. Nehmen wir an, es gelingt einem Unternehmen, sich der nicht aufzuhaltenden Digitalisierung erfolgreich zu verschließen: Welcher Faktor wird für den Erfolg maßgeblich sein? Wenn Sie mit »das Talent im Unternehmen« geantwortet haben, haben Sie Recht. Das Unternehmen, das die Digitalisierung zu seinem Vorteil nutzen will, braucht talentierte Mitarbeiterinnen und Mitarbeiter, *Digital Talents*, die die vorhandenen digitalen Technologien nutzen, sich dynamisch entwickelnde Methoden und neue Ansätze aneignen und sich selbst für die Weiterentwicklung öffnen. Es braucht Mitarbeiter*innen mit technischen Fähigkeiten, mit fundiertem Wissen in menschenzentriertem Design, mit tiefen Kenntnissen der Datenanalyse usw.

Speziell für das Projektmanagement bedeutet das, dass man auch im Projektteam jemanden haben muss, der oder die auf Augenhöhe mit diesen Mitarbeiter*innen reden kann, um die Wünsche, Bedürfnisse und Ziele des Kunden zu verstehen und um die bereits genannte enge Zusammenarbeit zu ermöglichen. Wenn das Projektmanagement einen langfristig großen Mehrwert für den Kunden schaffen soll, muss die Projektleitung in der Lage sein zu erkennen, wenn das notwendige Talent im Rahmen eines Transformationsprojekts beim Kunden nicht vorhanden ist, und ihm beratend oder zumindest richtungsweisend zur Seite stehen.

Die Anforderungen an das Projektmanagement, die als Auswirkung der Digitalisierung verstanden werden können, umfassen dementsprechend auch die Notwendigkeit zu verstehen, wie digital-affine Menschen ticken. Man kann sich nicht mehr nur als Projektmanager *oder* als »Techie« verstehen, sondern muss flexibel bleiben und sich den Gegebenheiten und vor allem seinen Mitarbeiter*innen anpassen. Flacher werdende Hierarchien bedeuteten mehr Partizipation aller Mitstreiterinnen und Mitstreiter und somit auch Verlust von rein hierarchiebegründeter Macht.

5.8.4 Nutzung von Daten und fortschrittlicher Technologien

Die Nutzung von Daten und neuester fortschrittlicher Technologien ist das, woran viele als Erstes denken, wenn sie an Digitalisierung denken – und das ist verständlich, denn auf den ersten Blick geht es genau darum. Wenn wir diesen Bereich der Digitalisierung aus der Perspektive des Projektmanagements betrachten, rücken tieferliegende Aspekte der Nutzung von Daten und Technologien ins Visier. Themen wie das Sammeln von Daten, persönlicher Datenschutz, Kundeneinwilligungen und Cyber-Sicherheit (Cyber Security) sind schon immer wichtig gewesen. Mit den Möglichkeiten, noch mehr Daten einfacher und schneller zusammenzuführen, werden sie noch kritischer. Das Projektmanagement muss auch diese Aspekte des Projekts berücksichtigen und sicherstellen, dass die Entscheidungswege und -prozesse in diesem Zusammenhang klar sind und dass gute, kooperative Beziehungen aufgebaut werden, u. a. mit Datenschutzbeauftragten, dem Risk Management und Betriebsrat.

Der Umgang mit der Altlast – Legacy-Systeme

Die Geschwindigkeit, mit der neue Technologien entwickelt werden, bedeutet, dass immer mehr neue Tools und Methoden entstehen, mit denen man theoretisch die Bedürfnisse und Ziele des Kunden erreichen kann. In Unternehmen, die über längerer Zeit immer wieder Teillösungen und ergänzenden Technologien eingeführt haben, wird das Projektteam mit dem Thema der *Legacy-Systeme* konfrontiert. Oft muss abgewägt werden, ob es möglich und sinnvoll ist, für den Kunden und die Erreichung seiner Ziele, alte Legacy-Systeme in die neue Lösung zu integrieren, oder ob es perspektivisch besser wäre, gänzlich auf das neue System aufzubauen.

Und weil der Kunde oft Kenntnisse über die wachsende Flut an möglichen Lösungen und Integrationsmöglichkeiten erfährt, muss das Projektmanagement ein klares Bild vermitteln, warum der Weg, auf den man sich einigt, die richtige Lösung ist – wohl wissend, dass nichts für die Ewigkeit währt, gerade in der VUCA-Welt der Digitalisierung.

5.8.5 Digitalisierung von Betriebsabläufen und Automatisierung von Prozessen

Wer den meisten Nutzen und Vorteil aus der Digitalisierung für sein Unternehmen holen möchte, kommt nicht umhin, ganzheitlich über das gesamte Unternehmen mit allen Operationen, Prozessen und Vernetzungen zu denken. Über die gesamte Spanne dieser Operationen gibt es zwei Hauptakteure: die Menschen und die Maschinen.

Die Zentralisierung von Prozessen und die Homogenisierung bzw. Integration von technischen Plattformen bedeuten, dass weniger Schnittstellen notwendig werden, um die Operationen des Unternehmens zu führen. Durch die Kombination von großen Datenmengen mit Analytics und künstlicher Intelligenz (KI) können Maschinen immer mehr Aufgaben vollständig übernehmen, die bisher teilweise von Menschen mithilfe von Maschinen gemacht wurden.

Diese beiden Tatsachen wirken sich folgendermaßen aus: Das Projektmanagement muss sich intensiv mit den Betriebsabläufen und Prozessen im Unternehmen auseinandersetzen, um u. a. zusammen mit den Key-Usern ein gutes Verständnis über die Reichweite von Prozessänderungen zu erlangen.

Nicht nur im Wörterbuch kommt Empathie vor Veränderung

Das Projektmanagement muss sich darüber im Klaren sein, dass die Themen *Change Management* und *Kommunikation* von absolut zentraler Bedeutung für die Zusammenarbeit und letztlich für den Erfolg des Projekts sind. Bei all dem Fortschritt und den Vorteilen, die die Digitalisierung für das Unternehmen mit sich bringt, gibt es noch die Tatsache, dass die Veränderungen für die Menschen im Unternehmen erheblich und nicht nur positiv sein werden.

Das gesamte Projektteam muss dafür sensibilisiert werden, dass es bei einem Transformationsprojekt stets um weitaus mehr als um die Veränderung von Technologie und Geschäftsprozessen geht. Das Projekt hat das Potenzial, das gesamte Leben einer Mitarbeiterin oder eines Mitarbeiters zu verändern, auch wenn die Veränderung zunächst maßgeblich im Arbeitsumfeld stattfindet. Empathie ist nötig, um sich in die Lage des Gegenübers zu versetzen, z. B., um die Ursache für eventuellen Widerstand schneller zu erkennen und zu entkräften.

> *»Um Veränderungen durchzubringen, muss man den Menschen die Angst nehmen. Sie müssen verstehen, warum die Änderung notwendig ist und was passieren wird.« (O-Ton eines CIO und ehemaligen Leiters globaler Transformationsprojekte)*

Kapitel 6
Planung, Steuerung und Qualitätssicherung

Planung, Steuerung und Qualitätssicherung sind Disziplinen im Projekt, bei denen sich der Schwerpunkt von der Kreativität zur Disziplin neigen muss. In diesem Kapitel finden Sie Tipps für Ihre Projektplanung, Projektsteuerung und Qualitätssicherung.

Wir möchten Ihnen in diesem Kapitel eine Hilfestellung geben, um die Planung, Steuerung und Qualitätssicherung Ihres Projekts zu meistern. Es ist nicht unser Ziel, Sie dabei in die wissenschaftliche Methodenwelt zu entführen. Vielmehr liegt es uns am Herzen, Ihnen die Aktivitäten und Vorgehensweisen aufzuzeigen, die nach unserer Praxiserfahrung von Bedeutung sind.

Entscheidend für eine erfolgreiche Planung, Steuerung und Qualitätssicherung ist ein kompetentes Project Management Office (PMO). Bevor wir auf die oben genannten Disziplinen näher eingehen, möchten wir Ihnen deshalb unsere Sichtweise zum PMO darlegen.

6.1 Helfer in allen Lebenslagen: das Project Management Office

Project Office vs. Project Management Office

Das *Projektbüro* (Project Office) erfüllt in der Regel administrative Aufgaben und hält der Projektleitung und den Projektspezialist*innen den Rücken frei. Zu den administrativen Aufgaben zählen z. B. die Unterstützung bei der Erstellung und Aktualisierung von Projektplänen sowie die Erfassung von Projektstammdaten, Stundenbelegen u. Ä. Die Mitarbeiterinnen und Mitarbeiter im Project Office stellen Informationen rund um das Projekt bereit (z. B. Projektpläne, Projektstatusberichte und Kennzahlen), die die Projektleitung unterstützen.

Das PMO – dein Freund und Helfer

Die Definition eines *Project Management Office* (PMO) geht über dieses Aufgabenfeld hinaus (wobei die Begrifflichkeiten in der Projektmanagementliteratur keineswegs einheitlich verwendet werden). Als PMO wird allgemein ein Team mit sehr viel weitergehenden Aufgaben und Kompetenzen verstanden, die in einem SAP-Projekt nicht allein durch die Projektleitung abgedeckt werden können.

Die Aufgaben des PMO können nach Größe und Komplexität der Projekte variieren. Wir empfehlen Ihnen, Ihr PMO mit den folgenden Aufgaben zu betrauen:

- Planung und Leitung des Projekts
- Training der Projektteilnehmer*innen
- Coaching der Teilprojektleiter*innen
- Schulung der Projektmitarbeiter*innen in der Umsetzung der Standards und Nutzung der Werkzeuge
- Durchführung von Projektmanagementtrainings für Projektmitarbeiter*innen und Projektleitung, bis hin zur Vorbereitung auf Zertifizierungen

Planungs- und Leitungsaufgaben

Dreh- und Angelpunkt dieser Aufgaben ist der Bereich *Planung und Leitung*, den wir aus diesem Grund an den Anfang unserer Liste gestellt haben. Diese Tätigkeiten lassen sich noch weiteraufschlüsseln. Die Mitarbeiterinnen und Mitarbeiter des PMO übernehmen die folgenden Tätigkeiten:

- Einführen von einheitlichen Projektmanagementstandards und -werkzeugen
- Aufbauen und inhaltliches Füllen von Projektplänen und eines einheitlichen Berichtswesens
- Abstimmen des Einsatzes der Mitarbeiterinnen und Mitarbeiter mit den Fachbereichen
- Koordinieren von parallel laufenden Projekten im Unternehmen
- Überwachen des Projektfortschritts durch regelmäßige Statusmeetings auf der Basis von laufenden Projektfortschrittsanalysen
- Durchführen von internen Projekt-Reviews und Organisieren von Projektaudits durch externe Prüfer*innen
- Nachhalten von Aktionsplänen
- Koordinieren und Priorisieren von neuen Anforderungen im Projekt

Qualifikationen des PMO

Idealerweise etablieren Sie Ihr PMO-Team am Projektstandort mit einem Teamleiter oder einer Teamleiterin. Teamleiter*innen im PMO sollten zertifizierte Projektmanager mit Erfahrung in SAP-Projekten und Spezialkenntnisse in den folgenden Bereichen mitbringen:

- Projektmanagement
- Projektmethoden (ASAP, Qualitätssicherungsmaßnahmen)

- Projektwerkzeuge (z. B. Projektplanungs-Tools, SAP Solution Manager, Test-Tools)
- Erfahrung mit SAP-Projekten

Das PMO ist somit die Instanz, die sich um die Durchführung der in diesem Kapitel beschriebenen Aufgaben, die Planung, Steuerung sowie um die Qualitätssicherung (siehe Abschnitt 6.4, »Qualitätssicherung«) kümmert. In den folgenden Abschnitten sehen wir uns im Detail an, wie die Mitarbeiterinnen und Mitarbeiter im PMO diese Ziele erreichen können. Abbildung 6.1 gibt Ihnen einen Überblick über die Aufgaben des PMO.

Abbildung 6.1 Aufgaben des PMO im Überblick

Parallele Projekte

Oft werden im Unternehmen mehrere Projekte parallel durchgeführt. Es liegt der Vorschlag nahe, alle anfallenden organisatorischen Aufgaben in einem PMO zu bündeln, das für alle Projekte zuständig ist. In solchen Fällen müssen Sie überlegen, wem das PMO organisatorisch zugeordnet werden soll. Es bietet sich an, ein projektübergreifendes PMO direkt unter der Bereichsleitung oder sogar der Geschäftsleitung zu etablieren. Wie die Unternehmens- oder Unternehmensbereichshierarchie in einem solchen Fall aussehen kann, veranschaulicht Abbildung 6.2.

Die Leitung des PMO berichtet in dieser Organisationsform an die Bereichsleitung oder, je nach Größe des Unternehmens, an die Geschäftsleitung. Die Kommunikation mit den Projekten in den einzelnen Abteilungen erfolgt über die jeweiligen Projektleiter und -leiterinnen.

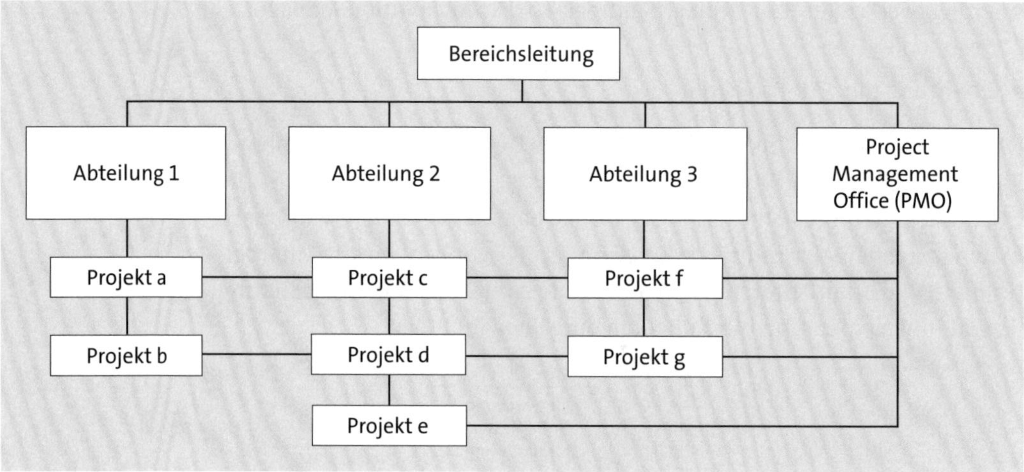

Abbildung 6.2 Projektübergreifendes Project Management Office

Ein eigenes PMO

Unsere dringende Empfehlung lautet allerdings: Seien Sie egoistisch, und versuchen Sie auf jeden Fall, Ihr eigenes PMO zu etablieren. Sie werden die direkte Unterstützung dringend benötigen. Außerdem sollten Sie bedenken, dass Sie mit einem übergeordneten PMO einen zusätzlichen Mitspieler haben, mit dem Sie sich täglich auseinandersetzen müssen.

Wenn Ihrem Projekt ein eigenes PMO zugeordnet ist, berichtet die Teamleitung in diesem Fall an die Gesamtprojektleitung. Wie die Organisationshierarchie aussieht, wenn das PMO in Ihr Projekt integriert ist, zeigt Abbildung 6.3. Eine solche direkte Einbindung des PMO in das Projekt halten wir für eine wesentliche Voraussetzung für den Projekterfolg.

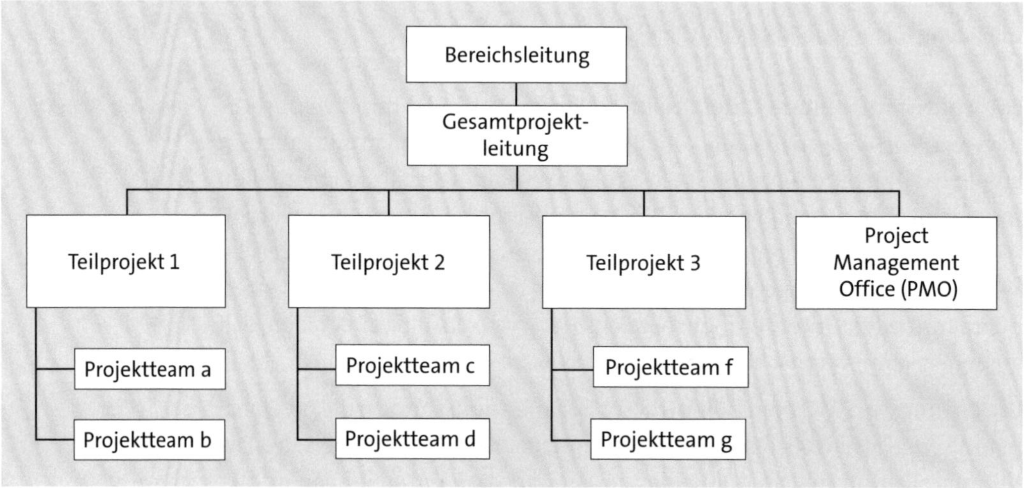

Abbildung 6.3 In das Projekt integriertes Project Management Office

Welche Maßnahmen zur Sicherstellung einer sach-, termin- und kostengerechten Abwicklung der Projekte erforderlich sind, zeigen Ihnen die folgenden Abschnitte.

6.2 Projektplanung

»Gut geplant ist halb durchgeführt«, sagt man. Welche Bedeutung Sie einer fundierten und qualifizierten Planung beimessen sollten, zeigen wir Ihnen in diesem Abschnitt. Um diese Wichtigkeit zu verdeutlichen, wollen wir Ihnen anhand eines fiktiven Beispiels aus der Praxis demonstrieren.

Aus dem Projektleben gegriffen

Bei der Produktions-AG handelt es sich um ein weltweit tätiges Unternehmen, das Autoteile produziert. Die Monatszahlen im ersten Quartal 2015 zeigen, dass die geplanten Ergebnisse für das laufende Jahr kaum zu erreichen sein werden, da die Umsatzentwicklung hinter den Erwartungen zurückbleibt, während die Kosten stetig weiter steigen. Der Finanzchef, Herr Stumpf, empfiehlt in der monatlichen Vorstandssitzung, die Kosten der Ablauforganisation durch Modernisierung der internen Anwendungen zu reduzieren. Der Vorstand beauftragt daraufhin Herrn Stumpf, ein Projekt aufzusetzen.

Herr Stumpf ist aufgefordert, innerhalb der folgenden drei Wochen mit einem Projektvorschlag zurückzukommen. Er entscheidet sich dafür, die Ablaufprozesse für die Auftragserfassung zu modernisieren sowie die Rechnungsstellung auf den neuesten Stand zu bringen und mit der Standardsoftware SAP abzuwickeln.

Der Vorstand der Produktions-AG ist sehr angetan von den Vorschlägen und erteilt Herrn Stumpf den Projektauftrag. Herr Stumpf versucht, eine Projektleitung zu nominieren. Leider kann auf die Schnelle keine qualifizierte, vielleicht sogar zertifizierte Person dafür gefunden werden.

Damit der Termin für die Vorstandspräsentation gehalten werden kann, zieht Herr Stumpf eine Projektleitung, die ihn bei der Erarbeitung des Projektvorschlags unterstützen soll, temporär aus einem parallel laufenden Projekt ab. Bei der nächsten Vorstandssitzung präsentiert er einen High-Level-Vorschlag, der bereits erste Termine verspricht, ohne dass die Komplexität, die Abhängigkeiten zu angrenzenden Bereichen und die Fachkräftesituation in ausreichendem Maße untersucht werden konnten. Trotzdem akzeptiert der Vorstand den Vorschlag und bringt eigene Änderungswünsche in das Projekt mit ein. Herr Stumpf ist nun aufgefordert, das Projekt umzusetzen, mit der Arbeit schnellstmöglich zu beginnen, die Termine zu halten und gegebenenfalls noch zu übertreffen.

Als Übergangslösung wird eine engagierte und talentierte Mitarbeiterin, Frau Müller, aus der Fachabteilung mit der vorläufigen Projektleitung beauftragt. Auch wenn sich Frau Müller als Stütze der Finanzabteilung bewährt hat, verfügt sie über keinerlei Erfahrung mit großen SAP-Projekten. Das SAP-System kennt sie nur als Anwenderin. Die ersten Fachkräfte werden an Bord geholt. Wochen gehen ins Land, ohne dass ein detaillierter Projektplan erarbeitet wird. Die Abstimmung der Detailanforderungen mit den betroffenen Bereichen (Prozesse, Softwareauswahl, Systemarchitektur) ist immer noch nicht abgeschlossen. Die Endtermine für diese Aufgaben sind folglich im Projektplan noch nicht festgelegt. In dieser Phase wird Herr Stumpf vom Vorstand aufgefordert, zur nächsten Vorstandsitzung den Status des Projekts vorzustellen. Der Vorstand möchte wissen, wann mit der neuen Software zu rechnen ist und welche Vorteile für den Unternehmenserfolg zu erwarten sind.

Herr Stumpf beauftragt Frau Müller, seine vorläufige Projektleiterin, mit der Vorbereitung einer Statuspräsentation. Er geht davon aus, dass bereits ein fertiger Projektplan mit den wesentlichen Eckdaten existiert. Hektik bricht aus: Frau Müller versucht auf die Schnelle, alle Daten für einen Statusbericht zusammenzutragen und daraus einen möglichen Einführungstermin abzuleiten – keine triviale Übung bei so vielen offenen Fragen und der bisher eher hemdsärmeligen Vorgehensweise. Sie erstellt nach bestem Wissen und Gewissen eine Präsentation, die Herr Stumpf dem Vorstand vorstellt. Der Einführungstermin wird von der Geschäftsleitung akzeptiert. Allerdings erweist sich dieser Termin als schwere Hypothek für das Projekt. (Wie es mit unserem Beispielunternehmen weitergeht, lesen Sie in Abschnitt 6.3, »Projektsteuerung«.)

Vorsicht, Falle!

Dieses kurze Beispiel zeigt bereits eine Reihe von klassischen Fehlern, die ein Projekt von Beginn an in eine schwierige Lage bringen können:

- Die Basis wird von einem Interims-Projektleiter oder einer Interims-Projektleiterin ohne Projektmanagementerfahrung und ohne SAP-Kenntnisse gelegt.
- Die Projektinhalte sind zu diesem Zeitpunkt nicht endgültig spezifiziert.
- Es gibt keine Übersicht über alle notwendigen Aktivitäten.

Allein schon diese Stolpersteine verursachen Planungs- und Konzeptionsfehler, und das zu einem Zeitpunkt, in dem das Projekt noch in den Kinderschuhen steckt. Eine verlässliche Aussage zu Inhalten und Zeitplänen ist auf dieser Basis nicht möglich. Umso gefährlicher ist in dieser Phase die Kommunikation: Ist ein voreiliger Termin erst einmal publiziert und in den Köpfen verankert, fällt es schwer, später Verständnis für die Realität zu wecken.

Wir hoffen natürlich, dass Sie sich mit Ihren Projekten nicht in ähnliche Situationen manövrieren und möchten Ihnen im Folgenden eine Hilfestellung geben.

6.2.1 Die Säulen der Projektplanung

Sie sollten sich darüber im Klaren sein, dass Sie mit der Erstellung und Kommunikation eines Plans eine Verpflichtung eingehen, die Projektziele zu erreichen. Ihre Kunden (ob extern oder intern), Ihre Stakeholder, Ihre Auftraggeber*innen und Ihre Projektpartner müssen sich auf den Plan verlassen können und ihn mittragen. Dies erreichen Sie nur, wenn alle Beteiligten den Plan für durchführbar halten.

Abbildung 6.4 zeigt die Säulen, auf denen eine gute Projektplanung aufgebaut ist.

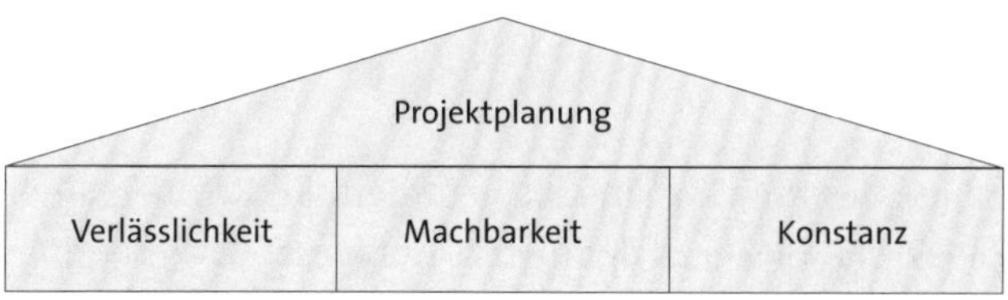

Abbildung 6.4 Säulen der Projektplanung

Wie bereits in Abschnitt 2.4.1, »Analyse der Ausgangssituation«, angesprochen, ist der Plan im Laufe des Projekts Änderungen unterworfen. Er wird ständig erweitert, detailliert und bei Bedarf angepasst. Wichtig ist jedoch, dass die Gesamtziele des Projekts, also Einführungstermine, Kosten und Ziele (Inhalte und Qualität), konstant bleiben und nicht unüberlegt über den Haufen geworfen werden.

Basis für die Plananpassungen sind regelmäßige Plan-Ist-Vergleiche. Zeichnen sich dabei potenzielle Verschiebungen der Einführungstermine oder der Projektkosten ab, sind diese mit dem Lenkungsausschuss und dem Projektsponsor bzw. der Projektsponsorin oder sogar mit der Geschäftsleitung abzustimmen.

6.2.2 Was wird geplant?

Ziele, Termine und Kosten

Die wesentlichen Faktoren, auf denen jede Projektplanung basiert, sind die *Projektziele* (Inhalte und Qualität), die *Projekttermine* und die *Kosten*. Zwischen diesen Faktoren besteht naturgemäß eine gegenseitige Abhängigkeit, die das Dreieck in Abbildung 6.5 veranschaulicht. Wenn sich in der Planung oder im Projektverlauf Abweichungen zu diesen Faktoren ergeben, sind die Projektprioritäten neu zu verhandeln.

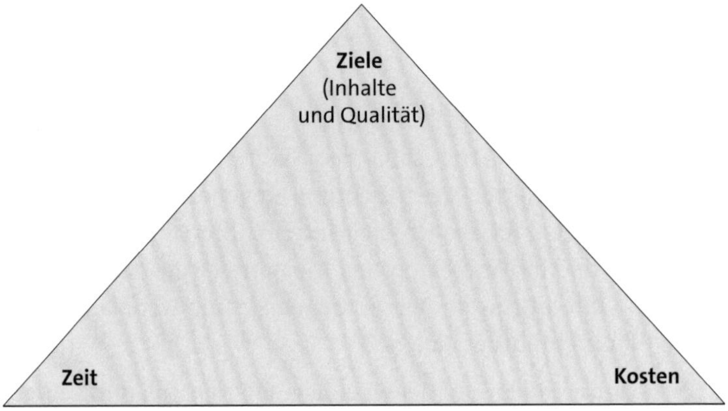

Abbildung 6.5 Faktoren der Projektplanung

6.2.3 Wie wird geplant?

Bereits in der Vorphase des Projekts sind Sie gefordert, im Rahmen einer *Grobplanung* die Ziele des Projekts zu definieren. Auf dieser Basis erhalten Sie üblicherweise den Projektauftrag bei Kundenprojekten oder die Projektfreigabe und die Budgetzusage bei internen Projekten. Bereits zu diesem Zeitpunkt zeigt sich ein gravierender Unterschied zwischen traditionellen IT-Projekten und SAP-Projekten.

Unterschied zwischen klassischen IT- und SAP-Projekten

In traditionellen IT-Projekten werden die Geschäftsanforderungen festgelegt und anschließend durch Programmierung umgesetzt. In SAP-Projekten müssen Sie bereits jetzt eine Vorstellung davon entwickeln, inwieweit sich die Geschäftsanforderungen im SAP-Standard (sprich: durch Customizing) abbilden lassen und wie hoch der Programmierungsanteil sein wird. In welchem Umfang der SAP-Standard genutzt werden kann, hängt zum einen von der Bereitschaft im Unternehmen ab, Prozesse zu ändern, um so weit wie möglich dem SAP-Standard zu folgen. Zum anderen ist die Qualifikation Ihrer SAP-Berater und -Beraterinnen entscheidend, die letztlich den Anteil des Customizings zur Programmierung beurteilen müssen.

In der Regel liegen in der ersten Planungsphase noch keine detaillierten Anforderungen vor. Umso mehr kommt hier die Erfahrung der Berater*innen aus ähnlich gelagerten SAP-Projekten zum Tragen.

[«]

So kann's aussehen: der Prototyp

Es ist sinnvoll, frühzeitig einen SAP-Prototyp zu konfigurieren, um die Vertreterinnen und Vertreter der Fachabteilungen von den SAP-Standardmöglichkeiten zu überzeugen. Sie reduzieren damit Ihre Aufwände und die Laufzeit des Projekts. Je mehr Aufwand Sie am Anfang investieren, um die Möglichkeiten des SAP-Systems auszuloten, desto sicherer ist Ihre Basis, mit der Sie dann in die Detailplanung gehen können.

Detaillierungsgrad der Planung

Wie weit müssen Sie bei Ihrer Planung ins Detail gehen? »Der Gebildete treibt die Genauigkeit nicht weiter, als es der Natur der Sache entspricht.« Diese weisen Worte werden Aristoteles zugeschrieben – und hier liegt auch des Pudels Kern in der Projektplanung: Sie bewegen sich auf dem schmalen Grat, so detailliert wie nötig, aber so einfach wie möglich zu planen.

Bei der Detaillierung sind unterschiedliche Punkte zu beachten (siehe Tran-Gia, Phuoc 2013).

Ein *höherer* Detaillierungsgrad bringt folgende Vorteile:

- Schaffen von mehr Transparenz
- frühzeitiges Aufdecken von Chancen und Risiken
- Reduzierung von Unsicherheiten

Ein *geringerer* Detaillierungsgrat bringt hingegen die folgenden Vorteile:

- Reduzierung der Plankomplexität
- Verringerung des Planungsaufwands und der Planungszeit
- Reduzierung des Planungskontrollaufwands

Sie sollten sich darüber im Klaren sein, dass Sie mit einem strukturierten und vollständigen Plan die wichtigste Grundlage für den Erfolg Ihres Projekts legen. In mehreren iterativen Arbeitsstufen erstellen Sie aufeinanderfolgende Pläne, die letztlich Ihren Gesamtplan darstellen.

Projektstrukturplan = Plan der Pläne

Alles beginnt mit dem *Projektstrukturplan*: Mit dem Projektstrukturplan schaffen Sie einen Überblick über alle Aufgaben im Projekt und die Grundlage für alle nachgelagerten Planungen. Sie beschreiben die Gesamtprojektaufgaben, die Teilprojekte, die Aufgaben und die Arbeitspakete in den Teilprojekten. Ein Beispiel für einen Projektstrukturplan sehen Sie in Abbildung 6.6.

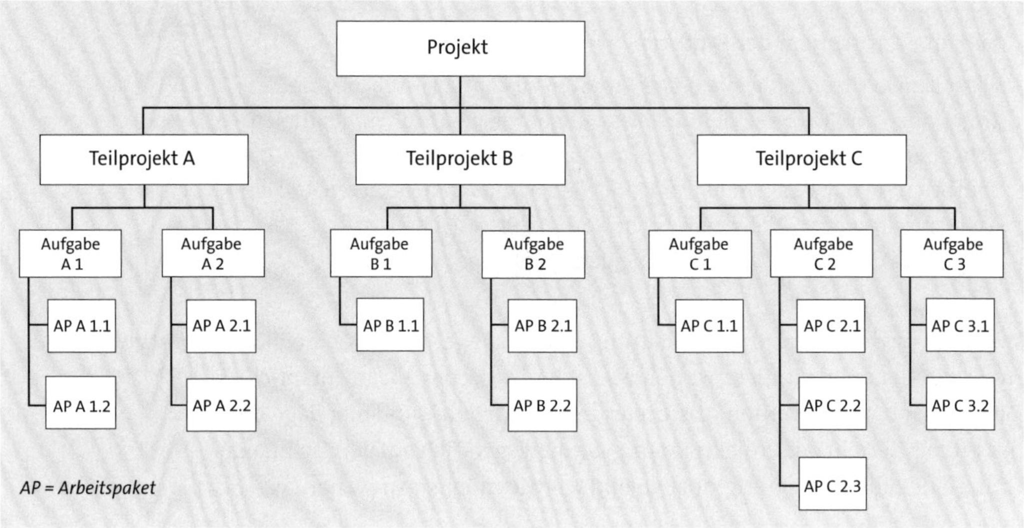

Abbildung 6.6 Beispiel für einen Projektstrukturplan

Auf Basis der definierten Gesamtprojektaufgaben und Teilprojekte entwickeln Sie folgende Detailpläne:

- **Arbeitspakete**
  Arbeitspakete enthalten alle notwendigen Entwicklungsaktivitäten (Prozessdesign, Customizing, Programmierung sowie alle unterstützenden Aktivitäten)
- **Aufwandsschätzung**
  Die Vorgehensweise bei der Aufwandsschätzung lernen Sie in Abschnitt 6.2.4, »Wie teuer, wie lang, wie viel? Die Aufwandsschätzung«, kennen.
- **Personalplanung/Ressourcenplanung**
  Hier planen Sie den Mitarbeitereinsatz sowie die technischen Voraussetzungen (z. B. SAP-Systeme). Achten Sie darauf, dass Sie Ihre Mitarbeiterinnen und Mitarbeiter nicht von Beginn an mit 100 % ihrer Arbeitszeit und an den Wochenenden einplanen. Bedenken Sie, dass die Krisen erst noch kommen und Sie die Flexibilität behalten müssen. Überlegen Sie gründlich, was Sie mit Ihrem Projektteam erreichen können.
- **Termine/Ablauf**
  Für jedes Arbeitspaket wird die benötigte Zeit geschätzt. Ordnen Sie dann die Arbeitspakete in logischer Abfolge den Projektphasen zu. Am Ende steht ein Meilenstein (= ein Zieldatum mit einer Ergebnisliste). Erarbeiten Sie dabei präzise die kritischen Pfade für die Aktivitäten, die direkt voneinander abhängen und aufeinanderfolgen.

- **Kosten**
  Die Kostenplanung basiert auf den geschätzten Zeiten pro Arbeitspaket. Sonstige Kosten (Hardware, Software, Reisekosen usw.) sind ebenfalls Bestandteil der Kostenplanung.
- **Risikomanagement**
  Teil des Plans sind potenzielle Projektrisiken und Maßnahmen zur Bewältigung. Es empfiehlt sich, in den Gesamtaufwänden einen Risikoaufschlag dafür zu bilden.
- **Kommunikationsplan**
  Der Kommunikationsplan enthält die Termine/Frequenzen für Statusmeetings im Projekt, für übergeordnete Meetings (Lenkungsausschuss, Stakeholder) sowie die Termine und Adressaten für die Statusberichte (siehe Unterabschnitt »Projektstandards festlegen« in Abschnitt 6.3.1, »Leitlinien für eine erfolgreiche Projektsteuerung«).
- **Qualitätsplan**
  Der Qualitätsplan zeigt, wann und durch wen regelmäßige Walk-throughs, Inspektionen und Projekt-Reviews durchgeführt werden (siehe Abschnitt 6.4, »Qualitätssicherung«).

Abbildung 6.7 zeigt die Planungshierarchie für die Gesamtheit der Pläne.

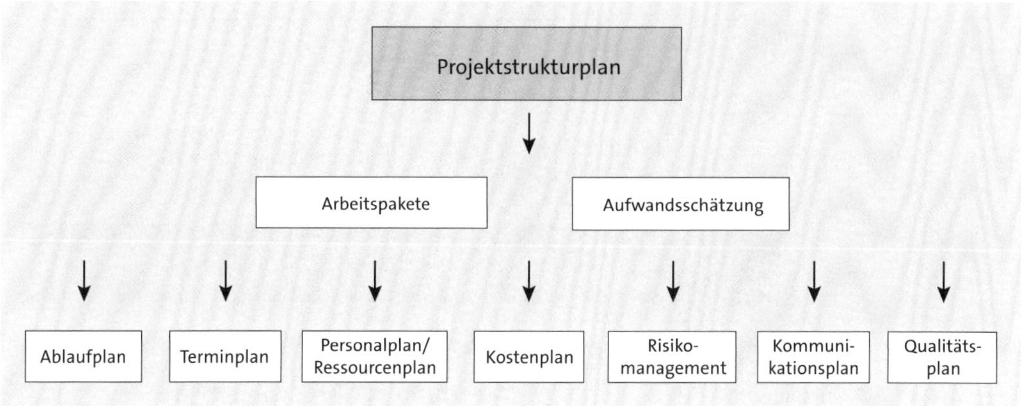

Abbildung 6.7 Gesamtpläne in der Übersicht

Einen Projektstrukturplan erstellen

Für die Erstellung von Projektstrukturplänen stehen Ihnen drei Methoden zur Verfügung:

- **Top-down-Ansatz**
  Dieser sogenannte *deduktive* Weg führt vom großen Ganzen zum Detail. Der Projektstrukturplan wird in Teilaufgaben gegliedert, und die Teilaufgaben werden wiederum weiter in Arbeitspakete aufgeteilt. Für diese

Vorgehensweise benötigen Sie weitgehende Kenntnisse über die Inhalte des Projekts und die Möglichkeiten, die der SAP-Standard bietet. Hilfreich sind dabei Erfahrungen aus Projekten ähnlicher Größenordnungen. Ohne diese Erfahrungen erhöht sich Ihr Risiko, dass sich die Pläne auf den unteren Ebenen als nicht durchführbar erweisen.

- **Bottom-up-Ansatz**
  Dieser sogenannte *induktive* Weg führt vom Detail zum Gesamten. Alle Projektaufgaben werden gesammelt und strukturiert. Daraus wird dann eine Aufgabenhierarchie gebildet.
  Dieser Ansatz empfiehlt sich bei geringer Erfahrung mit entsprechenden Projekten. Dabei bestehen allerdings ein sehr viel höherer Koordinationsbedarf und damit Planungsaufwand sowie die Gefahr, dass sich am Ende ein zumeist unrealisierbarer Aufwand ergibt.
- **Jo-Jo-Verfahren**
  Hier führen Sie die vorgenannten Ansätze abwechselnd aus und nutzen damit die Vorteile beider Verfahren. Letztlich ist dies die sicherste Methode, um keine Aufgabe zu vergessen.

In Abbildung 6.8 sind die wesentlichen Merkmale dieser Methoden illustriert.

Abbildung 6.8 Vergleich von Top-down-, Bottom-up- und Jo-Jo-Verfahren

Sowohl die Top-down- als auch die Bottom-up-Methode bergen, alleine angewandt, große Risiken. Wir halten den iterativen Prozess der Jo-Jo-Methode für den besten Weg, um zu realistischen Plänen zu kommen.

6.2.4 Wie teuer, wie lang, wie viel? Die Aufwandsschätzung

Eine besondere Bedeutung im Rahmen der Projektplanung kommt der *Aufwandsschätzung* zu. Sie stellt die zentrale Herausforderung dar, mit der letztlich der Erfolg oder Misserfolg Ihres Projekts steht und fällt. Wir möchten Ihnen deshalb in diesem Abschnitt zeigen, wie Sie bei der Aufwandsschätzung am besten vorgehen.

Von oben nach unten oder von unten nach oben?

Ähnlich wie in der Projektstrukturplanung finden Sie in der Praxis bei der Aufwandsschätzung sowohl die Top-down- als auch die Bottom-up-Methode.

- **Top-down-Schätzung**
  Top-down bedeutet, dass aus einem Gesamtaufwand (und damit einem Gesamtbudget) die einzelnen Budgets für Teilprojekte und Arbeitspakete abgeleitet werden.
  Wir halten diese Vorgehensweise in einem SAP-Projekt für riskant. Es braucht schon sehr viel Erfahrung, am besten aus ähnlichen Projekten, um eine solche Aufwandsschätzung zu wagen. Wer auch immer diese Schätzung unternimmt, sollte zu diesem Zeitpunkt bereits eine grobe Vorstellung über das Verhältnis von SAP-Standard zu Eigenentwicklungen haben.

  Allerdings gibt es Auftraggeber*innen, die mit dieser Vorgehensweise einen gewissen Budgetdruck aufbauen möchten, um die Zahl der Wünsche an das Projekt von vornherein einzudämmen.
- **Bottom-up-Schätzung**
  Viel präziser, aber auch sehr viel aufwendiger ist die Bottom-up-Schätzung. Basis bilden in diesem Fall die im Detail bewerteten Arbeitspakete. Dabei wird bereits ermittelt, in welcher Zeit und mit welchem Aufwand die jeweiligen Arbeitspakete umgesetzt werden können. Für diese Vorgehensweise empfehlen wir dringend den Einsatz einer Projektplanungssoftware (siehe Kapitel 9, »Werkzeuge zur Projektunterstützung«).

Methoden-Mix

In der Praxis werden Sie häufig eine Mischung dieser Methoden vorfinden, indem versucht wird, sich in einem iterativen Prozess einer möglichst realistischen Schätzung zu nähern. Abbildung 6.9 zeigt die Knackpunkte der jeweiligen Methoden auf einen Blick.

Abbildung 6.10 zeigt ein Modell für die Aufwandsschätzung für ein SAP-Projekt. Das Modell beruht darauf, dass zuerst der Entwicklungsaufwand (Programmierung und Customizing) pro SAP-Objekt in Personentagen ermittelt wird. Alle weiteren Aufwände werden dann prozentual zum Entwicklungsaufwand ermittelt. Es bietet sich an, die Entwicklungsaufwände für die einzelnen Objekte nach Komplexität zu klassifizieren (z. B. in hoch/

mittel/niedrig) und jeweils Personentage, basierend auf Erfahrungswerten, zuzuordnen. Die Granularität der Klassifizierung können Sie natürlich beliebig verfeinern.

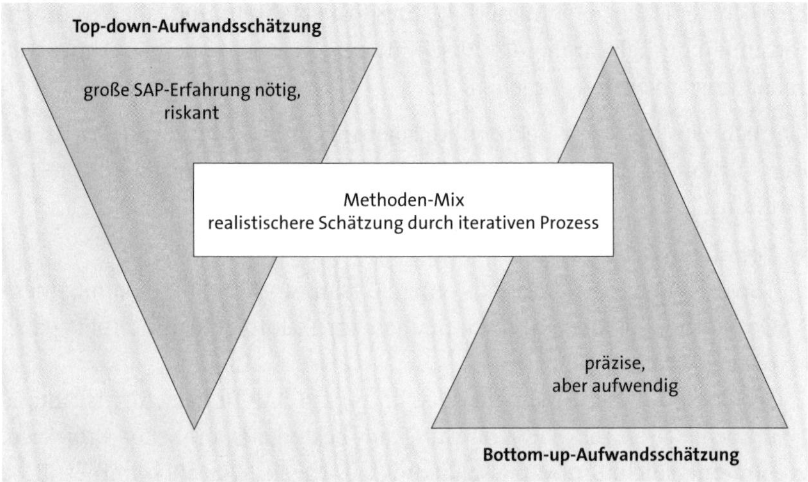

Abbildung 6.9 Top-down- und Bottom-up-Aufwandsschätzung, Methoden-Mix

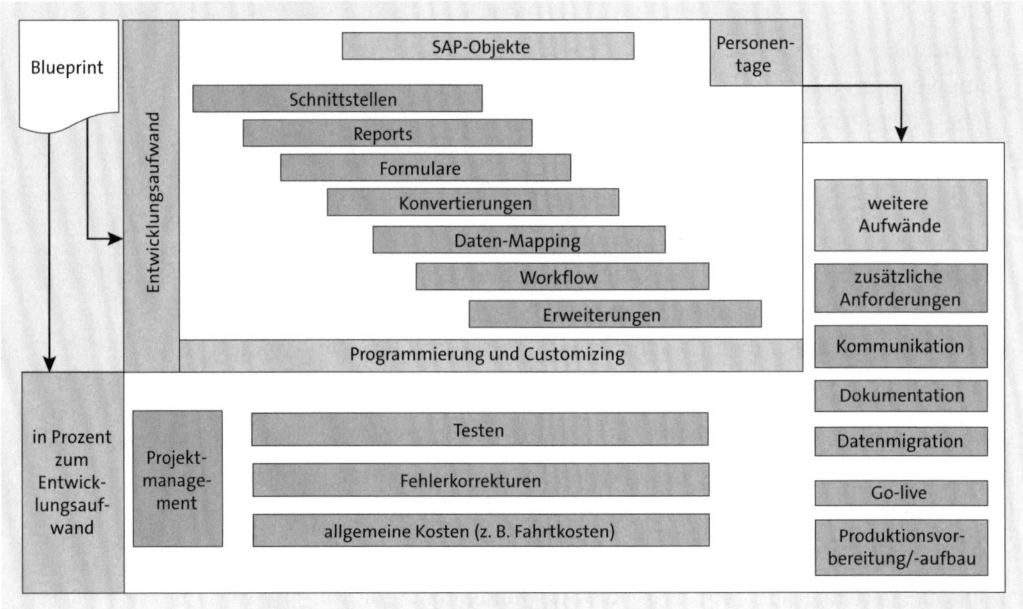

Abbildung 6.10 Beispielmodell für die Aufwandsschätzung von SAP-Projekten

In den Materialien zu diesem Buch unter *www.sap-press.de/5070* finden Sie dieses Beispiel als Microsoft-Excel-Datei.

[+]

7 Tipps für die Projektplanung

1. Beziehen Sie Ihr Team von vornherein in die Planungsprozesse mit ein. Sie erhöhen damit die Transparenz und das Verständnis für das Projekt, was sich positiv auf die Motivation Ihrer Projektmitarbeiterinnen und Projektmitarbeiter auswirkt.
2. Je mehr Aufwand Sie am Anfang investieren, um die Möglichkeiten des SAP-Systems auszuloten, umso sicherer ist Ihre Basis.
3. Nutzen Sie die Möglichkeiten eines SAP-Prototyps, um die Vertreterinnen und Vertreter der Fachabteilungen von den Funktionen des SAP-Standards zu überzeugen und damit sowohl Projektaufwand als auch Projektdauer zu reduzieren.
4. Übertragen Sie die Federführung für die Planung und die Kontrolle Ihrem PMO.
5. Nutzen Sie für die Planung und Kontrolle ein Planungs-Tool. Wir empfehlen aus unserer Erfahrung die Nutzung von Microsoft Project für die Ablauf- und Terminplanung, die Fortschrittsverfolgung und Kostenkontrolle (siehe Abschnitt 9.1, »Werkzeuge für das Projektmanagement«).
6. Reagieren Sie sofort, wenn Sie eine Abweichung vom Soll feststellen. Eventuell muss die veränderte Situation in Ihren Plänen reflektiert werden.
7. Achten Sie auf die Granularität Ihres Plans. Die Planung darf nicht zum Selbstzweck werden.

6.3 Projektsteuerung

Mithilfe regelmäßiger *Plan-Ist-Vergleiche* behalten Sie den Überblick über den Projektfortschritt und können rechtzeitig auf Abweichungen reagieren sowie Korrekturmaßnahmen einleiten. Grundlage der Plan-Ist-Vergleiche sind detaillierte Projektpläne, in denen Sie, wie im vorangehenden Abschnitt beschrieben, Arbeitspakete mit Zeiten, Meilensteinen, Aufwänden, Personalbedarf und Kosten spezifiziert haben.

Aus dem Projektleben gegriffen

Welchen Schwierigkeiten Sie sich in der Projektsteuerung gegenübersehen können, zeigt die Fortsetzung des fiktiven Praxisbeispiels aus Abschnitt 6.2, »Projektplanung«.

Frau Müller wird mit den Worten »jetzt dürfen Sie mal zeigen, was Sie können«, die Leitung des gesamten SAP-Projekts übertragen. Das Projekt, an dem sie ursprünglich mitarbeitete, wird an einen ehrgeizigen jungen Kollegen weitergegeben. Allerdings wird von Frau Müller erwartet, dass sie für ihr altes Projekt weiterhin mit Rat und Tat zur Verfügung steht.

Mittlerweile liegt auch ein Projektplan mit den Eckdaten vor. Herrn Stumpf, dem Bereichsleiter, wird die Unterstützung von seinen Fachbereichskolleg*innen zugesagt. Die nominierten Fachbereichsmitarbeiter*innen werden allerdings nicht Vollzeit abgestellt, denn auch das Tagesgeschäft muss noch erledigt werden.

Beim wöchentlichen Jour fixe mit dem Vorstand erfährt Herr Stumpf, dass zusätzliche Anforderungen umgesetzt werden sollten. Mit diesen Wünschen konfrontiert, gibt Frau Müller zu bedenken: »Die Termine sind ohnehin schon ambitioniert. Wenn wir jetzt auch noch die Rechnungsprüfung mit auf die Agenda nehmen, sind sie auf keinen Fall zu halten.« Herr Stumpf reagiert unwirsch: »Frau Müller, nehmen Sie das bitte in Ihre Liste auf, so eine Änderung wird ja wohl noch möglich sein.«

Parallel häufen sich Anfragen an Frau Müller aus ihrem »Altprojekt«. Sie sieht sich gezwungen, die regelmäßigen Statusmeetings mit dem Projektteam ihrem Mitarbeiter, Herrn Schulze, zu übertragen. Herr Schulze wirkt das erste Mal an einem Projekt mit und gibt sein Bestes.

Die Einladungen für die Statusmeetings verschickt er aus Zeitgründen am Vorabend des Termins ohne Meeting-Agenda an die Teilnehmenden. Als sich am nächsten Tag das Team um den Konferenztisch versammelt, erzählt jede*r Teilnehmende erst einmal, wie es um seinen oder ihren Aufgabenbereich steht. Die Ergebnisse werden nicht protokolliert: Herr Schulze informiert die Projektleiterin Frau Müller mündlich über die Diskussionsthemen.

In der nächsten Vorstandssitzung möchte die Geschäftsleitung wissen, wie das SAP-Projekt voranschreitet. Herr Stumpf ist nicht vorbereitet, bekommt feuchte Hände und gibt nur einen kurzen Kommentar ab: »Alles on Track.« Er wird daraufhin aufgefordert, in der nächsten Vorstandssitzung eine Woche später einen detaillierten Statusbericht abzuliefern. Nun setzt wieder Hektik ein. Herr Stumpf informiert Frau Müller. Frau Müller wendet sich an Herrn Schulze, der erst einmal ins Stottern gerät. Frau Müller muss in etlichen Gesprächen mit ihrem Projektteam alle notwendigen Informationen zusammenklauben. Dabei signalisiert das Entwicklungsteam, dass es aufgrund neuer, vom Vorstand geforderter Anforderungen zu Verzögerungen des Einführungstermins kommen könnte.

Herr Stumpf hat nicht den Mut, diese Risiken in der Vorstandssitzung aufzuzeigen. Er berichtet vielmehr, dass soweit alles nach Plan läuft und das Projektteam hart an der Zielerfüllung arbeitet.

Überzogene Realität

Wir hoffen, dass Sie in Ihren Projekten solchen Situationen nicht ausgesetzt werden. Diese stellenweise etwas überzogene Schilderung zeigt aber, wie entscheidend eine klare Projektstruktur, Projektfortschrittskontrollen, kompetente Projektleiter*innen sowie eine ehrliche Kommunikation in Problemsituationen für den Erfolg eines Projekts sind.

Herauszufinden, welche Probleme zu meistern sein werden, ist eine der wichtigsten Aufgaben der Projektsteuerung. Die Liste der Fallstricke (siehe Kapitel 4, »Das SAP-S/4HANA-Projekt: Wie es tatsächlich ist«) ist lang, und wir können Ihnen leider keine Patentrezepte für jedes Projekt und für jedes potenzielle Problem geben. Wir möchten Ihnen jedoch in diesem Abschnitt allgemeine Leitlinien für eine erfolgreiche Steuerung Ihres Projekts aufzeigen.

6.3.1 Leitlinien für eine erfolgreiche Projektsteuerung

Ausgangspunkt für eine erfolgreiche *Projektsteuerung* ist eine gründliche Bestandsaufnahme im Hinblick auf alle Ressourcen (Mitarbeiter*innen und Dokumente), die Ihnen zur Verfügung stehen.

Danach gilt es, die Voraussetzungen bezüglich der Organisation, Mitarbeiterzuordnung, den Projektstandards, Projektmanagementmethoden, Statuskontrollen, Kennzahlen/Messsystemen und der Überwachung der Projektrisiken zu schaffen.

[«]

Was wird in der Praxis oft versäumt?

Ein grundlegendes Versäumnis ist es, wenn der strukturierten Projektsteuerung und -kontrolle vonseiten aller Projektbeteiligten nicht die notwendige Bedeutung beigemessen wird. Ohne professionelles Berichtswesen unter Einsatz von Projektmanagement-Tools und ohne ausreichende Kennzahlen fehlt die Transparenz. Projektfortschritte lassen sich nur schwer bewerten.

Letztlich müssen Sie sich am Erfolg Ihres Projekts messen lassen: Ihr Ziel muss es sein, das Projekt zur Zufriedenheit Ihres Unternehmens oder Ihres Kunden termingerecht, im Rahmen des Budgets und mit der vereinbarten Qualität zu beenden. Im Folgenden lernen Sie die wichtigsten Faktoren auf dem Weg dorthin kennen.

Wo stehen Sie?

Bestandsaufnahme

Grundlage für die Projektsteuerung ist eine gründliche *Bestandsaufnahme* der Fachkenntnisse Ihrer Projektmitarbeiter*innen sowie bereits existierender Unterlagen und Hilfsmittel:

- **Fachkenntnisse der Projektmitarbeiter*innen**
  - Sind Mitarbeiter*innen mit den erforderlichen Kenntnissen verfügbar?
  - Welche Vorgehensweisen sind mit den Fähigkeiten der verfügbaren Mitarbeiter*innen umsetzbar?
  - Wurden im Team bereits bestimmte Arbeits-/Projektmanagementmethoden angewendet?
  - Sind die Investitionen für die Einweisung und Weiterbildung der Mitarbeiter*innen in Methoden und Werkzeuge im Plan enthalten?
- **Unterlagen und Hilfsmittel**
  - Gibt es bereits verwendbare Anweisungen, Checklisten, Dokumentationen und Erfahrungsberichte aus früheren Projekten?
  - Wurden in früheren Projekten Werkzeuge genutzt, die auch im neuen Projekt verwendet werden können?

Ein sorgfältige Bestandsaufnahme spart Zeit und Kosten und schützt vor Überraschungen im weiteren Verlauf des Projekts.

Eine Methode wählen

Mittlerweile gibt es eine große Anzahl verschiedener Projektmanagementmethoden, u. a. auch agile Projektmanagementmethoden (z. B. Scrum, eXtreme Programming und Kanban). Als Leiter oder Leiterin eines SAP-Projekts brauchen Sie sich allerdings darüber nicht den Kopf zu zerbrechen. Aus unserer Sicht gibt es hier nur eine Empfehlung: Nutzen Sie die bewährten SAP-Methoden (bisher ASAP, jetzt SAP Activate)!

Mitarbeiter*innen zuordnen und Verantwortlichkeiten festlegen

Die Entscheidung für eine *Projektorganisation* und die Zuordnung der Mitarbeiterinnen und Mitarbeiter zu den *Arbeitsbereichen* ist ein entscheidender Schritt für die Durchführung Ihres Projekts. Zur Wahl der Projektorganisation verweisen wir auf die Darstellung der potenziellen Organisationen in Abschnitt 2.2.2, »Welche Projektmanagementarten gibt es?« Jede dieser Organisationsformen hat direkten Einfluss auf die Gesamtorganisation des Unternehmens. Wichtig ist, dass die gewählte Organisationsform von allen

Mitgliedern der Geschäftsleitung bzw. den Fachbereichsleiter*innen akzeptiert und unterstützt wird.

Verwenden Sie sehr viel Sorgfalt auf die Auswahl der Projektmitarbeiterinnen und -mitarbeiter und die Zuordnung zu den Arbeitsbereichen und Teams. Die Zuordnung erfolgt nach Fachkönnen, Rollenkompetenz, Verfügbarkeit und Kapazität. Sie sollten sich darüber im Klaren sein, dass Sie damit den wichtigsten Grundstein für Ihr Projekt legen.

[«]

Soft Skills als Erfolgsfaktor für die Projektsteuerung

In diesem Buch haben wir Sie schon häufiger darauf hingewiesen, wie leicht in Projekten der Erfolgsfaktor Mensch unterschätzt wird. Wir möchten deshalb an dieser Stelle die Bedeutung von Führung, Motivation und Resilienz für eine erfolgreiche Projektsteuerung nochmals besonders herausstellen. Tipps für eine wirksame Führungskultur und mehr Motivation im Projekt finden Sie in Kapitel 5, »Der unterschätzte Erfolgsfaktor: der Mensch«.

Verantwortlichkeiten klar regeln

Um eine wirkungsvolle Überwachung des Projekts sicherzustellen, ist es notwendig, klare Verantwortlichkeiten festzulegen, z. B. in einer *RACI-Matrix* (RACI steht für *Responsible, Accountable, Consulted, Informed*), die die Verantwortlichkeiten für verschiedene Aufgaben klar regelt:

- **Responsible (R)**
  Verantwortlich ist die Person (oder auch mehrere Personen), die die eigentliche Aufgabe ausführt bzw. die Ausführung an andere Personen delegiert. Verantwortlich ist hier durchaus in einem disziplinarischen Sinne zu verstehen.
- **Accountable (A)**
  Die rechenschaftspflichtige Person ist zuständig für die Abnahme der Arbeit, die von der verantwortlichen Person durchgeführt wird. Diese Person trägt im rechtlichen oder kaufmännischen Sinne die Verantwortung für die betreffende Aufgabe (*Kostenstellenverantwortung*). Oft beinhaltet dies auch das Delegieren der Arbeit an Teilprojekte. Für jede Aufgabe darf nur eine Partei »accountable« sein.
- **Consulted (C)**
  Konsultiert werden eine oder mehrere Personen, die zwar nicht direkt an der Umsetzung beteiligt sind, aber über relevante Informationen verfügen und deshalb befragt werden sollten. Das können z. B. Expertinnen und Experten für verschiedene Teilgebiete sein, die detaillierte Informationen oder Einschätzungen zum Projekt beitragen.

- **Informed (I)**
  Diese Personen werden über den Fortschritt und/oder das Ergebnis einer Aufgabe informiert.

Beispiel für eine RACI-Matrix

Eine RACI-Matrix definiert z. B. die Verantwortlichkeiten in der Projektleitung, im Rahmen des Customizings des SAP-Systems, der Datenmigration, dem Testen und der Abstimmung mit den Fachabteilungen bzw. Endanwender*innen. Abbildung 6.11 zeigt ein Beispiel für eine RACI-Matrix, in der die Verantwortungen zwischen dem Kunden und dem externen Projektpartner definiert sind.

Aufgabenüberblick	Allgemeine Beschreibung der Aufgaben	Rolle							
		Kunde				externer Projekt-partner			
		R	A	C	I	R	A	C	I
Projektvorbereitung									
Kick-off-Meeting vorbereiten	gemeinsame Aufgabe von Kunden und externem Partner	X				X			
Projekthandbuch verfassen	umfasst alle im Projekt verwendeten Werkzeuge und Abläufe	X					X		
Qualitätsmanagement planen	Qualitätsplan (spezifische Qualitätssicherungsmaßnahmen)	X							X
Projektplan erstellen	detaillierter Projektplan (z.B. in Microsoft)		X	X		X			
Kommunikationsplan erstellen	Beschreibung, wer, wann und in welcher Form über die Projektsituation informiert wird	X						X	
Prototypkonzept erstellen	Beschreibung des Inhalts und der Ziele des Prototyps		X	X		X			
Prototyp aufbauen	Festlegung des Systems, der Prozesse und Daten	X						X	
Geschäftsprozessanforderungen									
Geschäftsprozessüberblick	Identifikation der Hauptprozesse	X					X		
Detailprozesse beschreiben	Beschreibung der Detailprozesse inklusive der Prozessflüsse	X						X	
...	...								

Abbildung 6.11 RACI-Matrix für die Arbeitsaufteilung zwischen Kunden und externem Projektpartner

[+]

5 Schritte zur RACI-Matrix

Gehen Sie bei der Entwicklung Ihrer RACI-Matrix folgendermaßen vor:

1. **Welche Verantwortlichkeiten gibt es?**
   Zunächst müssen Sie mit Ihrem Team klären, welche Rollen eine RACI-Matrix umfasst und welche Verpflichtungen mit der jeweiligen Rolle einhergehen. Sorgen Sie hier unbedingt dafür, dass alle ein gemeinsames Verständnis der Rollen haben.
2. **Wer hat welche Verantwortlichkeiten?**
   Ordnen Sie nun die Aufgaben und Rollen einander zu. In den Zeilen der RACI-Matrix stehen die Aufgaben und in den Spalten die Rollen.

3. **Wer hat welche Aufgabe?**
   Als Erstes muss festgelegt werden, wer für welche Aufgabe rechenschaftspflichtig ist. In der RACI-Matrix wird diese Rolle üblicherweise mit einem A gekennzeichnet. Ordnen Sie jeder Aufgabe die weiteren notwendigen Rollen zu. Hier werden meist die Kürzel R, A, C und I verwendet.
4. **Wann muss welche Aufgabe erledigt sein?**
   Es ist sinnvoll, im Zusammenhang mit der Verteilung der Rollen und Aufgaben festzulegen, wer wann welche Tätigkeiten ausführt und wer wann und von wem informiert werden muss.
5. **Welche Änderungen gibt es?**
   Versäumen Sie es nicht, die RACI-Matrix zu aktualisieren, wenn sich Aufgaben oder Rollen ändern sollten.

In den Materialien zum Buch finden Sie ein detailliertes Beispiel für eine RACI-Matrix. Die Vorlage für eine RACI-Matrix können Sie sich unter *https://www.sap-press.de/5070/* im Bereich **Materialien zum Buch** kostenlos herunterladen.

Prognosetechniken nutzen

Es stehen Ihnen verschiedene Methoden für die Beurteilung Ihrer Projektsituation zur Verfügung. Zu den wichtigsten dieser Methoden zählen:

- **Die Kostentrend-Analyse (KTA)**
  In der Kostentrend-Analyse werden die tatsächlichen Kosten den geplanten Kosten zum Zeitpunkt der Analyse gegenübergestellt und die zu erwartenden Kosten bis zum Projektende hochgerechnet.
- **Die Meilensteintrend-Analyse (MTS)**
  Die Meilensteintrend-Analyse dient dazu, den Projektfortschritt auf Basis der geplanten Meilensteine zu ermitteln, um frühzeitig Verzögerungen zu erkennen. Es gilt dann, den noch zu erbringenden Aufwand zum Erreichen der Meilensteine zu bewerten und daraus potenzielle Terminverschiebungen zu ermitteln.
- **Die Ergebnistrend-Analyse (ETA)**
  Die Ergebnistrend-Analyse zeigt den Fortschritt und die prognostizierte Entwicklung der im Plan definierten Arbeitspakete.

Der gesunde Menschenverstand

Es steht natürlich außer Frage, dass Projektmanagementmethoden und Prognosetechniken wichtige Faktoren in der Projektvorgehensweise sind. Mindestens genauso wichtig ist jedoch aus unserer Sicht der *gesunde Menschenverstand* der Projektleitung. Damit meinen wir die Fähigkeit zu beobachten, zuzuhören und die richtigen Schlüsse abzuleiten. Die spannenden Fragen, mit denen Sie sich fast täglich auseinandersetzen müssen, sind: »Wo steht mein Projekt?«, »Erreiche ich die Teilziele?« und »Wie wirken sich Problemsituationen auf die Gesamtziele aus?«

Deshalb unser Rat: Investieren Sie keinen Aufwand in die Umsetzung komplexer Theorien, konzentrieren Sie sich auf eine detaillierte Planung und eine konsequente Kontrolle Ihrer Projektschritte.

Projektstandards festlegen

Sofern Sie Ihr Projekt auf der grünen Wiese beginnen und Sie bei Ihrer Bestandsaufnahme noch keine verwendbaren Projektstandards vorgefunden haben, sind Sie gefordert, solche Standards zu etablieren. Es gilt insbesondere, Standards für das *Berichtswesen* und die *Kommunikationsstruktur* (siehe Kapitel 5, »Der unterschätzte Erfolgsfaktor: der Mensch«) inklusive der Projektstatusmeetings festzulegen.

Die folgenden Vorgehensweisen sollten Sie regeln:

- Dokumentationsstrukturen für Prozesse und Entwicklungen
- Konfigurationsstandards
- Berechtigungen
- Fehlerbehandlungsverfahren
- Berichtswesen

Zu den benötigten Berichten zählen u. a.:

- interne Berichte zum Status der Arbeitspakete, inklusive Prognosen bei Zielabweichungen
- Statusberichte über Teilprojekte und das Gesamtprojekt

Legen Sie die Frequenzen und Inhalte von Statusmeetings, Sitzungen mit dem Lenkungsausschuss und mit Ihren Stakeholdern sowie die Form, Termine und Empfänger für regelmäßige Informationen über den Projektfortschritt fest.

Projektstatusmeeting

Die Projektleitung lädt zu regelmäßigen *Projektstatusmeetings* ein. Achten Sie darauf, die Meetings zeitlich zu begrenzen (max. 1,5 Stunden). Sie sollten ausschließlich dem Informationsaustausch, der Darstellung der aktuellen Probleme und der Festlegung der nächsten Schritte dienen. Detaildiskussionen zu Problemlösungen sowie Abstimmungen zu Korrekturmaßnahmen sollten außerhalb dieser Meetings stattfinden.

In einer idealen Welt nehmen alle Projektmitglieder am Projektstatusmeeting teil. In der Regel ist dies jedoch aufgrund der Größe der Projekte nicht möglich. Die Teilnahme beschränkt sich deshalb auf Teilprojektleiter*innen bzw. Teamleiter*innen für bestimmte Arbeitspakete.

Eine Agenda für ein Projektstatusmeeting könnte die folgenden Tagesordnungspunkte enthalten:

1. Allgemeines: Information über aktuelle Ereignisse, Veränderungen im Projektteam, in den Projektplänen usw.
2. Projektstatus pro Arbeitspaket: Projektfortschritt und eventuell Zielabweichungen (Termine, Kapazitäten, Kosten), Risiken
3. Handlungs- oder Entscheidungsbedarf identifizieren und Aktionen vereinbaren
4. Status der bisher vereinbarten Aktionen
5. Sonstiges: Informationen allgemeiner Art

[+]

Effiziente Projektstatusmeetings

Die Effizienz der Meetings wird erhöht, wenn Sie Ihr PMO den Status von Arbeitspaketen und Aktionen, die noch nicht abgeschlossen sind, vorher abfragen und beurteilen lassen. Sie können sich damit im Statusmeeting auf die kritischen Punkte konzentrieren. Die Ergebnisse der Meetings sind zu protokollieren. Vergessen Sie nicht, zu Beginn einen Protokollführer bzw. eine Protokollführerin festzulegen.

Abbildung 6.12 zeigt ein Beispiel-Projektstatusblatt. Die Vorlage dazu finden Sie unter *http://www.sap-press.de/5070* im Bereich **Materialien zum Buch**.

Zielgruppengerechtes Reporting

Zielgruppenorientierte, regelmäßige *Berichte* über den Projektfortschritt sind für Projektleitung, Lenkungsausschuss, Auftraggeber*in/Kunde und Stakeholder zur Steuerung und Reaktion im Projekt unverzichtbar. Nicht alle Projektbeteiligten benötigen allerdings denselben Detaillierungsgrad bzw. dieselbe Berichtsfrequenz.

Neben dem Zuschnitt auf die jeweilige Zielgruppe sollten Sie auch Ihr Augenmerk auf den dafür notwendigen Administrationsaufwand im Verhältnis zum Nutzen eines jeweiligen Berichtes legen. Leicht besteht die Gefahr, dass sich Ihr Berichtswesen zum Selbstzweck mit hohem Aufwand entwickelt und die gründliche Analyse der Ergebnisse darunter leidet.

Hier eine Auswahl möglicher Berichtsinhalte:

- Status und Ergebnisse der Arbeitspakete
- Planabweichungen
- Soll-Ist-Termine

- Soll-Ist-Kosten
- Budgetabweichungen
- Risiken, Probleme und gegebenenfalls Handlungsbedarf

Projekt

Teamname		
Status Gesamtprojekt (rot/gelb/grün)	Vorwoche	aktuell

Termine				
Meilensteine	geplantes Datum	aktuelles Datum	Status Vorwoche	Status aktuell

Hauptaktivitäten	Starttermin	Endtermin	Status Vorwoche	Status aktuell

Abhängigkeiten	Owner	Status

kritische Situationen	Owner	offen seit	Zieltermin	aktueller Termin

Risiken	E(*1)	A(*2)	Aktion

(*1) E = Eintrittswahrscheinlichkeit
(*2) A = Ausmaß des möglichen Schadens

Abbildung 6.12 Beispiel für ein Projektstatusblatt

Für die regelmäßige Kommunikation innerhalb und außerhalb des Projekts legen Sie die entsprechende Meetingstruktur fest. Wir empfehlen wöchentliche Projektstatusmeetings. Meetings mit dem Lenkungsausschuss bzw. mit Stakeholdern können bei unkritischem Projektverlauf monatlich erfolgen.

[»]

Meetings mit dem Lenkungsausschuss/den Stakeholdern

Wir empfehlen monatliche Meetings mit dem Lenkungsausschuss. Bei unkritischem Projektverlauf können Stakeholder-Meetings im Zwei- oder Dreimonatsrhythmus erfolgen. Ziel der Meetings ist es, die Gremien über den Fortschritt des Projekts zu informieren. Dabei sollten wichtige Meilensteine (mindestens der Abschluss einer Projektphase und der Eintritt in die nächste Phase) vom Lenkungsausschuss freigegeben werden.

6.3.2 Steuerungs- und Kontrollprozesse durchführen

Sie haben alle Voraussetzungen für eine wirkungsvolle *Projektsteuerung* geschaffen. Nun geht es darum, die Projektkontrollen laufend und regelmäßig durchzuführen, von Beginn des Projekts bis zum erfolgreichen Abschluss. Eine konsequente kostenmäßige und qualitative Verfolgung der Projekte ist die Basis jeder Projektsteuerung. Meilensteine und Terminpläne bilden das Leitsystem des Projekts.

Auf Basis Ihrer Planung, der darin festgelegten Terminpläne und Meilensteine kontrollieren Sie den Fortschritt des Projekts. Regelmäßige *Plan-Ist-Vergleiche* zum Fertigstellungstermin, zu den Kosten und Ressourcen zeigen Ihnen die Situation im Projekt auf.

Grundlage der Plan-Ist-Vergleiche sind detaillierte Projektpläne, in denen Sie, wie in Abschnitt 6.2.3, »Wie wird geplant?«, beschrieben, Arbeitspakete mit Zeiten, Meilensteinen, Aufwänden, Personalbedarf und Kosten spezifiziert haben.

Sie behalten damit den Überblick über den Projektfortschritt und können rechtzeitig auf Abweichungen reagieren und Korrekturmaßnahmen einleiten. Proaktive Projekt-Reviews geben Ihnen ein zusätzliches Bild über die Situation im Projekt (dazu mehr in Abschnitt 6.4, »Qualitätssicherung«).

Auf Basis der Ergebnisse erfolgt eine gründliche und realistische Analyse und Interpretation der jeweiligen Situationen. Bei Abweichungen vom Plan sind Sie gefordert, in den Projektverlauf einzugreifen und die geeigneten Steuerungsmaßnahmen zur Korrektur einzuleiten. In kritischen Situationen bereiten Sie die erforderlichen Entscheidungsmaßnahmen für Ihr Management vor. In Ihren regelmäßigen Statusmeetings halten Sie die beschlossenen Maßnahmen nach.

Ihr wichtigster Helfer bei der Ermittlung des Projektstatus und der Erarbeitung von Korrekturmaßnahmen sollte Ihr Project Management Office (PMO) sein.

Kennzahlen- und Messsysteme nutzen

Kennzahlen- und Messsysteme sollten Sie so konzipieren, dass Sie Abweichungen zu Ihren Plandaten zu einem Zeitpunkt erkennen können, der es Ihnen erlaubt, noch Korrekturmaßnahmen einzuleiten. Sie stellen Ihr Frühwarnsystem im Projekt dar. Es würde im Rahmen unseres Buches zu weit führen, Kennzahlensysteme im Detail zu erläutern.

Beispiele für Kennzahlen im Projekt

Wir beschränken uns hier auf eine Übersicht über mögliche Einsatzbereiche für Kennzahlen:

- Kennzahlen zu den Arbeitspaketen (Termintreue, Auslastung usw.)
- Kennzahlen für spezifische Projektzielgruppen zur Zufriedenheit und dem Nutzungsgrad des Projekts (Kunden, Projektleitung, Fachbereiche, Endanwender*innen, Lenkungsausschuss usw.)

- finanzielle Kennzahlen (Budgeteinhaltung, Business Case usw.)
- Personalkennzahlen (Fluktuation, Moral usw.)
- Qualitätskennzahlen (Ergebnisse aus Reviews usw.)

Die Liste der Kennzahlen kann noch erweitert werden. Wir empfehlen jedoch, bei der Wahl der Kennzahlen zwischen dem dafür zu erbringenden regelmäßigen Aufwand und dem Nutzen für die Steuerung des Projekts abzuwägen.

Risikomanagement

Die aktive Überwachung von *Projektrisiken* ist ein wichtiger Bestandteil der Projektsteuerung. Gerade bei sehr komplexen SAP-Projekten ist es von großer Bedeutung, frühzeitig Risiken zu identifizieren und Gegenmaßnahmen einzuleiten.

Gefahr im Verzug?

Wir empfehlen dringend, zu Beginn des Projekts potenzielle Risiken zu ermitteln und sie nach ihrer Tragweite und ihrer Eintrittswahrscheinlichkeit zu bewerten. Es empfiehlt sich, Risiken in einer *Risikodatenbank* festzuhalten. Während der Projektlaufzeit auftretende Risiken werden dann systematisch erfasst und bewertet. Auswirkungen und Wahrscheinlichkeit des Risikos, der voraussichtliche Eintritt (sofern keine Gegenmaßnahmen eingeleitet werden) und die Priorität werden ebenfalls dokumentiert.

Es ist wichtig, die Risikosituation in Projektstatus-/Lenkungsausschuss- und Stakeholder-Meetings aufzuzeigen. Abbildung 6.13 zeigt ein *Risikoprofil*, mit dem Sie die Risikosituation Ihres Projekts auf einen Blick veranschaulichen können.

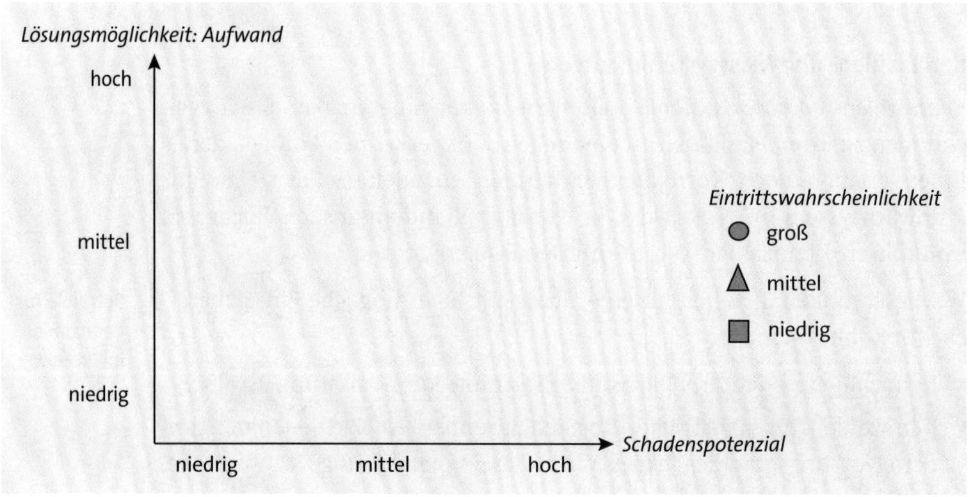

Abbildung 6.13 Beispiel für die Darstellung eines Risikoprofils

Risikoprofile nutzen

Diese Darstellung zeigt Ihnen auf einen Blick Ihre Risikosituation im Projekt. So wenden Sie das Risikoprofil an:

1. Sie beurteilen die Eintrittswahrscheinlichkeit der von Ihnen identifizierten Risiken (groß/mittel/niedrig).
2. Sie ermitteln nun, welches Schadenspotenzial diese Risiken tragen und welche Chancen für Lösungen bestehen (jeweils von niedrig bis hoch).
3. Entsprechend Ihrer Einschätzung ordnen Sie die Risiken in der Matrix zu.

[«]

Die 7 häufigsten Risiken im Projekt

1. Die Zeiten sind zu optimistisch geplant.
2. Die Aufwände wurden unterschätzt, z. B. übersteigt der Programmierumfang bei Weitem die ursprünglichen Annahmen.
3. Der Projektumfang wird durch zusätzliche, laufende Anforderungen erweitert.
4. Projektbesetzungen sind unzureichend oder erweisen sich als ungeeignet.
5. Es kommt zu Verzögerungen in der Entscheidungsfindung, da der Zugang zu den Entscheidungsträger*innen erschwert ist.
6. Die Entscheidungsträger*innen sind nicht klar identifiziert.
7. Die Projektkommunikation ist unzureichend oder wirkungslos.

In Abbildung 6.14 finden Sie ein Beispiel für die Erfassung und Verfolgung der einzelnen Risiken. Die Vorlage dazu finden Sie unter *http://www.sap-press.de/5070* im Bereich **Materialien zum Buch**.

Risikobeschreibung	Kategorien (z. B. Infrastruktur, Termine, Aufwand, Personal, Komplexität, Entscheidungsprozesse, Kommunikation ...)	Auswirkungen	Priorität (1–3)	Maßnahmen	Status	Termin
Testsystem nicht rechtzeitig verfügbar	Infrastruktur	Teststart verzögert	1	temporäre Nutzung des Entwicklungssystems	offen	

Abbildung 6.14 Beispiel für ein Template zur Erfassung und Verfolgung von Risiken

6.3.3 Besondere Einflussfaktoren im Projekt

In jedem Projekt sind Sie Einflussfaktoren ausgesetzt, die Sie nicht zwangsläufig in den standardisierten Plan-Ist-Vergleichen abfragen und erkennen können. Nachfolgend erhalten Sie einige Anregungen, worauf Sie aus unserer Sicht besonders achten sollten.

Der blinde Fleck

Risiken ignorieren

In großen und komplexen Projekten besteht die Gefahr, dass Risiken übersehen oder bewusst ausgeblendet werden. Oftmals werden Einwände ignoriert, die von Außenstehenden an das Projekt herangetragen werden. Durch eine Besetzung des Teams mit Personen, die unterschiedliche Erfahrungen und Qualifikationen mitbringen und die auf die blinden Flecken des anderen achten, können Sie diese Gefahr zumindest minimieren (siehe Köhler 2014).

Eigenleben von Teilprojekten im Projekt

Fehlender roter Faden

Es besteht die Gefahr, dass sich einzelne Teams in Teilaufgaben verlieren, deren Ergebnisse sich später nur schwer in das Gesamtprojekt integrieren lassen. Konsequenzen sind zeitraubende Nachbesserungen, daraus resultierende Verzögerungen und nicht zuletzt atmosphärische Belastungen im Projekt.

Gegensätzliche Interessen

Interessenkonflikte

Der Einsatz der SAP-Software bleibt nicht ohne Auswirkungen auf bestehende Prozesse und Organisationen im Unternehmen (siehe Kapitel 2, »Was ein SAP-S/4HANA-Projekt so anders macht«). Dies kann zu gegensätzlichen Interessen der Fachbereiche, zu Bereichsegoismen und Kompetenzgerangel führen. In diesen Fällen sind Sie besonders gefordert, durch regelmäßige Abstimmung und Kommunikation mit allen Beteiligten schädliche Einflüsse auf das Projekt gering zu halten und Blockaden zu verhindern.

Boykott, Sabotage, Intrigen

Zeitbomben im Projekt

Wenn Sie Pech haben, können Sie in Ihrem SAP-Projekt Menschen begegnen, die sich als Boykotteure/Boykotteurinnen, Saboteure/Saboteurinnen oder Intrigant*innen erweisen (siehe Kloos/Steffan 2011). Ein solches Verhalten kann unterschiedlichste Ursachen haben, u. a.:

- nicht aufgelöste (Ziel-)Konflikte
- Unzufriedenheit mit der (zugewiesenen) Rolle im Team

- Verschiebung/Veränderung oder unklare Machtposition
- Veränderung in vertrauten Situationen

Mit solchen »Zeitbomben« im Projekt umzugehen, zählt zu den größten Herausforderungen der Projektleitung. Ihre Führungskompetenzen sind gefordert: Das Schaffen einer fehlertoleranten Atmosphäre, flache Projektstrukturen, konkrete Zielvereinbarungen, eine vorausschauende Karriereplanung sowie regelmäßige Kontrollen helfen Ihnen, solche Situationen früh zu erkennen und etwaige Probleme zu lösen.

Aus dem Projektleben gegriffen

Sie sind nun sicher gespannt, was aus dem SAP-Projekt unserer Produktions-AG geworden ist, oder? Hier ist das Ergebnis: In der letzten Vorstandssitzung hat Herr Stumpf noch präsentiert, dass alles nach Plan läuft, obwohl es bereits eindeutige Signale aus dem Entwicklungsteam gibt, dass der Einführungstermin nicht gehalten werden kann. Diese Signale und die unorthodoxe Vorbereitung auf diese Vorstandssitzung lassen Herrn Stumpf immer stärker daran zweifeln, dass sein Projekt ohne eine kompetente Projektleitung und ohne klare Projektstrukturen erfolgreich sein kann. Er ruft sein komplettes Projektteam zu einer schonungslosen Aussprache zusammen. Das Ergebnis ist ernüchternd: Niemand glaubt, dass der publizierte Termin gehalten werden kann. Herr Stumpf entschließt sich, den »Gang nach Canossa«, sprich zum Vorstand, anzutreten.

Nach heftigen Diskussionen erhält er die Genehmigung, eine externe Beratungsgesellschaft zur unabhängigen Analyse der Projektsituation einzuschalten. Die Expertinnen und Experten der Beratungsgesellschaft kommen zum Ergebnis, dass allein mit dem ursprünglichen Projektinhalt der Termin um ein halbes Jahr verschoben werden muss. Mit diesem schweren Rucksack tritt Herr Stumpf den »Canossa-Gang Nr. 2« an. Folgender Beschluss wird gefasst:

- Die Beratungsgesellschaft erhält den Projektauftrag und stellt auch eine erfahrene Projektleitung.
- Es bleibt beim ursprünglich vereinbarten Inhalt; die nachträglich geforderte Erweiterung auf die Rechnungsprüfung soll in einem Folgerelease realisiert werden.
- Der Einführungstermin wird um sechs Monate verschoben.

Mit »viel Schweiß und Tränen« gelingt es schließlich, diesen revidierten Einführungstermin zu halten. Über potenzielle disziplinarische Maßnahmen aufgrund des holprigen Starts (wie z. B. Versetzungen, Entlassungen oder sogar überraschende Beförderungen) wollen wir an dieser Stelle nicht spekulieren. Wir freuen uns einfach mit dem Unternehmen und dem Projektteam, dass am Ende doch noch der erfolgreiche Projektabschluss gefeiert werden kann.

[+]

10 Tipps für eine erfolgreiche Projektsteuerung

1. Vertrauen Sie den bewährten SAP-Methoden (bisher ASAP, jetzt SAP Activate).
2. Erleichtern Sie sich den Start, indem Sie auf bereits vorhandene Erfahrungen, Strukturen und Werkzeuge zurückgreifen.
3. Behalten Sie immer den Überblick über den Status Ihres Projekts.
4. Etablieren Sie konsequente Kontrollprozesse, die von Projektbeginn bis Projektende reichen.
5. Setzen Sie klare Standards (z. B. für die Kommunikation), und schulen Sie Ihr Projektteam entsprechend.
6. Gehen Sie strukturiert und methodisch vor.
7. Setzen Sie Berichte, Kennzahlen, Methoden und Werkzeuge sinnvoll ein, und lassen Sie sie nicht zum Selbstzweck werden.
8. Behalten Sie die Projektrisiken im Griff.
9. Entwickeln Sie Sensibilität für außergewöhnliche Entwicklungen.
10. Schaffen Sie eine vertrauensvolle und fehlertolerante Atmosphäre.

6.4 Qualitätssicherung

Das folgende Zitat verdeutlicht die Bedeutung der Qualitätssicherung im Projekt: »Natürlich kostet Qualität, aber fehlende Qualität kostet mehr« (Quadbeck-Seeger, 1. Auflage 2002, aktuelle Auflage von 2008). Je mehr Bedeutung Sie dem Thema *Qualität* von vornherein beimessen und je besser Sie Ihre Qualitätssicherungsprozesse vorbereiten, desto weniger müssen Sie später gegensteuern.

Methodisches Vorgehen und analytische Maßnahmen

Einen ersten Schritt in die richtige Richtung haben Sie bereits getan, wenn Sie für Ihr Projekt klare konstruktive Maßnahmen festlegen. Dazu zählen methodische Vorgehensweisen, Richtlinien, Standards und Checklisten. Sie dürfen es dann jedoch nicht versäumen, alle Beteiligten, insbesondere Ihre Projektmitarbeiter und -mitarbeiterinnen, mit diesen Vorgehensweisen vertraut zu machen. Ganz besondere Bedeutung kommt den sogenannten *analytischen Maßnahmen* zu. Wir verstehen darunter Qualitäts-Reviews, Prozess-Walk-Throughs, Programminspektionen, Audits und Tests.

[«]

Retter in der Not?
Im Internet finden Sie zahlreiche Angebote von Unternehmensberatungen zu Qualitätssicherungssystemen, Reviews, Project Management Quality Systems, Health Checks und Audits. Prüfen Sie genau, welche Erfahrungen der Anbieter hat, bevor Sie sich für eine Beratung entscheiden!

Sie können natürlich lange Studien betreiben, welche der Angebote Ihre speziellen Bedürfnisse treffen könnten. Wir halten es allerdings für wichtiger, dass Sie sich erst mal selbst Klarheit über Qualitätssicherungsmaßnahmen in Ihrem Projekt verschaffen. In diesem Abschnitt möchten wir Ihnen einen Überblick über die Bedeutung von Qualitätssicherungsmaßnahmen und speziell Anleitungen zur Vorbereitung und Durchführung von Projekt-Reviews geben. Abhängig von den Rahmenbedingungen Ihres Projekts gilt es für Sie, sich über die Fragestellungen im Detail und über den Umfang der Reviews Gedanken zu machen. Beim Identifizieren der kritischen Punkte in den einzelnen Phasen ist vor allem gesunder Menschenverstand gefragt.

6.4.1 Wo hakt es in der Praxis?

Qualität, Qualitätsmanagement oder Qualitätssicherung sind Thema einer Flut von Veröffentlichungen und Schulungen. Trotzdem sehen sich viele SAP-Projekte vor massive Probleme gestellt oder scheitern kläglich.

Wo liegt der Hase im Pfeffer? Es mangelt oft am Bewusstsein, dass Qualitätssicherung schon mit dem Startschuss für das Projekt beginnt und nicht auf Tests oder einen Review kurz vor Produktionsbeginn reduziert werden kann. Zumeist sind es Kosten- und Termingründe, die einer durchgängigen Qualitätssicherung entgegenstehen, und das, obwohl Reparaturaufwände im fortgeschrittenen Projektstatus nachweislich ein Vielfaches kosten.

Zu den häufigsten Missständen oder Unterlassungen zählen folgende Punkte:

- Es gibt kein Qualitäts-Review-Konzept über den gesamten Projektverlauf.
- Reviews werden nicht von vornherein in den Plänen verankert.
- Die eigenen Projektmitarbeiter*innen haben nicht die Qualifikation oder die notwendige Distanz, um Reviews durchzuführen.
- Man scheut sich, externe Prüfer*innen zu engagieren.
- Aufgedeckte Schwachstellen werden missachtet oder nicht konsequent verfolgt und gelöst.

[»]

Qualitätssicherung als Verpflichtung

Mit dem Projektauftrag gehen Sie eine unumstößliche Verpflichtung gegenüber Ihren Kunden, Ihren Auftraggeber*innen, den Fachfunktionen und Ihren Projektmitarbeiter*innen ein, das Projekt termingerecht, im Rahmen des Budgets und mit der vereinbarten Qualität zum Erfolg zu führen.

6.4.2 Was bedeutet Qualitätssicherung in der Projektarbeit?

Risiken minimieren

Unter Qualitätssicherung (oder auch Qualitätsmanagement) verstehen wir alle Maßnahmen zur Risikominimierung im Projektverlauf und damit zur Sicherung der vereinbarten Projektziele. Qualitätssicherung erstreckt sich über alle Phasen des Projekts. Es gilt, frühzeitig Fehler oder Abweichungen von den Projektzielen aufzudecken, um rechtzeitig Korrekturmaßnahmen einleiten zu können. Dazu zählen die folgenden Maßnahmen:

- Planungs-, Design- und Architektur-Reviews in den frühen Phasen des Projekts
- Reviews der Projektprozesse, Dokumentationen und der erreichten Ergebnisse in jeder Phase des Projekts
- detaillierte Tests im Laufe der Softwareentwicklung

Wenn Sie es schaffen, den Status Ihres Projekts jederzeit und gewissermaßen im Schlaf darlegen zu können, haben Sie einen wichtigen Grundstein für Ihren Erfolg gelegt.

6.4.3 Reviews vorbereiten und durchführen

Basis für die Reviews

Wenn Sie einen Review vorbereiten, sollten Sie sich zunächst alle Dokumente, die im Projekt eine Rolle spielen, vornehmen. Dazu gehören:

- der schriftliche Projektauftrag
- die Projektorganisation (wer hat welche Verantwortung im Projekt, wer sind die Entscheidungsträger*innen?)
- der Risiko-Management-Plan
- die Änderungsanforderungen und Entscheidungen im Rahmen des Change-Control-Prozesses
- Protokolle aus vorherigen Reviews
- Statusprotokolle und Aktionspläne

Sie entwickeln dann Checklisten zu den Gebieten, auf die Sie im jeweiligen Review Ihren besonderen Fokus legen wollen, z. B.:

- Projekt-Methoden/Techniken/Tools
- Projektstandards (Dokumentationen, Programmierung)
- Aufgabenzuordnungen
- Prozess- und Technik-Reviews sowie Qualitätskontrollen
- Fortschrittskennzahlen
- Berichtswesen
- Kommunikation
- Statusmeetings
- Termine
- Ist-Situation des Besetzungsplans
- Ist-Situation des Budgetplans
- Change-Control-Prozess

Sie legen auch den Personenkreis fest, den Sie in dem jeweiligen Review befragen möchten. Das können neben der Projektleitung und den Projektmitarbeiter*innen auch Sponsor*innen, Stakeholder, Mitglieder des Lenkungsausschusses und Vertreter*innen der Fachabteilungen sein.

Idealerweise legen Sie die Termine und Inhalte für Projekt-Reviews bereits bei der Projektplanung fest und kommunizieren sie an alle Beteiligten. Bei einem geplanten Review informiert der Prüfer oder die Prüferin alle Beteiligten, die Projektleiter*innen erstellen zusammenfassende Präsentationen zu den angefragten Gebieten, und die Projektmitarbeiter*innen aktualisieren die Projektergebnisse. Reviews werden anhand der Checklisten in Form von Interviews durchgeführt.

[+]

Wer sollte die Reviews durchführen?

Wann immer es möglich ist, sollten unabhängige Personen mit dem Review beauftragt werden. Die Prüfer können entweder aus dem eigenen Unternehmen oder aus externen Unternehmen mit Erfahrung im Durchführen von SAP-Projekt-Reviews kommen.

Es gibt verschiedene Arten von Reviews, die wir Ihnen im Folgenden näherbringen möchten.

Anfangs-Review

Das Ziel der sogenannten *Anfangs-Reviews* ist es, bereits vor dem offiziellen Projektstart Schwächen in der Projektvorbereitung zu identifizieren.

- Zeitpunkt: 4 bis 2 Wochen vor Projektstart
- Fokus auf:
  - Projektziele
  - Abstimmung des Projekts im Unternehmen
  - Projektinhalte
  - Projektorganisation
  - Projektressourcen
  - Infrastruktur
  - erste Projektplanung
  - Projektrisiken

Periodischer Review

Das Ziel *periodischer Reviews* ist die unabhängige, regelmäßige Beurteilung des Projektverlaufs sowie die Bestätigung der Einschätzung der Situation aus den Statusmeetings.

- Frequenz: abhängig von der Projektdauer, z. B.
  - monatlich, von 9 Monaten bis 4 Monate vor der Implementierung
  - zweiwöchentlich, von 12 Wochen bis 2 Wochen vor der Implementierung
  - 1 Woche vor/nach der Implementierung
- Fokus auf:
  - Projektplan-Fortschrittskontrolle
  - Kontrolle der Projektrisiken
  - Kosten vs. Projektbudgetrahmen
  - Projekttermine
  - Projektteammoral
  - Abarbeitung von Projektänderungen

[+]

Beispiele für Fragen in periodischen Reviews

Im Folgenden haben wir Ihnen eine Liste mit typischen Fragen zusammengestellt, die Sie im Rahmen eines periodischen Reviews stellen können:

- Ist der Plan geschlossen?
- Sind die Projekttermine zu optimistisch geplant (eventuell durch »Rechts-nach-Links-Planung« (= Rückwärtsplanung von einem vorgegebenen Einführungstermin aus)?

- Kann der Projektmanager die kritischen Meilensteinaktivitäten mit hohem Risiko identifizieren?
- Gibt es einen Risikoplan für die kritischen Meilensteinaktivitäten, die die Projekttermine beeinflussen können?
- Sind alle Planaktivitäten Mitarbeiter*innen zugeordnet?
- Wie viele Planaktivitäten sind (noch) keinen Mitarbeiter*innen zugeordnet?
- Sind im Projektaktivitätenplan alle Leistungen/Ergebnisse aufgeführt?
- Sind allen zu erbringenden Leistungen Aktivitäten und Mitarbeiter*innen zugeordnet?
- Sind die zu erbringenden Leistungen mit unterschiedlichen Detaillierungsgraden dargestellt?
- Verfügen die Mitarbeiter*innen über die geeigneten Fachkenntnisse zur Bewältigung der Planaktivitäten?
- Wenn nicht, welche zusätzlichen Ausbildungsmaßnahmen sind geplant?
- Sind die Planaktivitäten zeitlich bis 40 Stunden oder weniger geplant? Welche Aktivitäten liegen darüber?
- Wurde ein Ressourcenabgleich durchgeführt?
- Gibt es einen kritischen Pfad für die Projektaktivitäten?
- Wie wird der Abschluss von Aktivitäten gesteuert?
- Sind die Abhängigkeiten und Verbindungen definiert?
- Welche Risiken/Problemfelder können den Projektplan beeinflussen?
- Ist ein wirksamer Anforderungsprozess etabliert?
- Welche Auswirkungen haben neue Anforderungen auf die Projektziele?
- Gibt es regelmäßige Statuskontrollen/-meetings?
- Werden Aktionspläne dokumentiert und nachgehalten?
- Werden die Pläne zeitnah aktualisiert?
- Werden Probleme offen kommuniziert oder eventuell sogar unterdrückt?
- Gibt es Indizien, dass Manager nicht »managen«?
- Gibt es Anzeichen einer ineffizienten Projektorganisation?
- Sind Projektstandards etabliert und klar kommuniziert?
- Wird die Einhaltung der Standards überwacht?
- Gibt es Einschränkungen bei Projektfreigaben (z. B. bei Projektphasenwechsel, Zustimmung zu neuen Prozessen)?

Readiness-Review

Das Ziel eines *Readiness-Reviews* ist die Prüfung, ob alle Voraussetzungen für eine erfolgreiche Einführung erfüllt sind (Fertigstellung des SAP-Systems mit den entsprechenden Anpassungen von Partnersystemen sowie Vorbereitung und Information aller Beteiligten).

- Frequenz: 5 Monate/3 Monate/6 Wochen vor der Implementierung
- Fokus auf:
  - Projektstatus insgesamt vs. Plan/Meilensteine
  - Testergebnisse
  - Change Management inklusive Schulungskonzept
  - Kommunikationskonzept
  - Produktionsvorbereitungen

Situations-Review

Das Ziel des *Situations-Reviews* ist es, bei schwerwiegenden Projektproblemen gegenzusteuern oder den Rat eines unabhängigen Projektmanagers einzuholen.

- Zeitpunkt: Ad-hoc-Review gefordert durch Lenkungsausschuss/Stakeholder/Sponsor*in
- Fokus auf: Situations-Reviews, entsprechen inhaltlich den periodischen Reviews

Post-Review

Das Ziel des *Post-Reviews* ist die Überprüfung des technischen Betriebs des Systems, der Prozessqualität, des Produktionsmanagementsystems sowie der Effizienz der Support-Strukturen.

- Zeitpunkt: 2 bis 6 Monate nach Produktionsstart
- Fokus auf:
  - Kennzahlensysteme
  - Prozessperformance (Antwortzeiten, Systemverfügbarkeit)
  - Verbesserungspotenziale
  - System- und Interface-Performance (Messkriterien: Durchlaufzeit, Qualität, Prozesskosten und Kundenzufriedenheit)
  - Prozessqualität, -kontrolle und -sicherheit
  - Kosten-Nutzen-Analyse (Überprüfung des Business Case)

Obwohl Projekt-Reviews hervorragende Instrumente zur Sicherung der Projektqualität darstellen, mangelt es in vielen Projekten an der konsequenten Umsetzung. Oft werden dafür Kosten- und/oder Termingründe genannt, obwohl klar sein müsste, dass Reparaturaufwände in fortgeschrittenen Projektphasen ein Vielfaches kosten.

6.4.4 Behandlung der Review-Ergebnisse

Die Review-Ergebnisse werden in einem Abschlussbericht dokumentiert und an die Auftraggeber*innen des Reviews berichtet (Projektleitung, Lenkungsausschuss, Stakeholder, Geschäftsleitung).

Die folgenden Informationen sollten in einem Review-Abschlussbericht enthalten sein:

- allgemeine Informationen zum Projekt und Review (Projekttitel, Review-Daten, Teilnehmende usw.)
- eine Gesamteinstufung des Reviews mit Begründungen
- Darstellung der Risiken im Detail
- Empfehlungen nach Prioritäten mit entsprechenden Lösungsvorschlägen
- eine Empfehlung, wann der nächste Review erfolgen sollte

Tabelle 6.1 gibt Ihnen ein Beispiel für eine Gesamteinstufung eines Reviews. Generell gilt hier: Alle Empfehlungen werden im Standardberichtswesen festgehalten, und die Erfüllung der Maßnahmen wird in Statusmeetings nachgehalten.

Einstufung	Diagnose	Maßnahmen
A	geringe Probleme, Projekt ist unter Kontrolle	▪ Ein Plan zur Lösung der Probleme ist vorhanden. ▪ Es sind keine besonderen Maßnahmen vonseiten der Projektleitung erforderlich. ▪ Die Überwachung der Lösungen erfolgt im Rahmen der Statusmeetings.
B	verschiedene Probleme, Projekt ist aktuell noch unter Kontrolle	▪ Die Probleme benötigen Managementfokus. ▪ Die Projektleitung erstellt einen monatlichen Statusbericht zu den Verbesserungsmaßnahmen. ▪ Die Überwachung der Maßnahmen erfolgt im Rahmen der Statusmeetings sowie der periodischen Reviews.

Tabelle 6.1 Einstufung des Projekts im Review

Einstufung	Diagnose	Maßnahmen
C	große Probleme (es gibt erste Indizien, dass Termine/Budgets nicht eingehalten werden können)	■ Korrekturpläne sind dringend gefordert. ■ Ein Managementfokus ist erforderlich. ■ Die Projektleitung erstellt Aktionspläne in Abstimmung mit dem Lenkungsausschuss und dem/der Projektsponsor*in und gibt dazu einen (spätestens) monatlichen Statusbericht.
D	schwerwiegende Probleme	■ Die Termine und das Budget sind voraussichtlich nicht haltbar. ■ Es ist hoher Managementfokus gefordert. ■ Die Projektleitung erstellt Aktionspläne in Abstimmung mit Lenkungsausschuss und Projektsponsor*in und gibt dazu einen wöchentlichen Statusbericht.

Tabelle 6.1 Einstufung des Projekts im Review (Forts.)

Das A und O der Qualitätssicherung ist letztlich, dass sie von Beginn des Projekts an durchgängig gelebt wird. Es muss zur Selbstverständlichkeit werden, alle konstruktiven und analytischen Maßnahmen zu befolgen und sie nicht als zusätzliche Belastung anzusehen.

[»]

Qualitätssicherung im Überblick

Eine Qualitätssicherung als Teil des Projektmanagements hat die folgenden Ziele:

- Einhaltung der Projektziele (Termine/Budget/Qualität) sicherstellen
- Status des Projekts nachvollziehbar halten
- frühzeitig Fehler und Abweichungen von den Projektzielen erkennen
- Risiken minimieren

Planen Sie eine Qualitätssicherung von vornherein ein, und wählen Sie die passenden Methoden:

- konstruktive Maßnahmen
  - Projektmanagementmethoden
  - Werkzeuge zur Qualitätssicherung
  - Richtlinien und Standards
  - Checklisten

- analytische Maßnahmen
  - Reviews von Planung, Design und Architektur
  - Reviews der Projektprozesse, Dokumentationen und Ergebnisse
  - detaillierte Tests

6.5 Planung, Steuerung und Qualitätssicherung in SAP-S/4HANA-Projekten

In diesem Kapitel analysieren wir, ob die bisher gegebenen Empfehlungen noch Gültigkeit haben bzw. mit welchen neuen Methoden und Vorgehensweise Sie sich in Ihrem SAP-S/4HANA-Projekt beschäftigen sollten.

6.5.1 Was bewegt die IT-Projekt-Welt heute?

Viele Herstellerdokumentationen, Angebote von Servicedienstleistern und aktuelle Veröffentlichungen zum Projektmanagement beschäftigen sich damit, wie IT-Projekte schneller, effizienter und mit verbesserter Qualität realisiert werden können.

Als Projektverantwortliche*r werden Sie natürlich neue Aspekte in Betracht ziehen, wie etwa:

- neue Implementierungsansätze (SAP Activate)
- neue Tools/Hilfsmittel zur Vereinfachung und zur Beschleunigung Ihrer Projekte
- neue Vorgehensweisen zur Qualitätssicherung

Ein Schwerpunktthema ist dabei häufig die Nutzung agiler Projektmanagementmethoden.

Alter Wein in neuen Schläuchen?

Zweifellos hat die Anwendung agiler Methoden für IT-Projekte in den letzten Jahren immer mehr an Bedeutung gewonnen. Es gibt kaum noch Veröffentlichungen zu IT-Projekten, die sich nicht mit agilen Methoden oder zumindest deren Teilaspekten beschäftigen. Aus der Lektüre heraus könnte man sogar vordergründig den Eindruck bekommen, dass Wasserfallmethoden »total out« und nur mit Nachteilen behaftet sind und dass höchstens noch hybride Methoden (als Kombination aus agilen und Wasserfallmethoden) Erfolg versprechen.

Exkurs: agile versus klassische Methoden

Bevor wir auf die Vorgehensweisen in SAP-S/4HANA-Projekten eingehen, möchten wir Sie nachstehend für einige aus unserer Sicht wichtige Aspekte der agilen Projektmanagementmethoden im Vergleich zu Wasserfallmethoden sensibilisieren. Die klassische Wasserfallmethode vermittelt die Illusion, dass Gesamtkosten, Termine und Projektinhalte nahezu unumstößlich in der ersten Phase eines Projekts festgelegt werden können. Änderungen am Scope werden nach der reinen Lehre lediglich im Rahmen eines strikten Anforderungsmanagements über Change Requests ermöglicht. Projekte mit vielen unvorhersehbaren Faktoren, die flexible Anpassungen benötigen, gelangen damit häufig in Schwierigkeiten.

Agile Methoden verfolgen wiederum das Konzept, Projektziele ohne eine detaillierte Gesamtplanung vor Projektbeginn zu realisieren. Es werden kleinere Lieferobjekte definiert, die in kurzen Zeitabschnitten (sogenannten *Sprints*) umgesetzt und idealerweise gleich eingesetzt werden können.

Fixe und variable Faktoren

Welche Bedeutung hat nun die Projektplanung in agilen Projekten? Als fixe Faktoren gelten das Budget sowie die Termine, als variabler Faktor bleiben die Projektinhalte. Vorrangiges Ziel ist es demzufolge, die Projektinhalte an die gegebenen Rahmenbedingungen (Budget und Termin) anzupassen. Psychologisch wird dadurch der Druck auf die Priorisierung der Anforderungen erhöht, die den größten Business Value haben. Process Owner oder Product Owner sind viel stärker gefordert, ihrer Verantwortung nachzukommen. Die Verantwortung liegt nicht mehr primär bei der Projektfraktion. Im Idealfall resultiert daraus ein gemeinsames Ergebnis. Das klassische Projektmanagementdreieck (siehe Abschnitt 6.2.2, »Was wird geplant?«) kommt hier, wenn überhaupt, nur modifiziert zum Einsatz. Manche Veröffentlichungen sprechen sogar davon, dass es auf den Kopf gestellt wird, weil nur die Inhalte als flexibler Faktor bleiben.

Vor- und Nachteile beider Methoden

Nach der reinen Lehre eignen sich Wasserfallmethoden für Projekte, die sehr konstante Anforderungen aufweisen und keine kurzfristigen Korrekturschleifen benötigen. Agile Methoden sind hingegen besser für Projekte mit vielen unvorhersehbaren Faktoren geeignet, die flexible Anpassungen und kontinuierliche Ergebnisse benötigen. Sowohl Wasserfallmethoden als auch agile Methoden haben Vor- und Nachteile (siehe Tabelle 6.2).

Agil	Klassisch
Vorteile	
+ frühzeitige Lieferung von funktionsfähigen Zwischenprodukten	+ exakte Bestimmung der Projektinhalte von Beginn an (basierend auf dem Pflichtenheft)

Tabelle 6.2 Vergleich von agilen und Wasserfallmethoden

Agil	Klassisch
+ flexible Anpassungen bei Projekten mit vielen unvorhersehbaren Faktoren	+ präzise Planung umfangreicher, komplexer Projekte
+ bessere Anpassung auf sich ändernde Marktanforderungen	+ zuverlässige Durchführung komplexer Projekte dank der geordneten Strukturen eines Phasenkonzepts
+ schnellere »Time-to-Market«	+ erleichterte Einbindung und Steuerung von virtuellen Projektteams und externen Projektpartnern auf der Basis konkreter Arbeitspaketplanungen
Nachteile	
– geringere Vorhersagbarkeit der endgültigen Projektergebnisse, da nur kurzfristige Perioden (Sprints) präzise geplant werden	– ungeeignet für Projekte mit vielen unvorhersehbaren Faktoren, die flexible Anpassungen benötigen
– zu Beginn kaum abschätzbare Gesamtkosten	– aufwendige Anpassung an zusätzliche Anforderungen
– erhöhter laufender Abstimmungsbedarf	– spätes Erkennen von Planungsfehler, oft erst in späteren Phasen der Projekte, da der geplante Ablauf aus der Konzeptionsphase fest eingehalten wird

Tabelle 6.2 Vergleich von agilen und Wasserfallmethoden (Forts.)

Hybride Methode mit SAP Activate

Da auch die IT-Projektwelt nicht immer schwarz-weiß ist, gewinnen hybride Projektmanagementansätze (eine Verbindung beider Pfade) mehr und mehr an Bedeutung. Diesen Trend werden wir in den weiteren Ausführungen zum Projektmanagement in SAP-S/4HANA-Projekten unter Nutzung der SAP-Implementierungs-Methode SAP Activate bestätigt finden.

6.5.2 Projektmanagement in SAP-S/4HANA-Projekten

Auch in SAP-S/4HANA-Projekten stellt sich zu Beginn die Frage, mit welchen Methoden Sie arbeiten wollen. Sie können natürlich detaillierte Studien durchführen, um eine geeignete Methode zu finden. Nicht zu vergessen, dass Sie auch dann gefordert sind, die geeigneten Projektleiter*innen/Projektmitarbeiter*innen mit diesen Skills zu finden oder sogar auszubilden.

Wie schon in unseren SAP-ERP-Projekten sind wir zu der Entscheidung gelangt, die von SAP bereitgestellten Hilfsmittel zu benutzen. Warum sollten Sie sich in Experimente stürzen? Es ist naheliegend, den vom Lieferanten vorgegebenen Strukturen und Empfehlungen zu folgen.

Projektmanagement mit dem SAP Solution Manager 7.2

Der *SAP Solution Manager 7.2* bietet alle Funktionen, die Sie zur Führung des Projekts brauchen, von der Konzeptionsphase bis hin zum Abschluss des Projekts (siehe Kapitel 9, »Werkzeuge zur Projektunterstützung«). Wir empfehlen, dass Sie dazu den *SAP S/4HANA Implementation Roadmaps* folgen. Dabei handelt es sich um Beschreibungen der Implementierungsmethoden über den kompletten Lebenszyklus eines Projekts, für alle drei SAP-S/4HANA-Transformationsszenarien:

- New Implementation (Neu Implementierung)
- System Conversion (System Konvertierung)
- Landscape Transformation (Konsolidierung mehrerer SAP-Systeme)

Sie finden dort u. a. einen Best-Practices-Projektplan, die Beschreibung der Phasen des Projekts (nach SAP Activate) und Hilfsmittel zur Steuerung des Projekts für jede einzelne Phase. Je nach Projektart werden dort auch agile und Wasserfallvarianten beschrieben. (Mehr Details zu den Roadmaps finden Sie in Abschnitt 3.7.1, »Roadmap Viewer«.)

Es erscheint uns müßig, an dieser Stelle Überlegungen anzustellen, ob Sie mit SAP Activate mehr den klassischen Pfaden oder den agilen Pfaden folgen. Nach unserer Einschätzung ist SAP Activate eine Kombination aus Brainware und technischen Tools, die bei konsequenter Anwendung zur Beschleunigung von Projekten beiträgt, verglichen mit früheren Methoden.

Wichtig ist, dass SAP Activate Möglichkeiten bietet, Aktivitäten innerhalb bestimmter Phasen in agilen Modi durchzuführen, basierend auf einem eher traditionellen Framework. SAP Activate umfasst drei Kernkompetenzen:

- SAP Best Practices (vorkonfigurierte Geschäftsprozesse)
- Guided Configuration (geführte Konfigurationen mithilfe des SAP Solution Builders zur Aktivierung der SAP Best Practices)
- Methodology (definierte Methodik zur Adaption von SAP S/4HANA in Phasen)

Beschleunigung durch vorgefertigte Lösungen

Es bietet sich dazu an, *SAP Focused Build* zu nutzen. Mit den Focused Solutions bietet SAP vorgefertigte Lösungen für individuelle Situationen im Unternehmen an. Es handelt sich um eine agile, tool-unterstützte Methoden auf der Basis des SAP Solution Managers.

6.5.3 Besonderheiten bei SAP-S/4HANA-Projekten

Sie werden sich sicher die Frage stellen, was sich in Bezug auf Planung, Projektsteuerung und Qualitätssicherung mit SAP-S/4HANA verändert hat, bzw. welche (hoffentlich) verbesserten Hilfsmittel zur Verfügung stehen.

Planung

Keine Planung ohne Projektstrukturplan

Noch immer gilt: Alle Hilfsmittel, Tools und Guidelines liefern auch hier nicht automatisch die Planung. Basis ist und bleibt ein *Projektstrukturplan*. Ein besonderer Fokus sollte auf die Planung und Schätzung agiler Aktivitäten im Rahmen von SAP Focused Build gelegt werden.

Generell sieht SAP Activate folgende Planungszyklen vor:

- **Strategische Planung in der Discover-Phase**
  In dieser Phase legen Sie die Basis für Ihre künftige Geschäftsstrategie und eine dafür notwendige IT-Architektur. Das Ziel muss sein, eine vollständige Innovationsstrategie für die Einführung neuer oder erweiterter Geschäftsfelder zu erarbeiten. Die SAP Best Practices können hierbei wertvolle Unterstützung leisten. Im Ergebnis legen Sie, noch auf einem hohen Level, die Projektabläufe für die geplanten Geschäfts- und IT-Änderungen auf eine entsprechende Zeitachse.
- **Transition-Planung in der Prepare-Phase**
  In dieser Phase erstellen Sie den Projektstrukturplan mit entsprechenden Detailplänen. Die Ausführungen zur Vorgehensweise bei der Erstellung eines Projektplans in Abschnitt 6.2.3, »Wie wird geplant?«, treffen nach wie vor zu. Die Entscheidung über Vorgehensweise und Detaillierungsgrad können Ihnen weder neue Methoden noch Tools abnehmen. Aus dem Projektstrukturplan werden die möglichen agilen Entwicklungsobjekte abgeleitet.

Herausforderung: Schätzung von agilen Objekten

Auch für die Aufwandsschätzung sind unsere Ausführungen aus Abschnitt 6.2.4, »Wie teuer, wie lang, wie viel? Die Aufwandsschätzung«, nach wie vor aktuell. Jedoch stellt sich natürlich die Frage, wie agile Entwicklungsobjekte geschätzt werden können. Aufgrund der kurzen Zyklen können Sie es sich nicht leisten, zeitaufwendige Berechnungen anzustellen.

Folgende Vorgehensweise, die allerdings sehr viel Erfahrung voraussetzt, könnte für Sie interessant sein: Die einzelnen Entwicklungsobjekte werden miteinander verglichen, und zwar in der Relation der Aufwände. Die kleinste Einheit erhält z. B. den Wert 1, andere Einheiten, davon abgeleitet, ein Mehrfaches bis hin zu einer Obergrenze für die komplexesten Objekte, die Sie sich selbst setzen.

Projektsteuerung

SAP Solution Manager 7.2

Wie bereits zu Beginn dieses Kapitels erwähnt, bietet der SAP Solution Manager 7.2 alle Funktionen, die sie zur Steuerung des Projekts brauchen. Der *Roadmap Viewer* zeigt Ihnen darin alle Informationen zum Projektfortschritt. (Plananpassungen sind jedoch darin nicht möglich. Dazu nutzen Sie die Projektmanagementfunktion im SAP Solution Manager.) Der Roadmap Viewer bietet darüber hinaus die Möglichkeit der Wissensvermittlung am Arbeitsplatz (durch den Abruf sogenannter *Knowledge Articles*).

Qualitätssicherung

Bezüglich Qualitätssicherung in SAP-S/4HANA-Projekten mit SAP Activate betreten Sie nicht wirklich Neuland gegenüber Ihren bisherigen IT-Projekten, z. B. SAP-ERP-Projekten mit ASAP. Wirklich neu ist der verstärkte Fokus auf Quality Gates in SAP Activate und damit eine sehr viel stärkere Formalisierung zum Abschluss jeder Projektphase. Es ist ein strukturierter Prozess zur Prüfung, ob alle Anforderungen an eine Projektphase vor dem Übergang in die nächste Phase erfüllt wurden.

Technical Quality Manager: Retter des Projekts?

Dies führt natürlich nur zum Erfolg, wenn Sie in Ihrem Projekt diesen Quality Gates auch die entsprechende Bedeutung beimessen. SAP empfiehlt hier die Etablierung eines *Technical Quality Managers* (TQM), der der Projektleitung hilft, kritische Situationen rechtzeitig zu erkennen und zu lösen.

Die wichtigste Voraussetzung dafür ist, dass Sie überhaupt einen *Projektqualitätsplan* erstellen, der in Ihrem Projektplan mit ausreichenden Aufwänden reflektiert ist. Unserer Einschätzung nach handelt es sich um eine Investition, die sich unter dem Strich auszahlt und an der Sie nicht sparen sollten. Oft sind es vorgeschobene Kosten- und Termingründe, die einer durchgängigen Qualitätssicherung entgegenstehen – und das, obwohl jede(r) Projektmanager*managerin wissen müsste, dass Reparaturaufwände im fortgeschrittenen Projektstatus nachweislich ein Vielfaches kosten.

Quality Gates

Als Qualitätssicherungsmaßnahmen empfiehlt SAP mindestens vier Projekt-Reviews zum jeweiligen Ende der Activate Projektphasen – vor dem Übergang in die nächsten Phasen (siehe Abbildung 6.15). Sie sind natürlich frei in Ihrer Entscheidung über die Anzahl solcher *Quality Gates* in Ihrem Projekt. Wir empfehlen jedoch dringend, diese Mindestanforderungen einzuhalten! Zudem empfehlen wir, bei agilen Teilprojekten jeden Sprint (z. B. im Rahmen der Scrum-Methode) einem entsprechenden Review zu unterziehen.

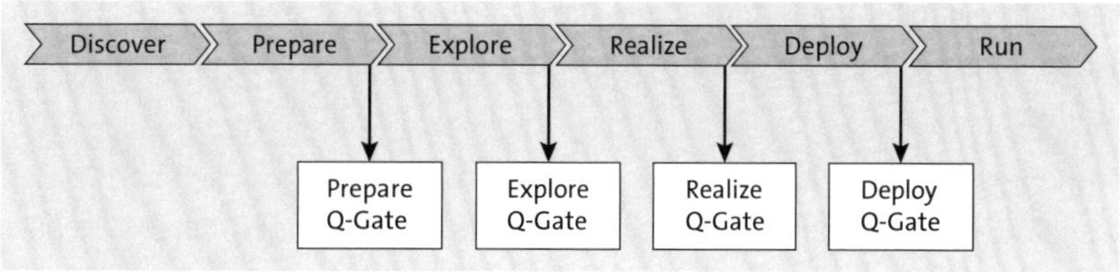

Abbildung 6.15 Quality Gates

Kombination von Quality-Gate-Reviews und Phasen-Pre-Reviews

Es bietet sich des Weiteren an, wie auch in SAP Activate empfohlen, zu Beginn einer Phase sogenannte *Pre-Reviews* durchzuführen. Ziel ist es, die Projektorganisation auf die kommende Projektphase vorzubereiten. Es bietet sich an, die Quality-Gate-Reviews mit den Phasen-Pre-Reviews zu kombinieren. Tabelle 6.3 bietet eine Übersicht über die Zielsetzungen von Quality Gates.

Was sind Quality Gates?	Was sind Quality Gates nicht?
▪ ein formaler Check, ob die Projektergebnisse den Standards und Plänen entsprechen ▪ eine strukturierte Vorgehensweise, um jederzeit die Projektsituationen prüfen zu können ▪ Chancen für die Projektleitung, kritische Situationen mit Qualitätsmanagern oder auch Stakeholdern zu besprechen ▪ eine Überprüfung, ob die von SAP empfohlenen Standards und Tools mit dem bestmöglichen Wirkungsgrad eingesetzt werden, um die Risiken zu reduzieren ▪ letztlich auch ein interner Check der Leistungen aller Projektbeteiligten, insbesondere der Projektleitung	▪ eine Garantie dafür, dass keine weiteren Projektrisiken auftreten können ▪ ein Ersatz für umfassende Projektmanagement-Reviews ▪ inhaltlicher Review *aller* Projektergebnisse

Tabelle 6.3 Quality Gates

6.5.4 Aufgaben in den verschiedenen Projektphasen (Checklisten)

Ideen aus der Praxis

Leider konnten wir bisher in SAP Activate keine detaillierten Fragebögen für die jeweiligen Phasen-Reviews finden. Als Anregung geben wir Ihnen deshalb nachstehend einige Ideen dazu aus unserer Praxis, die Sie auch im Downloadangebot zu diesem Buch unter *http://www.sap-press.de/5070* finden.

Im Folgenden finden Sie also Checklisten mit wichtigen Aufgaben in den von SAP empfohlenen Quality Gates, jeweils zum Ende der Phasen Prepare (Tabelle 6.4), Explore (Tabelle 6.5), (Tabelle 6.6) und Deploy (Tabelle 6.7). Für die Phasen Discover und Run sieht SAP Activate keine Quality Gates vor. In den letzten beiden Tabellen, Tabelle 6.8 und Tabelle 6.9, finden Sie die Eintritts- bzw. Abschlusskriterien für den Akzeptanztest.

Aufgaben in der Prepare-Phase	Erledigt
Der Transition Plan liegt vor, inklusive Scope, Terminen, Aufwänden und detailliertem Durchführungsplan.	☐
Systemarchitektur, Interfaces und Auswirkungen auf angrenzende Anwendungen sind definiert.	☐
Das Projektteam ist etabliert.	☐
Ein Projekt-Kick-off-Meeting wurde durchgeführt.	☐

Tabelle 6.4 Fragebogen – Prepare-Phase

Aufgaben in der Explore-Phase	Erledigt
Die detaillierten Geschäftsprozessanforderungen sind definiert, dokumentiert und von den Projektsponsor*innen und Geschäftsprozess-Ownern freigegeben worden.	☐
Die Definition der technischen Anforderungen (SAP-Systemarchitektur) zur Umsetzung der Geschäftsprozessanforderungen ist erfolgt. Schnittstellen/Interfaces und Erweiterungen sind festgelegt.	☐
Eine erste Analyse möglicher Organisationsanpassungen wurde durchgeführt.	☐
Technische Entwicklungs- und Testplattformen sind installiert	☐

Tabelle 6.5 Fragebogen – Explore-Phase

Aufgaben in der Realize-Phase	Erledigt
Die Programmierungen/Konfigurationen (Customizing) sind abgeschlossen.	☐

Tabelle 6.6 Fragebogen – Realize-Phase

Aufgaben in der Realize-Phase	Erledigt
Die Daten in den Altverfahren sind bereinigt, konvertiert und stehen für die Migration bereit. Die maximal akzeptierte Fehleranzahl ist festgelegt (auf jeden Fall < 1 %!).	☐
Die Auswirkungen der neuen Prozessabläufe auf Organisationen/Arbeitsplätze sind mit allen betroffenen Fachfunktionen abgestimmt (eine formale Zustimmung ist empfehlenswert).	☐
Die Schulungsunterlagen sind entwickelt, Schulungspläne und Unterrichtsmethoden sind festgelegt, eine Pilotschulung ist durchgeführt, ein Performancetest der Ausbildungssysteme liegt vor.	☐
Der Produktionsstart ist mit allen Beteiligten abgestimmt: Rechenzentren, Anwendungseigner*innen, Endanwenderorganisationen, Stakeholdern.	☐
Die Schnittstellenprogramme sind entwickelt und getestet.	☐

Tabelle 6.6 Fragebogen – Realize-Phase (Forts.)

Aufgaben in der Deploy-Phase	Erledigt
Alle Verantwortlichkeiten für den Produktivstart sind vereinbart, die Entscheidungsträger*innen sind festgelegt, die finalen Go-/No-go-Kriterien sind definiert.	☐
Die Anzahl und die Auswahl der Testfälle für den Produktivstart sind definiert.	☐
Die Produktionssysteme sind aufgebaut, und der abschließende Test mit ausgewählten Testfällen verlief erfolgreich.	☐
Alle Daten sind erfolgreich migriert, und die Ergebnisse entsprechen den Qualitätskriterien.	☐
Die Schulungen sind abgeschlossen; alle Endanwender*innen sind geschult.	☐
Produktionszugriffe für Endanwender*innen sind eingerichtet.	☐
Jobprofile und Rollen sind zugeordnet; es bestehen keine Autorisierungskonflikte.	☐
Die Support-Struktur nach dem Produktivstart ist etabliert; ein Helpdesk ist aufgebaut und einsatzfähig.	☐

Tabelle 6.7 Fragebogen – Deploy-Phase

Aufgaben in der Deploy-Phase	Erledigt
Die Ankündigungsschreiben auf Basis der internen und externen Kommunikationsstrategie sind entsprechend vorbereitet.	☐
Alle Freigaben für den Produktivstart liegen vor.	☐

Tabelle 6.7 Fragebogen – Deploy-Phase (Forts.)

Test-Checklisten

Der Bedeutung des Akzeptanztests im Rahmen der Prepare-Phase angemessen, finden Sie nachstehend spezielle Fragebögen zu Eintrittskriterien (Tabelle 6.8) und Abschlusskriterien (6.9).

Eintrittskriterien für den Akzeptanztest *(End-to-End-Test der Geschäftsprozesse in SAP S/4HANA, inklusive aller vor- und nachgelagerten Anwendungssysteme)*	Erledigt
Das Testkonzept ist entwickelt und enthält die Definition der Testumgebung, Schnittstellen, Testvorgehensweise, Test-Tools und Abnahmekriterien. Performance- und Stresstests sind Teil der Teststrategie.	☐
Testplan und Ressourcen sind verfügbar.	☐
Die Art und Anzahl der geplanten Testfälle sind in der Testmatrix festgelegt worden. Die Fachfunktionen werden für die Auswahl der Testfälle eingebunden. Die Geschäftsprozessmanager haben die Testmatrix freigegeben.	☐
Ein Test-Kick-off mit allen Partnern ist durchgeführt.	☐
Die Integrationstest mit Partneranwendungen, die Voraussetzung für den Beginn des Akzeptanztests sind, sind erfolgreich abgeschlossen. Es gibt keine kritischen offenen Fehler.	☐
Die vereinbarten Daten für den Test sind geladen.	☐
Die Unterstützungsstruktur für den Test steht fest.	☐
Die Tools für Testmanagement und Problemmanagement sind verfügbar.	☐
Potenzielle Testrisiken sind dokumentiert, Aktionspläne für den Eintrittsfall sind festgelegt.	☐
Eine Nomenklatur der Fehlerkategorien ist definiert (unsere Empfehlung: 1–4).	☐

Tabelle 6.8 Fragebogen – Eintrittskriterien für den Akzeptanztest

Abschlusskriterien für den Akzeptanztest	Erledigt
Alle geplanten Testfälle wurden erfolgreich durchgeführt.	☐
Alle Fehler der kritischen Fehlerkategorien (unserer Empfehlung folgend 1 und 2) sind dokumentiert, analysiert, korrigiert, nochmals getestet und vom Urheber freigegeben.	☐
Für alle offenen Fehler der weniger kritischen Fehlerkategorien (3 + 4) besteht ein Aktionsplan.	☐
Die Freigabe von vor- und nachgelagerten Verfahren liegt vor.	☐

Tabelle 6.9 Fragebogen – Abschlusskriterien für den Akzeptanztest

Sie sind natürlich frei in der Entscheidung, wie Sie Ihr SAP-S/4HANA-Projekt realisieren möchten. Unsere klare Empfehlung lautet jedoch: Nutzen Sie weitgehend die von SAP empfohlenen Methoden, Tools und Hilfsmittel.

Kapitel 7

Beispiele aus realen SAP-S/4HANA-Projekten

Projekte sind mitunter sehr unterschiedlich, z. B. laufen sie in profitorientierten Unternehmen anders ab als in nicht-gewinnorientierten Organisationen. Die folgenden Beispiele aus realen Projekten zeigen Ihnen die kleinen und großen Herausforderungen bei der Durchführung von SAP-S/4HANA-Projekten und wie Sie mit ihnen erfolgreich umgehen.

Nichts ist so hilfreich wie Beispiele aus der Praxis

Nichts ist so hilfreich, wie das Gelesene an realen Beispielen nachzuvollziehen, haben wir uns gedacht, und möchten in diesem Kapitel aus dem realen Projektleben von SAP-S/4HANA-Projekten oder Projekten mit SAP HANA als Plattform und mit agilen Teilprojekten berichten. Wir beschränken uns dabei auf besonders relevante Aufgaben aus dem Bereich Projektmanagement. Um die Verständlichkeit zu erhöhen, werden allgemeine Projektinformationen zu jedem Projekt beigefügt. Wir haben auch versucht, uns, so weit es sinnvoll erschien, an eine einheitliche Agenda zu halten. Sie werden aber verstehen, dass wir nicht alle Einzelheiten der Projekte erklären. Ein solcher Projektbericht könnte sonst schnell ein eigenes Buch füllen.

7.1 Vorbereitung eines SAP-S/4HANA-Implementierungsprojekts

Diese Referenz beschreibt kein vollständiges Projekt, sondern die Vorbereitung einer Implementierung in der Prepare-Projektphase (Phase 2), in der das Tool, in diesem Fall also SAP S/4HANA, und der Dienstleister für die Implementierung ausgewählt wird.

7.1.1 Ausgangssituation

Auch sehr erfolgreiche Unternehmen, gerade aus dem Mittelstand, müssen mitunter Entscheidungen treffen, die den zukünftigen Erfolg sichern helfen. Aktuell spielt das Thema Digitalisierung dabei oft eine Rolle. Mit dem Generationenwechsel in der Unternehmensführung stehen neben anderen wichtigen Entscheidungen häufig auch die Umstellung auf digitale Geschäftsprozesse und damit die Erhöhung von Geschwindigkeit und Effizienz der Digitalisierung an.

Jedes IT-System hat seine Zeit

Unser Beispiel ist ein mittelständisches Unternehmen mit eigener Produktion (Prozessindustrie) und agiert seit Jahrzehnten sehr erfolgreich in Deutschland und auch international. Sämtliche Abläufe im Unternehmen sind erprobt und werden seit Jahren erfolgreich umgesetzt: zum Teil in mittlerweile in die Jahre gekommenen IT-Lösungen, oft aber in Einzelplatzanwendungen oder auch papier-basiert. Das jedoch schließt diverse Medienbrüche sowie Parallel- und Schattenprozesse ein.

Aufgrund der aktuellen Situation (viele unabhängige Prozessschritte, häufig manuell) ist das Unternehmen aber auch sehr flexibel, was die Auslegung und Anwendung dieser Prozesse angeht. Die punktuelle Erneuerung der IT-Unterstützung wurde vor Jahren begonnen. Eine Digitalisierungsstrategie gab es aber bisher nicht. Vor diesem Hintergrund wurden vor einiger Zeit erste Gespräche zur Implementierung einer neuen ERP-Systemlandschaft begonnen.

Standardsoftware oder doch lieber Eigenentwicklung

Die Altsysteme haben ihr Lebensende erreicht. Weiterentwicklung und Betrieb hängen an wenigen Kolleginnen und Kollegen, die ihrerseits dem wohlverdienten Ruhestand entgegensehen. Sowohl die Technologie als auch die Abbildung der (Teil-)Prozesse ist, vor dem Hintergrund digitaler Prozesse, wenig zukunftsfähig. Aktuelle Anforderungen können nicht mehr abgebildet werden. Das Benutzer-Interface ist veraltet, und Schnittstellen lassen sich nicht adäquat abbilden. Eine neue Lösung muss her. Folgende Alternativen werden in Betracht gezogen:

- die punktuelle Erneuerung der IT-Landschaft weitertreiben und für spezielle Anforderungen Lösungen entwickeln lassen
- auf eine Standardlösung setzen, die durch den Hersteller weiterentwickelt wird, grundlegende Funktionalitäten gut abbildet und in der die speziellen Anforderungen relativ einfach und zukunftssicher als Addons realisiert werden können

Eine Frage der Strategie

Dazu ist die Frage zu klären, welche strategische Ausrichtung der neuen Lösung vorausgehen und zugrundeliegen soll:

- die Unterstützung wichtiger Prozessbereiche als Insellösung und eine eher manuelle Integration und Konsolidierung der Daten
- eine integrierte Standardlösung für viele Prozessbereiche, angereichert um Funktionalitäten aus Spezialanwendungen wie etwa Labormanage-

mentsystemen oder Systemen zur Steuerung spezieller Produktionsbereiche

Parallel zu der Diskussion über eine neue ERP-Lösung wird im Unternehmen eine grundlegende Diskussion über bestehende Prozesse und deren Optimierung geführt. Die Ergebnisse aus diesem parallelen Projekt fließen direkt in die ERP-Entscheidung ein.

Die strategischen Gespräche über Prozesse und die zukünftige ERP-Landschaft führen zu dem Ergebnis, dass eine integrierte Lösung mit zusätzlichen Spezialanwendungen langfristig die bessere Lösung ist. Für den Prozess zur Auswahl des zukünftigen ERP-Tools und des passenden Implementierungspartners werden aber einige Fragen für flexiblere Entscheidungen offen gelassen:

- Welche ERP-Anwendung ist für einen relativ kleinen Betrieb mit aktuell ca. 75 aktiven ERP-Anwender*innen sinnvoll einsetzbar (Funktionalität, Implementierungsaufwand, langfristige Betriebskosten, Betreibermodelle)?
- Welcher Partner passt inhaltlich, von der Größe her, in Bezug auf die Vorgehensweise?
- Welche Funktionalitäten sollen/müssen im ERP-System abgebildet werden und welche nicht (z. B. aus Gründen der Datensicherheit)?
- Welche Einführungsmethode wird als Basis herangezogen und wie sieht die Aufgabenaufteilung zwischen Dienstleister und Kunde aus (vor dem Hintergrund der Verfügbarkeit interner Expertise)?
- Wie sieht ein mögliches Integrationsszenario mit notwendigen Spezialanwendungen aus?

Daraufhin wurde eine Ausschreibung vorbereitet, die möglichen Anbietern (Software und Implementierung) genau diese Fragen stellt und entsprechende Lösungsansätze abfragt.

[«]

Lösungen in der Auswahl

Die Ausschreibung zog sowohl eine SAP-S/4HANA-Lösung als auch eine Lösung auf Basis von Microsoft 365 in Erwägung. Die Unterschiede zwischen einer reinen ERP-Lösung wie SAP S/4HANA, die auf einer der modernsten Datenbanktechnologien beruht und der Plattform-Lösung Microsoft 365 wären eine eigene Publikation wert. Es zeigt sich aber anhand dieser Ausschreibung, dass SAP S/4HANA mittlerweile zu einer mehr als konkurrenzfähigen Lösung auch für den (kleineren) Mittelstand geworden ist.

7.1.2 Gründe für das Projekt

Die Gründe für das Projekt sind schnell skizziert. Ein über Jahre sehr erfolgreiches Unternehmen hat aus nachvollziehbaren Gründen des Thema Prozesse und IT nicht als den Hauptfokus gesehen. Im Vordergrund standen Produktentwicklung, Kundenbindung, Optimierung von Ein- und Verkauf für Rohstoffe und Produkte standen. Digitalisierung war ein Medien-Schlagwort, aber kein Unternehmensziel.

Digitalisierung

Mit dem bereits erwähnten Generationenwechsel rückte die digitale Welt jedoch näher ans Unternehmen. In ersten Gesprächen (intern und mit externer Unterstützung) wird die Idee geboren, eine Plattform für die Digitalisierung in Form eines einheitlichen, unternehmensweit gültigen und integrierten ERP-Systems zu schaffen. Parallel dazu werden sämtliche Prozesse auf den Prüfstand gestellt und dokumentiert. Die Frage, die dahinterstand, lautete: »Was wollten wir eigentlich schon immer besser machen«? Die dokumentierten Prozesse und die jeweils zugehörigen »Handlungsfelder« sind die Grundlage für eine moderne ERP-Implementierung. Bei der Auswahl der möglichen Implementierungspartner zeigt sich, dass es neben den Partnern für Konzerne und Großunternehmen auch eine große Anzahl an SAP-Implementierungspartnern gibt, die den Mittelstand als ihr Aufgabengebiet betrachten – und das sowohl auf Basis von SAP S/4HANA als auch Microsoft 365.

7.1.3 Projektziele

Digitalisierung als Grundlage für Prozessoptimierung

Ziel des ERP-Projekts ist die Schaffung einer Plattform für die Digitalisierung. Hintergrund sind aber nicht neue, digitale Geschäftsmodelle, sondern die Optimierung der aktuellen Prozesslandschaft. Dabei fallen nicht (nur) die Einsparung von Kosten, sondern die schnellere Reaktion auf Kundenanforderungen und die Einsparung an Ressourcen wie Zeit, Energie, Lagerplatz usw. ins Gewicht. Personalabbau gehört nicht zu den vordergründigen Zielen des Projekts.

Der Auswahlprozess bis zur Angebotspräsentation wurde zweigleisig gefahren, d. h., es traten sowohl Implementierungspartner mit SAP S/4HANA als auch mit Microsoft 365 ERP gegeneinander an. Hier treffen zwei unterschiedliche Auffassungen von ERP-Systemen aufeinander: SAP mit der Technologieplattform SAP HANA und dem Produkt SAP S/4HANA als »reines« ERP-System auf der einen Seite, Microsoft mit der Technologieplattform Microsoft 365 als Framework aus verschiedensten Komponenten (ERP, CRM, Office, Dokumentenmanagement (SharePoint), Cloud-Services (Azure) Tools zur Zusammenarbeit usw.), auf der anderen Seite. Und alles funktioniert optimal (nur) in der Cloud. Da das Unternehmen letztlich nur ein ERP-System implementieren wollte, bekam SAP S/4HANA den Vorzug.

Das Projektziel ist ein zentrales, integriertes ERP-System auf der Basis von SAP S/4HANA, in dem sämtliche Support-Prozesse (Einkauf, Vertrieb, Finanzbuchhaltung und Controlling, Personal) abgebildet werden. Für die Produktion und spezielle Prozesse wir z. B. das Labormanagement sind durchaus spezialisierte Systeme denkbar, etwa ein CRM-System (Customer Relationship Management) für die Kundenkommunikation, ein MES (Manufacturing Execution System) für die Produktion, ein LIMS (Labor Information Management System) für die Laborfunktionalität und ein PIM-/PDM-System (Product Information Management/Product Data Management) für die Produktinformationen, Electronic Data Exchange (EDI) für den elektronischen Datenaustausch und Dokumentenmanagement-/Content-Management-Systeme (DMS/CMS) für die revisionssichere Ablage von Dokumenten. Alle diese Systeme sollen mit dem SAP-S/4HANA-System integriert sein. Die Definition der Architektur wird erst im Projekt geschehen. Abbildung 7.1 zeigt die erste Idee (»NewERP« ist das Zielsystem).

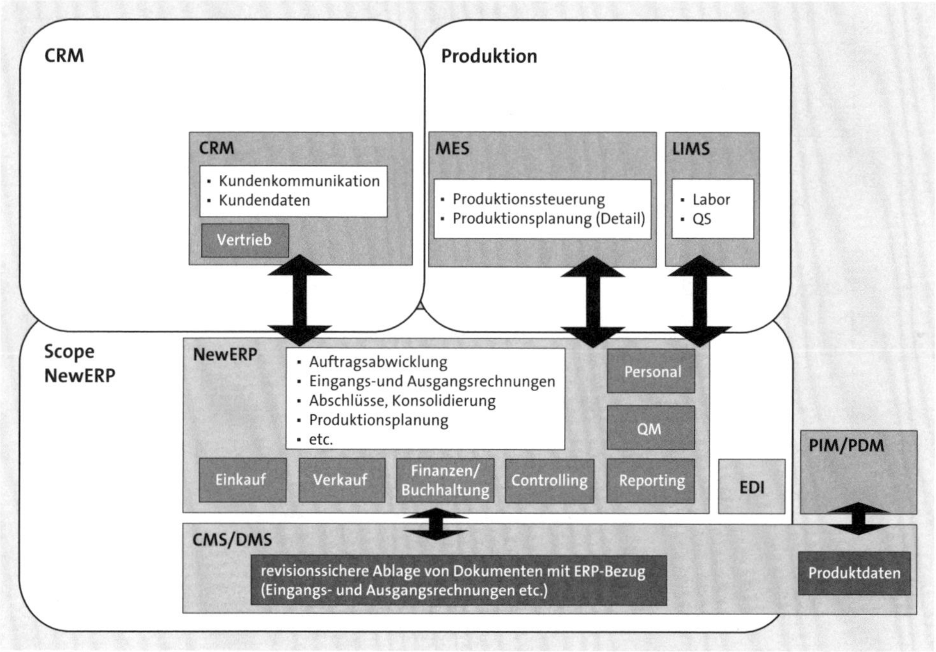

Abbildung 7.1 Mögliche Zielarchitektur mit SAP S/4HANA als ERP-System

Für die Auswahl der Architekturkomponenten werden sowohl fachliche Anforderungen als auch »weiche« Faktoren eine Rolle spielen, etwa die notwendige Verfügbarkeit oder der Datenschutz.

7.1.4 Vorgehensweise

Projektmanagement mit SAP Activate

Für die Vorgehensweise wird SAP-S/4HANA-typisch im Projekt die Methode SAP Activate genutzt. Activate bietet mit der Prepare-Phase auch für den Auswahlprozess und die Definition des funktionalen Projektumfangs vor dem eigentlichen Projektstart einen Methodenbaustein, daher wurden in diesem Beispiel Ansätze daraus übernommen. Für die Auswahlkriterien wurde die in Abbildung 7.2 und Abbildung 7.3 dargestellte Vorlage genutzt.

#	Kategorie	Kriterium
1	**Betrieb**	
	1.1	Betrieb **on-premise in Private Cloud** bei Partner oder **Public Cloud**
	1.2	Supportangebot für 24/7-Service
	1.3	...
2	**Fachliche Abdeckung – Erfüllung der Anforderungen an die Kernfunktionen**	
	2.1	Beherrschen des für das Projekt relevanten Fachhintergrundes
	2.2	Mittelständischer Konzern (Konsolidierung Finanzen/Aggregierte Sicht)
	2.3	...
3	**Erfahrungen zu Branche/Produkten/Prozessen des Anbieters und der Softwarelösung**	
	3.1	Referenzen: Prozessindustrie
	3.2	Erfahrung der Menschen in Prozessindustrie
	3.3	...
4	**System – Gesamteindruck Tool, Bedienung und Kommunikation**	
	4.1	Allgemeiner Eindruck (»Look and Feel«)
	4.2	Bedienkonzept
	4.3	...
5	**»Internationalität« (Vernetzung, Anbindung, Schnittstellen)**	
	5.1	Anbindung Standardsysteme
	5.2	Standortübergreifende Vernetzung
	5.3	...

Abbildung 7.2 Kriterien für die Anbieterauswahl bei der SAP-S/4HANA-Ausschreibung – 1

#	Kategorie	Kriterium
6	**Kosten und Lizenzmodell**	
	6.1	**Total Cost of Ownership (TCO) über 10 Jahre**
	6.2	Initialkosten (Einmalkosten): Beratung/Dienstleistung
	6.3	...
7	**»Abhängigkeit« (Zusammenarbeitsmodell und -rahmen)**	
	7.1	Räumliche Nähe des Anbieters
	7.2	»Abhängigkeit« vom Anbieter
	7.3	...
8	**Eindruck Anbieter/Präsentation**	
	8.1	Erster Eindruck des Anbieters und Bauchgefühl
	8.2	Präsentation: Struktur, Aufbau, Nachvollziehbarkeit
	8.3	...
9	**Projektansatz und -methodik**	
	9.1	Projektvorgehen
	9.2	Projektstruktur mit Besetzung der Schlüsselpositionen
	9.3	...
10	**Angebot**	
	10.1	Qualität der Angebotsstruktur und Angebotsinhalte
	10.2	Gliederung und Tiefgang der Angebotsinhalte
	10.3	...

Abbildung 7.3 Kriterien für die Anbieterauswahl bei der SAP-S/4HANA-Ausschreibung – 2

Der Auswahlprozess befindet sich derzeit auf der Zielgeraden. Von zwölf angefragten Anbietern haben sich zehn an der Ausschreibung beteiligt und fünf wurden zur Angebotspräsentation eingeladen.

Auswahlprozess

7.1.5 Zusammenfassung

Vom ersten Gedankenaustausch bis zur Entscheidungsvorbereitung hat der Auswahlprozess mit der Prepare-Phase des beschriebenen Projekts ca. acht Monate gedauert. Das parallel laufende Projekt zur grundlegenden Optimierung der Geschäftsprozesse erwies sich für die Diskussion der Aufgabenstellung und auch für den Auswahlprozess als Glücksfall. So konnten die Ergebnisse aus den Prozessdiskussionen direkt in die Anbietergespräche übernommen werden.

Die Hauptperson bei der Vorbereitung und Durchführung der Ausschreibung und des Auswahlverfahrens ist die interne Projektleitung. Es erweist sich aus unserer Sicht als Vorteil, wenn die zukünftig für das Projekt verantwortliche Peron bereits in die Auswahl des Implementierungspartners einbezogen wird. Schließlich wird sie später auch am Projekterfolg gemessen und kann so gleich von Beginn an die Richtung mitbestimmen.

7.2 Einführung von SAP S/4HANA bei der ELKB

Auf ihrer Website schreibt die *Evangelisch-Lutherische Kirche in Bayern* (ELKB) über ihr Selbstverständnis:

SAP S/4HANA bei der ELKB

> *»Kirche – das ist eine Vielzahl von Menschen, die sich engagieren. Die Kirche versteht sich als Leib, der viele Glieder hat. Jede und jeder hat seinen Platz.« (https://www.bayern-evangelisch.de/wir-ueber-uns/arbeiten-bei-der-kirche.php)*

Das Zitat könnte auch das Motto eines SAP-Projekts bei der ELKB sein. Die Evangelische Kirche ist vielfältig – und so sind es auch die Beteiligten am Projekt, die Meinungen zu vorgeschlagenen Lösungen und die Ergebnisse der fachlichen Workshops zur Vorbereitung eines Projekts. Was den externen Projektmitarbeiter oder die externe Projektmitarbeiterin durchaus fasziniert (oder berührt, wenn er der Kirche nahesteht), führt mitunter zu längeren Diskussionen und komplexen Prozessen bei der Lösungsfindung. Dies hat am Ende auch Einfluss auf Ergebnisse und Projektlaufzeiten. Aber darauf möchten wir an dieser Stelle nur am Rande eingehen. Wie Sie sehen werden, hatte das SAP-S/4HANA-Projekt bei der ELKB auch sonst interessante Herausforderungen.

7.2.1 Ausgangssituation

SAP-ERP-Systeme der ELKB

Die Evangelisch-Lutherische Kirche in Bayern betreibt seit 2010 eine SAP-ERP-Systemlandschaft in und für ihr Landeskirchenamt in München. In den SAP-ERP-Systemen werden vor allem die Bereiche Finanzbuchhaltung und Controlling sowie SAP ERP Human Capital Management (SAP ERP HCM), und hier vor allem die Personalabrechnung, betrieben.

[»]

Landeskirchenamt und Kirchenkreise

Das *Landeskirchenamt* ist die zentrale Verwaltungsstelle der ELKB und fungiert als Dienstleister für die Gemeinden und Einrichtungen. Unter einem *Kirchenkreis* versteht man hier Folgendes:

»Ein Kirchenkreis ist die flächenmäßig größte Einheit in der bayerischen Landeskirche; er erstreckt sich über mehrere Dekanatsbezirke. Der Name bezeichnet ein Zuständigkeitsgebiet; Kirchenkreise in diesem Sinne besitzen keine eigene Rechtspersönlichkeit. An der Spitze eines Kirchenkreises steht eine Pfarrerin, ein Pfarrer mit der Amtsbezeichnung Oberkirchenrätin, Oberkirchenrat im Kirchenkreis.« (*https://www.bayern-evangelisch.de/wir-ueber-uns/kirchenkreise.php*)

Im Jahr 2015 begann ein Projekt zur Nutzung dieses SAP-ERP-Systems auch in den Kirchenkreisen der ELKB, wofür entsprechend eine eigene SAP-ERP-Systemlandschaft (eine Kopie der ursprünglichen Implementierung) eingerichtet wurde.

Gemeinsam oder lieber für sich

Die Entscheidung für eine eigene Systemlandschaft beruht sowohl auf technischen als auch auf organisatorischen Entscheidungen. Aus technischer Sicht ist die Implementierung im Landeskirchenamt eine Systemkopie einer früheren Implementierung bei einer anderen kirchlichen Einrichtung. Im Laufe der Jahre – und der verschiedenen Projekte, die auf der Grundlage dieses Templates durchgeführt wurden – war das System an einigen Stellen modifiziert worden. Da die ursprüngliche Implementierung schon einige Jahre in der Vergangenheit lag und der externe Dienstleister zwischenzeitlich gewechselt wurde, ließen sich diese Modifikationen nicht zurückentwickeln. Dadurch war es wiederum nicht möglich, aktuelle Neuerungen in Form von Support Packages von SAP nicht mehr einzuspielen – von einem notwendigen Upgrade ganz zu schweigen.

Zu den technischen Gründen, die für eine eigene Systemlandschaft sprachen, kamen organisatorische Gründe hinzu: Sowohl die IT-Organisation als auch die Organisation der Fachbereiche im Landeskirchamt und in den Kirchenkreisen (der Fachmann spricht hier von der *Fläche*) sind unterschiedlich. Zudem wird in den Kirchenkreisen sehr auf Eigenständigkeit geachtet.

Ein Template für alle

Nach eingehender organisatorischer Vorbereitung und der Implementierung auf Basis von SAP ERP wurde ein Template für alle Kirchenkreise entwickelt und getestet und die Mitarbeiterinnen und Mitarbeiter wurden umfassend geschult.

Zum Jahreswechsel 2017/2018 erfolgte eine erste erfolgreiche Produktivsetzung. Die Planung der weiteren Roll-outs in die verbleibenden fünf Kirchenkreise wurde vorbereitet und das weitere Projekt geplant. Im Zuge dieser Planungen der weiteren Roll-outs wurden zwei wichtige Entscheidungen getroffen:

- Vor weiteren Roll-outs sollte ein Upgrade auf das aktuelle SAP-S/4HANA-System erfolgen.
- Im Zuge des Upgrades auf SAP S/4HANA sollten beide Systemlandschaften (das der Landeskirche und das für die Kirchenkreise) wiedervereint werden.

Die Grundlage für die Möglichkeit, diese Entscheidungen zu treffen und das Vorgehen zu beschließen, war ein Projekt zum Aufbau einer gemeinsamen IT-Organisation für die gesamte ELKB. Dieser spannende Prozess fand zum Teil zeitgleich mit dem SAP-Projekt statt, und seine Beschreibung könnte wiederum ein eigenes Buch füllen. Wir werden daher lediglich von Zeit zu Zeit auf die gegenseitige Beeinflussung der Projekte zurückkommen.

7.2.2 Gründe für das SAP-S/4HANA-Projekt

Eine effizientere Kirchenverwaltung mit SAP

Ausgangspunkt und Ursache für die Aktivitäten rund um die SAP-Systeme bei der ELKB waren der Wunsch nach und der Bedarf an einer effizienten, nachhaltig finanzierbaren und auf die Bedürfnisse der Kirche zugeschnittenen Verwaltung der ELKB und der damit verbundenen Strukturen und Prozessen.

Die erste Phase des Projekts auf der Basis von SAP ECC beinhaltete die funktionalen Bereiche Finanzbuchhaltung, Controlling, Planung, Reporting und Personalabrechnung für das Landeskirchenamt. Da besonders in der Personalabrechnung die SAP-Standardlösung modifiziert werden musste, um die Anforderungen umzusetzen, wurde für die zweite Phase in den Kirchenkreisen das Thema Human Ressources (HR) in SAP ausgespart. Anstelle von SAP ERP Human Capital Management (SAP ERP HCM) wurde die im Kirchenumfeld gebräuchliche Lösung *KIDICAP* der Firma GIP (GIP Gesellschaft für Innovative Personalwirtschaftssysteme mbH) genutzt. Langfristiges Ziel war aber die spätere Nutzung von SAP ERP HCM auch für die Kirchenkreise.

HCM von SAP – oder doch lieber nicht?

Mit dem Start des Konsolidierungsprojekts zu SAP S/4HANA stellte sich nun erneut die Frage nach einer integrierten HCM-Lösung für die gesamte ELKB. Die Entscheidung wurde im Zeitraum 2018/2019 gefällt – dem Zeitraum, in dem SAP ihre HCM-Kunden vor die eine oder andere planerische Herausforderung stellte. Grund war, dass die offizielle HCM-Strategie von SAP im Kontext von SAP S/4HANA auf *SAP SuccessFactors* zeigte, eine Cloud-Lösung für Personalprozesse. SAP ERP HCM sollte es in SAP S/4HANA nicht mehr geben. SAP SuccessFactors war und ist für die ELKB jedoch keine Alternative: Einerseits ließen die reine Verfügbarkeit in der Cloud, andererseits aber auch funktionale Defizite für öffentliche Einrichtungen diese Lösung als nicht sinnvoll für die ELKB erscheinen.

Zu dieser Zeit änderte sich die HCM-Strategie von SAP laufend: von einer Übergangslösung, die nur in einer separaten Systemlandschaft betrieben werden konnte, über eine Lösung unter SAP HANA, die aber nicht in SAP S/4HANA integriert war, hin zu einer SAP-S/4HANA-HCM-Lösung. Als diese Lösung letztlich spruchreif wurde, waren die Weichen bei der ELKB schon gestellt. Ab sofort war das Ziel eine reine FI-CO-SAP-S/4HANA-Implementierung – ohne HCM. Die künftige HCM-Lösung wurde parallel zum SAP-S/4HANA-Projekt evaluiert und wird separat eingeführt. Mögliche Ziellösungen waren *KIDICAP Neo* (die Nachfolgeversion von KIDICAP) und SAP ERP HCM unter SAP S/4HANA.

7.2.3 Projektziele

Release 1 für die Kirchengemeinden

Das so einfache und doch so komplexe Projektziel von Release 1 ist die Einführung einer einfach zu bedienenden, sämtliche Anforderungen an Buchhaltung, Planung und Controlling erfüllenden und für alle sechs Kirchenkreise der ELKB einsatzfähigen SAP-S/4HANA-Lösung. Für einen der sechs Kirchenkreise (Augsburg) bedeutete dies die Migration von einer SAP-ECC-Lösung auf SAP S/4HANA. Für alle anderen Kirchenkreise hieß es, den Schritt von einer kameralen zu einer doppischen Buchführung zu vollziehen. In Augsburg waren die Support-Strukturen und (auf SAP ECC) geschulte Mitarbeiter*innen vorhanden. Hier standen die technischen Herausforderungen (vollständige Datenmigration, zum Teil neues Design, zum Teil neue Organisationsstrukturen im System) im Vordergrund.

Für die fünf anderen Kirchenkreise waren grundlegende Voraussetzungen zu schaffen. Diese wurden im Vorlauf zur eigentlichen SAP-S/4HANA-Einführung – also dem Roll-out des Kirchenmaster-Templates – in einem eigenen organisatorischen Projekt geschaffen. Das eigentliche SAP-S/4HANA-Projekt war hier eher ein Upgrade-Projekt, auch wenn als Implementierungsmethode der Greenfield-Ansatz genutzt wurde.

Für alle folgenden Kirchenkreise erfolgte ein Umzug von der alten, kameralen IT-Welt direkt auf SAP S/4HANA. Das organisatorische und vom Schulungsaufwand her weitaus aufwendigere Vorprojekt – auch was die Projektlaufzeit anging – lief parallel zur SAP-S/4HANA-Implementierung. Der Migrationsaufwand hielt sich dabei aber eher in Grenzen, da so gut wie keine Bewegungsdaten übernommen wurden.

Was den Zeithorizont angeht (die weiteren Roll-outs zum Zeitpunkt von Release 1 noch nicht geplant), geht man von mehreren Jahren bis zum vollständigen Übergang zu SAP S/4HANA aus (siehe Abbildung 7.4).

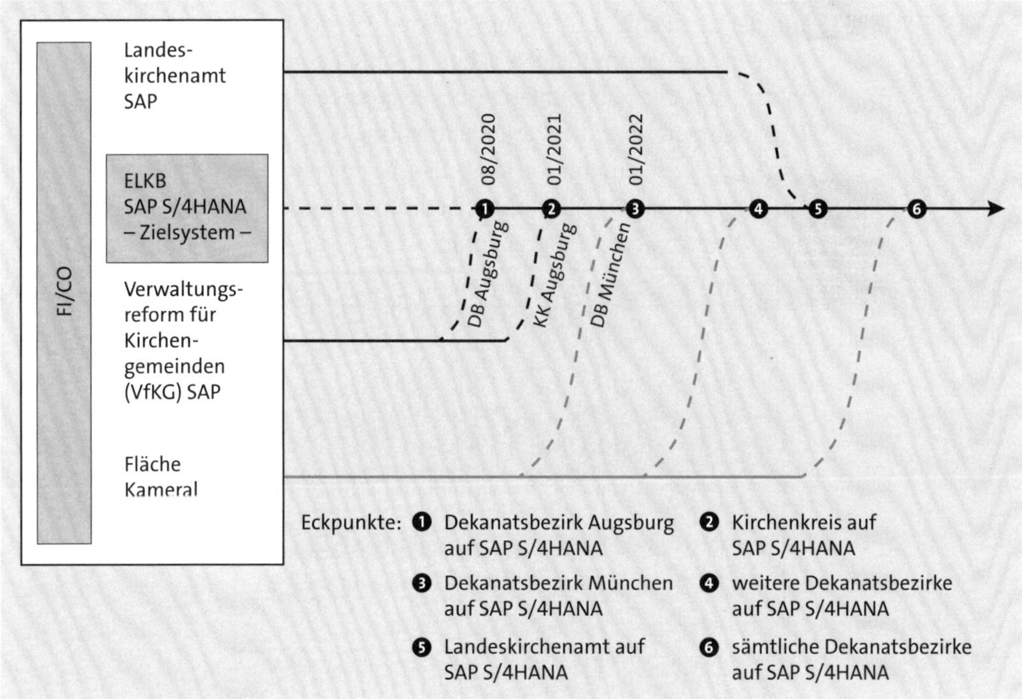

Abbildung 7.4 Zeitstrahl für das SAP-S/4-HANA-Projekt bei der ELKB

Nutzergruppen

Wir haben am Anfang bereits von der Vielfalt der Nutzergruppen gesprochen. Diese reicht von IT-Expert*innen (mittlerweile sind einige davon auch SAP-Expert*innen) zu ehrenamtlichen Teilzeitmitarbeiter*innen in Gemeindebüros. Aufgabe der Ehrenamtler*innen ist eigentlich nicht die Bedienung eines komplexen SAP-S/4HANA-Systems (oder irgendeines anderen IT-Systems), sondern sie kümmern sich normalerweise um die Belange der Kirche und um die Mitglieder der Kirchengemeinde. Administrative Aufgaben sind da eher störend. Ein intuitives, leicht zu bedienendes User Interface (UI) ist für diese Benutzergruppe eine Grundvoraussetzung für die Akzeptanz der Lösung. Unter SAP S/4HANA würden sich sicher SAP-Fiori-Applikationen finden lassen, die diese Anforderungen erfüllen könnten. Die abzulösende SAP-ECC-Anwendung war aber genau aus diesen Gründen mit einem webbasierten Vorsystem versehen worden, das die notwendigen Eingaben vereinfacht und die Daten dann an SAP weitergibt. Diese Lösung wurde also beibehalten und an SAP S/4HANA angepasst. Der Umstieg auf SAP Fiori wurde auf einen späteren Projektabschnitt verschoben (was beim ersten Roll-out die Akzeptanz für ein weiteres SAP-Projekt bei den Endanwender*innen erhöht hat!).

Release 2 für das Landeskirchenamt

Release 2 beinhaltete die Vereinigung der neuen SAP-S/4HANA-Landschaft mit der alten SAP-ECC-Implementierung in der Landeskirche. Für Release 2 wurden einige Grundlagen schon mit Release 1 gelegt (man spricht hier intern von der »Bodenplatte« des Systems). Hierzu waren umfangreiche Diskussionen über die Vereinheitlichung des Kontenplans und von SAP-Organisationselementen erforderlich, beispielsweise eine gemeinsame Nutzung von Kostenrechnungskreisen, Buchungskreisen u. Ä. Abbildung 7.5 zeigt die funktionale Abgrenzung.

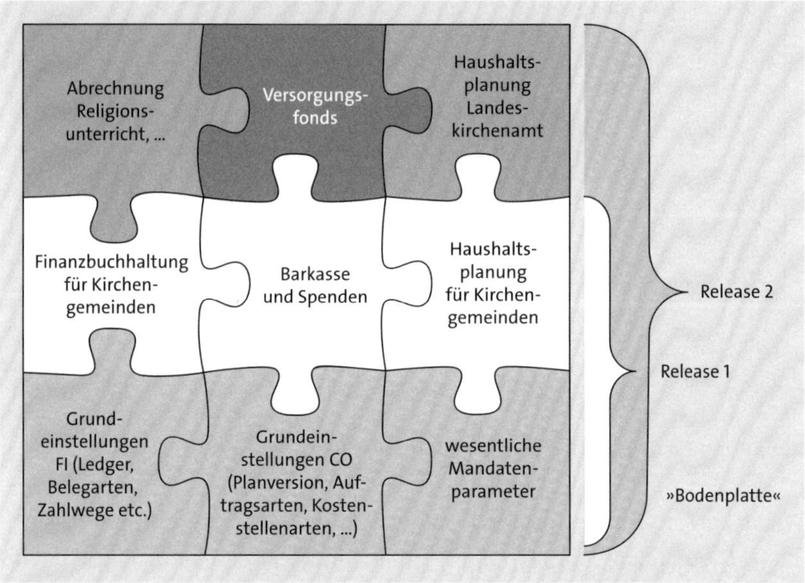

Abbildung 7.5 Aufteilung Release 1, Release 2 und »Bodenplatte«

Auswahl des passenden Personalsystems

Ursprünglich wurde, wie bereits erwähnt, die SAP-Implementierung als Integrationsplattform für FI/CO und HCM in einer Systemlandschaft genutzt. Bereits beim Start des SAP-ECC-Projekts für die Kirchenkreise wurde diese Integration aufgehoben. Der Hintergrund war hier die Komplexität der Anforderungen, vor allem an den HCM-Teil, der mit diversen Modifikationen verbunden war, die einen geregelten Systembetrieb verkompliziert hätten. Aus diesem Grund wurde SAP S/4HANA von Anfang an ohne HCM geplant. Parallel wurde eine Evaluierung für eine zukünftige strategische HCM-Lösung begonnen. Da SAP inzwischen doch die zukünftige Integration von SAP ERP HCM in die SAP-S/4HANA-Lösung beschlossen hat, wäre eine Entscheidung für das SAP-System auch hier eine durchaus valide Lösung. Die Entscheidung ist zu diesem Zeitpunkt im Projekt aber noch nicht gefallen.

7.2.4 Vorgehensweise

SAP Activate bei der ELKB

Als Vorgehensweise für das reine SAP-S/4HANA-Projekt wurde die Implementierungsmethode SAP Activate eingesetzt. Da es keine (offizielle) deutsche Übersetzung der ihrer Inhalte gibt, wurde die im Anschluss gezeigte ELKB-Activate-Methode genutzt (siehe Abbildung 7.6 und Abbildung 7.7).

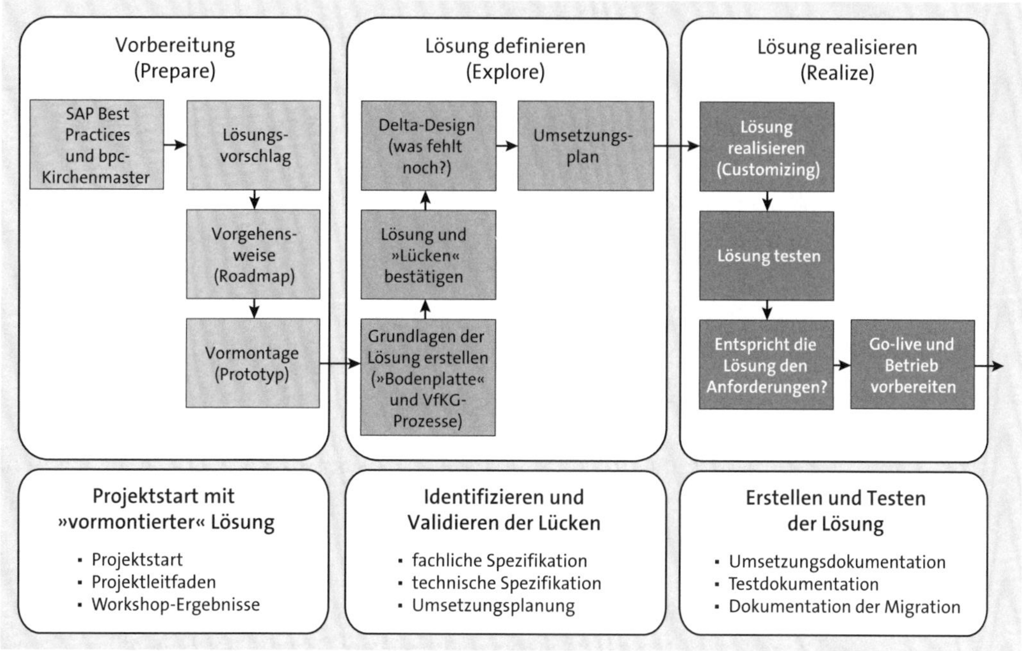

Abbildung 7.6 SAP Activate bei der ELKB – Phasen 1, 2 und 3

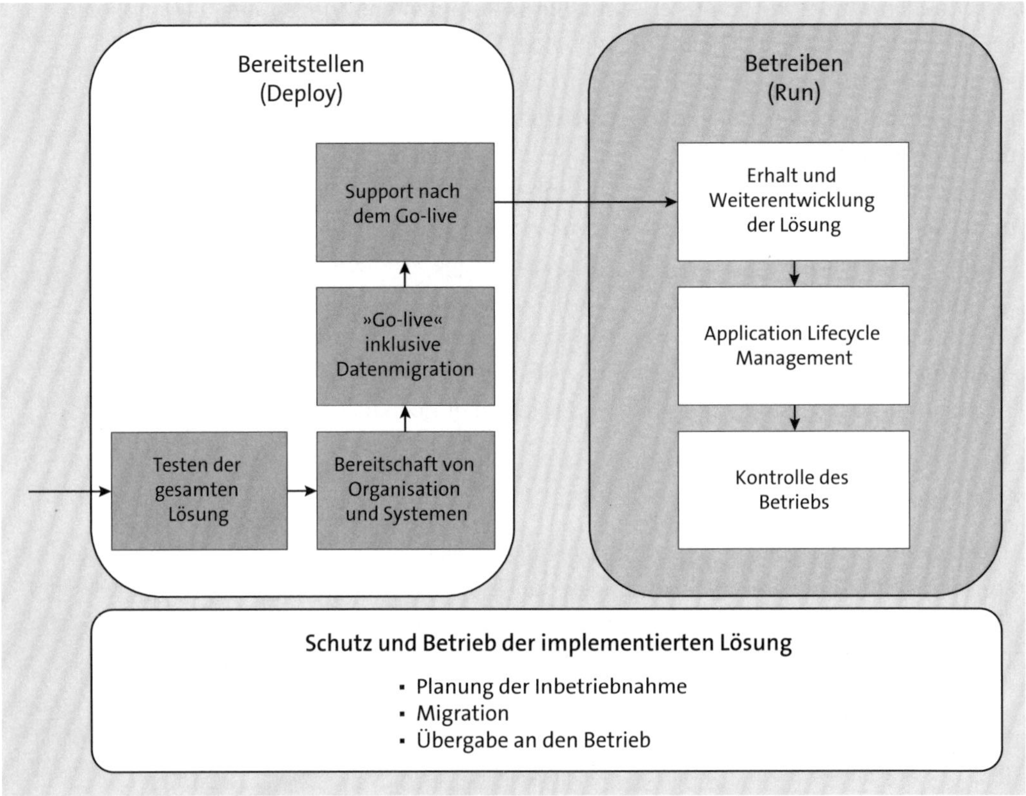

Abbildung 7.7 SAP Activate bei der ELKB – Phasen 4 und 5

Kirchenmaster als Grundlage

Als Partner für die Implementierung wurde das Unternehmen *best practice consulting* (bpc AG) aus Münster ausgewählt. Die Kolleginnen und Kollegen von bpc sind im kirchlichen Umfeld bestens vernetzt und bekannt. Außerdem haben sie wiederkehrende kirchenspezifische Anforderungen in ein Template implementiert. So wurde für die Vorgehensweise eine SAP-S/4HANA-Greenfield-Implementierung auf der Basis des bpc-Kirchenmasters gewählt.

Da die Benutzerinnen und Benutzer des Systems in den Kirchenkreisen, Dekanatsbezirken und Gemeinden der ELKB sich vordergründig nicht mit der Bedienung von IT-Systemen oder gar SAP-Anwendungen beschäftigten, wurde auf Bedienerfreundlichkeit und die Schulung der Mitarbeiterinnen und Mitarbeiter besonderes Augenmerk gelegt. Die Kolleg*innen aus dem Projektteam der Kirche und des Dienstleisters bpc haben die zukünftigen Anwender*innen sehr akribisch vorbereitet und sehr früh in das Projektgeschehen eingebunden.

Migration als Herausforderung

Die Datenmigration ist in fast jedem SAP-Projekt eine Herausforderung. Dabei erscheint die Migration von SAP ECC nach SAP S/4HANA erst einmal machbar, sind doch die SAP-Tools einsatzbereit und Datenmodelle bekannt. Vor dem Hintergrund der prinzipiellen Beibehaltung der Funktionalität und der Beschränkung auf FI/CI schien die Aufgabe im ELKB-Projekt also durchaus machbar.

Eine knifflige Besonderheit des Projekts war die notwendige Übernahme sämtlicher Daten aus dem SAP-ECC-Altsystem in die SAP-S/4HANA-Implementierung (siehe Abbildung 7.8). Hintergrund ist hierbei die bereits erwähnte Ablösung einer vorhandenen SAP-ECC-Implementierung durch SAP S/4HANA: Die mit viel Aufwand errungene Akzeptanz einer SAP-Lösung für die Kirchengemeinden wäre stark geschwunden, hätten die Kolleginnen und Kollegen »ihre« Daten im neuen System nicht wiedergefunden. Dann wären auch die mit viel Energie und Liebe zum Detail durchgeführten Schulungen der Anwenderinnen und Anwender in den Gemeinden und Verwaltungseinrichtungen der ELKB umsonst gewesen.

Übernahme historischer Daten	alle historischen Daten (Einzelposten)	aggregierte historische Daten	keine historischen Daten
Datenumfang	alle Einzelposten	keine stornierten Belege	
Umgang mit Ausgleichen	Ausgleiche 1:1 nachbuchen	Ausgleiche nachgelagert als separate Ausgleichsbelege buchen	
Technik	Datenbank-Insert	Nachbuchen von Belegen	
Werkzeug	SAP Landscape Transformation Replication Server (SLT)	SAP Data Services	SAP S/4HANA Migration Cockpit, Legacy System Migration Workbench (LSMW) etc.

Abbildung 7.8 Übernahme von historischen Daten

Da sich mit den neuen Möglichkeiten unter SAP S/4HANA einige Prozessbereiche und vor allem Organisationselemente im System geändert haben, steckte hier, wie so oft, der Teufel im Detail. Drei prinzipiell mögliche Vorgehensweisen wurden untersucht:

- Die erste Option war die Nutzung des Service *SAP Landscape Transformation*. Diese Möglichkeit wurde diskutiert, aufgrund einiger Beschränkungen zum Projektzeitpunkt und wegen der Kosten aber verworfen.

- Die zweite Option war die Übernahme sämtlicher Belege. Die Transformation auf neue Organisationsstrukturen und das neue Datenmodell erfolgt hierbei über Nachbuchungen im System.
- Die dritte Option war es schließlich, die Übernahme der historischen Belege auszuschließen und die Daten außerhalb von SAP S/4HANA bereitzustellen. Diese Möglichkeit wurde aus den bereits genannten Gründen der Akzeptanz bei den Anwender*innen ebenfalls verworfen und nur als Notfallkonzept in der Hinterhand behalten.

Tools für eine erfolgreiche Migration

Mit der Entscheidung für Option 3 begann die Diskussion über mögliche Tools zur Datenmigration. Tabelle 7.1 zeigt eine Vielzahl von Methoden und Tools zur Übernahme der Daten. Die gezeigten Datenobjekte sind dabei nur eine Auswahl.

Objekt	DB-Insert	IDoc	BAPI	Legacy System Migration Workbench (LSMW)	SAP S/4HANA Migration Cockpit	GSST (Generische Schnittstelle)	Sonstige
CO-Stammdaten				X	X		
Sethierarchien							GR57/58
Projekte/PSP-Elemente		X			X		
Sachkonten							FS15/16
Geschäftspartner						X	
SEPA-Mandate						X	
Anlagen		X		X	X		
TRM-Stammdaten (SAP Treasury and Risk Management)				X	X		
Geschäfte in TRM (SAP Treasury and Risk Management)				X	X		
Banken für Zahlungsverkehr		X					Excel?
CO-Zyklen							Transport

Tabelle 7.1 Tool-Auswahl zur Datenmigration

7.2.5 Ergebnisse

Eine Erfolgsgeschichte

Das Projekt »SAP S/4HANA bei der ELKB« steht vor dem ersten Go-live für Release 1 Mitte 2020 (geplant für den 01.08.2020). Aktuell liegen sämtliche Aktivitäten ziemlich im Plan, und einem erfolgreichen Start steht nach dem heutigen Stand nichts im Wege.

Die drei Projektphasen *Prepare*, *Explore* und *Realize* sind entsprechend der Projektmethode SAP Activate für SAP-S/4HANA-Projekte fertig durchlaufen, alle notwendigen Ergebnisse wurden erarbeitet und die Quality Gates erfolgreich bestanden.

Die gute Vorbereitung macht es möglich

Dazu wurden in der Vorbereitungsphase die bereits in dem SAP-ERP-Projekt definierten Funktionalitäten mit der neuen SAP-S/4HANA-Plattform abgeglichen und angepasst. Viele Vorarbeiten sind dabei bereits im bpc-Kirchenmaster erfolgt. So konnte der Weg von SAP ECC nach SAP S/4HANA abgekürzt werden, ohne auf die Innovationen von SAP S/4HANA zu verzichten. Dieser Abgleich wurde in Workshops mit den späteren Anwenderinnen und Anwendern verifiziert und freigegeben. Dabei wurde sehr vorausschauend darauf geachtet, dass auch die zukünftigen Benutzer*innen von Release 2 in der Landeskirche eingebunden waren.

Dieses gemeinsame Projekt mit den Expert*innen aus der Finanzabteilung des Landeskirchenamtes und dem Kompetenzzentrum für die Kirchenkreise zeigte, wie wichtig es ist, die interne Expertise mit den richtigen Berater*innen zusammenzubringen, und der beste Berater wird nicht in der Lage sein, ohne die Anwender*innen eine akzeptierte Lösung zu implementieren. Auch wenn die Ausgangslage aufgrund der zeitlichen Planung für Release 1 klar ist (Release 2 für die Landeskirche wird frühestens nach dem vollständigen Roll-out im 1. Kirchenkreis begonnen), haben die neue Lösung und die gemeinsam gefundenen neuen Lösungsansätze (z. B. die Nutzung der elektronischen Eingangsrechnungsverarbeitung unter SAP S/4HANA) den Wunsch nach einem schnellen Release 2 unterstützt.

An dieser Stelle sei noch einmal an die Wichtigkeit einer passenden Projektleitung auf Kundenseite erinnert. Zu Beginn des SAP-S/4HANA-Projekts war die Stelle des zuständigen Referenten bzw. der zuständigen Referentin für die Finanzbuchhaltung und damit auch die der Projektleitung auf Kundenseite vakant. Mit der Neubesetzung der Leitung der Finanzbuchhaltung sowie der Projektleitung und der schnellen Einarbeitung und Übernahme des Projekts hat das Projekt sofort wieder an notwendiger »Fahrt« gewonnen.

Bei Design und Umsetzung der neuen SAP-S/4HANA-Lösung wurde im Projekt eng zwischen den Fachabteilungen und dem Projektteam zusammengearbeitet (für die »Bodenplatte« waren sowohl der Kirchenkreis Augsburg als auch das Landeskirchenamt zuständig, im Projektteam haben vor allem die interne IT der ELKB und die externen Berater*innen mitgewirkt).

Eine enge Einbeziehung des Lenkungskreises des Projekts war essenziell. Der Lenkungskreis, vor allem bestehend aus den Oberkirchenrät*innen der beteiligten Abteilungen und dem neuen CIO, war und ist sehr an einer reibungslosen, zeitlich abgestimmten und sich im Budgetrahmen bewegenden Implementierung interessiert. Dass die Kernkompetenz der Kirchenleitung nicht die Einführung von IT-Systemen ist, wird einleuchten. Das Interesse an den Abläufen und Entscheidungen war von Projektbeginn an aber sehr groß. Hier erwiesen und erweisen sich eine enge Zusammenarbeit mit den Verantwortlichen und eine angepasste Kommunikation als entscheidend.

Die passende Kommunikation ist entscheidend

Hierzu eine kleine Anekdote aus einem Lenkungskreis: Nachdem der externe Projektleiter ganz am Anfang des Projekts seinen Status vorgestellt und dazu die im SAP-/IT-Umfeld gebräuchlichen Formulierungen benutzt hatte, die aus seiner Sicht leicht verständlich waren, erklärte ihm einer der anwesenden Oberkirchenräte einen kirchlichen Sachverhalt – ebenfalls aus seiner Sicht leicht verständlich. Damit war klar, dass das Projektteam in Bezug auf die Kommunikation dazulernen und sich viel mehr auf die Mitglieder im Gremium einstellen musste. Auch wenn man die gleiche Sprache spricht, muss man sich nicht zwangsläufig verstehen – und IT-Expert*innen nutzen gern und oft den einen oder anderen Anglizismus und genauso gern Abkürzungen. Eine gute Vorbereitung und entsprechende Anpassungen an den Aussagen helfen hier – und siehe da, man stellt fest, dass die deutsche Sprache genügend Wörter enthält, um auch komplexe Sachverhalte darzulegen (das trifft, im Nachhinein betrachtet, sicher auch auf dieses Buch zu).

Außerdem mussten auch notwendige Entscheidungen in diesem Kontext besonders gründlich vorbereitet werden. Stakeholder-Management – auch wenn dieser Begriff im Kirchenumfeld eher weniger gebräuchlich ist – ist hier besonders wichtig!

Die »Bodenplatte« legen

Ein bedeutender Teil von Release 1 war die Definition, Abstimmung, Einigung und schließlich Realisierung der »Bodenplatte«. Sie umfasst alle gemeinsam festzulegenden Organisationselemente und Stammdaten, die sowohl für Release 1 (SAP S/4HANA für die Kirchenkreise) als auch für Release 2 (SAP S/4HANA für das Landeskirchenamt) gelten müssen.

Warum sollte das so eine bedeutende Anstrengung sein? An dieser Stelle ein kleiner Exkurs zum bereits angedeuteten Projekt zur Veränderung der

IT-Support-Organisation bei der ELKB: In Übereinstimmung mit der Maxime »jede hat ihren und jeder hat seinen Platz« gab es eine sehr verteilte Verantwortung – auch für viele IT-Themen. Das Landeskirchenamt hatte, historisch gewachsen und zum Zeitpunkt der ersten SAP-Einführung auch sinnvoll, zwei IT-Abteilungen: eine für den Bereich SAP und eine für den großen Rest (Infrastruktur, Netzwerk, Telefonie usw.). In den Kirchenkreisen gab es eine ähnliche Struktur, zum Teil bis in die Gemeinden. Das war (und ist) vor dem Hintergrund der verteilten Verantwortung in der Kirche vernünftig, birgt aber verschiedene Herausforderungen vor dem Hintergrund einer zentralen, für alle Bereiche gültigen SAP-Landschaft. Hier stellte sich die Frage, wer für das SAP-System für die Kirchenkreise zuständig ist. Funktional gibt es dafür ein Kompetenzzentrum – ausgewiesene SAP-Expertinnen und -Experten. Technisch war es vorerst das Einführungsprojekt. Da die SAP-ERP-Instanzen getrennt waren, war dies aber kein großes Problem.

Mit dem Ziel der Vereinigung beider Systeme wurde schnell klar, dass ein zentraler Ansprechpartner notwendig ist. Dies war u. a. ein Ausgangspunkt für den Aufbau einer zentralen IT-Organisation (CIO-Organisation) für die ELKB. Ziel ist die Bündelung sämtlichen IT-Know-hows in einer Abteilung. Es bleiben immer noch die fachlich unterschiedlichen Ansichten (auch getrieben von unterschiedlichen Beratungspartnern in Landeskirche und Kirchenkreisen). Hier war und ist auch Überzeugungsarbeit für gemeinsame Strukturen im System gefragt.

Gute Voraussetzungen

Bei dieser Diskussion wirkten sich zwei Faktoren am Ende als sehr hilfreich aus: Zum einen war das IT-Know-how unter einem starken CIO zentralisiert, der sich fachlich auf der Höhe der Zeit befand, aber auch auf die Belange der Kirche eingehen konnte. Dieser begann seine Arbeit nach dem Start des Projekts für die Kirchenkreise in SAP ERP. Eine seiner ersten Amtshandlungen war die Herbeiführung des Beschlusses zum Upgrade nach SAP S/4HANA, und damit verbunden der Vereinigung beider SAP-Systeme in der Zukunft. Mit dem Aufbau der CIO-Organisation einher ging der Wissenstransfer aus der IT in die Fachbereiche und umgekehrt. Dies führte zu mehr Verständnis für die Anforderungen und auch Befürchtungen der Gegenseite und zu einer vertrauensvollen Zusammenarbeit. So konnten in der Diskussion über die zukünftige gemeinsame SAP S/4HANA-Lösung für Kirchenkreise und Landeskirchenamt viele Unklarheiten ausgeräumt und gemeinsame Lösungen erarbeitet werden.

Zum anderen war die Auswahl eines (und zwar des richtigen) Implementierungspartners ebenfalls grundlegend für den bisherigen und zukünftigen Projekterfolg. Hier zeigten die Kolleginnen und Kollegen der bpc AG neben sehr guter SAP-S/4HANA-Expertise breite Branchenkenntnis aus dem kirchlichen Umfeld sowie Kenntnisse der notwendigen Managementmethoden, die hier zum Projekterfolg führten (Ausdauer, Kompromissbereitschaft, Verständnis für Ängste und Befürchtungen der Mitarbeiter*innen sowie für die Kirche als Institution). Gleichzeitig behielten sie auch den Projekterfolg, den Zeitplan, das Budget und den Wissenstransfer immer im Auge, bezogen in den Projektgremien vor Vertreterinnen und Vertretern der Kirchengremien Stellung und diskutierten verständlich die Umstände. Diesen Spagat haben die Kolleg*innen sehr gut gemeistert, und sie waren aufgrund ihrer Expertise und ihres Auftretens ein gern gesehener Partner.

Herausforderungen

Vor welchen Herausforderungen steht das SAP-S/4HANA-Projekt noch bei der ELKB?

- Weitere Roll-outs in die verbleibenden fünf Kirchenkreise stehen noch bevor. Die funktionale Grundlage ist größtenteils gelegt. Es sind vor allem die organisatorischen Herausforderungen, vor denen das Projekt hier steht.
- Es muss noch eine praktikable Lösung für das Thema Personalwesen gefunden werden – und hier vor allem, aber nicht nur, für das Thema Personalabrechnung.
- Die Entwicklung von Release 2 und die anschließende Migration und Zusammenführung der SAP-ERP-Lösung der Landeskirche mit der SAP-S/4HANA-Implementierung (jetzt für die Kirchenkreise, später für die gesamte ELKB) muss angegangen werden.
- Eine für die gesamte ELKB sinnvolle und gut nutzbare Personalsoftware muss aufgebaut und integriert werden.

Mit dem SAP-S/4HANA-Projekt hat sich auch das Wissen in der neuen CIO-Organisation vermehrt und weiterentwickelt. Außerdem wurden mehrere SAP-Experten und -Expertinnen eingestellt. Somit wird das Projekt in Zukunft mehr von internen Expert*innen geführt.

7.2.6 Zusammenfassung und Lessons Learned

Die Antwort auf die Frage, ob SAP und Kirche zusammenpassen, lautet: Im Prinzip ja, aber es sind schon einige Besonderheiten zu beachten!

Berücksichtigung der Anforderungen

Dass nicht jeder SAP-Anwender und jede SAP-Anwenderin das Design des Frontends (egal ob SAP GUI, WebGUI for SAP oder andere) als besonders gelungen empfindet, ist allgemein bekannt. Dass Benutzer*innen, die ehrenamtlich, in Teilzeit oder als Mitarbeiterinnen und Mitarbeiter in einer

Kirchengemeinde und in ähnlichen Einrichtungen damit noch eher ein Problem haben, können Sie sich sicher vorstellen. Auch dass die SAP-Logik (und hier unabhängig davon, ob SAP ECC oder SAP S/4HANA eingesetzt wird) nicht intuitiv angewendet werden kann, wird auch einleuchten. Während in anderen Unternehmen oder öffentlichen Einrichtungen zuweilen etwas Druck aufgebaut wird, sich mit dem neuen Tool anzufreunden, wurde bei der ELKB eher überzeugt oder angepasst. Auch wenn dies dem Gebot widerspricht, so weit wie möglich den SAP-Standard zu nutzen, ist es ein lohnendes Projektziel, Anwender*innen eine IT-Lösung zu bieten, die diese auch gern benutzen und die den Anforderungen entspricht.

Kompetenter Beratungspartner

Auch für uns, die an diesem Projekt beteiligt waren, war die ELKB und das dazugehörige Umfeld etwas Besonderes – nicht so sehr aus fachlicher Sicht, sondern eher vom »Spirit« her (wir haben uns so manches Mal gefragt, wie wohl ein Projektteam aus einem der großen bekannten Systemhäuser in diesem Kirchenprojekt funktioniert hätte – wahrscheinlich eher schlecht). Die Auswahl des Implementierungspartners muss nicht nur fachlich und vom Budget her passen, sondern vor allem in Bezug auf die Soft Skills. Im Fall der ELKB hat sich die bpc AG als Glücksgriff erwiesen (ohne hier Werbung für den kleinen Dienstleister aus Münster machen zu wollen ...).

Realistische Zeitplanung

Das Machbare hängt immer von vielen Faktoren ab, und einer davon ist die Akzeptanz der Lösung. Selbst wenn Projektleitung oder Berater*innen einen Zeitstrahl für möglich halten, sind gerade im kirchlichen Umfeld realistische Schätzungen abhängig vom Kunden und seinen internen Abläufen. Wenn sich das Projektteam darauf einlässt, diese Besonderheiten beachtet und entsprechend plant, lässt sich realistisch planen und man vermeidet Frust.

Angemessenes Budget

Budgetplanung ist bei jedem SAP-Projekt eine Herausforderung, insbesondere aber bei lang laufenden Projekten. Da sich im öffentlichen und kirchlichen Umfeld aktuell auch die eine oder andere Rahmenbedingung ändert, ist hier sehr viel Weitsicht gefragt.

Konzentration der Kompetenz

Wichtig ist, wie in jedem Projekt, aber im kirchlichen Umfeld besonders, ein Interesse für die notwendigen Veränderungen zu wecken. Wenn Interesse besteht, wird Kompetenz aufgebaut – und für externe Mitarbeiter und Mitarbeiterinnen gilt es, genau wie in anderen Branchen auch, ein gewisse Kompetenz bezüglich der Abläufe beim Kunden mitzubringen. Im kirchlichen Umfeld ist es hilfreich, zusätzlich einen mentalen Zugang zur Kirche zu haben, denn ansonsten gestaltet sich die Zusammenarbeit schwer, und der Projekterfolg leidet darunter.

7.3 »Be liquid« – BITZERs agiler Weg zu SAP S/4HANA

Das Unternehmen BITZER SE

Als unabhängiger Spezialist für Kälte- und Klimatechnik ist BITZER weltweit im Einsatz: Mit Produkten und Dienstleistungen für Kältetechnik, Klimatisierung, Prozesskühlung und Transport sorgt das Unternehmen für optimale Temperaturbedingungen in Warenhandel, Industrieprozessen und Raumklimatisierung – immer vor dem Hintergrund der größtmöglichen Energieeffizienz und Qualität. Mit Vertriebsgesellschaften und Produktionsstätten ist die BITZER-Unternehmensgruppe an 65 Standorten in 34 Ländern weltweit vertreten. Inklusive Handels- und Dienstleistungspartnern erstreckt sich der Fertigungs-, Entwicklungs- und Vertriebsverbund von BITZER über fast alle Länder der Welt.

Die IT-Abteilung bei BITZER orientiert sich an folgenden Grundprinzipien:

- IT ist immer Mittel zum Zweck, d. h., alle IT-Systeme dienen der Unterstützung der Fachbereiche. Ihre Aufgabe besteht darin, mit den begrenzten finanziellen Mitteln die Wertschöpfungsprozesse des Unternehmens optimal zu unterstützen und voranzubringen.
- Das Unternehmen verfolgt konsequent eine »SAP-Software Preferred«-Strategie, was bedeutet, dass SAP-Softwareprodukte zum Einsatz kommen, wann immer es möglich ist. Produkte von Drittanbietern kommen nur dann zum Zuge, wenn SAP kein vergleichbares Produkt im Lösungsportfolio hat.
- Gemäß der Strategie, bevorzugt SAP-Software einzusetzen, orientiert sich BITZER stets an der aktuellen SAP-Produktstrategie und setzt häufig neue, innovative SAP-Lösungen bereits in einer frühen Phase, d. h. kurz nach der Markteinführung, ein.

Kooperation auf Augenhöhe

IT-Abteilungen agieren in vielen Unternehmen als Dienstleister der Fachbereiche. Softwareentscheidungen werden häufig in den Fachbereichen, zumeist in Abstimmung mit dem CFO gefällt – nicht selten mit begrenzter Einbeziehung der IT. Die IT ist im Anschluss allerdings für die Einführung bzw. den Betrieb der Software zuständig. Die Budgetverantwortung liegt in den Fachbereichen; daher stehen funktionale und kaufmännische Aspekte bei den Softwarebeschaffungsprojekten im Vordergrund. Der Betrieb und die Zukunftssicherheit der Software spielen häufig – wenn überhaupt – nur eine untergeordnete Rolle. Das Resultat sind schlimmstenfalls heterogene Systemlandschaften, die hohe Betriebskosten mit niedriger Ausfallsicherheit und Stabilität vereinen. Die daraus resultierenden Probleme belasten die Beziehung zwischen Fachabteilungen und IT zusätzlich.

Competence Center

Bei BITZER nimmt hingegen die firmeneigene IT-Abteilung eine gestaltende Rolle im Unternehmen ein. Das Budget für Softwareanschaffungen liegt bei der IT, was die kooperative Zusammenarbeit zwischen IT und Fachabteilungen fördert. Beide Aspekte, die funktionalen Geschäftsanforderungen und die IT-Betriebsthemen, werden ganzheitlich betrachtet. Damit dies ein Dialog auf Augenhöhe ist, hat die BITZER-IT die Aufgaben eines fachlichen Competence Centers für die Fachbereiche übernommen: Expertinnen und Experten der IT (die häufig aus den Fachabteilungen in die IT gewechselt sind) verfügen über tiefes technisches und funktionales Fachwissen und sind dadurch in der Lage, Geschäftsprozesse mit den unterschiedlichen Unternehmensbereichen (Einkauf, Vertrieb, Produktion usw.) auf Expertenniveau zu besprechen und weiterzuentwickeln. Diese Mitarbeiter*innen haben die Aufgabe, sich fachlich stets auf dem neuesten Stand zu halten, damit sie den Fachabteilungen beratend zur Seite stehen können. Die Fachabteilungen schätzen die leitende und unterstützende Funktion dieses Competence Centers, da sie sich auf das *Was* fokussieren können: »(Was soll die Software können?« Die IT-Experten und -Expertinnen hingegen kümmern sich um das *Wie*: »Wie werden die Geschäftsprozesse in der Software abgebildet, und wie wird die Software betrieben?«

Dabei hat es sich bewährt, nicht über bestimmte Softwareprodukte oder Versionsstände zu sprechen, sondern vor allem über die Geschäftsanforderungen, die in der Software abzubilden sind. In einer mittelständischen IT-Abteilung arbeitet man oft ein wenig »hemdsärmelig« (im besten Sinne), um pragmatische Lösungen zu entwickeln – vielleicht nicht immer perfekt, aber dafür zeitnah einsetzbar und für den Einsatzzweck angemessen. In der nächsten Runde wird das Ganze etwas verbessert, und so arbeitet man kontinuierlich an immer besseren Lösungen.

Neben den Anforderungen der Geschäftsbereiche sind folgende Fragen aus der IT-Sicht bei der Softwarebeschaffung für geschäftskritische Anwendungen zentral:

- Passt sich das neue Produkt problemlos in die bestehende IT-Systemlandschaft ein?
- Kann auf bestehendes (SAP-)Know-how aufgesetzt werden, oder ist zum Betrieb der neuen Software ein *Upskilling*, also eine entsprechende Weiterbildung der IT-Mitarbeiterinnen und -Mitarbeiter erforderlich?
- Wie stabil/ausfalltolerant ist die Software?
- Welche Unterstützung bietet der Hersteller bei ungeplanten Ausfällen?
- Wie zukunftssicher ist die Software? Wird sie über einen längeren Zeitraum vom Hersteller unterstützt und gewartet?

Wenn zentrale IT-Systeme in BITZERs Systemverbund ausfallen, sind Entwicklung, Einkauf, Vertrieb, Lagerhaltung und Produktion massiv beeinträchtigt, was sofort hohe Kosten verursacht: Mitarbeiter*innen können nicht arbeiten, Materialien können nicht ein- oder ausgelagert werden, ganze Schichten müssen nach Hause geschickt und zugesagte Liefertermine können nicht eingehalten werden. Auftrags- und Reputationsverluste drohen, und Kunden wandern möglicherweise dauerhaft zur Konkurrenz ab. Ein reibungsloser, zuverlässiger Betrieb ist daher entscheidend für den Erfolg. Um dieses übergeordnete Ziel zu erreichen, akzeptiert BITZER gelegentlich den sprichwörtlichen Spatz in der Hand anstelle der Taube auf dem Dach.

Andererseits ist das Thema IT-Betrieb ein Bereich, bei dem das Unternehmen gezielt die Entlastung der eigenen IT-Mitarbeiter*innen anstrebt. Der professionelle Betrieb der Landschaft ist notwendig, schafft dem Unternehmen aber wenig Mehrwert: Der reine Systembetrieb ist mittlerweile Commodity, d. h. eine Leistung, die keine überdurchschnittliche Qualifikationen erfordert. Die hochqualifizierten IT-Mitarbeiter*innen sollten sich um die Weiterentwicklung der Systemlandschaft und Innovationen zur Steigerung der Qualität und Produktivität der Fachbereiche kümmern. Daher ist die Auslagerung des Infrastrukturbetriebs eine naheliegende Entscheidung, und so wurde BITZER bereits im Jahr 2015 einer der ersten Kunden der SAP HANA Enterprise Cloud und nutzt das Private-Cloud-Angebot von SAP seither.

Enge Partnerschaft zahlt sich aus

BITZER hat sich bewusst dafür entschieden, die SAP-Landschaft vom Softwarehersteller betreiben zu lassen. Zum einen spielen Qualitätsaspekte eine Rolle, denn der Softwarehersteller sollte am besten wissen, wie die eigene Software zu betreiben ist. Und auch wenn es »nur« um den Betrieb geht: Zuverlässiger Infrastrukturbetrieb ist unverzichtbar. Das merkt man spätestens dann, wenn die Landschaft ungeplant ausfällt.

BITZER kann sich auf den professionellen und vertrauenswürdigen Partner SAP HANA Enterprise Cloud verlassen und profitiert von der engen Zusammenarbeit mit SAP. Umgekehrt helfen der SAP-HANA-Enterprise-Cloud-Organisation die gewonnenen Erfahrungen aus dem Betrieb der BITZER-Systeme bei der Verbesserung ihres Serviceangebots.

BITZER hat sich über die Jahre ein bedeutendes Netzwerk mit SAP erarbeitet – was sich in mehrerlei Hinsicht auszahlt: Einerseits begünstigt dies den Informationsfluss bezüglich der SAP-Produkte und der zukünftigen Strategie – andererseits ist BITZER für SAP ein geschätzter *Early Adopter*, der neue Produkte frühzeitig einsetzt, wertvolles Feedback liefert und als Referenzkunde dazu beiträgt, diese Produkte im Markt zu etablieren. Auch die informellen zwischenmenschlichen Beziehungen sind ein nicht zu unterschätzender Faktor, gerade wenn es um Hilfestellungen, Unterstützung und die Bereitstellung wichtiger Informationen geht.

Qualität führt langfristig zu geringeren Kosten

BITZER betreibt grundsätzlich keine Werke an Niedriglohnstandorten mit gering qualifizierten Mitarbeiterinnen und Mitarbeitern. BITZERs qualitativ hochwertige Produkte werden von hochqualifizierten und fair bezahlten Mitarbeiter*innen hergestellt. Was für die BITZER-Produkte gilt, gilt auch für die hauseigene IT: Die Qualität ist wichtiger als die Minimierung der Kosten um jeden Preis: Wenn Beratungsunterstützung benötigt wird, beauftragt BITZER die SAP-Beratung. Auch wenn die SAP-Tagessätze höher sind als bei anderen Beratungsunternehmen (wenn auch reduziert durch einen Kontingentvertrag), hat die Erfahrung gezeigt, dass die SAP-eigenen Berater und Beraterinnen über bessere Qualifikationen verfügen als Drittanbieter und auch über bessere Verbindungen zu den SAP-Entwicklungs- und Support-Expert*innen. Gerade bei neuen Produkten, die bei BITZER häufig zum Einsatz kommen, zahlt sich dies aus. Bei der Abwägung zwischen durchaus stattlichen Tagessätzen und dem Kostenrisiko durch Projektverzögerungen und sonstigen Problemen, hat man sich bei BITZER dazu entschieden, auf Qualität zu setzen und dadurch Risiken zu minimieren. Wie BITZERs Director of Organization and IT, Christian Stenzel, erklärt:

> *»Änderungen an unseren geschäftskritischen Systemen gleichen einer Operation am offenen Herzen. Da können wir kein unnötiges Risiko eingehen.«*

7.3.1 Entwicklung der Systemlandschaft

BITZER hat SAP-Software bereits seit den 2000er-Jahren im Einsatz. Es handelt sich um über Jahre gewachsene und weiterentwickelte SAP-Systeme mit einer signifikanten Anzahl an Eigenentwicklungen, die alle wichtigen Unternehmensbereiche abdecken.

Der zentrale Einstiegspunkt für die Mitarbeiterinnen und Mitarbeiter bei BITZER ist SAP Enterprise Portal, über das alle anderen SAP-Anwendungen aufgerufen werden. Ein zentrales SAP-ERP-System wird ergänzt durch SAP Business Warehouse (SAP BW), SAP Customer Relationship Management (SAP CRM) und SAP Global Trade Service (SAP GTS). BITZER betreibt einen integrierten Landschaftsverbund mit Systemen zur Manufacturing Integration and Intelligence (MII) und Manufacturing Execution System (MES), Engineering-Systemen (CAD) und einem zentralen, auf SAP Hybris Merchandising basierenden Webshop. Lieferanten und Kunden sind elektronisch angebunden, ebenso die automatisierte Verwaltung des Hochregallagers, die Zeiterfassung und die Zutrittskontrolle. Schnittstellen sind daher ein zentrales und sehr kritisches Thema bei BITZER, das bei jeglicher Veränderung im Blick behalten werden muss.

Innovativ bleiben und stabile IT-Umgebungen bieten

Bei BITZER ist man Innovationen gegenüber traditionell sehr aufgeschlossen. Bereits 2014 erfolgte die Umstellung auf die SAP-HANA-Foundation-Lizenz, die nicht nur zukunftsweisend war, sondern auch die Lizenzkosten senkte. 2016 wurden die auf MaxDB/HP-UX basierenden Systeme auf die damals noch recht neue SAP-HANA-Datenbank migriert. 2017 gehörte BITZER mit zu den ersten Kunden, die SAP S/4HANA Finance einsetzten, und im gleichen Jahr wurde bereits SAP Fiori als Benutzeroberfläche eingeführt. Der Sprung von SAP ECC EHP 0 auf EHP 8 war eine vergleichsweise große Umstellung im Jahr 2017, und 2019 folgte die Einführung von SAP HANA 2.0. Auch Cloud-Lösungen wie SAP SuccessFactors, SAP Concur, SAP Sales Cloud, SAP Asset Intelligence Network und SAP Internet of Things (ehemals SAP Leonardo) sind im Einsatz. Trotz dieser vielen Veränderungen innerhalb weniger Jahre achtet man bei BITZER auf Stabilität und versucht, die Auswirkungen für die Endanwender und -anwenderinnen so gering wie möglich zu halten. So ist es z. B. möglich – je nach persönlicher Präferenz – mit SAP Fiori oder weiterhin mit dem klassischen SAP GUI zu arbeiten.

7.3.2 Der Fünfjahresplan: SAP S/4HANA

Aufgrund der engen Zusammenarbeit mit SAP war den Verantwortlichen bei BITZER die strategische Bedeutung der SAP-HANA-Datenbank für die zukünftige SAP-Produktstrategie frühzeitig klar. Als sich herausstellte, dass die klassische SAP Business Suite die neuen, revolutionären Möglichkeiten der In-Memory-Datenbanktechnologie nicht ausreichend würde nutzen können und SAP entschied, die SAP Business Suite komplett neu für SAP HANA zu entwickeln, war BITZER die Tragweite auch dieser Entscheidung sehr schnell deutlich: Die Entwicklung der SAP S/4HANA Suite auf Basis der In-Memory-Datenbank HANA bedeutete, dass es sich nicht um ein normales Upgrade, sondern um die Einführung einer völlig neu entwickelten ERP-Software handelte – ein komplexes und sehr aufwendiges Unterfangen. Die Umstellung auf SAP S/4HANA an sich wurde allerdings nie infrage gestellt – es stellte sich also nie die Frage, *ob* S/4HANA eingeführt wird, sondern nur *wann* und *wie*.

Im Rahmen einer langfristigen Planung wurde unter SAP-Beratung zunächst erarbeitet, welche Funktionalitäten in SAP S/4HANA abgebildet werden und in welchen Bereichen andere SAP-Cloud-Lösungen zukünftig zum Einsatz kommen werden.

Aus dem engen Informationsaustausch mit SAP ergaben sich für BITZER folgende zukunftsweisende Entscheidungen:

1. **Übernahme der SAP-Cloud-Strategie und weiterer innovativer Produkte**
   Im Vorfeld der SAP-S/4HANA-Einführung wurden eine Reihe weiterer Cloud-Lösungen eingeführt: SAP Concur, SAP Sales Cloud, SAP SuccessFactors, und auch SAP Asset Intelligence Network und SAP Internet of Things. Gemäß der SAP-Strategie werden diese Cloud-Lösungen über die SAP Cloud Platform an das zukünftige, zentrale SAP-S/4HANA-ERP-System angebunden.
2. **Verwendung von hybriden Systemlandschaften**
   BITZER verwendet eine Kombination aus On-Premise- und Cloud-Produkten und konnte mit dem Betrieb einer hybriden Systemlandschaft bereits seit einigen Jahren Erfahrungen sammeln. Die Funktionalität, einfache Nutzung und schnelle Einführung der SAP-Cloud-Produkte konnten überzeugen. Allerdings musste das BITZER-Team einige neue Herausforderungen meistern: Konzepte zu konsistentem Backup/Restore und Monitoring einer hybriden Systemlandschaft mussten erst entwickelt werden. Die Integration bzw. das Zusammenspiel der einzelnen Cloud-Produkte muss auf SAP-Seite verbessert werden: Die Zuständigkeiten für Betrieb und Support sind auf unterschiedliche SAP-Organisationen verteilt und daher nicht immer optimal abgestimmt.
3. **Übernahme der Hyperscaler-Strategie**
   SAP setzt auf strategische Partnerschaften mit den drei großen Hyperscalern Google, Amazon und Microsoft für den Infrastrukturbetrieb, und BITZER übernimmt diese Strategie ebenfalls. Die Systemlandschaft in der SAP HANA Enterprise Cloud wurde bereits virtualisiert und wird in naher Zukunft aus einem SAP-Rechenzentrum in ein Hyperscaler-Rechenzentrum umziehen.

BITZER hat sich bewusst für die Early-Adopter-Rolle entschieden, d. h., passende neue SAP-Lösungen werden kurz nach der generellen Verfügbarkeit eingeführt. Dies führt nicht selten zu erhöhten Aufwänden, da Funktionalitäten teilweise noch nicht vorhanden bzw. nicht völlig ausgereift sind. Auch kommt es vor, dass sich die SAP-Produktstrategie ändert und dies zu Zusatzaufwänden bei BITZER führt. Dennoch sichert sich BITZER durch diese Strategie den Zugriff auf neueste SAP-Technologien und damit Wettbewerbsvorteile. Darüber hinaus hat BITZER auf diese Weise die Möglichkeit, die SAP-Produktstrategie zu beeinflussen.

Die Einführung der SAP-Private- und Public-Cloud-Lösungen sind für BITZER wichtige Voraussetzungen für die langfristig geplante Umstellung auf SAP S/4HANA: Funktionalitäten, die in Zukunft statt in S/4HANA in anderen Cloud-Lösungen angeboten werden, sind bereits im Rahmen des Fünfjahresplan aus dem bestehenden SAP-ERP-System ausgelagert worden.

7.3.3 Das etwas andere SAP-S/4HANA-Einführungsprojekt

Einführung ohne Einführungsprojekt?

Der Ansatz für die SAP-S/4HANA-Einführung bei BITZER ist grundlegend anders als in vielen anderen Unternehmen. Dies wird deutlich, wenn man sich vergegenwärtigt, was es alles *nicht* gibt:

- Es gibt kein SAP-S/4HANA-Einführungsprojekt mit Budget, Projektleitung und Projektmitarbeiter*innen.
- Es gibt keinen Kick-off, keinen regulären Steuerkreis und keine Teilprojekte.
- Es gibt keine offizielle Wasserfallplanung, keine Meilensteine und keinen festgelegten Go-live-Termin für die SAP-S/4HANA-Umstellung.

Maximal Downtime ist eng begrenzt

Doch was ist der Grund für diese ungewöhnliche Vorgehensweise? Zunächst ist es die Erkenntnis, dass BITZER bei der SAP-S/4HANA-Einführung »nur einen Schuss« hat. Die produktive Umstellung muss in maximal 72 Stunden Downtime abgeschlossen und sie muss erfolgreich sein. Sobald die Schnittstellen geöffnet werden, gibt es keinen Weg zurück. Wenn zu diesem Zeitpunkt unerwartet gravierende Probleme auftreten, könnte dies erhebliche finanzielle Schäden und schlimmstenfalls sogar existenzbedrohende Folgen für BITZER haben.

Hinzu kommt, dass die Stolpersteine auf dem Weg zur SAP S/4HANA Conversion vorab nicht zu erkennen sind. Bei einer komplexen, integrierten SAP-Systemlandschaft mit zusätzlichen Third-Party-Produkten kann vorab nicht eingeschätzt werden, welche Probleme im Laufe des Projekts auftreten werden. Daher ist eine seriöse Zeitplanung nicht möglich.

Erfahrene Projektleiter*innen können ein Lied davon singen: Projektmeilensteine entwickeln ein Eigenleben und sind in den Köpfen aller Beteiligten – sobald sie einmal veröffentlicht wurden – wie in Stein gemeißelt. Werden diese Meilensteine, die möglicherweise vor Monaten in völliger Unkenntnis der zukünftig auftretenden Probleme fixiert wurden, nicht eingehalten, ist das Projekt mindestens angezählt und in Schieflage. Das gilt leider selbst dann, wenn diese Meilensteine nur auf Annahmen beruhten und durch keinerlei substanzielle Planung unterfüttert waren. Der Druck steigt, diesen »Zeitverzug« wieder aufzuholen – mit möglicherweise negativen Auswirkungen auf die Qualität.

Stetiges, beharrliches Vorangehen in kleinen Schritten, das Abklopfen aller Bereiche auf Risiken und die Identifizierung von Anpassungsbedarfen im Laufe des Projekts, ohne gleichzeitig dem Druck eines fixierten Zeitplans ausgesetzt zu sein, ist in dieser Situation tatsächlich die bessere Vorgehensweise. Wenn man den Kern einer komplexen, geschäftskritischen SAP-Landschaft austauscht, ist das eine »Operation am offenen Herzen« – und niemand würde auf die Idee kommen, Herzchirurg*innen in dieser Situation unter Druck zu setzen.

Schritt für Schritt zum Ziel

Durch frühzeitige und langfristige Planung und Vorbereitung der SAP S/4HANA Conversion hat BITZER vermieden, sich selbst unter Zeitdruck zu setzen. Man erwartet, bis spätestens 2022 fertig zu sein, also weit vor dem Wartungsende der SAP Business Suite 7 im Jahre 2027.

»Jedes Jahr kommen wir der SAP-S/4HANA-Einführung näher.«

BITZER verfolgt eine agile Einführungsmethodik, die intern als *be liquid* bezeichnet wird. So wie Wasser, das sich kontinuierlich neue Wege sucht, ist damit die (Aus-)Nutzung sich ergebender Gelegenheiten gemeint: das Anpacken, Ausprobieren, Nutzen bestehender Beziehungen, um Unterstützung zu erhalten, das (Er-)Finden von immer wieder neuen Lösungen usw. Kurz gesagt, sind häufige kleine, inkrementelle Änderungen das Mittel der Wahl. Die Risiken eines Großprojekts sollen vermieden werden – zumal die agile Geschäftsentwicklung Dinge wie einen Code Freeze über mehrere Wochen oder gar Monate ohnehin nicht zulassen würde.

Parallel zum Tagesgeschäft werden sukzessive die Voraussetzungen für die SAP-S/4HANA-Einführung geschaffen und Einführungsprobleme aus dem Weg geräumt. Der laufende Betrieb und besondere Ereignisse (wie z. B. die IT-seitige Integration eines übernommenen Unternehmens) haben Vorrang; dennoch wird im Hintergrund beharrlich an der Schaffung der Voraussetzungen für die SAP-S/4HANA-Einführung gearbeitet.

Es gibt für BITZER als mittelständisches Unternehmen zwei gute Gründe, um eine Brownfield-Migration vorzubereiten:

Brownfield-Ansatz

1. Bestehende Entwicklungen sind geschäftskritisch und können nicht aufgegeben bzw. neu entwickelt werden: »Was heute funktioniert, muss morgen auch noch funktionieren.«
2. Es fehlen die Ressourcen, um den Betrieb der bestehenden (alten) Systemlandschaft und parallel dazu den Aufbau und die Prozessmodellierung in einer neuen Greenfield-SAP-S/4HANA-Landschaft leisten zu können.

Das Fazit aus diesen Voraussetzungen und Überlegungen ist, dass eine Brownfield-Migration alternativlos ist.

Über Jahre hinweg hat BITZER die Strategie verfolgt, die eigene Systemlandschaft auf die SAP S/4HANA Conversion vorzubereiten. Eine ganze Reihe von Maßnahmen wurde bereits angegangen bzw. erledigt:

- Die Simplification List wurde abgearbeitet. Auch wenn dieser Schritt kurz vor der Conversion wiederholt werden muss, ist der größte Teil der Arbeit bereits getan.
- Eine automatisierte Custom-Code-Analyse wurde durchgeführt, um nicht mehr benötigten/nicht genutzten Code zu entfernen.
- Notwendige Code-Anpassungen wurden durch ein eigenes Entwicklerteam durchgeführt. So behält man das Fachwissen »inhouse«.
- Modifikationen wurden konsequent zurückgefahren. Die Vorgabe ist es, immer im Standard zu bleiben, auch wenn die Lösung nicht perfekt ist.
- SAP GTS wurde schon vor Jahren aus dem SAP-ERP-System ausgelagert.
- Im Bereich HCM ist man inzwischen bereits teilweise auf die Cloud-Version (SAP SuccessFactors) umgeschwenkt und treibt diese Entwicklung weiter voran.

Stand Sommer 2020 ist BITZER dazu in der Lage, SAP S/4HANA in einer Sandbox funktional und technisch zu testen. In einem informellen Projekt wurde damit ein wichtiger Meilenstein erreicht!

SAP S/4HANA als Baustein der Umstellung

BITZER betreibt eine hochkomplexe, stark integrierte Systemlandschaft, bestehend aus vielen SAP- und Nicht-SAP-Systemen. Daher reicht es nicht, sich allein um SAP S/4HANA zu kümmern. Abhängigkeiten und Schnittstellen zu allen anderen angeschlossenen Systemen müssen ebenfalls betrachtet werden. Die Komplexität der Aufgabe kann nur durch umsichtiges »Vorantasten« bewältigt werden, in dem alle betroffenen Bereiche auf mögliche Probleme und Risiken abgeklopft werden. Änderungen an einer Stelle können unverhofft negative Auswirkungen an einer ganz anderen Stelle hervorrufen. Diese Probleme lassen sich häufig nicht im Vorfeld identifizieren und ausräumen. Daher bleibt nur das Testen und Ausprobieren, bis eine Lösung gefunden wird.

Als ein Beispiel für die Bedeutung dieser Analyse des gesamten Systemverbunds (bestehend aus SAP und Third-Party-Systemen) und die gelegentlich überraschend auftretenden »Showstopper« sei die Anbindung des Webshops an das ERP-System genannt:

Derzeit ist der BITZER-Webshop, die zentrale Software für Kundenbestellungen, über eine synchrone Schnittstelle mit dem zentralen ERP-System verbunden. Dank des »guten Drahtes« zu SAP wurde frühzeitig klar, dass die derzeit genutzte synchrone Schnittstelle für den Auftragseingang in

Zukunft nicht mehr unterstützt wird – stattdessen ist eine Umstellung auf eine asynchrone Schnittstelle unvermeidlich. Es ist aufwendig, diese Anpassung zu entwickeln und zu testen, daher hatte sie das Potenzial, die SAP S/4HANA Conversion zeitlich und finanziell aus der Bahn zu werfen. Gemeinsam mit der SAP-Entwicklung wurde eine Lösungskonzept zur Umstellung auf eine asynchrone Schnittstelle erarbeitet, die die Aufwände und Kosten in einem vertretbaren Rahmen hält und das Problem zeitnah löst. BITZERs enge Zusammenarbeit mit SAP hat sich hier ausgezahlt.

Allgemein sind die Schnittstellen das größte Minenfeld. Insbesondere die Anbindung von Third-Party-Software wie z. B. für die Hochregallagersysteme stellen das Team von BITZER vor Herausforderungen, da SAP für diese Themen nur wenig Unterstützung bieten kann. Die Expert*innen von BITZER mussten die Informationen von SAP und dem Third-Party-Softwareanbieter zusammentragen und die Lösungserarbeitung koordinieren.

Lessons learned

Im Laufe des Projekts haben sich für BITZER einige wichtige Erkenntnisse herauskristallisiert:

- Ein wichtiger Faktor, der nicht unterschätzt werden darf, sind die Auswirkungen der SAP S/4HANA Conversion auf die Lizenzsituation. Dieses Thema muss frühzeitig und detailliert mit dem SAP-Lizenzvertrieb besprochen werden, damit die Lizenzkosten budgetiert und eingeplant werden können.
- Die SAP HANA Enterprise Cloud wird zwar gelegentlich als »Sprungbrett« auf dem Weg zu SAP S/4HANA und weiteren Cloud-Lösungen von SAP beworben, aber man sollte nicht zu viel erwarten. Primär bietet die SAP HANA Enterprise Cloud Infrastrukturbetriebsservices und keine umfassende SAP-Innovationsberatung für die SAP-S/4HANA-Einführung.
- SAP hat sehr gut ausgebildete, kompetente Spezialistinnen und Spezialisten für praktisch alle Themen rund um die SAP S/4HANA Conversion. Was schwer zu finden ist, sind Solution Architects die eine Gesamtarchitektur unter Berücksichtigung der kundenspezifischen SAP-On-Premise- und Cloud-Lösungen sowie Third-Party-Softwareprodukten entwerfen könnten – also jemand, der oder die Kunden hilft, die Umstellung ihrer Systemlandschaft ganzheitlich und zukunftsgerichtet zu planen und umzusetzen.
- SAP Activate ist bis zu einem gewissen Grad hilfreich. Der Teufel steckt jedoch häufig im Detail, und SAP Activate kann diese Detailtiefe naturgemäß nicht abdecken.

- SAPs Unterstützungsangebote beziehen sich fast ausschließlich auf die SAP-eigenen Softwareprodukte. Wenig Unterstützung gibt es für Third-Party-Software, die aber für Kunden nicht weniger wichtig ist, da der gesamte Systemverbund funktionieren muss – nicht nur der SAP-Anteil.

Fazit BITZER geht einen ganz eigenen, ungewöhnlichen Weg bei der SAP-S/4HANA-Einführung. Aber dieser Weg ist durchdacht und sinnvoll und zeichnet sich durch klare Rahmenbedingungen aus, die die Erfolgschancen erhöhen:

- SAP ist als strategischer Partner gesetzt. BITZER investiert viel in diese Partnerschaft, zieht aber auch erheblichen Nutzen daraus. Gerade bei der SAP-S/4HANA-Einführung in einer komplexen, integrierten Systemlandschaft ist dies sehr hilfreich.
- Die SAP-S/4HANA-Einführung wurde langfristig vorbereitet und wird gründlich und mit Bedacht umgesetzt. Dabei hat der zuverlässige Betrieb der geschäftskritischen SAP-Systemlandschaft für BITZER höchste Priorität. Dieses Vorgehen minimiert die Risiken und vermeidet unnötigen Zeitdruck.
- Der im Mittelstand weit verbreitete Wille zu pragmatischen Lösungen, eine kooperative Zusammenarbeit zwischen Fachbereichen und der IT sowie kontinuierliche, inkrementelle Verbesserungen zeichnen die Vorgehensweise aus.

Für BITZER geht es darum, lieber heute kleine Verbesserungen umzusetzen, als die perfekte IT-Welt in ferner Zukunft erschaffen zu wollen. Zu dieser Einstellung passt ein Lieblingszitat von Christian Stenzel (BITZERs Director of Organization and IT), das vom berühmten britischen Ökonomen John Maynard Keynes stammt:

»In the long run we are all dead.«

7.4 Projekt zur Ablösung der globalen Beschaffungssysteme (Automobilindustrie)

Diese Projektreferenz beschreibt keine SAP-S/4HANA-Implementierung. Da dieses Projekt aber als Musterbeispiel für eine gelungene Implementierung der SAP Business Suite (powered by SAP HANA) dienen kann, zudem agile Projektmethoden erfolgreich in einem sehr großen SAP-HANA-Projekt angewendet wurden und vonseiten des Unternehmens ein Projektleiter aktiv war, der so gut wie alles richtig gemacht hat (und das, obwohl es dieses Buch noch gar nicht gab ...), möchten wir auf ein Vorstellen des Projekts in diesem Buch nicht verzichten.

Supplier Relationship Management

Als zukunftsfähige Plattform für den global agierenden Einkauf wurde die SAP-Business-Suite-Lösung Supplier Relationship Management (SAP SRM) ausgewählt. Noch während der Vorphase des Projekts, das in den Zeiten vor SAP HANA begonnen hatte, wurde die Entscheidung getroffen, mit der Verfügbarkeit von SAP SRM powered by SAP HANA auf die neue, zukunftsweisende Plattform zu wechseln. Nicht ohne »Bauchschmerzen«, hieß das doch, eine neue, im Unternehmen noch nicht umfassend getestete und etablierte Plattform für ein unternehmenskritisches Projekt zu nutzen.

7.4.1 Ausgangssituation

Jedes IT-System hat seine Zeit. Gerade Eigenentwicklungen passen zum Zeitpunkt ihrer Einführung hervorragend zu den Anforderungen. Sie sind aber oft relativ unflexibel, wenn es gilt, größere Prozess- oder Organisationsänderungen mitzugehen – und auch ein komplexes Redesign einer solchen Eigenentwicklung ist oft langwierig und kostspielig und eher nicht zukunftsorientiert und sicher. Hier beweist Standardsoftware ihre Vorteile. Sie passt zwar oft nicht »wie angegossen«, aber dafür länger, und sie ist auch langfristig flexibler und so wahrscheinlich die bessere Lösung. Und auch wenn sich, genau wie bei Eigenentwicklungen, auch bei Standardsoftware die Technologie weiterentwickelt: Die gemeinsame Innovationskraft von Kunden, Softwareherstellern und Beratern bildet eine gute Grundlage für langfristige Investitionen und Investitionssicherheit.

Standardsoftware oder doch lieber wieder eine Eigenentwicklung?

Und genau hier begann die Geschichte dieses Projekts (mit einem ganz ähnlichen Beginn wie das Beispiel zur Prepare-Projektphase in Abschnitt 7.1, »Vorbereitung eines SAP-S/4HANA-Implementierungsprojekts«). Die Altsysteme hatten ihr Lebensende erreicht; aktuelle Anforderungen waren nicht mehr abbildbar. Das Benutzer-Interface war veraltet, und Schnittstellen zu Lieferanten ließen sich nicht adäquat abbilden. Eine neue Lösung musste her! Infrage kamen die beiden folgenden Alternativen:

- eine eigene Lösung zu entwickeln, die die aktuellen Anforderungen optimal abbildet
- auf eine Standardlösung zu setzen, die durch den Hersteller weiterentwickelt wird, grundlegende Funktionalitäten gut abbildet und in der spezielle Anforderungen relativ einfach und zukunftssicher als Add-ons realisiert werden können

Die Entscheidung fiel zugunsten einer Standardlösung auf der Basis von SAP SRM, zum einen, weil SAP als eine von mehreren Standardlösungen bereits erfolgreich im Unternehmen eingesetzt wurde, und zum anderen, weil SAP selbst sein Produkt mit diesem Projekt weiterentwickeln wollte, wodurch sich das Beispielunternehmen einer entsprechenden Aufmerksamkeit als Kunde sicher sein konnte. Man wollte keine Lösung implementieren, die so auch schon in anderen Automobilunternehmen genutzt wird. Neben der Nutzung der Vorteile von Standardsoftware gilt es, eigene Ideen und Wettbewerbsvorteile gegenüber Mitbewerbern zu verteidigen.

7.4.2 Gründe für das Projekt

Die funktionalen Gründe für das Projekt sind schon erklärt. Wir möchten an dieser Stelle zu den »weichen« Fakten kommen, die dieses Projekt möglich und erfolgreich gemacht haben. Wir haben bereits über notwendige Aktivitäten vor dem eigentlichen Projekt gesprochen. Aktuell gibt es dafür in der Einführungsmethode SAP Activate eine eigene Phase. Das hier beschriebene Projekt wurde begonnen, als es SAP Activate außerhalb des SAP-Systems noch gar nicht gab; die darin beschriebenen Aktivitäten hingegen gab es natürlich schon: aus einer fachlichen Anforderung ein Projekt werden zu lassen, ein Team zu finden, das die Vorbereitung des Projekts in die Hand nimmt, und vor allem eine Projektleitung zu finden, die das Projekt wirklich will und damit erst möglich macht, ein Team zusammenstellt und das Projekt intern gut »verkauft«.

7.4.3 Projektziele

Viele Schnittstellen über Unternehmensgrenzen hinweg

Dass große Industrieunternehmen mittlerweile sehr eng verzahnt mit Zulieferern sind, ist keine Neuigkeit. Wir reden in der Automobilindustrie über Hunderttausende von Einzelteilen und Baugruppen, die zum Teil direkt ans Band geliefert werden. Die Zulieferer sind unternehmenskritisch und die dazugehörigen Systeme ebenfalls. Erschwerend kommt hinzu, dass die »Bänder« auf der gesamten Welt verteilt sind. Neben globalen Zulieferern für bestimmte Baugruppen kommen lokal unterschiedliche Zulieferer für lokal unterschiedliche oder nur lokal verfügbare Produkte hinzu.

Dazu benötigt ein Weltkonzern natürlich auch nicht produktionsspezifische Materialien – dazu gehört Banales wie Bleistifte und Kugelschreiber, aber natürlich aber auch Material für die Werke weltweit (z. B. für die Instandhaltung) oder für die Entwicklung neuer Produkte und den Bau neuer

Werke. Es gibt also ein breites Spektrum an Anforderungen an eine »Einkaufslösung«, die am Ende für alle Materialien funktionieren soll – überall auf der Welt, 24 Stunden am Tag, 7 Tage die Woche und 365 Tage im Jahr.

Folgende Ziele wurden zu Beginn des Projekts festgelegt:

- Die Einkaufsprozesse sollten standardisiert und verschlankt werden.
- Wo immer es möglich ist, sollte SAP-Standardfunktionalität genutzt werden.
- Die Altsysteme sollten komplett abgelöst und eine integrierte, auf einer Standardsoftware basierende Plattform für den gesamten Einkauf bereitgestellt werden, der Aufbau eines möglichen Shared Service Centers (SSC) sollte im Einkauf unterstützt und eine bebauungskonformen Systemwelt sichergestellt werden.
- Mit der Einführung der neuen Lösung sollte die Altapplikation abgeschaltet und die Werksanbindung neu gestaltet werden (Durchführen der Anbindung mit SAP-Standardmitteln, Entfernen von Legacy-bedingten Lösungen).
- Die vorhandene Portallösung sollte als Benutzereinstieg für die Einkäuferinnen und Einkäufer erhalten bleiben, und die unterschiedlichen Belegtypen sollten auf das notwendige Maß reduziert werden.
- Im Laufe des Projekts sollte Know-how im Bereich Wartung und Betrieb der neuen Lösung aufgebaut werden und mit der Beendigung des Projekts zur Verfügung stehen.
- Jede Phase des Projekts sollte durch die betreffenden Fachbereiche begleitet und unterstützt werden.
- Die Ergebnisse aller Phasen sollten durch alle Fachbereiche freigegeben werden. Das bedeutet, dass der Fachbereich erarbeitete Ergebnisse der SAP-Lösungseignung anhand der Prototypen begleiten und freigeben sollte. Somit sollte sichergestellt werden, dass Lücken in der SAP-Lösung frühzeitig ermittelt und Maßnahmen zur Lösung angegangen wurden.
- Der SAP-Lösungsraum (SAP SRM) sollte mit einem funktionalen, ergonomischen und schnellen WebGUI for SAP ausgestattet werden.
- Im Rahmen des Projekts sollte eine weitgehende Prozessharmonisierung erfolgen.
- Die Prozesse der deutschen Werke sollten auf die internationalen Werke ausgerollt werden.
- Die Einführung des neuen Systems sollte keine Performanceverschlechterung zur Folge haben.

- Der Projekterfolg sollte anhand der folgenden Kriterien beurteilt werden:
  - Die Einführung sollte ohne Fahrzeugverlust erfolgen.
  - Die Einführung sollte ohne Mehraufwand erfolgen (messbar in zusätzlicher Arbeitszeit in Personentagen durch Einführungsprobleme).
  - Die Anzahl der Störungen (im Einkaufssystem) sollte nach dem Ende der Stabilisierung unter dem Niveau der bisherigen Lösung liegen (messbar in der Anzahl der Support-Tickets je Kategorie).
  - Die neue Software sollte in der Bedienung effizienter als die Altsoftware sein (umzusetzende Vorgänge/Prozesse sollten in der neuen Software schneller als im Altsystem sein). Darüber hinaus sollte die Usability besser als im Altsystem sein.
  - Die Aufwände für Betrieb und technische Wartung sollten die Kosten der alten Lösung nicht übersteigen.

Ohne gute Projektleitung geht nichts

Wir haben bereits zu Beginn dieses Projektbeispiels wie auch im gesamten Buch die Bedeutung der Projektleitung für den Projekterfolg hervorgehoben. Spätestens an dieser Stelle wird klar, vor welcher Aufgabe der Projektleiter mit seinem Team hier stand.

Wir können hier nicht auf alle Facetten und alle Bereiche des Projekts eingehen, weil es den Rahmen dieses Buches sprengen würde. Aber eins können wir sagen: Das hier beschriebene Projekt hat bei allen oben genannten Kriterien die Anforderungen erreicht oder übertroffen.

7.4.4 Vorgehensweise

Bei großen Transformationsprojekten in großen Unternehmen ist die Vorgehensweise bei Projektanbahnung, Projektplanung und Durchführung wahrscheinlich immer ähnlich. Da das Projekt »Ablösung der Altsysteme im Einkauf« hier wahrscheinlich nicht weit vom Standard abweicht und wir als externe Berater*innen beteiligt waren, wollen wir nicht weiter darauf eingehen. Auch wollen und können wir gar nicht den gesamten Lebenszyklus des Projekts wiedergeben. Wir werden aber auf einige spezielle Vorgehensweisen in einigen Teilbereichen eingehen, die für das Projektmanagement wichtig sind, und die für den Projekterfolg grundlegend waren. Diese Themen sind:

- Projektorganisation in einem multifunktionalen Umfeld mit diversen externen Beraterinnen und Beratern aus verschiedenen Unternehmen sowie die Einbindung der mittelbar (technisch über Schnittstellen) betroffenen Unternehmensteile
- agile Entwicklung/Customizing der Lösung unter Einbeziehung von SAP

- Vorgehensweise beim Testen der Lösung
- Übergang in die Produktion mit einem angepassten, abgestuften Plan sowie die Sicherstellung der Funktionalität über verschiedene Releases hinweg

Projektorganisation

Wie in großen Transformationsprojekten üblich, sucht sich der Kunde mindestens einen Partner für die Umsetzung. Gründe dafür sind in diesem Buch zur Genüge genannt. Aus verschiedenen Gründen war ein Partner für dieses Projekt nicht ausreichend.

So war spätestens mit der Entscheidung, die Lösung SAP SRM powered by SAP HANA zu wählen, klar, dass SAP selbst eine verantwortliche Rolle im Projekt übernehmen sollte. Da mit der Umsetzung auf der neuen Technologieplattform SAP HANA eine Anpassung einiger SRM-Standardprogramme an die erforderlichen Weiterentwicklungen notwendig war, hat SAP die Rolle des für die Softwareentwicklung verantwortlichen Partners übernommen. Eine weitere wichtige Rolle kommt den Partnern zu, die die Entwicklung und den Betrieb der Altsysteme verantworten. Als weiterer wichtiger Bestandteil für die Durchführung und den Erfolg des Projekts war ein zusätzlicher Partner für das Testmanagement und den Support bei der Einführung der neuen Lösung verantwortlich.

Die Gesamtverantwortung des Projekts lag bei einem internen Team von Expert*innen des Automobilunternehmens. Die Projektleitung setzte sich aus Projekt-Professionals – also internen Berater*innen – und versierten Kolleg*innen aus dem Einkauf zusammen. So konnte das Ziel einer sicheren, langfristig nutzbaren und von den Anwender*innen akzeptierten Lösung sichergestellt werden.

Interne Beratung als Schlüssel zum Erfolg

Die Auswahl der internen Berater*innen und vor allem des Projektleiters war mit Sicherheit eine der größten Herausforderungen und im Rückblick ein Glücksgriff. Die Mischung aus exzellenter Fachexpertise und fähigem Projektleiter, inklusive PMO, passte einfach. Wir sprechen hier von einem Projekt mit mehr als fünf beteiligten externen Firmen – alle dem Projekterfolg verpflichtet, aber auch darauf bedacht, das Projekt für ihr Unternehmen auch zu einem wirtschaftlichen Erfolg zu bringen. Dazu kam der übliche Zeit- und Budgetdruck.

Schon bei der Planung der verschiedenen Releases wurde offensichtlich, dass eine sukzessive Entwicklung und Einführung der Funktionalitäten nicht funktionierte. »Fahren auf Sicht« hieß die Devise im Projekt, d. h., Design, Entwicklung und Test der Funktionalität bis hin zur Produktivsetzung ineinander zu verschachteln, nach Wichtigkeit zu priorisieren und dann nach und nach zu nutzen. Dies klingt wie ein agiles Projektvorgehen, was es auch war – und dies konnte nur funktionieren, weil die Teilprojekte in enger Abstimmung doch selbstständig agierten und die zueinanderpassenden Ergebnisse getestet live gingen.

Application Lifecycle Management

Eine große Herausforderung war das Testen der unterschiedlichen Releases. Angeboten und initial auch durchgeführt wurde der Test von einem Team vor Ort, das die Tests in enger Abstimmung mit der Entwicklung und den Fachteams durchführte und die Testergebnisse sehr aktuell an die Entwicklungsteams zurückmeldete. Als Tool zur Planung der Tests diente *HP ALM* (inzwischen *Micro Focus ALM*). Die Tests wurden im SAP Solution Manager durchgeführt und dokumentiert.

Diese Vorgehensweise war am Ende erfolgreich, aber sehr zeit- und personalintensiv. Außerdem war das Testteam zu Beginn nicht für ein agiles Vorgehen aufgestellt. Während des Projekts wurde ein Prototyp für ein automatisiertes Testvorgehen entwickelt und getestet. Als Test-Tool wurde *Tosca* von Tricentis eingesetzt. Auf die Ergebnisse kommen wir später zu sprechen.

»Fahren auf Sicht« – Projektplanung der etwas anderen Art

Dass das »Fahren auf Sicht« oder im aktuellen IT-Jargon das agile Projektmanagement und die agile Einführung einer komplexen, unternehmenskritischen IT – hier SAP-)Lösung – funktioniert, bedarf einer guten Planung, der richtigen Expert*innen, der richtigen Methodik, eines umfassenden Tests und der stetigen Abstimmung zwischen Projekt und Fachbereich. Dass das nicht von einer Person (sprich dem Projektleiter) allein umzusetzen ist, leuchtet ein.

Als einer der wichtigsten Erfolgsfaktoren erweist sich eine funktionierende und verteilte Projektorganisation. Was heißt das? Das bedeutet, dass jede und jeder im Projekt Verantwortung übernehmen muss. Jedes Teilprojekt für sich muss seine Ergebnisse im Blick behalten und jederzeit mit allen angrenzenden Teilprojekten abgestimmt bleiben. Wir schreiben hier über eine zentrale Lösung für den Einkauf weltweit. Alles hängt sozusagen an einem Faden. Die Produktivsetzung im Monatstakt (im Gegensatz zu maximal zwei Releases pro Jahr in herkömmlichen Wasserfallprojekten) führt zu Mehraufwand beim Testen und beim Übergang in die Produktion. Eine »herkömmlichen« SAP- Projektleitung, die vor einer ausgiebigen mehrstufigen Testphase von mindestens vier Wochen nicht im Traum an eine Produktivsetzung denkt, stehen bei dem Gedanken sicher die Haare zu Berge.

Im Folgenden besprechen wir nur einige detailliertere Ergebnisse des Projekts. Dass das Projekt im Ganzen ein Erfolg war, haben wir schon verraten.

7.4.5 Ergebnisse

Agiles Testen

Welch wichtige Rolle das Testteam in agilen SAP-Projekten spielt, haben wir bereits dargestellt. An dieser Stelle erfahren Sie etwas mehr zur Vorgehensweise, zu notwendigen Skills, zur Integration mit den anderen Teilprojekten und zu Sinn und Unsinn der Testautomatisierung in komplexen Projekten.

Dass mit der Erhöhung der Taktzahl im Projekt – sprich dem Umstieg auf mehrere, kurz aufeinanderfolgende Releases – auch der Aufwand für das Testen steigt, ist nachvollziehbar. Alternativ ist die Erhöhung des Vertrauens in die Lösung (»wir testen weniger, dann steigt der Aufwand bei mehr Releases nicht«) auch kein praktikables Vorgehen.

Ein wichtiger Punkt beim Testen ist die Selektion der »richtigen« Testfälle. Jeder kritische Prozess muss umfassend getestet werden, Nice-to-Have-Funktionalität muss ebenfalls richtig funktionieren, aber vielleicht nicht in jedem Zyklus getestet werden. Die Priorisierung der Testfälle ist besonders wichtig.

Ein weiterer Punkt, der eigentlich selbstverständlich ist, vor dem Hintergrund der schnellen Abfolge von Releases aber noch an Bedeutung gewinnt, ist die enge Zusammenarbeit von Entwickler*innen, Tester*innen und fachlichen Teilprojekten. Wenn Tester*innen, die einen Fehler findet, sich als erste Problemlöser begreifen, lassen sich Fehler schneller beheben und Folgefehler vermeiden. Dafür gibt es in jedem Projekt eine Lernkurve. Wenn das Testteilprojekt aber nicht in Testphasen testet, sondern eigentlich Teil des Entwicklungsprozesses wird und entsprechende Skills aufbaut, lässt sich die Zeit der Einführung eines Release verkürzen und auch die Qualität erhöhen.

Testdaten als Herausforderung

Eine weitere wichtige Aufgabe ist die Bereitstellung von aussagekräftigen Testdaten. Der Teufel steckt oft im Detail. Mit künstlich erzeugten Daten läuft ein Prozess problemlos, mit externen Daten vielleicht nicht. Die Herausforderung steigt, wenn Vor- oder Nachsysteme im Testfall beteiligt sind, d. h. Ergebnisse aus Vorsystemen verarbeitet werden müssen oder die Ergebnisse eines Prozesses im Nachfolgesystem ebenfalls erfolgreich verarbeitet werden. An dieser Stelle bekommt das Thema Kommunikation eine besondere Bedeutung. Was passiert, wenn ein kritischer Testfall nicht bearbeitet werden kann, weil die Daten aus dem Vorsystem fehlen und weil die Kolleg*innen, die das Vorsystem betreuen, wichtige Aufgaben für die produktive Betreuung des Vorsystems haben und gar nicht wissen, dass gerade ein kritischer Test stattfindet? Aus der Ferne betrachtet, wäre dies vielleicht ein Thema für die Projektorganisation, manchmal ist so etwas aber auch aufgrund der Komplexität nicht vorhersehbar. Gut ist es, wenn die betreffenden Tester*innen nicht einfach abwarten, sondern sich proaktiv an die Lösung des Problems machen.

Testautomatisierung

Zur Beschleunigung und Vereinfachung der Testzyklen scheint die Nutzung der Testautomatisierung eine sinnvolle Ergänzung zu sein. Im Zuge der Digitalisierung sind Begriffe wie *Continuous Testing*, *DevOps* oder *Predictive Testing* und viele mehr in den Sprachgebrauch von IT-Projekten eingezogen. In unserem Projektbeispiel ergab sich die Möglichkeit, das Thema Testautomatisierung vor dem Hintergrund einer agilen Einführungsmethode als Prototyp zu testen. Ziel war es, in einer ersten Nutzung die wiederholenden Tests von grundlegenden Funktionalitäten vor der Einführung eines neuen Release automatisch zu testen – also den Regressionstest durchzuführen.

Als Grundlage wurde die Testplattform Tosca von Tricentis gewählt. Zum einen, weil entsprechende Lizenzen im Unternehmen vorhanden waren, und zum anderen, weil Tricentis der externe Partner für das Testmanagement war. Ein weiterer Vorteil der Plattform ist die Möglichkeit, Testfälle zu automatisieren, ohne große Programmierkenntnisse dafür ins Projekt zu holen. Das entsprechende Schlagwort lautet bei Tricentis *modellbasiertes Testmanagement*. Dabei werden die Testfälle direkt aus dem zu testenden System erzeugt, ohne Scripts dafür schreiben zu müssen. Die Idee dahinter zeigt Abbildung 7.9.

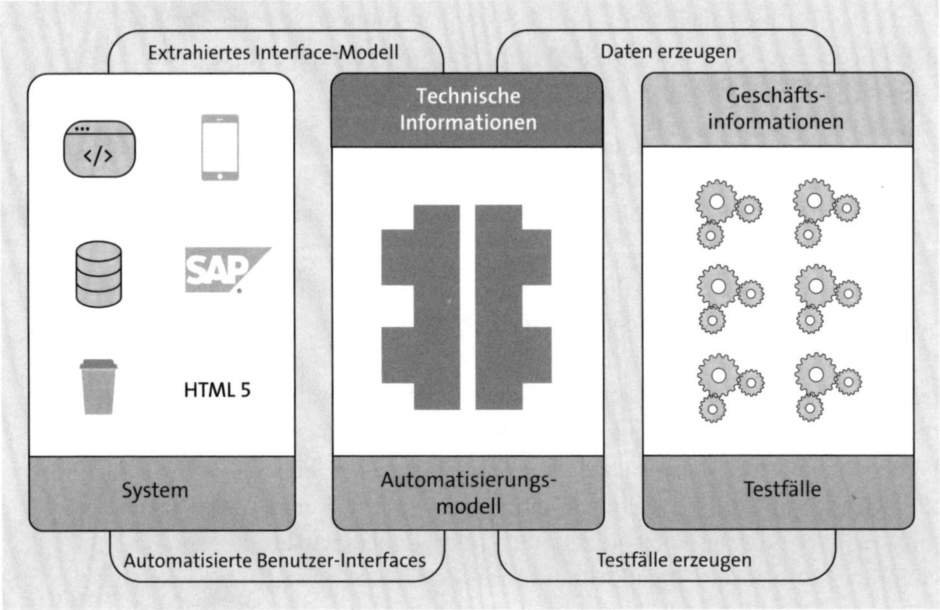

Abbildung 7.9 Model Bases Testing – die Idee

Ziel der Prototypen im Projekt war es, zu klären, ob mit der Testautomatisierung das Testen bereits fertiger und zum Teil bereits produktiv genutzter Funktionen (also Prozessabschnitten) während der agilen Entwicklung weiterer Funktionen erfolgversprechend ist. Hintergrund ist die Annahme, dass die Abgrenzung von Funktionen, also von Funktionsbausteinen oder anderen technischen Funktionsgruppen, nicht in jedem Fall möglich ist (eigentlich ist diese Abgrenzung in den meisten Fällen nicht möglich).

Aus diesem Grund ist das Testen in kurzen Abständen (etwa vor dem Transport von Entwicklungsobjekten vom Entwicklungs- in das Testsystem) sinnvoll. Zu den unterschiedlichen Methoden siehe auch Abbildung 7.10.

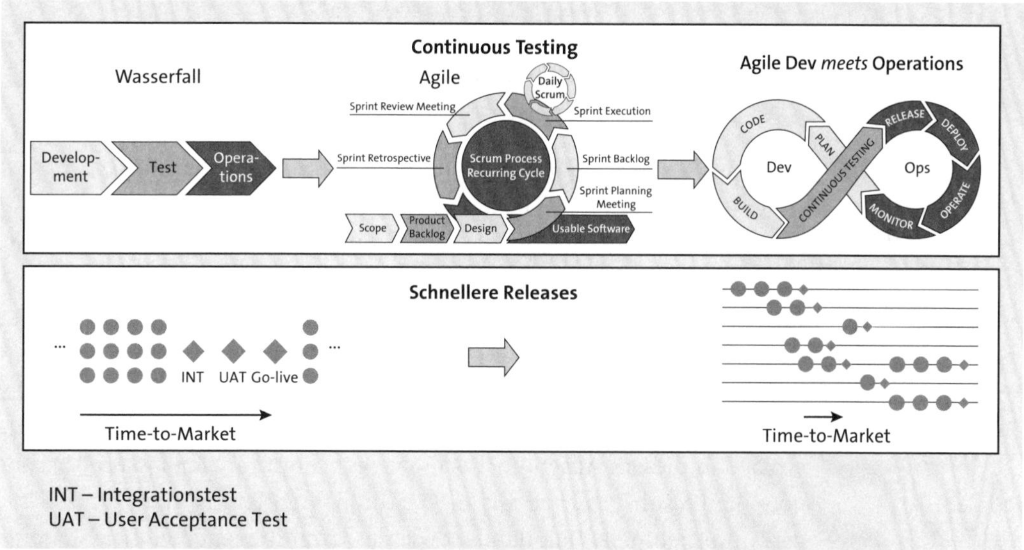

Abbildung 7.10 Unterschiede in der Testphilosophie zwischen Wasserfall- und agilen Projekten

Automatisches versus manuelles Testen

Das Ergebnis des Prototyps war nicht eindeutig. Zwar konnte der sinnvolle Einsatz nachgewiesen werden, und es wurden diverse Fehler im automatisierten Test gefunden, die die Testexpert*innen später auch fanden. Mindestens genauso oft schlug der Automat aber falschen Alarm. Grund waren teilweise Fehler im Testaufbau, also Fehler, die die Testautomatisierung an sich generierte. Es gab aber auch Fehler, die vom Automaten gefunden wurden, aber offensichtlich keine waren. Hier erwies sich die Parametrisierung als Fehlerquelle, oder die automatische Generierung von Testdaten war fehlerhaft.

Am Ende hat sich in diesem Projekt (noch) das manuelle Testen durchgesetzt. Die durchaus positiven Ergebnisse haben bei den Projektbeteiligten auch den Eindruck hinterlassen, dass die Nutzung einer Testautomatisierung doch durchaus sinnvoll sein kann und den Mehraufwand rechtfertigt. Der Ansatz, automatisiert zu testen, muss aber von Anfang an im Projekt verankert sein.

Wir haben Ihnen einige wichtige Aspekte zum Thema Projektmanagement und agile SAP-Projekte vorgestellt. Sicher bietet ein solch komplexes Projekt noch viele andere interessante Themen, aber wir wollen dieses sehr praktische Kapitel mit einigen *Lessons Learned* aus einem komplexen internationalen Projekt abschließen, aus denen Sie vielleicht die eine oder andere hilfreiche Lehre auch für Ihr Projekt ziehen können.

7.5 Lessons Learned aus einem internationalen SAP-ECC-Projekt

Aus dem Projektleben gegriffen

In der ersten Auflage dieses Buches (»Erfolgreiche SAP-Projekte«, Rheinwerk Verlag, Bonn 2016) haben wir sehr ausführlich über die Einführung eines SAP-ECC-Systems in einem internationalen Konzern mit einer Pilotinstallation und anschließendem weltweiten Roll-out berichtet. Die Phasen für diese Pilotinstallation folgten damals noch der bekannten ASAP-Implementierungsmethode. Unsere Erfahrungen aus dieser Form der Implementierung sind auch für heutige und zukünftige Projekte nach wie vor valide. Aus diesem Grund haben wir die für uns wichtigsten Anregungen und Ratschläge in diesem Abschnitt nochmals kurz zusammengefasst, insbesondere die Lessons Learned aus der Erstimplementierung eines global tätigen Unternehmens (Pilotland) sowie das darauffolgende globale Rollout-Konzept.

7.5.1 Globale SAP-Einführung aus der Sicht eines Pilotlandes

In diesem Abschnitt machen wir Sie zunächst mit der Ausgangssituation und dem Beispielunternehmen bekannt. Die Zusammenfassung der Lessons Learned aus der praktischen Umsetzung folgen der ASAP-Roadmap.

Das Beispielunternehmen

Grundannahmen

In unserem Beispielunternehmen, einem weltweiten Konzern der Dienstleistungsbranche, ist die Entscheidung für den Einsatz einer SAP-Standardsoftware gefallen. Die Entscheidung wurde vor allem durch den neuen weltweiten CIO, Mr. Smith, vorangetrieben, der die gesamte IT-Infrastruktur im Konzern auf den Prüfstand stellte. Mit der Einführung von weltweit durchgängigen, harmonisierten Prozessen und einheitlichen Datenstandards erwartet die Konzernzentrale eine Reihe wirtschaftlicher Vorteile. Dazu gehören mehr Transparenz durch ein verbessertes Informationsmanagement, kürzere Lieferzeiten, niedrigere Verwaltungs- und IT-Kosten, aber auch eine höhere Kundenzufriedenheit und damit die Chance auf weitere Umsatzsteigerungen und einen größeren Marktanteil. Mr. Smith weiß: Die Erfolgsquote bei globalen ERP-Projekten ist geringer als bei klassischen ERP-Projekten. In den meisten Fällen ist die Schuld nicht bei der Technik zu suchen. Gründe für ein Scheitern sind z. B. eher kulturelle Besonderheiten und unterschiedliche Mentalitäten, verschiedene Zeitzonen oder die Herausforderungen des Managements von virtuellen Projektteams.

Startpunkt: das globale Template

Mit einem internationalen Entwicklungsteam, unterstützt von Prozessexpert*innen aus diversen Ländergesellschaften, wurden die globalen Prozesse und weltweiten Datenstandards beschrieben, das *globale SAP-Template* entwickelt und von den weltweiten und regionalen Stakeholdern abgenommen.

Jetzt ging es darum, das globale Template vor dem weiteren Roll-out in einer *Pilotinstallation* zu testen. Um das Risiko der Erstimplementierung zu minimieren, wurde ein Geschäftsbereich im Konzern für diese Pilotinstallation ausgewählt. Abbildung 7.11 zeigt die iterative Vorgehensweise, die bei dem Template-Roll-out verfolgt werden sollte. Nach der Pilotinstallation und jeder Implementierung in einem weiteren Land sollen die Erfahrungen und Erkenntnisse dokumentiert und an das weltweite Template-Team zur weiteren Optimierung und Effizienzsteigerung zurückgespielt werden.

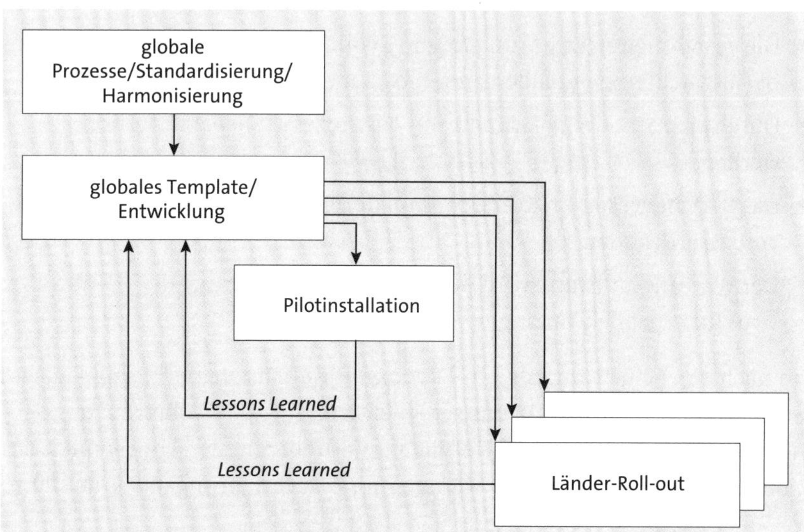

Abbildung 7.11 Template-Roll-out (Quelle: SAP)

Inhalt des globalen Templates

Das globale Template umfasste die Beschlüsse im Hinblick auf die folgenden Themen:

- Welche Prozesse werden vom neuen SAP-System abgedeckt? In diesem Zusammenhang werden das Prozessmodell, die weltweiten Datenstandards, vordefinierte Geschäftsszenarien, Datenmigrationsabläufe und Entwicklungen festgelegt.
- Wie soll die globale Anwendungs-Systemarchitektur beschaffen sein? Hier werden Schnittstellen, Customizing, Eigenentwicklungen sowie Add-ons beschrieben.
- Wie wird die technische Systemarchitektur inklusive Berechtigungskonzept sowie Änderungs- und Transportkonzept aussehen?
- Welche Maßnahmen sind im Hinblick auf die Ausbildung der Projektmitarbeiter*innen und Endanwender*innen geplant?
- Wie soll das neue System dokumentiert werden?
- Welche Implementierungsmethode wird verwendet? Dies beinhaltet Projektleitfäden, Standards, Prozeduren, Vorlagen usw.

Die Vorteile eines Template-Roll-outs liegen auf der Hand:

- Die Implementierung kann effizienter und mit geringerem Risiko erfolgen.
- Die Basis für zukünftige Anforderungen wird gelegt und die Anpassungsfähigkeit bewahrt.
- Im Falle von organisatorisch notwendigen Änderungen (z. B. bei Fusionen oder Zukäufen) ist das System flexibel.
- Die gesammelten Erfahrungen und Erkenntnisse aus den Implementierungen können von den anderen Ländern genutzt werden.
- Durch eine Standardisierung kann die Prozesstransparenz erhöht werden.
- Das Berichtswesen im Konzern kann durch konsistente Daten erheblich verbessert werden.
- Der Wartungsaufwand wird durch die Standardisierung der IT-Infrastruktur erheblich verringert.

Wer darf zuerst?

Im nächsten Schritt musste ein *Pilotland* für die Implementierung ausgewählt werden. Die Auswahl des geeigneten Pilotlandes ist besonders wichtig und kritisch, da die Erstimplementierung mit der Umsetzung des globalen Templates ein Erfolg werden muss. Die Erfahrungen aus der Pilotimplementierung usw. werden gesammelt und stehen den Nachfolgeländern als Leitfaden für die weiteren Roll-outs zur Verfügung. Von den weltweiten Entscheidungsträgern wurde vorgegeben, dass es vorzugsweise ein europäisches Land sein sollte, mit einer repräsentativen Abdeckung der verschiedenen Umsatzarten innerhalb des ausgewählten Geschäftsbereiches. Mehrere Länder hatten sich daraufhin um die Pilotinstallation beworben, u. a. auch Deutschland. Eine wesentliche Motivation für die Bewerbung der Länder war, durch die Auswahl zum Pilotland einen größeren Einfluss auf die weitere Entwicklung des globalen Templates nehmen zu können. Eine Annahme, die sich, nachträglich betrachtet, auch teilweise erfüllt hatte.

Die folgenden Abschnitte beschreiben die Erfahrungen mit dem SAP-Projekt aus der Sicht des Pilotlandes. Dabei geht es um den Prozess von der Entscheidung für das Pilotland bis zur Produktivsetzung und den späteren Roll-out in weitere Länder.

Auswahl des Pilotlandes

Das Entscheidungskommittee

Zur Entscheidung darüber, welches Land den ersten Schritt auf dem Weg zur SAP-Software machen soll, wird zunächst ein Meeting mit den internationalen Entscheidungsträger*innen anberaumt. An der Besprechung mit dem deutschen Team nehmen teil: der CIO Mr. Smith, die weltweit verantwortlichen Geschäftsbereichsmanager, der lokale IT-Manager für Deutschland, Herr Brotkötter, der lokale Prozessmanager, Herr Pingel, sowie eine Vertreterin der lokalen Geschäftsführung, Frau Rosenbusch. Ziel des Meetings ist es, folgende Fragen zu beantworten:

- Welches sind die wichtigsten Geschäftsprozesse des Landes?
- Welche Softwarelösungen werden zum aktuellen Zeitpunkt genutzt, um diese Prozesse zu unterstützen?
- Wie ist die lokale Systemarchitektur strukturiert, und welche Schnittstellen sind im Einsatz?
- Welches Fachwissen und welche Projekterfahrung bringen die lokalen Projektmitarbeiter und -mitarbeiterinnen mit? In welchem Umfang sind sie verfügbar?

Für das Meeting waren zwei Tage angesetzt. Hinterher machen sich alle Länderteams berechtigte Hoffnungen, für die Pilotauswahl infrage zu kommen. Die mit Spannung erwartete Entscheidung wurde den Teams nach zwei Wochen mitgeteilt. Den Zuschlag für die Pilotinstallation bekam Deutschland aus folgenden wesentlichen Gründen:

- Es gibt eine gute Übereinstimmung der global festgelegten Prozesse mit den laufenden Geschäftsprozessen. Der ausgewählte Geschäftsbereich ist für das Geschäft im Konzern repräsentativ.
- Der Ersatz der bestehenden IT-Infrastrukturlandschaft (Altsysteme) mit der neuen globalen SAP-Architektur verspricht erhebliche Einsparpotenziale bei den IT-Kosten.
- Das Länderteam hat bereits Erfahrung mit vergleichbaren großen Projekten.
- Die Geschäftsleitung, besonders Frau Rosenbusch, setzt sich für das Projekt ein und sagt zu, die benötigten Ressourcen bereitzustellen.
- Der Zugriff auf Expertinnen und Experten von SAP in Walldorf wird als weiterer zusätzlicher Vorteil gewichtet.

Global ASAP Local Roll-out Roadmap

Die Implementierungsmethode ist an die Phasen der *Global ASAP Local Roll-out Roadmap* von SAP angelehnt. In dieser Roadmap werden zentrale globale Aktivitäten auf Unternehmensebene definiert und umgesetzt. Die beschriebenen Aktivitäten in der Roadmap sind der Leitfaden für die Pilotinstallation und die nachfolgenden Roll-outs.

Abbildung 7.12 zeigt die verschiedenen Phasen der Global ASAP Local Roadmap. Die unternehmensweiten Geschäftsanforderungen, basierend auf der Konzernstrategie, werden mit Fachspezialist*innen aus verschiedenen Ländern, darunter auch Prozessexpert*innen aus dem Pilotland Deutschland definiert.

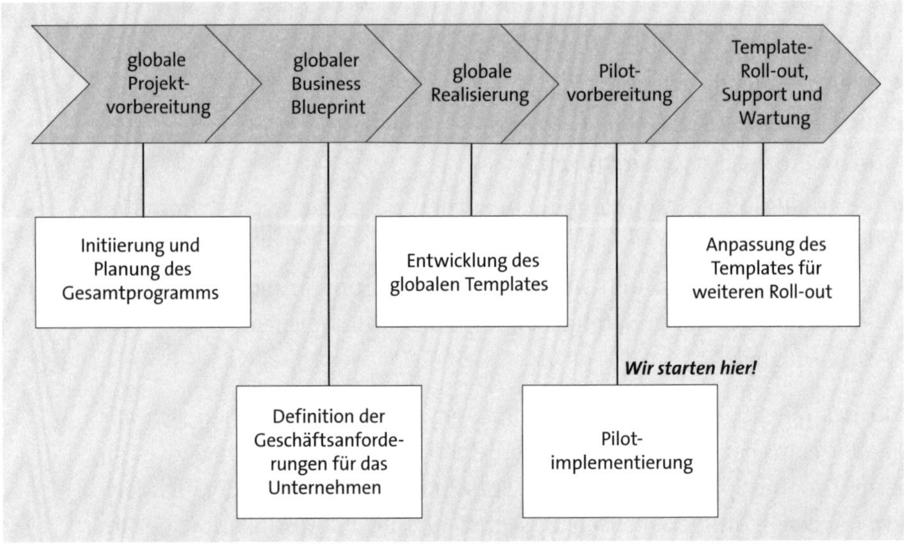

Abbildung 7.12 Globale ASAP-Roadmap (angelehnt an SAP Global ASAP Implementation Methodology, SAP SE)

Die Unternehmens- und Organisationsstrukturen und die einheitlichen Datenstandards sind festgelegt. Auf dieser Basis wird das globale Template entwickelt. In der Abbildung sehen Sie die einzelnen Phasen und den Startpunkt des Pilotlandes.

Projektorganisation und Verantwortlichkeiten

Wir haben gute Erfahrungen mit der Projektorganisation gemacht, die sowohl eine weltweite als auch eine lokale Ebene umfasst, mit einem weltweiten SAP-Entwicklungs- und Implementierungsteam und einem lokalen Pilotteam. Tabelle 7.2 zeigt die jeweiligen Aufgaben und Zuständigkeiten.

Weltweites Entwicklungs- und Implementierungsteam	Lokales Pilotteam
▪ Entwicklung und Implementierung eines globalen Templates auf der Basis von globalen standardisierten Prozessen und weltweiten Datenstandards	▪ Bereitstellung von Prozess-Ressourcen für das weltweite Entwicklungsteam ▪ Abdeckung der lokalen Prozesse und gesetzlichen Anforderungen für das Pilotland
▪ Management der weltweiten Systemarchitektur-Komponenten ▪ verantwortlich für weltweite Systemschnittstellen	▪ Management der lokalen und regionalen Systemarchitektur-Komponenten ▪ verantwortlich für lokale und regionale Schnittstellen
▪ Entwicklung und Umsetzung der Datenmigrationsstrategie	▪ Identifizierung der Datenquellen aus den Altsystemen ▪ Unterstützung der Datenmigrationsstrategie mit Ressourcen für Datenbereinigungsaktivitäten
▪ Beratung/Unterstützung des Pilotlandes in Change-Management-Aufgaben ▪ Erstellung des Schulungsmaterials ▪ weltweites Stakeholder-Management	Wahrnehmung der lokalen Change-Management-Aufgaben: ▪ Kommunikationsstrategie ▪ Schulungslogistik ▪ lokales Stakeholder-Management
▪ verantwortlich für den Gesamtplan (weltweites Projektbüro/PMO)	▪ verantwortlich für die lokalen Pläne (lokales Projektbüro), enge Zusammenarbeit mit dem weltweiten Projektbüro

Tabelle 7.2 Aufgaben und Zuständigkeiten des weltweiten Entwicklungs- und Implementierungsteams und lokalen Pilotteams

Think global: die weltweite Projektorganisation

Die verantwortlichen IT- und Prozessmanager der Ländergesellschaften werden von Anfang in das weltweite Pilot-Managementsystem eingebunden, d. h. regelmäßig mit Informationen versorgt. Damit soll sichergestellt werden, dass sie über den Projektstatus im Pilotland jederzeit informiert waren. Gleichzeitig ist es auch eine gute Vorbereitung für die nach der Pilotimplementierung geplanten Roll-outs.

Abbildung 7.13 zeigt die weltweite Projektorganisation für die Pilotinstallation. Die Gesamtverantwortung für das Projekt hat der Projektsponsor, der einen Projekt-Executive benennt. An diese Person berichten wiederum das weltweite Entwicklungs- und Implementierungsteam und die weltweite Roll-out-Organisation. Das Pilotland ist in die weltweite Roll-out-Organisation eingebunden. Die Vertreter*innen der Ländergesellschaften sind Teil der Organisation und werden über den Projektverlauf informiert gehalten.

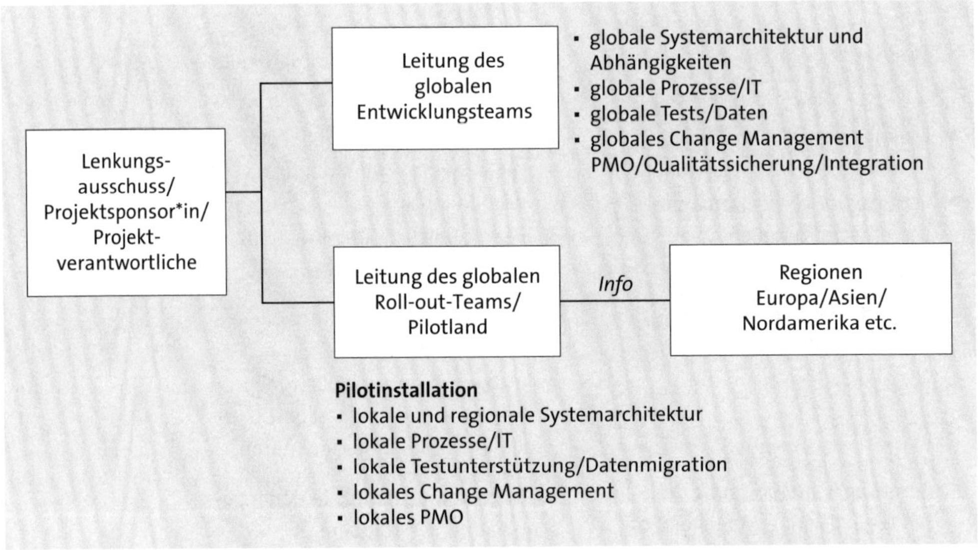

Abbildung 7.13 Weltweite Projektorganisation für Pilotinstallation

Act local: die lokale Projektorganisation

Abbildung 7.14 zeigt die lokale Projektorganisation im Pilotland. Die lokale Verantwortung liegt beim lokalen Sponsor oder der lokalen Sponsorin (Geschäftsleitungsebene) bzw. den fachlichen Sponsor*innen für Prozesse und IT. Das weltweite Entwicklungsteam ist in das Management-System des Pilotlandes in einer Beratungsfunktion eingebunden. Das Pilotteam hat einen dualen Berichtsweg: einerseits an die weltweite Ebene der Organisation zur Leitung des weltweiten Roll-out-Teams und andererseits auf lokaler Ebene an die Leiter*innen für Prozesse und IT. Die Zielerreichungsgespräche für die Mitarbeiterinnen und Mitarbeiter im Pilotland finden auf lokaler Ebene mit Abstimmung der internationalen Organisation statt.

Nach anfänglicher Skepsis über die Praktikabilität des beschriebenen Matrix-Management-Systems gibt es keine nennenswerten Probleme während des Projekts.

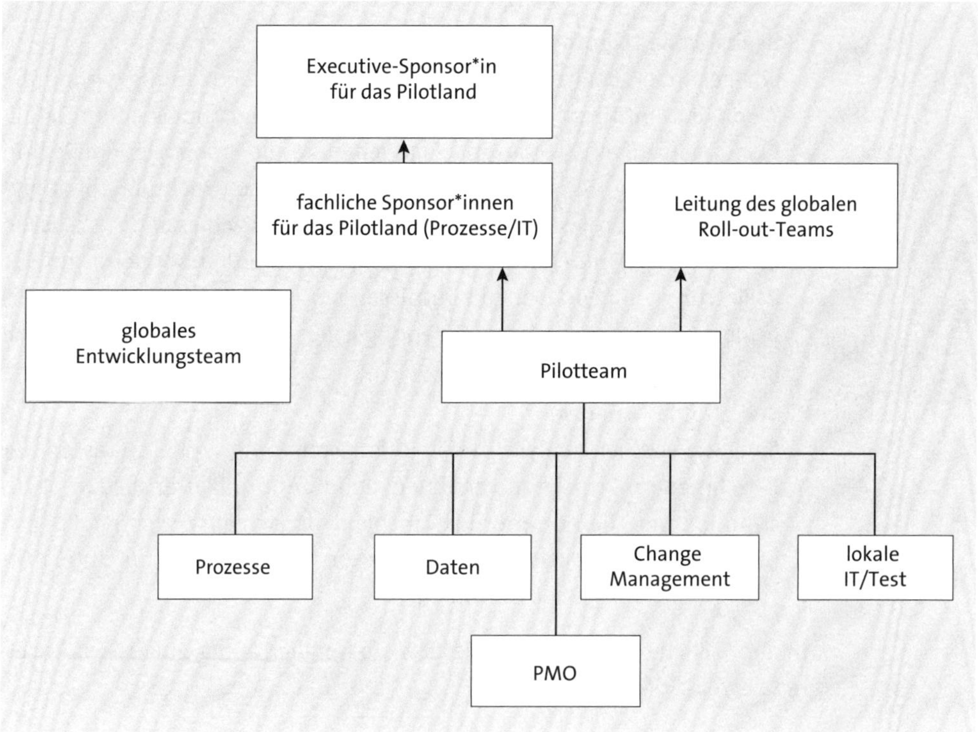

Abbildung 7.14 Projektorganisation im Pilotland

Die Phasen für die Pilotimplementierung folgen generell der ASAP-Implementierungsmethode, und zwar mit der lokalen Projektvorbereitung, der lokalen Blueprint-Phase, der Realisierung der lokalen Anpassungen, der Produktionsvorbereitung und schließlich dem Go-live und Support.

7.5.2 Lessons Learned: die lokale Projektvorbereitung

Was waren die wichtigsten Erkenntnisse in der lokalen Projektvorbereitungsphase?

1. **Unterstützung der Geschäftsleitung**
   Die Unterstützung der Geschäftsleitung, gerade in der Anfangsphase des Projekts, ist extrem wichtig. Die Zuordnung der geeigneten lokalen Mitarbeiter*innen für das Projekt, die Bereitstellung der Räumlichkeiten und Infrastruktur kann dadurch zügig vorangetrieben werden. Auch die Suche nach einer geeigneten Projektleitung kann, wenn auch mit ein

paar Hürden, noch rechtzeitig für das Projekt abgeschlossen werden. Ebenso bewährt sich die Einbindung zusätzlicher Ressourcen von Ländern, die für einen späteren Roll-out vorgesehen sind. Damit kann der Wissenstransfer frühzeitig sichergestellt werden.

2. **Realistische Terminplanung**
   Ein gesunder Realismus ist schon in der Projektplanung vonnöten. Wenn der Einführungstermin zu optimistisch und ohne weitere Detailplanungen auf ein Zieldatum ausgerichtet ist, die Projektziele zu Beginn nicht eindeutig und klar beschrieben sind, werden wichtige Abhängigkeiten für das Projekt (*in scope/out of scope*) vernachlässigt. Sie müssen Einführungstermine, *bevor* sie kommuniziert werden, sorgfältig auf der Basis von genügend Detailkenntnissen auf ihre Machbarkeit hin überprüfen. Mit einer sorgfältigen Planung legen Sie den Grundstein für den Erfolg des Projekts!

3. **Stakeholder-Analyse**
   Eine Stakeholder-Analyse in der Anfangsphase hilft, die Interessen der Beteiligten im Projekt zu verstehen, den Kommunikationsbedarf abzustimmen und die Kommunikationspläne danach auszurichten. Ebenso hilft es Ihnen, die Fachfunktionen, die Sie für Ihr Projekt zur Unterstützung brauchen, früh einzubinden.

In der nächsten Projektphase werden die für alle Länder gültigen weltweiten Prozesse definiert.

7.5.3 Lessons Learned: lokaler Business Blueprint

Globales Prozessdesign-Template als Grundstein

Das *globale Prozessdesign-Template* ist der Grundstein für gemeinsame weltweite Prozesse und für zukünftige Anforderungen. Der Ansatz, ein länderübergreifendes internationales Prozessteam bereits in der Entwicklung einzusetzen, ist richtig und hat sich bewährt. Auf der Basis des globalen Templates können Aufgaben wie z. B. die Planung der Ausbildungsstrategie, Infrastrukturvoraussetzungen, Systemarchitektur und Schnittstellen sowie Change-Management-Aufgaben in der Projektvorbereitungsphase bearbeitet werden.

Das Pilotteam konzentriert sich in der Blueprint-Phase im Wesentlichen auf die lokalen Prozessanforderungen. Die wichtigsten Erkenntnisse in der Blueprint-Phase sind für uns folgende:

1. **Akzeptanz des globalen Templates**
   Das vorgegebene globale Template wird von allen Stakeholdern als Basis für die SAP-Implementierung akzeptiert.

2. **Durchdachtes Anforderungsmanagement**
   Ein diszipliniertes Anforderungsmanagement trägt dazu bei, die lokalen prozessualen Anforderungen im Rahmen zu halten. Zur Unterstützung dieses Prozesses werden zwei neue Rollen definiert, das Integrationsteam für die Prozessanalyse und die SAP-Architektenrolle. Ebenso von Bedeutung und unterstützend sind die wöchentlichen Prozessdesign-Reviews mit dem weltweiten Entwicklungs- und Implementierungsteam.

3. **Nutzung eines Prototyps**
   Der Prototyp trägt zu einem besseren Verständnis für das Pilotprojektteam und die Fachfunktionen über die Arbeitsweise des neuen SAP-Systems bei und bildet Vertrauen. Wichtige Entscheidungen können so schneller getroffen und damit kann Zeit gewonnen werden.

In der folgenden Realisierungsphase ist ein besonderes Augenmerk auf die Ressourcensituation zu richten, die ihren Höhenpunkt erreicht.

7.5.4 Lessons Learned: die Realisierungsphase

Die Komplexität des Projekts nimmt durch die Vielzahl der in der Realisierungsphase vorgesehen Aktivitäten nochmals erheblich zu. Das Projektteam hat mit einigen Problemen zu kämpfen, die auf eine mangelnde Projektsteuerung und Kontrolle zurückzuführen sind. So wird z. B. die Kontrolle für die Entwicklung von Schnittstellen von nachgelagerten Verfahren vernachlässigt. Viel zu spät wird man darauf aufmerksam, und das hat Auswirkungen auf den Zeitplan der Vorbereitungsaktivitäten für den Akzeptanz-Test. Eine disziplinierte Projektsteuerung ist Voraussetzung für den Erfolg eines komplexen SAP-Implementierungsprojekts. Die frühe Identifizierung von Problemen und rechtzeitiges Gegensteuern ist eine der wichtigsten Aufgaben der Projektsteuerung. In Abschnitt 5.3, »Qualifikation, persönliche Eignung und Verfügbarkeit der Projektmitglieder«, haben wir deshalb die wichtigsten Leitlinien für ein erfolgreiches Vorgehen zusammengefasst.

Motivation hochhalten

Der Einsatz der Projektmitarbeiter*innen erreicht in der Realisierungsphase ihren Höhepunkt. Engpässe gibt es besonders bei den Mitarbeiter*innen mit Prozesswissen. Diese müssen die Entwicklung, den Test, Datenmigrationsaufgaben, die Entwicklung von Schulungsunterlagen und häufig noch ausstehende Aufgaben aus der Vorphase unterstützen. Planen Sie daher genügend Ressourcen mit qualifiziertem Prozesswissen ein. Da es den Idealfall von unbegrenzten Ressourcen nicht gibt, werden Sie priorisieren und Kompromisse schließen müssen. In dieser Phase ist es auch besonders wichtig, Ihr Projektteam motiviert und bei Laune zu halten. Planen Sie trotz des hohen Stresslevels oder gerade deswegen eine kurze Auszeit für alle Beteiligten ein. Das muss nichts Großes sein, schon ein kleiner Event kann Wunder bewirken.

Was sind die wichtigsten Erkenntnisse in der Realisierungsphase?

1. **Ressourcenbedarf erreicht den Höhepunkt**
   Der Ressourcenbedarf erreicht in der Realisierungsphase den Peak. Viele Projektmitarbeiter*innen stehen unter enormem Stress, und es besteht permanent die Gefahr, dass erfahrene Mitarbeiter*innen das Projekt verlassen. Planen Sie deshalb zwischendurch immer eine kurze Auszeit ein, z. B. einen Steh-Event und dergleichen. Planen Sie auch proaktiv für möglichen Ersatz von kritischen Skills.
2. **Aufbau der Testinfrastruktur benötigt Zeit**
   Der Akzeptanztest ist wohl der wichtigste Test im Projekt und erfordert besondere Aufmerksamkeit und sorgfältige Planung. Planen Sie genug Zeit für den Aufbau und die Bereitstellung der technischen Testinfrastruktur ein.
3. **Datenqualität und nochmals Datenqualität**
   Die Qualität der Daten beeinflusst wesentlich den Fortschritt des Projekts. Führen Sie kontinuierlich Datenbereinigungsaktivitäten durch.
4. **Praxisnahes Schulungsmaterial hilft**
   Erstellen Sie die Schulungs- und Ausbildungsunterlagen praxisnah an den tatsächlichen Geschäftsprozessen. Führen Sie einen Pilotkurs durch.
5. **Eigenständige Schulungssysteme**
   Setzen Sie für die Ausbildung ein SAP-Schulungssystem ein, das unabhängig von Test- und Entwicklungssystemen ist.

Nachdem der Akzeptanztest bis auf wenige verbleibende Testfälle abgeschlossen ist, kann mit den Produktionsvorbereitungen begonnen werden.

7.5.5 Lessons Learned: finale Phase der Vorbereitung/Go-live und Support

Die Hauptaufgabenpakete in der finalen Projekt-Vorbereitungsphase sind die folgenden:

- Schulungen für die Anwenderinnen und Anwender durchführen
- technische Infrastrukturaktivitäten für die Produktivsetzung und Cutover-Management-Aktivitäten

- das Laden der Daten in das Produktionssystem
- Aufbau einer Support-Struktur (Helpdesk)

Aus dem Projektleben gegriffen

Für die ersten beiden Monate nach Produktivstart stehen in unserem Beispielprojekt noch alle Projektmitarbeiter*innen und Entwicklungsteams für die Lösung auftretender Produktionsprobleme zur Verfügung. Danach kann das Projekt in den laufenden Betrieb übergeben und beendet werden. Das Projekt wird schließlich mit einer zünftigen Party, an der auch alle Stakeholder teilnehmen, abgeschlossen. Frau Rosenbusch, die Vertreterin der lokalen Geschäftsführung, und Mr. Smith, der weltweite CIO, haben dabei nochmals die Gelegenheit, besonders verdiente Projektmitarbeiterinnen und -mitarbeiter auszuzeichnen. Die gesamten gesammelten Erfahrungen werden abschließend dokumentiert und für zukünftige Projekte festgehalten.

7

10 Erfolgsfaktoren für das Pilotprojekt

Schauen wir uns jetzt noch einmal zusammenfassend die kritischen Erfolgsfaktoren für dieses SAP-Projekt an, die für die erfolgreiche Umsetzung des Transformationsprozesses essenziell sind:

1. **Das Projekt unterstützt die Unternehmensstrategie**
   Es ist von elementarer Bedeutung, dass das Projekt die Unternehmensstrategie und Unternehmensziele unterstützt.
2. **Die Geschäftsleitung zeigt Flagge**
   Die Vision über den zu erreichenden Sollzustand wird von der Geschäftsleitung kommuniziert und vermittelt. Die Veränderungsprozesse werden durch eine sichtbare und engagierte Führung (Leadership) durch die Stakeholder begleitet. Das notwendige Budget und die erforderlichen Ressourcen werden für das Projekt freigegeben.
3. **Gemeinsames Verständnis über die Bedeutung des Projekts**
   Die Ziele des Projekts beschreiben klar, warum das Projekt wichtig ist und was die Risiken wären, wenn es nicht umgesetzt wird.
4. **Frühes Buy-in der involvierten Organisationseinheiten**
   Die breit angelegte Zusammenarbeit über Funktionsgrenzen hinweg erfolgt durch eine frühe Einbindung der Fachbereiche und damit auch zu deren Zustimmung und Unterstützung (*Buy-in*). Die involvierten Funktionen/Organisationseinheiten werden aktiv in den Veränderungsprozess mit einbezogen. Die Analyse von internen Rollen, Zuständigkeiten und Kontrollprozessen bei den betroffenen Funktionen wird durchgeführt, um das Ausmaß der Veränderungen zu ermitteln.

5. **Konsequente Anwendung der Change-Management-Methoden**
   Die Change-Management-Methoden werden konsequent angewendet. Organisatorische Widerstände werden früh im Projekt erkannt und proaktiv angegangen. Die Kommunikationsstrategie wird gezielt und effektiv über die gesamte Projektlaufzeit umgesetzt. Eine Projekt-Homepage wird entwickelt, um die Mitarbeiter im Unternehmen auf dem Laufenden zu halten. Für die Schulungsvorbereitungen werden die zukünftigen Endanwender frühzeitig eingebunden.
6. **Disziplinierte Projektsteuerung**
   Die strikte Einhaltung eines disziplinierten Projektmanagementsystems mit einer regelmäßigen Kontrolle und Information über den Projektstatus ist ein Muss. Die Projektrisiken werden zu Beginn des Projekts identifiziert und Maßnahmen zur Gegensteuerung eingeleitet. Die Projektpläne haben einen Detaillierungsgrad, der von den Projektmitarbeiter*innen nachvollzogen werden kann. Nach dem Abschluss jeder Phase wird ein Qualitäts-Review durchgeführt. Die Entscheidungsprozesse sind klar beschrieben und können erfolgreich angewandt werden. Konflikte über Funktionsgrenzen hinweg können zügig geklärt werden.
7. **Effizientes Anforderungsmanagement**
   Achten Sie auf die Einführung eines formalen Anforderungsmanagementprozesses und die Festlegung von Vertretungsregeln für Entscheidungsträger*innen, die aufgrund von Abwesenheit nicht erreicht werden können.
8. **Klare und eindeutige Projektziele**
   Die Projektziele sind messbar, eindeutig, verständlich und für jede Mitarbeiterin und jeden Mitarbeiter im Unternehmen nachvollziehbar.
9. **Einsatz eines erfahrenen Projektteams**
   Die im Projekt eingesetzten Mitarbeiter*innen haben die erforderlichen Kompetenzen und Erfahrungen aus Vorprojekten. Der Einführungstermin wurde von den Projektmitarbeiter*innen nach anfänglichen Schwierigkeiten und Überarbeitung der Pläne als machbar angesehen.
10. **Fokus auf korrekte Daten**
    Der Fokus liegt auf der Datenmigrationsstrategie und im Besonderen auf den laufenden Datenbereinigungsaktivitäten. Wenn auch in unserem Beispielprojekt die Datenbereinigung zu Beginn vernachlässigt wurde, konnten durch rechtzeitiges Gegensteuern die Qualitätsvoraussetzungen für die finale Datenmigration noch erreicht werden.

Nach Übergabe des Projekts in den laufenden Betrieb für das Pilotland stellt sich nun die Frage, mit welchem Konzept der weitere weltweite Roll-out durchgeführt werden soll. Naheliegend ist, dafür die erfahrenen Mitarbeiter*innen aus dem Pilotprojekt einzusetzen und eine einheitliche Vorgehensweise vorzuschlagen, die wir im nächsten Abschnitt besprechen werden.

7.5.6 Wie ging es nach der Pilotinstallation weiter: das Roll-out-Konzept

Ziele des Roll-out-Konzepts

Für die weiteren Roll-outs nach dem Pilotland gibt es gute Gründe, die Erfahrungen des Pilotprojektteams zu nutzen. Was sind die Ziele?

- eine klare, unmissverständliche Kommunikation für die Länderteams zur Unternehmensstrategie und zu den darauf basierenden Projektzielen
- die Einführung einer einheitlichen Vorgehensweise bzw. Implementierungsmethode für den Roll-out sowie die Nutzung gemeinsamer Methoden, Projektpläne, Tools und Templates (Best Practices)
- der Einsatz eines zentralen »Roll-out-Teams« mit erfahrenen Projektmitarbeiter*innen aus dem Pilotland zur Unterstützung der Nachfolgeländer
- die Konsolidierung von Projektaktivitäten auf weltweiter (zentraler) Ebene, um einerseits eine standardisierte, auf Erfahrung basierende Implementierungsmethode anzuwenden und andererseits die lokalen Ressourcen der neu zu implementierenden Länder zu entlasten
- die Abstimmung der globalen Pläne mit den lokalen Plänen basierend auf der globalen Unternehmensstrategie
- die zentrale, weltweite Kontrolle über das globale Template und die weltweiten Datenstandards, unterstützt von einem globalen Change Board (eine Vorgehensweise, die es erlaubt, mehrere Länder oder Ländergruppen parallel zu implementieren; die Auswahl der Ländergruppen sollte hauptsächlich nach organisatorischen und systemtechnischen Überlegungen erfolgen, d. h., es wurden vorzugsweise die Länder für eine Implementierung zusammengefasst, die durch eine annähernd einheitliche Systemplattform in den Altverfahren unterstützt wurden und organisatorisch eine Einheit bildeten)
- die Gewährleistung schneller Entscheidungsprozesse in einem weltweiten Roll-out-Managementsystem

Die im Folgenden beschriebene Roll-out-Methode umfasst die Zusammenarbeit und Aufgabenverteilung zwischen den weltweiten und lokalen Projektteams.

Die Roll-out-Methode

Die Implementierung für ein Land oder eine Ländergruppe wird jeweils mit einem neuen Release eingeführt.

Kochbuch für das Roll-out

Den Ländern wird ein *Projekthandbuch*, eine Art »Kochbuch« mit allen Aktivitäten und Meilensteinen und Rollen und Verantwortlichkeiten zur Verfügung gestellt. Der Projektplan wird zentral vorgegeben und mit den lokalen Anforderungen ergänzt. Für die Steuerung der Pläne wird ein gemeinsames einheitliches Tool eingesetzt. Die Gesamtsteuerung des Projekts liegt in der Verantwortung des zentralen Roll-out-Teams.

Tabelle 7.3 zeigt die Aufgaben und Verantwortlichkeiten des zentralen Roll-out-Teams und der Länderteams.

Aufgabe	Verantwortung des weltweiten Roll-out-Teams	Verantwortung der Länderteams
Projektmanagement	Gesamtplan, Koordinierung der weltweiten Partner	lokale Pläne und Aufgaben, Koordinierung der regionalen und lokalen Partner
Prozess	Durchführung von Prozessworkshops mit den Ländern/Fit-Gap Analyse	Bereitstellung von lokaler Prozessexpertise, Roll-out der Soll-Prozesse
Change-Management: (Organisation, Rollen, Kommunikation, Schulung)	Einführung in das weltweite Organisationsmodell und die neuen Jobrollen für die Endanwender*innen, Bereitstellung von weltweitem Kommunikations- und Schulungsmaterial, Beratung und Unterstützung in allen lokalen Change-Management Aufgaben	Bereitstellung von lokaler Expertise und Einführung der neuen Jobrollen, Anpassung des Kommunikations- und Schulungsmaterials an lokale Anforderungen, Entwicklung eines lokalen Schulungsplans
Konzern-Berichtswesen	Einführung in das neue weltweite Konzern-Berichtswesen, Beratung und Unterstützung in lokalen Roll-out-Fragen	Analyse der lokalen Anforderungen für das Konzern-Berichtswesen, Einführung des Konzern-Berichtswesens im Land.

Tabelle 7.3 Aufgaben und Verantwortlichkeiten des weltweiten Roll-out-Teams und der Länderteams

Aufgabe	Verantwortung des weltweiten Roll-out-Teams	Verantwortung der Länderteams
■ IT ■ lokale Anpassungen/Schnittstellen	Unterstützung des lokalen Roll-out-Teams in der Anforderungserstellung für lokale Anwendungen, Koordinierung der weltweiten Partner	Umsetzung der lokalen Anforderungen inkl. Entwicklung und Test, Koordinierung der lokalen Partner
■ Test ■ Vorbereitung der Testszenarien und Testdurchführung, Testmanagement, Testplan, Testinfrastruktur, Fehlerkorrektur	User-Acceptance- und Vorproduktionstest, Koordinierung der weltweiten Partneranwendungen	Bereitstellung von lokaler Expertise für die Testvorbereitungen und Testdurchführung, verantwortlich für die Bereitstellung der lokalen Testinfrastruktur
■ Produktionsvorbereitung ■ Erstellung des Gesamtplans für Cut-over-/Go-live-Aktivitäten	Cut-over-/Go-live-Gesamtplan, Koordinierung der weltweiten Partner, Unterstützung der lokalen Länderteams	Koordinierung der lokalen Partner und Vorbereitung aller lokalen Aktivitäten
Datenmigration der Altdaten in das Zielsystem	Datenmigrationsstrategie und alle Datenmigrationsaktivitäten	Bereitstellung lokaler Expertise für alle Datenmigrationsaktivitäten, Bereitstellung von Ressourcen für Datenbereinigungsaktivitäten
Anwenderunterstützung/Support-Struktur	Einführung der lokalen Länderteams in die weltweite Support-Struktur	Anpassung der lokalen Unterstützungsstrukturen an das weltweite Modell

Tabelle 7.3 Aufgaben und Verantwortlichkeiten des weltweiten Roll-out-Teams und der Länderteams (Forts.)

Prozess-Workshops

Zur Evaluierung der länderspezifischen Prozessanforderungen wird den Ländern vier bis sechs Wochen vor dem ersten *Prozessworkshop* ein Fragebogen zur Workshop-Vorbereitung zur Verfügung gestellt. Der Fragebogen enthält Fragen wie z. B.:

- Mit welchen Anwendungsprogrammen werden die laufenden Prozesse unterstützt?
- Werden die Prozesse manuell abgewickelt?
- Welche gesetzlichen Vorgaben sind zu berücksichtigen?
- In welcher Organisationsform werden die Prozesse abgewickelt?
- Wie viele Anwender sind in welchen Lokationen?

Der Workshop selbst wird mit den Fachbereichsspezialist*innen der Länder, den Prozessexpert*innen des Roll-out-Teams und den Mitarbeiter*innen des zentralen Datenmigrationsteams durchgeführt und dauert zwei Wochen. Das Ziel der Workshops ist, die gemeinsamen weltweiten Prozesse, wie im globalen Template dokumentiert und im SAP-System umgesetzt, möglichst nicht zu verändern und damit die länderspezifischen Anforderungen so gering wie möglich zu halten. Dadurch können auch die Entwicklungsaufwände für zukünftige Implementierungen im Rahmen gehalten werden. Die Vorgehensweise sieht dabei wie folgt aus:

1. Zunächst werden die Ist-Prozesse der neu zu implementierenden Länder identifiziert und besprochen. Grundlage dafür sind Prozessdokumentationen und Interviews mit den lokalen Fachbereichsexpert*innen.
2. Im zweiten Schritt erfolgt der Abgleich mit dem globalen Template und der im Pilotland implementierten SAP-Lösung.
3. Auf der Basis der Ist- und Soll-Prozesse wird die zukünftige Lösung mit dem Ziel dokumentiert, Entwicklungsaufwände möglichst zu vermeiden. Es gibt aber immer wieder heftige Diskussionen, ob die von den Ländern gestellten Prozessanforderungen gerechtfertigt sind oder nicht. Die Beweispflicht liegt dabei bei den Ländern. Für diese Fälle hat sich das Roll-out-Managementsystem mit schnellen Entscheidungsprozessen bewährt. Für lokale Anforderungen, die berechtigt sind, aber zu hohe Entwicklungsaufwände verursachen, wurden halbmaschinelle bzw. manuelle Prozessabläufe vereinbart.
4. Schließlich werden die umzusetzenden Anforderungen bereits im Workshop so dokumentiert und aufbereitet (systemspezifisch), dass die Entwicklungsteams mit der Programmierung sofort beginnen können.

Ein weiterer wesentlicher Erfolgsbaustein für das Gelingen eines komplexen internationalen Projekts ist die Einführung eines adäquaten Roll-out-Managementsystems.

Das Roll-out-Managementsystem

Das Managementsystem für das Roll-out ist ein Matrix-Managementsystem mit einer weltweiten und länderspezifischen Ebene. Alle Aktivitäten, die man zentral durchführen kann, werden vom weltweiten Roll-out-Team bzw. dem weltweiten Test- und Datenmigrationsteam wahrgenommen.

Rollen und Verantwortlichkeiten

Abbildung 7.15 zeigt die Rollen und Aufgaben der beteiligten Teams im *Roll-out-Managementsystem*: das zentrale Entwicklungs- und Infrastrukturteam, das zentrale Test- und Datenmigrationsteam und das zentrale Roll-out-Team. Auf lokaler Ebene sind die Implementierungsteams der Post-Pilotländer.

Auf zentraler weltweiter Ebene werden alle Entwicklungs-, Test- und Datenmigrationsaktivitäten gesteuert und durchgeführt. Die lokalen Projektpläne müssen mit dem Gesamtplan des weltweiten Roll-out-Teams abgestimmt werden.

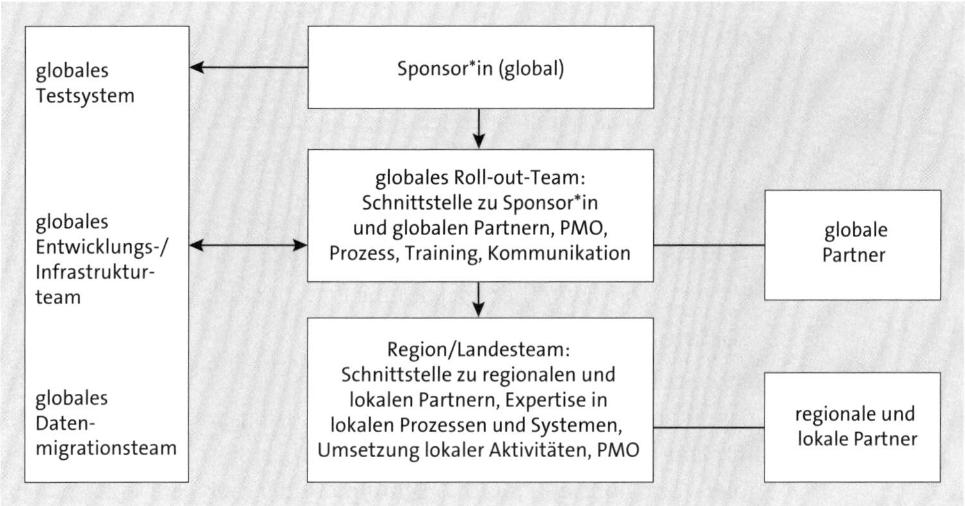

Abbildung 7.15 Rollen und Verantwortlichkeiten im Roll-out-Managementsystem

Die Aufgabe der Länder ist es, die erforderliche lokale Expertise für die diversen Aktivitäten mit erfahrenen Mitarbeiter*innen bereitzustellen. Die Schnittstelle zum globalen Entwicklungsteam läuft ausschließlich über das globale Roll-out-Team. Alle weltweiten Unterstützungsfunktionen (Entwicklung, Test, Daten, Roll-out) haben einen fachlichen Berichtsweg an den globalen Sponsor bzw. die globale Sponsorin, die Landesteams an das globale Roll-out-Team und die lokalen Geschäftsführer. Die Kommunikation zu globalen Partnern im Projekt läuft über das zentrale Roll-out-Team, die Kommunikation zu den regionalen/lokalen Partnern über das Landesteam.

Auf einer Linie: gleicher Informationsstand

In einem internationalen Projekt mit Projektteams, die unterschiedliche Rollen und Aufgaben in verschiedenen Geografien wahrnehmen, muss ein aktueller Informationsstand für alle Beteiligten gewährleistet sein. Aber Achtung! Zu viele Besprechungen und Telefonkonferenzen binden wegen der Vorbereitung und Teilnahme der Projektmitarbeiter*innen wertvolle Zeit. Fehlende oder unvollständige Informationen führen andererseits zu Doppelarbeit, Überlappungen und letztlich zu verlorener Projektzeit. Hier gilt es die richtige Balance zu finden, nach dem Motto »so viel wie nötig, so wenig wie möglich«. Klingt leicht, ist aber in einem komplexen internationalen Projekt eine Herausforderung! Wie es umgesetzt wird, sehen Sie in der nachfolgenden Zusammenstellung:

- **Meetings des Lenkungsausschusses**
  Die Mitglieder des Lenkungsausschusses treffen sich zu monatlichen Meetings. Verantwortlich für die Meetings ist das zentrale Roll-out-Team. Auf der Agenda stehen die folgenden Tagesordnungspunkte:
  - Übersicht Zeitleiste des Projektplans
  - erreichte Ziele seit dem letzten Meeting/Status Aktionsplan
  - Status der Abhängigkeiten zu anderen Partnern/offene Themen
  - weltweite/lokale Meilensteinübersicht
  - Status von Entwicklung, Test und Datenmigration
  - Probleme/Risiken/Themen, die eine Entscheidung erfordern
  - nächste anstehende Planaktivitäten
- **Weltweite Projektstatus-Besprechungen**
  Wöchentlich finden weltweite Projektstatus-Besprechungen der Gesamtpläne (aller am Projekt beteiligten Partner) statt. Die Vorbereitung erfolgt vom globalen PMO, die Leitung hat der globale Projektsponsor bzw. die -sponsorin.
- **Lokale Projektstatus-Besprechung**
  Ebenfalls wöchentlich gibt es Projektstatus-Besprechungen der lokalen Projektteams mit dem globalen Roll-out-Team zur Vorbereitung auf die globalen Projektstatus-Besprechungen. Die Vorbereitung erfolgt durch das lokale PMO.
- **Prozessdesign-Reviews und Solution-Design-Reviews**
  Nach Bedarf finden Prozessdesign-Reviews und Solution-Design-Reviews statt, um die Freigabe zu einer Entwicklungslösung von den Länderteams und involvierten Partnerfunktionen einzuholen.
- **Systemarchitekturmeetings**
  Diese Abstimmungsbesprechungen finden monatlich oder nach Bedarf statt, um Veränderungen oder Abweichungen zu identifizieren.
- **Qualitätschecks**
  Nach Abschluss von Projektphasen und zur Vorbereitung der Produktivphase erfolgt der Qualitätscheck. Die Leitung liegt beim globalen Sponsor bzw. der -sponsorin, die Vorbereitung und Durchführung wird vom zentralen Roll-out-Team übernommen.

Schauen wir uns jetzt an, wie sich das Konzept in der täglichen Projektarbeit bewährt hat.

Und wie läuft es in der Praxis?

Wie gelingt die Umsetzung in die Praxis?

In diesem Abschnitt wollen wir beschreiben, wie die Umsetzung des Roll-out-Konzepts in die tägliche Praxis gelingt. Zunächst kurz zusammengefasst die kritischen Herausforderungen für einen Roll-out von neuen Prozessen und Systemen in weitere Länder bzw. Ländergruppen:

- Die Verfügbarkeit von kritischen Skills ist in kleineren Ländergruppen schwierig umzusetzen. Die Kenntnisse über die neuen Prozesse und Systeme sind beim globalen Roll-out-Team. Für die Analyse der lokalen Ist-Situation ist man auf lokale Fachspezialist*innen angewiesen.
- Die Komplexität der integrierten Gesamtlösung. Die Änderungen betreffen verschiedene Prozesse, Systeme und Organisationseinheiten und erfordern die Mitarbeit von verschiedenen Fachbereichen in den Ländern.
- Die Vorgabe einer schnellen Umsetzung stellt ebenfalls eine kritische Herausforderung dar.

Zeit ist Geld!

Der Einsatz von lokalen Fachspezialist*innen kann nur durch die weitere kontinuierliche Unterstützung der Stakeholder im Projekt sichergestellt werden. Ebenso hilfreich ist das bereits bewährte weltweite Projektmanagementsystem mit einem weltweit agierenden Projektsponsor bzw. einer -sponsorin, der bzw. die auch nach der Pilotinstallation die Gesamtverantwortung für die weiteren Roll-outs übernimmt.

Wichtig! Das Projekt hat im Konzern nach wie vor oberste Priorität.

Organisation der Projekt-Kick-offs

Der Projekt-Kick-off für eine neue Länderimplementierung ist vier Wochen vor dem eigentlichen Projektstart geplant. Für die Durchführung ist das globale Roll-out-Team verantwortlich. Daran nehmen die globalen und lokalen Projektsponsor*innen, die lokale Projektleitung und die Leitung des globalen Roll-out-Teams mit einigen ihrer Fachspezialist*innen teil. Inhaltlich geht es um folgende Themen:

- Überblick über die neuen weltweiten Prozesse und Systeme
- organisatorische Auswirkungen des Projekts auf die lokalen Fachbereiche
- Erkenntnisse und Erfahrungen aus der Pilotinstallation und den nachfolgenden Länderimplementierungen
- weltweites Roll-out-Managementsystem und Vorschlag für lokales Projektmanagementsystem

- Aufgabe und Verantwortlichkeiten der weltweiten Unterstützungsfunktionen (Roll-out, Test, Daten, Entwicklung)
- Ziele und Inhalte des Projekthandbuches (Kochbuch)
- lokaler Ressourcenbedarf an Fachspezialist*innen für den Roll-out
- Übersicht über die Projektbudgets und deren Kontrolle
- weltweiter Projektplan mit Meilensteinen als Basis für die lokalen Pläne

Gleichzeitig werden die Vorbereitungen für die lokalen länderspezifischen Prozessworkshops (siehe Abschnitt 7.5.6, »Wie ging es nach der Pilotinstallation weiter: das Roll-out-Konzept«) getroffen. Der Prozessfragebogen wird den Ländern bereits im Projekt-Kick-off-Meeting oder vorher zur Verfügung gestellt. Neben der Benennung der lokalen Projektleitung ist die Zuordnung von lokalen Prozessfachspezialist*innen zur Unterstützung der geplanten Prozessworkshops zunächst die dringlichste Aufgabe.

Roll-out-Anforderungsprozess

Der Entwicklungsprozess für die Umsetzung von neuen Anforderungen aus den Prozessworkshops ist in Abbildung 7.16 dargestellt. Die Anforderung wird zunächst von Fachspezialist*innen für Prozesse gesamtheitlich analysiert, ob die Anforderung in die strategische Gesamtlösung übernommen werden kann. Ist dies der Fall, prüfen SAP-Architekt*innen die Durchgängigkeit über verschiedene Module und klären, ob es eventuell Schnittstellenprobleme mit vor- oder nachgelagerten Verfahren geben könnte. Wird die Anforderung genehmigt, kann die Umsetzung entweder durch Customizing oder im ungünstigeren Fall durch Programmierung gelöst werden. Nach Erledigung müssen die Prozess- und Endanwenderdokumente aktualisiert und eine Endabnahme durch die Fachspezialist*innen für Prozesse sichergestellt werden.

Wird eine Anforderung abgelehnt, besteht die Möglichkeit, den Vorgang innerhalb des Projektmanagementsystems über das globale PMO zu eskalieren. Finale Entscheidungen werden vom globalen Lenkungsausschuss (Steering Committee) getroffen.

Roll-out-Timeline

Basierend auf den Erfahrungen mit der Pilotinstallation wird die Projektlaufzeit für den Roll-out eines Landes bzw. einer Ländergruppe mit zehn Monaten angenommen. Eine herausfordernde Zeitvorgabe, die jedoch bis auf wenige Ausnahmen eingehalten werden kann.

Abbildung 7.17 zeigt die Hauptaktivitäten der Roll-outs über die verschiedenen Projektphasen.

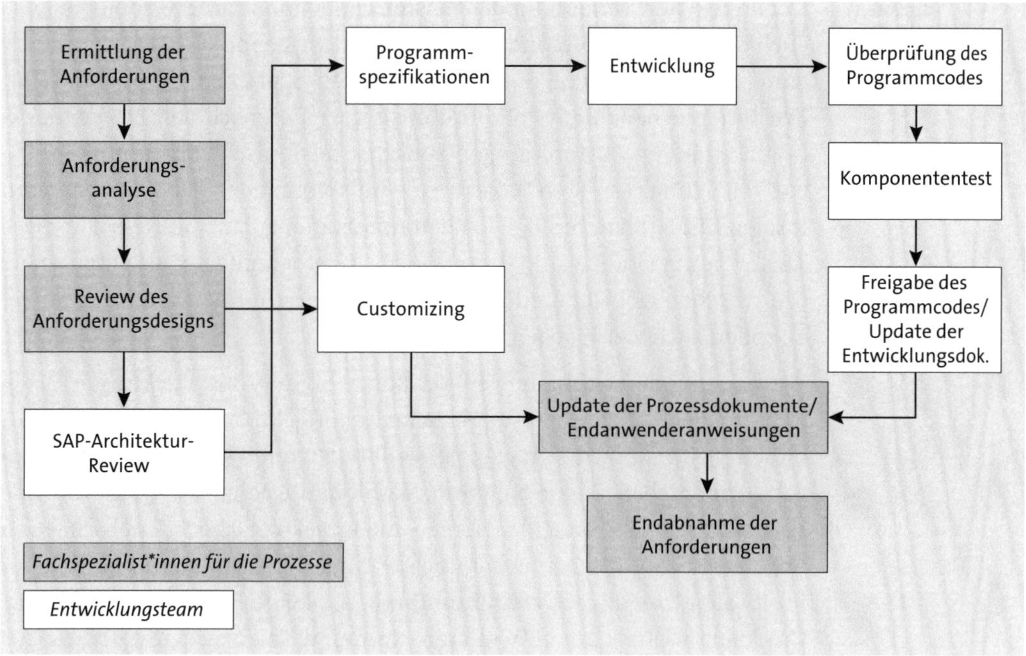

Abbildung 7.16 Ablauf des Entwicklungsprozesses

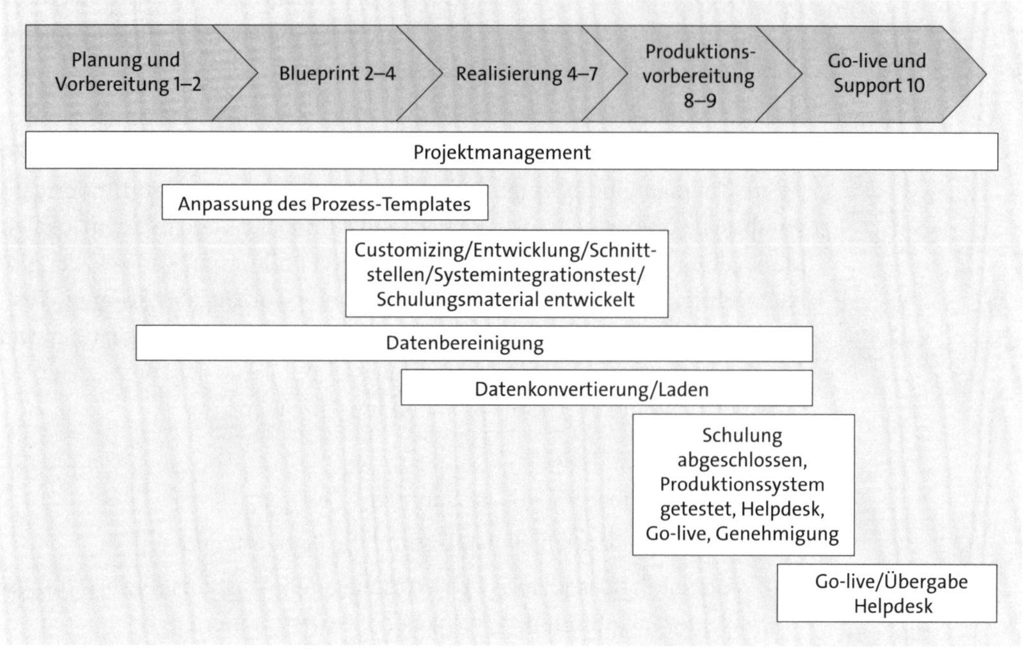

Abbildung 7.17 Post-Pilot Roll-out-Timeline

Kulturelle Unterschiede beachten!

Der Projektstart verläuft für die meisten Länder ohne große Probleme. Dass auch auf kulturelle Besonderheiten Rücksicht genommen werden muss, wird bei den ersten Roll-outs in den außereuropäischen Raum offensichtlich. Entsprechend dem Roll-out-Konzept werden nach dem Projekt-Kick-off die weiteren Abstimmungen zunächst telefonisch vorgenommen. Die zur Verfügung gestellten Projektpläne müssen in den ersten Wochen vom lokalen Länderteam mit den lokalen Aktivitäten ergänzt werden. Für diese Abstimmung sind zwei Mal pro Woche Telefonkonferenzen vorgesehen. Die zwischen globalen und lokalen Teams abgestimmten Projektdetailpläne sollen nach vier Wochen vorliegen.

Die ersten Telefonkonferenzen verlaufen ohne große Rückfragen. Nach drei Wochen sollen die ersten lokalen Teilprojektpläne vorliegen. Erst zu diesem Zeitpunkt wird im globalen Roll-out-Team festgestellt, dass auf lokaler Länderebene keine weiteren Aktivitäten erfolgt waren. Die Gründe sind einerseits auf Sprachbarrieren – die Projektsprache ist Englisch – und andererseits auf die Zurückhaltung der Mitarbeiterinnen und Mitarbeiter im lokalen Länderteam zurückzuführen, die keine Fragen gestellt hatten. Um keine weitere Zeit zu verlieren, werden deshalb zwei Mitarbeiter aus dem zentralen Roll-out-Team zum Länderteam vor Ort für die folgenden vier Wochen entsandt. So können Fragen und Unklarheiten im persönlichen Gespräch sofort beantwortet werden. Nachträglich gesehen ist diese Entscheidung ein wichtiger Schritt für das Gelingen des Roll-out-Projekts und die weitere vertrauensvolle Zusammenarbeit.

Qualitäts-Review

Nach dem Ende der Blueprint-Phase ist ein *Qualitäts-Review* geplant. Dabei werden die kritischen Aktivitäten der einzelnen Teilpläne überprüft. Zu jedem Teilplan gibt es einen Fragenkatalog, der vom lokalen Länderteam vorab zu beantworten ist. Der Review selbst findet im Land mit dem lokalen Management und Länderteam, dem globalen Projektsponsor bzw. der globalen Projektsponsorin, den weltweiten Unterstützungsfunktionen (Test, Daten, Entwicklung) und dem zentralen Roll-out-Team statt. Er ist für zwei Tage angesetzt und wird vom zentralen Roll-out-Team organisiert. Der Review der Teilpläne umfasste die folgenden Aufgaben:

- **Projektmanagement**
  - Überblick über Budget/Ressourcen
  - Übersicht über den Planstatus und die Planverfolgung
  - Vorstellung des lokalen Projektmanagementsystems (Besprechungsfrequenz, Einbindung von lokalen Partnerfunktionen)
  - Einhaltung der Dokumentationsrichtlinien

- **Prozess**
  - Wie ist der Prozessanforderungsstatus/welche kritischen Prozesse sind noch offen?
  - Wie ist der Interlock zu Partnerfunktionen?
  - Übersicht über den Implementierungsplan der neuen Prozesskontrollpunkte
  - Wie ist der Aktualisierungsstatus der lokalen durch das Projekt beeinflussten Projektdokumentation?
  - Sind für den Test der lokalen Prozesse erfahrene Ressourcen eingeplant?
- **IT**
  - Wie ist der Status der lokalen IT-Abhängigkeiten, die Voraussetzung für den Akzeptanztest sind?
  - Sind weitere IT-Infrastrukturmaßnahmen geplant (Laptops, PCs, Drucker usw.) und wie ist der Status?
- **Test**
  - Wie ist der Status der lokalen Testvorbereitungen?
  - Sind die lokalen Testressourcen sichergestellt?
  - Sind die lokalen Partnerfunktionen eingebunden?
- **Schulung**
  - Sind die Ressourcen für Schulungsmaßnahmen vorhanden?
  - Sind die Schulungsteilnehmer und -teilnehmerinnen identifiziert und informiert?
  - Sind lokale Anpassungen des weltweiten Schulungsmaterials notwendig?
  - Sind die logistischen Voraussetzungen für die Schulungsmaßnahmen erfüllt?
- **Job-Rollen**
  - Wie sieht der lokale Implementierungsplan für neue Jobrollen aus?
  - Sind betroffene lokale Organisationen informiert?
- **Kommunikation**
  - Sind die Stakeholder identifiziert und informiert?
  - Ist die lokale Managementunterstützung für das Projekt sichergestellt?
  - Sind die internen Fachbereiche informiert?
  - Gibt es eine Übersicht über den lokalen Kommunikationsplan?

  - Sind externe Partner identifiziert, die vom Projekt betroffen sind, und wie werden diese informiert?
- **Daten**
  - Sind die lokalen Ressourcen für Datenmigrationsaufgaben vorhanden?
  - Wie ist der Status der lokalen Datenbereinigungsaktionen?

Das Ergebnis und daraus abgeleitet die Empfehlungen und Aktionen des Qualitäts-Reviews werden dem lokalen und weltweiten Management in einem Bericht mitgeteilt. Die Nachverfolgung der Aktionen erfolgt über die wöchentlichen Projektstatusmeetings. Nach Abschluss des Akzeptanztests und vor Beginn der Produktionsvorbereitungen findet ein weiterer Review vor Ort statt. Inhaltlich stehen die Abschlussaktivitäten der Realisierungsphase und die geplanten Aktivitäten der Produktionsvorbereitungsphase im Fokus.

Fachspezialist*innen vor Ort

Die guten Erfahrungen, die mit der Entsendung von Fachspezialisten und Fachspezialistinnen aus dem weltweiten Roll-out-Team zum Landesteam vor Ort gemacht werden, helfen auch im Akzeptanztest. Ein erfahrener Testmitarbeiter bzw. eine erfahrene Testmitarbeiterin unterstützt das lokale Team während der gesamten Testphase vor Ort. Damit können auch die Probleme mit den unterschiedlichen Zeitzonen zum Teil abgefangen werden, d. h., Stillstand im Projekt kann in den meisten Fällen vermieden werden. Fragen, die von der zentralen Testperson vor Ort nicht sofort beantwortet werden können, werden am nächsten Werktag in telefonischen Abstimmungsmeetings geklärt. Für bereits implementierte Länder werden einheitliche Test-Regressionsszenarien eingesetzt, die vom zentralen Testteam administriert bzw. mit der Unterstützung von automatisierten Testtools abgewickelt werden. Nach erfolgreichem Abschluss des Akzeptanztests können die SAP-Transportaufträge in die Produktivumgebung und das Schulungssystem freigegeben werden. Ein weiterer letzter Test wird dann auf dem Vorproduktionssystem mit einigen ausgewählten Geschäftsvorfällen durchgeführt. Danach kann mit dem Laden der Daten für das neue Land begonnen werden.

Schulung für neue Länder

Parallel dazu laufen die *Schulungen* für die Endanwender*innen. Die für die Pilotinstallation erstellten Schulungsunterlagen werden auf länderspezifische Anforderungen angepasst, um lokale Prozesse abzubilden. Für den Klassenunterricht wird ein*e Projektmitarbeiter*in aus dem Länderteam nach dem bereits bewährten »Train the Trainer«-Konzept vorbereitet. Begleitet wird er oder sie von einem erfahrenen Trainer oder einer erfahrenen

Trainerin aus der Pilotinstallation, der bzw. die für Rückfragen zur Verfügung steht. Die Schulung erfolgt in der Landessprache, das Schulungsmaterial selbst liegt in englischer Sprache vor und wird nicht übersetzt. Wie schon bei der Pilotinstallation werden auch Online-Schulungsmodule für weitere Benutzergruppen angeboten. Dieses erfolgreiche Konzept wird auch für alle weiteren Roll-outs beibehalten.

Produktivsetzung

Die *Produktivsetzung* für jedes neue Land bzw. eine Ländergruppe erfordert die Zustimmung der lokalen und weltweiten Stakeholder in einem abschließenden Go/No-Go-Meeting. Voraussetzung dafür ist die erfolgreiche Abarbeitung aller Kriterien aus der Go-live-Checkliste der Deploy-Phase (siehe Abschnitt 6.5.4, »Aufgaben in den verschiedenen Projektphasen (Checklisten)«). Für die Bearbeitung von Produktionsproblemen nach der Go-live-Phase sind zusätzlich für die ersten vier Wochen nach Produktionsstart zwei Mitarbeiter*innen vor Ort zur Unterstützung der Länderteams vorgesehen.

[«]

Vorteile der Roll-out-Methode

Die hier beschriebene Vorgehensweise hat die folgenden Vorteile:

1. Die Standardisierung der Aktivitäten in zentralen Teams erreicht sehr schnell eine hohe Produktivität, reduziert die Gesamtkosten des Projekts und ermöglicht einen schnellen Roll-out.
2. Die zentralen Teams arbeiten in unterschiedlichen Zeitzonen nach dem *Follow-the-Sun-Prinzip* (rund um die Uhr). Auf diese Weise können Probleme zügig gelöst werden.
3. Ressourcenengpässe in kleineren Ländern, die Probleme mit der kritischen Masse haben, können durch die Unterstützung der zentralen Teams (Test, Daten, Roll-out) aufgefangen werden.
4. Die gewählte Vorgehensweise zur Identifizierung von lokalen Prozessanforderungen (Vorbereitung und Durchführung der Workshops) trägt erheblich zur Reduzierung der Entwicklungsaufwände bei.
5. Mehrere Länder oder Ländergruppen können gleichzeitig produktiv gesetzt werden.
6. Durch die standardisierte einheitliche Vorgehensweise kann die Produktionsstabilität während der Länderimplementierungen gehalten werden.

Die Erfahrungen aus der Pilotinstallation und den darauffolgenden weltweiten Roll-outs zeigen klar, wie essenziell eine sorgfältige Planung, Steuerung und Qualitätssicherung für den Erfolg eines Projekts ist. Wie Sie in diesem Sinne den Grundstein legen, haben Sie in Kapitel 6, »Planung, Steuerung und Qualitätssicherung«, erfahren.

Wenn Sie wissen wollen, wer oder was Sie bei Ihrem Projekt unterstützt, dann lesen Sie in den folgenden beiden Kapiteln weiter: Den sinnvollen Einsatz von externen Ressourcen behandeln wir in Kapitel 8, »Externe Ressourcen – Fluch und Segen«, und die Benutzung von hilfreichen Software-Werkzeugen in Kapitel 9, »Werkzeuge zur Projektunterstützung«.

Kapitel 8
Externe Ressourcen – Fluch und Segen

*In vielen SAP-Projekten werden externe Expertinnen und Experten mit ins Boot geholt, die spezielles Know-how mitbringen. Dies geschieht aus gutem Grund, denn die Auswahl der richtigen Spezialist*innen stellt oft die Weichen für den Erfolg oder Misserfolg eines Projekts und will deshalb gut durchdacht sein.*

In den vorangehenden Kapiteln dieses Buches haben wir die Perspektive einer Projektleiterin bzw. eines Projektleiters eingenommen, um Ihnen Fallstricke und Lösungswege näherzubringen. Dabei ist es in den meisten Fällen unerheblich, ob die Projektleitung in dem Unternehmen angestellt ist, dass das Projekt durchführt, ob sie Angestellte*r einer Beratungsfirma oder selbstständige*r Berater*in ist.

In diesem Kapitel nehmen wir den Blickwinkel des Unternehmens ein, das SAP S/4HANA einführt, und zeigen Ihnen, welche Besonderheiten Sie im Hinblick auf externe Berater und Beraterinnen beachten sollten. Wir zeigen Ihnen, wie Sie die für Sie besten SAP-Berater*innen finden und wie die Zusammenarbeit erfolgreich verlaufen kann. Zusätzlich gehen wir auf Besonderheiten beim Einsatz von Teams aus sogenannten Offshore- oder Nearshore-Center ein.

Erfahrung mit SAP S/4HANA

Wir sprechen in diesem Kapitel allgemein von SAP-Berater*innen, meinen aber Beraterinnen und Berater mit spezieller SAP-S/4HANA-Erfahrung. Wie bereits am Anfang des Buches erwähnt, teilt sich die Schar der SAP-Expert*innen aktuell in SAP-ECC- und SAP-S/4HANA-Fachkräfte. Beide haben absolut ihre Daseinsberechtigung, gibt es doch aktuell weitaus mehr produktive SAP-ECC- (oder SAP-Business-Suite-)Implementierungen als solche auf der Basis von SAP HANA oder SAP S/4HANA. Mit anhaltendem Erfolg von SAP S/4HANA wird sich die Waage aber immer weiter zur SAP-S/4HANA-Beratung neigen. Viele Auswahlkriterien für eine externe Hilfe im Projekt unterscheiden sich aber bei herkömmlichen (SAP-ECC-)Beratern und solchen für SAP-S/4HANA-Projekte nicht, daher werden wir in diesem Kapitel nur bei besonderen SAP-S/4HANA-Auswahlkriterien darauf hinweisen. Sonst gilt das Gesagte für viele Transformationsprojekte, mit und ohne SAP S/4HANA.

8.1 Wozu externe Hilfe?

In nahezu jedes größere SAP-Projekt sind Beraterinnen und Berater involviert. Deshalb ist es sinnvoll, sich eingehender mit der Frage zu beschäftigen, wie diese externen Helfer*innen bestmöglich in Ihr Projekt eingebunden werden können. Zunächst nehmen wir die Rolle der Beratungsfirmen im Allgemeinen unter die Lupe. Anschließend gehen wir auf die speziellen Herausforderungen der Zusammenarbeit mit Berater*innen aus dem eigenen Unternehmen, sogenannten *Inhouse-Berater*innen*, ein.

Traumjob SAP-Berater*in?

Seit Beginn der SAP-R/3-Ära haben sich viele Beratungsunternehmen auf das lukrative Geschäft der SAP-Beratung konzentriert. Am Anfang waren es die großen Beratungsunternehmen, die neben der strategischen und organisatorischen Beratung sowie der IT-Beratung eigene SAP-Beratungsbereiche etabliert haben. Später kamen spezialisierte SAP-Beratungsfirmen dazu, die bei der schnell wachsenden Zahl von SAP-Kunden fehlende Expertise und spezielles Branchenwissen anboten. SAP selbst hat schon früh intensiv mit externen Beratungsunternehmen kooperiert und damit die Methoden zur Einführung der Software verfeinert – eine Vorgehensweise, die sicher auch zur SAP-Erfolgsgeschichte beigetragen hat.

Mit SAP S/4HANA ändern sich aber auch Inhalt, Laufzeit und Budget von SAP-Projekten. Mit SAP ECC gab (oder gibt) es schlanke, standardnahe und relativ schnell eingeführte SAP-Projekte, aber eben auch viele Programme, die über Jahre laufen und zweistellige Millionenbeträge verschlingen. Mit SAP S/4HANA hat sich einiges grundlegend geändert: Der Funktionsumfang von SAP S/4HANA gegenüber SAP ECC oder gar der gesamten SAP Business Suite ist eher begrenzt, und mit den vorgefertigten Lösungen (Stichwörter sind hier u. a. *Focused Build* und *Rapid Implementation*) wird eine standardnahe Implementierung nochmals beschleunigt.

Transformationsprojekte

Aber auch SAP-S/4HANA-Projekte sind Transformationsprojekte, und auch mit SAP S/4HANA sind Erweiterungen des Standards möglich und oft auch sinnvoll (SAP S/4HANA Cloud ausgenommen). All das führt dazu, dass SAP-S/4HANA-Projekte aktuell oft kürzer und kleiner als herkömmliche SAP-ECC-Projekte sind. Das wirkt sich natürlich auch auf die Einsatzdauer von externen Berater*innen aus. Es sind weniger im Projekt, und sie haben (wie am Anfang der SAP-Projekt-Ära) weitaus mehr Wissen und Erfahrung mit dem neuen SAP-Produkt als die Kunden. Generell spielt die SAP-Beratung in vielen Projekten nun wieder eine größere Rolle als zuvor, was bei einer Frequenz von einem neuen SAP-S/4HANA-Release pro Jahr nicht verwunderlich ist.

[«]

Mit Schlips, Charme und Flipchart

An dieser Stelle sei kurz in die Vorurteilskiste gegriffen: In der Vergangenheit war es oft gängige Praxis, dass Absolventinnen und Absolventen der Informatik oder Wirtschaftsinformatik von Beratungshäusern eingestellt wurden, um nur wenig später als SAP-Berater*innen teuer »weiterverkauft« zu werden. Ein geflügeltes Wort in Beratungskreisen lautete, dass man gegenüber dem Kunden möglichst einen Tag Wissensvorsprung haben sollte. Da wurde also der folgende Projekttag am Abend vorher vorbereitet – durch Lesen von Online-Hilfen oder Befragen von »erfahrenen Berater*innen«. Gerne ließ man auch junge Kolleg*innen Schulungen vorbereiten und dann durchführen.

Zum Glück sind die Zeiten vorbei, in denen nahezu jede*r, der SAP fehlerfrei buchstabieren konnte, als SAP-Berater*in durchging. Heutzutage ist bei den SAP-Kunden so viel Know-how vorhanden, dass ein »Berater« oder eine »Beraterin« ohne profundes Wissen auf verlorenem Posten steht und schnell aussortiert wird. Und gerade SAP-S/4HANA-Know-how lässt sich keineswegs einfach anlesen. An aktuellem SAP-S/4HANA-Wissen erkennen Sie gute SAP-S/4HANA-Berater*innen relativ schnell.

Als SAP-Berater*innen sind Expert*innen mit Einführungserfahrung, mit Branchenwissen und mit einer tiefgehenden IT-Expertise gefragt. Berater*innen spielen in einem SAP-Projekt, dessen Ziel die Verbesserung der Prozessabläufe im Unternehmen ist, neben der Bereitstellung zusätzlicher Arbeitskräfte vor allem auch eine große Rolle als Know-how-Tragende. Sie bringen Best Practices aus verschiedenen Projekten mit und haben im Idealfall bereits in einem ähnlichen Unternehmen wie Ihrem SAP S/4HANA eingeführt. Somit können Sie auf Erfahrungen zurückgreifen, die interne Mitarbeiter*innen im Laufe des Projekts erst mühsam erarbeiten müssten.

Gründe für den Einsatz von Berater*innen

Folgende Gründe sprechen für den Einsatz von externen Beraterinnen und Beratern:

- **Fehlendes Wissen**

  In dem Unternehmen, das ein SAP-Projekt durchführt, ist in zahlreichen Bereichen das benötigte Wissen nicht vorhanden. Oft lohnt es sich einfach nicht, einen Experten oder eine Expertin für ein Spezialthema fest anzustellen.

  Zum Beispiel benötigen Sie einen SAP-S/4HANA-Projekt-Controllingexperten oder eine SAP-Workflow-Expertin eventuell nur für eine begrenzte Einführungsphase. Auch spezielle technische Skills werden möglicherweise nur für kurze Zeit gebraucht. Berater*innen bringen wertvolle Prozess- und Branchenexpertise in das Projektteam ein, haben sie doch ähnliche Projekte mehr als einmal durchgeführt und wissen, worauf es ankommt.

- **Fehlende Arbeitskräfte**
  Während eines Projekts werden immer zusätzliche Mitarbeiterinnen und Mitarbeiter benötigt: Neben dem Tagesgeschäft muss das Projekt ja vorangebracht werden – und das dauert mehrere Wochen bis einige Jahre. Diese zusätzlichen Mitarbeiterinnen und Mitarbeiter sind zwar als Berater*innen teurer, aber auch flexibler einsetzbar und unterliegen oft nicht der strengen Arbeitnehmergesetzgebung aus der Branche des Auftraggebers.
- **SAP-Berater*innen als Entscheidungsübermittler**
  In vielen Fällen müssen im Zuge eines Projekts unangenehme Entscheidungen getroffen und verkündet werden. Dafür haben externe Berater*innen weitaus bessere Voraussetzungen. Denn sie verlassen das Unternehmen ja nach dem Projekt (meistens) wieder.
- **SAP-Projekte als Recruiting-Plattform**
  Berater*innen sind zu guter Letzt auch eine gern gesehene langfristige Verstärkung für das eigene Team. Dass Berater*innen die Seiten wechseln, ist auch aufseiten vieler Beratungsunternehmen nicht ungern gesehen: Ehemalige Angestellte werden später ihre alten Netzwerke nutzen und gute Ansprechpartner*innen für kommende SAP-Projekte sein.

Know-how-Transfer

Im Rahmen eines Projekts spielt der *Know-how-Transfer* eine große Rolle: Schließlich benötigen Sie neben der zusätzlichen Arbeitskraft der Berater*innen auch deren Wissen. Die Beraterin oder der Berater verlässt Ihr Unternehmen aber irgendwann wieder. Sorgen Sie also dafür, dass das für Ihr Projekt und Ihre SAP-S/4HANA-Lösung wichtige Wissen trotzdem im Unternehmen bleibt. Schließlich soll das neue SAP-S/4HANA-System nach der Produktivsetzung von den internen Abteilungen bedient, betreut und verstanden werden – falls nicht der Betrieb ebenfalls durch externe Unternehmen durchgeführt wird.

Fast jedes fachliche oder technische Problem wurde schon einmal gelöst, und Ihre Berater*innen sind geübt in der Nutzung von Hilfsmitteln wie Wissensportalen, dem Kontakt zu SAP oder den unendlich vielen Netzwerken, die im Beratungsalltag eine wichtige Rolle spielen – nutzen Sie diese! Auch hier können Sie von Ihrer Beraterin und Ihrem Berater lernen.

[«]

Informationsquellen für das Projekt

In zahlreichen Ressourcen, die SAP bereitstellt, finden Sie Hilfestellung zu Fragen aus Ihrem Projekt. In Online-Services wie der SAP Community oder dem SAP Help Portal ist das geballte Wissen unzähliger SAP-Anwender*innen, Berater*innen und Entwickler*innen hinterlegt. Für viele Probleme finden Sie hier sehr wahrscheinlich Lösungen oder Foren, in denen Sie mit hilfreichen Expert*innen (sowohl von SAP als auch von externen Unternehmen) diskutieren können.

Im nächsten Abschnitt wollen wir uns ansehen, welche Projektrollen Beraterinnen und Berater übernehmen können und sollen, und welche vielleicht lieber nicht.

8.2 So finden Sie die Richtigen

Es gibt zwei Vorgehensweisen, um externe Beraterinnen und Berater erfolgreich in Ihr Projekt einzubinden:

- **Arbeitnehmerüberlassung und Expert*innen on Demand**
  Expert*innen oder Expertenteams im Projekt werden nach Aufwand bezahlt. Hierbei übernimmt der Auftraggeber (der Kunde, der das SAP-Projekt durchführt) meist die Verantwortung für das Budget und den zeitlichen Ablauf des Projekts.
- **Werkverträge – ganze Arbeitspakete werden übergeben**
  Teile des Projekts (in seltenen Fällen auch das gesamte Projekt) werden durch eine Beratungsfirma realisiert. Hier geht die Verantwortung für diese Bereiche inklusive Budget und zeitlichem Ablauf an den Dienstleister über – oft zum Festpreis.

Welche Projektrollen bei diesen Varianten von Beratung übernommen werden, betrachten wir in Abschnitt 8.4, »Rollenverteilung zwischen Auftraggeber*in und Berater*in«.

Wege zur Zusammenarbeit

Vorab aber ein paar Gedanken zur Auswahl des richtigen Partners: In unserer langjährigen Praxis sind uns die verschiedensten Wege zur Zusammenarbeit zwischen Kunden und Berater*innen begegnet. Gründe für die jeweiligen Präferenzen sind persönliche (gute oder schlechte) Erfahrungen der beteiligten Entscheiderinnen und Entscheider, vorhandenes Budget, Zeitrahmen, Verfügbarkeit von Expertise und vieles mehr:

- Es besteht eine langjährige strategische Partnerschaft zwischen Kunde und Beratungsfirma.
- Es werden projektbezogene Ausschreibungsverfahren durchgeführt (diese sind besonders im öffentlichen Bereich und bei EU-weiten Projekten mitunter vorgeschrieben).
- Mitunter werden Aufträge an mehr als eine Beratungsfirma vergeben – besonders bei großen und teuren Projekten. Dies findet auch in kleineren SAP-S/4HANA-Projekten Anwendung, da mit SAP S/4HANA oft auch weitere Cloud-Produkte ins Projekt einziehen – oft mit spezialisierten Beratungsanbietern.
- Es besteht keine Bindung an eine (große) Firma; eher werden freie Berater*innen oder kleinere, lokale Firmen genutzt.
- Man nutzt die eigene Beratungsfirma, oder es besteht eine enge Verbindung zu einer schon lange im Unternehmen tätigen Beratung.
- Es werden nur eigene Ressourcen genutzt; bei Bedarf werden Mitarbeiter*innen eingestellt.

Entscheidungskriterien für die Auswahl von Berater*innen

Eine allgemeingültige Empfehlung für die beste Vorgehensweise gibt es wohl nicht. Falls Sie aber einen externen Berater oder eine externe Beraterin einstellen wollen, sind folgende Hinweise sicherlich sinnvoll:

- **Fachliches Wissen**
  Sie wissen ziemlich genau, welche Rolle oder Aufgabe der Berater oder die Beraterin in Ihrem Team übernehmen soll. Lassen Sie sich seine bzw. ihre Erfahrungen erklären. Fragen Sie nach vergleichbaren Projekten, in denen die Person mitgearbeitet hat. Wichtig ist auch Branchenerfahrung und in welchen Projektphasen er oder sie mitgewirkt hat. Gute Berater*innen können ihre Erfahrung mit Referenzen belegen. Scheuen Sie sich nicht, die genannten Ansprechpartner*innen anzurufen.
- **Soft Skills**
  Ganz wichtig ist die Frage, ob die zukünftige Beraterin oder der zukünftige Berater ins Team passt. Jemand kann fachlich noch so exzellent sein – wenn es menschlich nicht passt, sind Probleme vorprogrammiert. Ein Kollege hat das so formuliert: »Jemand passt in dein Team, wenn du mit ihm oder ihr freiwillig eine gewisse Zeit auf einer einsamen Insel verbringen könntest.«
- **Preis**
  Die finanziellen Rahmenbedingungen sind natürlich ebenfalls nicht außer Acht zu lassen. Wenn jemand das Budget sprengt, passt er oder sie nicht, auch wenn alle anderen Punkte stimmen.

[«]

SAP-Berater*innen von SAP

Der SAP-Support ist in jedem Projekt an einem bestimmten Punkt involviert – quasi als letzte Instanz bei Fragen und Problemen. Daneben gibt es die Vertriebsmitarbeiter*innen und den Produkt-Support von SAP. Und oft sind auch Expert*innen der SAP-eigenen Beratung (SAP Consulting) am Projekt beteiligt. Meist sind das sogenannte *Subject Matter Experts*, also Expert*innen für ein spezielles Thema, die den kürzesten Draht zur Produktentwicklung von SAP haben. Dieser kurze Draht ist mit SAP S/4HANA umso wichtiger. Die kurzen Entwicklungszyklen führen oft zu einer unvollständigen Dokumentation.

8.3 Werkleistungen oder Abrechnung nach Zeit- und Materialaufwand?

Nach Aufwand oder ergebnisorientiert?

Es gibt verschiedene Möglichkeiten, wie sich die Zusammenarbeit und die Abrechnung des Projekts mit externen Beraterinnen und Beratern gestalten lassen:

- Die Abrechnung erfolgt nach Aufwand über die sogenannte Mitarbeiterüberlassung.
- Die Projektaufgaben werden als Pakete mit einem Festpreis versehen.

Beides hat, wie das meiste im Leben, Vor- und Nachteile, wie Sie im Folgenden sehen werden.

Externe Beratung oder langfristige Verstärkung?

Die mögliche Aufteilung der Aufgaben zwischen internen Mitarbeiterinnen und Mitarbeitern sowie denen einer unterstützenden Beratungsfirma wird meist bereits vor dem eigentlichen Projekt festgelegt. Entsprechende Kriterien sehen Sie in Tabelle 8.1.

Kriterium	Mögliche Lösungen
Engpass an eigenen Mitarbeiter*innen (langfristig)	Verstärken Sie Ihr Team langfristig durch einen internen Wechsel, oder stellen Sie eine neue Mitarbeiterin bzw. einen neuen Mitarbeiter ein.
Engpass an eigenen Mitarbeiter*innen (kurzfristig)	Suchen Sie (zeitweise) Unterstützung im eigenen Team, oder suchen Sie eine externe Beraterin bzw. einen externen Berater.

Tabelle 8.1 Übersicht über die Möglichkeiten der Arbeitsaufteilung zwischen internen und externen Mitarbeiter*innen

Kriterium	Mögliche Lösungen
fehlende Expertise	■ Benötigen Sie das fehlende Wissen langfristig? Versuchen Sie, es intern aufzubauen. ■ Für einen vorübergehenden Wissensengpass (nur für das Projekt) suchen Sie eine externe Beraterin oder einen externen Berater.
sich ändernde Randbedingungen (Outsourcing, Kauf oder Verkauf von Unternehmensteilen, Änderung des Geschäftsmodells)	■ Wie lange hat die Veränderung Bestand? ■ Für einen begrenzten Zeitraum suchen Sie eine externe Beraterin bzw. einen externen Berater. Für langfristige Änderungen sollten Sie Kolleg*innen weiterentwickeln oder neue Mitarbeiter*innen mit entsprechendem Wissen einstellen.
Budgetrestriktionen	Manchmal ist es einfacher, eine externe Mitarbeiterin/einen externen Mitarbeiter für ein Projekt einzusetzen (auch wenn es teurer ist), als eine neue Mitarbeiterin/einen neuen Mitarbeiter einzustellen. Eventuell greifen Sie zunächst auf externe Hilfe zurück und suchen nach dem richtigen Zeitpunkt für die interne Unterstützung.
Finanzierung von Projektteilen	Mitunter ist es eine Option, sich das Projekt extern finanzieren zu lassen – dann gibt der Geldgeber aber auch oft das Personal vor. So finanzieren IT-Dienstleister neben Hard- und Software auch die dazugehörigen (SAP-)Projekte – wenn sie sie dann auch durchführen.

Tabelle 8.1 Übersicht über die Möglichkeiten der Arbeitsaufteilung zwischen internen und externen Mitarbeiter*innen (Forts.)

Mitarbeiterüberlassung

Werden externe Mitarbeiterinnen und Mitarbeiter für begrenzte Aufgaben ins Projekt geholt, werden die Kosten meist nach Aufwand abgerechnet. Soll die disziplinarische Kontrolle auch im Projekt ausgeübt werden, hilft die sogenannte *Mitarbeiterüberlassung*. Die Abrechnung erfolgt auf der Basis von Arbeitszeit, nicht von Ergebnissen. Dabei bleibt die Steuerung des Projekts voll unter der Aufsicht des- oder derjenigen, der bzw. die den Auftrag gegeben hat. Selbst wenn die Position des Projektmanagers extern besetzt wird, bleibt die Gesamtverantwortung über Budget und Ablauf des Projekts beim Kunden. Tabelle 8.2 zeigt Ihnen die Vor- und Nachteile dieser Vorgehensweise.

Vorteile	Nachteile
Ein direkter Vergleich von Aufwand und Ergebnis ist möglich.	Der Auftraggeber bzw. die Auftraggeberin hat die volle Ergebnisverantwortung.
Sie erkennen Planabweichungen frühzeitig.	Der Projektmanager ist auch für die Leistungen der externen Mitarbeiter*innen voll verantwortlich.
Problemsituationen werden frühzeitig erkannt.	Sämtliche Randbedingungen liegen in der Verantwortung des Auftraggebers bzw. der Auftraggeberin.
Sie behalten die vollständige Kontrolle über den Projektstatus.	Das Projektmanagement liegt in der Verantwortung des Auftraggebers bzw. der Auftraggeberin.

Tabelle 8.2 Vor- und Nachteile der Mitarbeiterüberlassung

Arbeitspakete vergeben

Eine weitere Vorgehensweise besteht in der Vergabe von *Arbeitspaketen* an externe Beraterinnen und Berater. Neben der Mitarbeit im SAP-Projekt können Sie z. B. auch die Systemadministration, den Betrieb von Nicht-SAP-Software oder von projektbegleitenden Tools (z. B. dem ARIS Toolset) als Arbeitspaket definieren. In der Regel werden bei der Vergabe von Arbeitspaketen gut vom restlichen Projektgeschehen zu trennende Arbeiten gewählt (z. B. Softwareentwicklung, Datenmigration oder Testen).

Zentrale Erfolgsfaktoren bei der Vergabe von Arbeitspaketen sind die exakte Definition der Arbeiten, die zu dem Paket gehören, und eine genaue Abschätzung des benötigten Budgets. Und hier liegt schon der Knackpunkt für beide Seiten: Sie müssen zu einem Zeitpunkt, der vor dem Projektstart liegt, detaillierte Angaben zum späteren Projektverlauf machen.

Dies ist allerdings oft nicht seriös möglich, denn vieles ergibt sich erst im Laufe des Projekts oder ändert sich noch einmal. So werden z. B. häufig die Schnittstellen auf der Grundlage von Datenflüssen dokumentiert. Die technische Spezifikation ergibt oft Änderungen aufgrund zusätzlicher Systeme, die in den Prozess eingebunden sind.

Aus diesem Grund werden oft Annahmen getroffen, die später auf dem Prüfstand stehen und sich bestätigen – oder auch nicht. Festpreisprojekte werden deshalb zuweilen mit einem *Risikoaufschlag* belegt, der nicht absehbare Kosten abdecken soll. Tabelle 8.3 zeigt einige Vor- und Nachteile von Arbeitspaketen.

Vorteile	Nachteile
Die Kosten sind gut über die gesamte Projektlaufzeit für diese Arbeitspakete planbar.	Probleme oder Verzögerungen werden oft erst zur Übergabe der Ergebnisse sichtbar (oder kurz davor).
Die Verantwortung für diese Pakete liegt beim Beratungsunternehmen/externen Anbieter.	Die Verantwortlichkeiten liegen bei unterschiedlichen Unternehmen; unterschiedliche Auffassungen zu Umfang/Qualität der Ergebnisse sind möglich, was zu Differenzen im Projekt führen kann.
Es sind feste Meilensteine für die Übergabe der Ergebnisse vorgegeben; die Erarbeitung der Ergebnisse liegt in der Verantwortung des Anbieters (so auch das dafür nötige Projektmanagement).	Der geschätzte und der tatsächliche Aufwand liegen mitunter weit auseinander, ohne dass dies transparent ist.

Tabelle 8.3 Vor- und Nachteile der Vergabe von Arbeitspaketen

Gesamtverantwortung übergeben

Eine mögliche dritte Variante ist die Übergabe der *Gesamtverantwortung* an einen Dienstleister. Dies erfolgt besonders bei Unternehmen, die ihr erstes SAP-Projekt durchführen. Bei dieser Variante – und sie kann sowohl als Festpreisprojekt als auch per Aufwand realisiert werden – ist eine Projektüberwachung durch den Auftraggeber bzw. der Auftraggeberin unabdingbar, denn ansonsten können sich diese Projekte leicht verselbstständigen.

Achten Sie darauf, die wichtigsten Eckdaten für das Projekt genau zu definieren. Dazu gehören:

- Inhalt
- Umfang
- Ergebnisse (und zwar detailliert: Welche Ergebnisse werden während des Projekts und an dessen Ende erwartet?)
- Meilensteine und Gesamtlaufzeit
- Budget

Vor allem die geforderten Ergebnisse sollten unbedingt Bestandteil des Vertrags sein. Zusätzlich sind, und das nicht nur am Ende des Projekts, laufend Berichte über den jeweiligen Stand zu allen oben genannten Punkten erforderlich. Auch wenn die Gesamtverantwortung während der Projektphasen beim Dienstleister liegt, ist eine Steuerung aus dem Kundenunternehmen heraus unabdingbar.

[«]

Fallstricke bei der Übergabe der Gesamtverantwortung

Wenn Sie die gesamte Projektverantwortung an einen Dienstleister übergeben, treffen unter Umständen zwei unterschiedliche Zielsetzungen aufeinander: Klar, alle Beteiligten wollen das Projekt zum Erfolg bringen; für den Berater oder die Beraterin bedeutet jedoch jeder zusätzliche Beratungstag auch zusätzlichen Umsatz, während es sich für den Kunden um zusätzliche Kosten handelt.

8.4 Rollenverteilung zwischen Auftraggeber*in und Berater*in

In diesem Abschnitt widmen wir uns der Rollenverteilung zwischen dem internen Projektteam, also den Mitarbeiter*innen, die im eigenen Unternehmen an dem SAP-Projekt teilnehmen, und den externen Berater*innen. Im Wesentlichen gibt es drei Möglichkeiten, um die Verantwortung zu verteilen:

- geteilte Verantwortung
- Teilprojekte unter Beraterverantwortung
- einzelnen Aufgabe unter Beraterverantwortung

Die erste Möglichkeit der Rollenverteilung ist der sogenannte *Two-in-a-Box-Ansatz*: Hierbei werden die Projektrollen paritätisch von internen Expert*innen und externen Berater*innen besetzt. Jedes Team, bis hin zur Projektleitung, besteht also aus internen Mitarbeiter*innen *und* Berater*innen. Das hat einige Vorteile: So findet ein Wissenstransfer – eine wichtige Projektaufgabe, um das SAP-System später ohne fremde Hilfe betreiben zu können – quasi »organisch« während der täglichen Arbeit statt. Als Kunde haben Sie Tag für Tag Einblick in die konkreten Projektergebnisse. Die Verantwortung für das Wohl und Weh des Projekts liegt bei beiden Seiten gleichermaßen. Selbst Sie als Projektleitung haben eine Co-Projektleitung von der Beratungsseite.

Klare Spielregeln und Vertrauen als Basis

Um den Erfolg dieser Konstellation zu garantieren, ist es notwendig, von Beginn an klare Spielregeln festzulegen. Gelingt die Integration gut, wird man nach einer gewissen Zeit von außen nicht mehr feststellen können, wer externe*r Berater*in und wer Angestellte*r beim Kunden ist. Das verlangt aber vor allem eins: Vertrauen. Vertrauen in das Können der jeweils anderen Seite und auch Vertrauen in die menschlichen Qualitäten. Schließlich arbeiten die Teams über einen längeren Zeitraum sehr eng zusammen und haben auch so manche kritische Situation zu bewältigen. Dazu kommen Perioden mit sehr hohem Arbeitsaufwand; im besten Falle schweißt dies Berater*innen und Kunden zusammen.

Tabelle 8.4 zeigt Ihnen die Vor- und Nachteile des Two-in-a-Box-Ansatzes.

Vorteile	Nachteile
Alle fühlen sich für das Gesamtergebnis verantwortlich ...	... oder es entstehen Probleme durch unterschiedliche Auffassungen.
Unterschiedliche Unternehmenskulturen können Mehrwert schaffen ...	... oder Probleme hervorrufen.
Der Two-in-a-Box-Ansatz sichert kurzfristig zusätzliche Arbeitskräfte und Wissen im Projekt ...	... das am Ende des Projekts genauso schnell wieder weg ist, wie es gekommen ist.

Tabelle 8.4 Vor- und Nachteile der geteilten Verantwortung

Teilprojekte unter Beraterverantwortung

Die zweite Variante der Rollenverteilung ist die Übergabe von bestimmten Teilprojekten an die Beraterinnen und Berater. Hierfür eignen sich z. B. die Integration bestimmter Systeme, die Datenmigration, der Roll-out in bestimmte Länder, Entwicklungsaufgaben und das Testen. Sie als Projektleitung müssen für die ausgelagerte Aufgabe im Prinzip nur den Status abfragen. Die Details muss der oder die jeweilige Verantwortliche des Beraterteams klären. Natürlich müssen Sie sich auf die Qualität der Lieferung und die Termintreue verlassen (können).

Tabelle 8.5 stellt die Vor- und Nachteile von Teilprojekten unter Beraterverantwortung einander gegenüber.

Vorteile	Nachteile
Ihnen als Projektleitung wird Arbeit abgenommen ...	... oder Sie sind nicht mehr in die Entscheidungen eingebunden und erleben unliebsame Überraschungen.
Eine klare Aufgabenstellung erleichtert Ihnen die Arbeit ...	... oder es entsteht ein Mehraufwand für Abstimmung und Dokumentation.
Am Ende des Projekts haben Sie ein gutes Ergebnis dieses Teilprojekts ...	... aber Sie wissen nicht, wie Sie dorthin gelangt sind.

Tabelle 8.5 Vor- und Nachteile der Übertragung von Teilprojekten

Aus dem Projektleben gegriffen

Ein Beispiel aus unserer Projekterfahrung: Ein fertiges SAP-Template soll parallel in zwei verschiedene Länder ausgerollt werden. Der Kunde hat eine eigene, sehr gut durchdachte Vorgehensweise entwickelt. Die Beraterinnen und Berater können nur ihre erprobte Methode dagegenhalten. Ein Mischen der Teams hätte keinen Erfolg gebracht. Letztlich gibt es gewissermaßen einen Migrations- und Roll-out-Contest: Zwei parallel laufende Projekte mit dem gleichen Ziel – Roll-out eines SAP-Templates in eine Landesgesellschaft – unter der Nutzung unterschiedlicher Methoden und Tools. Das Ergebnis lautet unentschieden. Die Berater*innen sind etwas schneller, aber das interne Team hat bei der Datenmigration die Nase vorn.

Das Projektorganigramm für die Vergabe von Teilprojekten an Berater*innen könnte wie in Abbildung 8.1 aussehen. Oftmals gibt es ein zweites Project Management Office (PMO) für die Berater*innen sowie eine Co-Projektleitung. Die Verantwortlichkeiten sind aber klar geregelt.

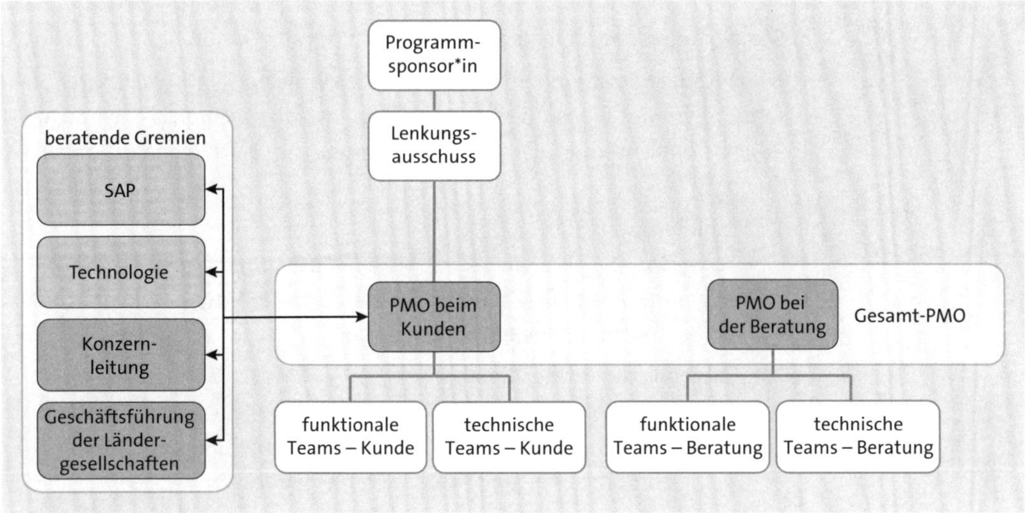

Abbildung 8.1 Aufteilung der Verantwortlichkeiten zwischen Auftraggeber*in und Berater*innen

Einzelne Projektaufgaben in Beraterhand

Die dritte und einfachste Variante der Rollenverteilung ist der Einsatz von externen Expertinnen und Experten für *festgelegte Projektaufgaben*. Das können technische Expert*innen oder Fachleute für bestimmte Prozesse sein, und die Aufgaben können von der Qualitätssicherung bis hin zur Projektleitung reichen. Wenn das Projekt gut läuft, sind die externen Berater*innen bald nicht mehr zu erkennen und aus dem Kundenunternehmen kaum mehr wegzudenken. Als kleiner Haken bleibt nur der Umstand, dass externe Berater*innen meist teurer als eigene Angestellte sind.

8.5 Die internen Externen

Beratung im eigenen Unternehmen

Eine Spielart der Rollenverteilung zwischen internen und externen Projektmitarbeiter*innen, die wir vor allem in großen SAP-Projekten antreffen, ist der Einsatz von eigenen Berater*innen. In vielen Fällen sind solche *Inhouse-Berater*innen* nur flexibel im eigenen Unternehmen einsetzbare Expert*innen, die jedoch nicht für externe SAP-Projekte arbeiten.

Dagegen haben viele große IT-Unternehmen (z. B. SAP oder IBM) eine eigene Beratungssparte. Die dort angestellten SAP-Berater*innen sind vorwiegend in externen Projekten im Einsatz. Nur im (gar nicht so seltenen) Ausnahmefall arbeiten sie in internen Projekten. Diese Berater*innen verfügen meist über das notwendige Wissen, kennen den Kunden (nämlich ihr eigenes Unternehmen) und natürlich auch die Branche. Zusätzlich sind die internen Verrechnungspreise meist niedriger als bei externer Beratung.

[»]

Stolperfallen beim Einsatz von internen Berater*innen

Sind interne Berater*innen Garant für einen Projekterfolg? Aus unserer Erfahrung stimmt diese Aussage nicht zwangsläufig. Achten Sie, wenn Sie Projekte mit internen Berater*innen planen, auf die folgenden Stolperfallen:

1. **Ausbildungsprojekte**
   Interne SAP-Projekte werden gerne zur Ausbildung junger Berater*innen genutzt. Deshalb können sich überdurchschnittlich viele unerfahrene Berater*innen im Projekt tummeln.
2. **Ersatzbank für Berater*innen**
   Oft wird ein internes Projekt zum »Zwischenparken« gerade verfügbarer Kolleg*innen genutzt. Jedes Beratungsunternehmen nutzt die Auslastung als Kennzahl – und diese kann hier verbessert werden.
3. **Auswechslung**
   Berater*innen, die entweder ihre Ausbildung beendet haben oder deren Fachgebiet extern gesucht wird (siehe Punkte 1 und 2), können schnell wieder vom Projekt abgezogen werden. Das erhöht das Risiko für die Projektleitung.
4. **Lohnt sich das?**
   Oft gibt es Kennzahlen im Unternehmen, die für Sonderzahlungen genutzt werden. Diese passen nicht zu internen SAP-Projekten (etwa externer Umsatz, Auslastung bei externen Kunden). So kommt es dazu, dass manche Berater*innen interne Projekte meiden.

5. **Der Prophet im eigenen Land ...**
   Planung und Durchführung des Projekts können unter mangelnder Professionalität leiden (»ist ja nur ein internes Projekt«).

Und schließlich gibt es in jedem Unternehmen Hierarchien. Externe Berater*innen stehen außerhalb dieser Hierarchie, interne Berater*innen hingegen nicht. Die Skrupel einzuräumen, dass ein bestimmter Wunsch nicht zu erfüllen ist, werden für den Berater und die Beraterin ungleich größer, wenn der Kunde gleichzeitig ein Vorgesetzter oder eine Vorgesetzte ist.

[«]

Jobs für Berater*innen

Auch wenn man Überbringer unangenehmer Nachrichten heutzutage nicht mehr einen Kopf kürzer macht, lautet unsere Empfehlung: Für bestimmte Schlüsselpositionen und für unangenehme Rollen (also solche, die unangenehme Wahrheiten kommunizieren müssen) sind externe Berater*innen die bessere Wahl – auch wenn sie teurer sind.

8.6 Ziele im Projekt

Kochen alle ihr eigenes Süppchen?

Die verschiedenen Parteien in Ihrem SAP-Projekt verfolgen alle dasselbe Ziel: das Projekt zum erfolgreichen Abschluss zu bringen. Dennoch gibt es durchaus kleine, aber zuweilen bedeutende Unterschiede in der Motivation der einzelnen Projektmitarbeiter*innen. Das Verständnis der »Hidden Agenda« einzelner Beteiligter und ein beherztes Gegensteuern kann erheblich zum Projekterfolg beitragen. Einige Beispiele:

- **Die interne Projektleitung**
  Als eine der Hauptakteur*innen des Projekts ist die interne Projektleitung auf den Projekterfolg eingeschworen. Sie identifiziert sich mit der Aufgabe und dem Projekt. Warum? Das erfolgreiche Projekt steigert ihre Reputation im Unternehmen und fördert ihre weitere berufliche Karriere. Die Projektleitung ist für Inhalt, Planung und Budget verantwortlich. Sie wird das Projekt auch in Zukunft begleiten oder verfolgen. Der Projekterfolg ist ihr Erfolg!
- **Die externe Projektleitung**
  Für die externe Projektleitung trifft im Großen und Ganzen das Gleiche wie für die interne Projektleitung zu, nur ist das SAP-Projekt für sie mit dem Ende ihres Engagements bei diesem Kunden ebenfalls beendet. Darunter kann die Nachhaltigkeit leiden, und bei größeren Problemen ist

es für die externe Projektleitung weitaus einfacher, das Projekt ohne weitere Folgen für ihre Karriere zu verlassen. (Das Gesagte trifft sicher auch für alle Teilprojektleiter*innen der Beraterteams und die Berater*innen selbst zu.)

- **Fachverantwortliche**
  Die jeweiligen Abteilungsleiter*innen, Prozessverantwortlichen, das Führungspersonal und die Projektmitarbeiter*innen ändern während des Projekts und vor allem nach Abschluss des Projekts oft das berufliche Umfeld. Damit ändert sich nicht nur die Software, mit der sie arbeiten, sondern das gesamte Umfeld. Werden diese Veränderungen, das zukünftige Aufgabenfeld und die berufliche Perspektive nicht angemessen kommuniziert, kann das Folgen für das Projekt haben. Denn warum sollte jemand engagiert an einem Projekt mitarbeiten, das den eigenen Arbeitsplatz »wegrationalisiert«? (Mehr zu einer gelungenen Kommunikation finden Sie in Kapitel 5, »Der unterschätzte Erfolgsfaktor: der Mensch«.)
- **Partner/Stakeholder der Beratungsfirma**
  Die Vorgesetzten der Projektberater*innen müssen zu einem Zeitpunkt, an dem viele Eckpunkte noch unbekannt sind, eine Aufwandsschätzung abgeben und diese unter Umständen vertraglich zusichern. Doch in jedem SAP-Projekt ändert sich der Aufwand im Laufe der Zeit (meist wird er größer). Eine vertragliche Anpassung ist dann oft nicht möglich. Um das Projekt dennoch erfolgreich (d.h. an dieser Stelle »finanziell erfolgreich für das Beratungsunternehmen«) zu beenden, gilt es, schnell zum Ergebnis zu kommen. Qualitätseinbußen können die Folge sein. Werden »billigere« (= unerfahrenere) Berater*innen eingesetzt, kann die Qualität ebenfalls leiden. Oft kommt es auch zu Diskussionen darüber, ob bestimmte Ergebnisse überhaupt notwendig sind. Hier ist Fingerspitzengefühl für einen erfolgreichen Projektabschluss gefragt.
- **Stakeholder beim Kunden**
  Auch bei den internen Stakeholdern gibt es Vorgaben und Budgets. Oft werden diese Budgets für einen Zeitraum freigegeben, der kleiner als die Laufzeit des SAP-Projekts ist. Zielvorgaben werden unter Umständen anhand von Erfolgskriterien festgelegt, die dem Projekterfolg nicht unbedingt zuträglich sind (etwa Einsparungen an Mensch und Material).

[»]

Alle ziehen an einem Strang – meistens!

So gehen Sie mit Zielkonflikten um: Versuchen Sie immer, gemeinsam mit Ihren Partnern eine Lösung zu finden. Im Streit wurde noch kein Projekt erfolgreich abgeschlossen. Sollte sich keine Lösung abzeichnen, holen Sie sich externe Hilfe. Mediatoren sind hilfreicher als Anwälte. Lösen sie Konflikte also frühzeitig!

8.7 Projekte mit Offshore- oder Nearshore-Teams

Große Teams aus großen Ländern

Gerade internationale SAP-Projekte weisen eine besondere Komplexität auf und machen nicht vor Ländergrenzen halt. In diesem Abschnitt widmen wir uns Projekten, die einen Teil der Projektarbeit in Offshore- bzw. Nearshore-Teams ausgelagert haben.

[«]

Offshore und Nearshore

Der Begriff *offshore* ist Ihnen sicherlich aus der Diskussion über erneuerbare Energien geläufig. Offshore-Windparks sind besonders effizient und, da sie weit weg auf offenem Meer sind, stören sie auch nicht weiter. Der Begriff hat sich mittlerweile auch für (IT-)Dienstleistungen etabliert. Gemeint sind Unternehmensteile, Servicebereiche oder Softwareentwickler*innen, die unabhängig von der Muttergesellschaft in einem Land operieren, das die gewünschten Voraussetzungen bietet: ausreichend Arbeitskräfte, (gute) Ausbildung, (niedriges) Lohnniveau und eventuell Förderung der Branche in dem jeweiligen Land (Steuerersparnis, Fördergelder usw.). Offshore-Teams sind vor allem in Indien und China ansässig. Nearshore-Teams rekrutieren sich aus osteuropäischen Ländern, Italien oder Irland, also sowohl örtlich als auch von der Zeitzone her näher am Auftraggeber bzw. an der Auftraggeberin. Der Vorteil der geringeren Kosten bleibt aber (meist).

Vorteile

Die Einbeziehung von Offshore- und Nearshore-Teams ist gerade in den großen Beratungsunternehmen seit einigen Jahren eher die Regel als die Ausnahme. Gründe dafür gibt es viele: In den Ländern, in denen diese Teams aufgebaut werden, findet sich eine große Anzahl an gut ausgebildeten Expertinnen und Experten. Die eigene Wirtschaft ist häufig noch nicht so weit entwickelt, dass diese Expert*innen im Land gebraucht werden – und es lassen sich, gerade in Indien und China, sehr große Teams zusammenstellen.

In der Regel hat der Einsatz von Offshore- und Nearshore-Teams vor allem das Ziel, Kosten zu senken. Das Lohnniveau in den Herkunftsländern der Teams ist im Vergleich zu Mitteleuropa und Nordamerika sehr niedrig. Hinzu kommt, dass die vielen Teams hauptsächlich nicht vor Ort, sondern von ihren Heimatstandorten aus operieren. Aus diesem Grund fallen keine Reisekosten an, die einen erheblichen Anteil am Projektbudget ausmachen können.

Mithilfe von Offshore- und Nearshore-Teams können überdies Expert*innen für spezielle Aufgaben rekrutiert werden, die im eigenen Land Mangelware sind. Da in jedem Projekt auch ein Know-how-Transfer stattfindet, wandert ein Teil des Wissens damit in Ihr Projekt.

Herausforderungen

Die Integration von Offshore- oder Nearshore-Teams bringt aber auch eine Reihe zusätzlicher Herausforderungen mit sich:

- **Sprachbarrieren**
  Mitarbeiterinnen und Mitarbeiter mit unterschiedlichen Muttersprachen und unterschiedlichen Dialekten werden ins Team integriert. Es heißt dann oft: Die Projektsprache ist Englisch – und damit ist das Thema abgehakt. Gerade in kritischen Situationen im Projekt wäre es aber oft hilfreich, sich in der Muttersprache austauschen zu können.
- **Zeitzonen**
  Die Mitarbeiterinnen und Mitarbeiter in den Offshore-Centern arbeiten oft in einer anderen Zeitzone. Damit ist die Zeit des gemeinsamen Arbeitens an einem Thema begrenzt. Und die Zeit für Rückantworten, gerade auch in zeitkritischen Situationen, verlängert sich oft.
- **Kulturelles Unverständnis**
  Die Mitarbeiterinnen und Mitarbeiter stammen aus einem anderen kulturellen Umfeld und leben und arbeiten in diesem Umfeld. Zusätzlich ist die Unternehmenskultur oft eine andere.
- **Fehlender persönlicher Kontakt**
  Die meisten dieser Mitarbeiterinnen und Mitarbeiter werden im Projekt nur über ihre Ergebnisse bekannt. Sie kommunizieren nur wenig mit den Projektmitarbeiter*innen vor Ort und sind nur in den seltensten Fällen im Projekt persönlich anwesend.
- **Fehlender Einfluss auf die Projektbesetzung**
  Oft wird die Projektbesetzung direkt vom Offshore-Partner vorgenommen. Die im Projektprofil geforderten Kenntnisse und die tatsächlichen Fähigkeiten der Mitarbeiter*innen passen dann nicht immer zusammen. Oft ist es nicht möglich, die Mitarbeiter*innen aufgrund ihrer fachlichen und persönlichen Eignung selbst auszuwählen. (Die Annahme, dass das auch nicht notwendig sei, teilen wir nicht.)

Aus dem Projektleben gegriffen

Diese Herausforderungen möchten wir mit drei Beispielen aus unseren Projekten illustrieren.

In einem Projekt im Nahen Osten stammt ein Großteil des Projektteams aus Indien und einige zusätzliche Kolleg*innen kommen aus Pakistan. Die Projektsprache ist Englisch. Die Sprache im Team der Kolleg*innen aus Asien ist ebenfalls Englisch. Am Anfang dachten wir, dass die Kolleg*innen aus Rücksicht auf uns Europäer*innen nicht in ihrer Landessprache miteinander sprechen. Aber es gibt unter den Kolleg*innen aus Indien und Pakistan, die an diesem Projekt mitarbeiten, nicht zwei, die dieselbe Muttersprache bzw. denselben Dialekt sprechen. Der kleinste gemeinsame Nenner ist tatsächlich Englisch.

Überall gibt es im Zusammenleben Hierarchien, die auch vor den Unternehmenstoren nicht haltmachen. In einem unserer Projekte in Indien kommt es jedoch aufgrund des immer noch existierenden Systems von Kasten und der vielen unabhängigen Sprachen zu massiven Problemen in der Kommunikation, obwohl die Mitarbeiterinnen und Mitarbeiter grundsätzlich sehr gut ausgebildet und auch weltoffen sind. Das Problem ist nicht unbedingt die Hierarchie als solche, denn die Kolleg*innen sind durchaus gewillt, miteinander zu kommunizieren. Vielmehr gibt es unter den Mitarbeiter*innen in diesem Projekt gefühlte Barrieren im Umgang miteinander. Das könnte man mit dem Gefühl vergleichen, das einen überkommt, wenn man Jahre nach dem Abitur einem ehemaligen Lehrer oder einer ehemaligen Lehrerin gegenübersteht und sich immer noch befangen fühlt.

In einem Fall wechselte ein Mitarbeiter einer Firma aus dem mittleren Osten praktisch über Nacht in unser Projekt. Dies war einfach, denn es gab keine Kündigungsfrist und nicht einmal eine Kündigung. Die Bindung an das Unternehmen ist aufgrund des Arbeitsumfelds in manchen Ländern nicht besonders hoch, und zusammen mit sehr lockeren Arbeitsverträgen kommt es mitunter zu einer hohen Fluktuation unter den Projektmitarbeitern und -mitarbeiterinnen. In diesem Fall wirkte dieser Umstand zu unseren Gunsten. Allgemein gilt aber: Jeder Mitarbeiter und jede Mitarbeiterin, der bzw. die das Projekt verlässt, nimmt Know-how mit, und Wissen kann man nicht beliebig weitergeben. Deshalb ist eine solche hohe Fluktuation dem Projekterfolg nicht förderlich.

Die spinnen, die Deutschen?

Dass die kulturellen Eigenheiten eines Projektpartners zu Missverständnissen führen können, gilt natürlich für beide Seiten. In einem internationalen Projekt ist es oft hilfreich, sich bewusst zu machen, welche Kommunikationsregeln und Erwartungen in den eigenen Köpfen verankert sind. In anderen Ländern werden Deutsche z. B. häufig als zu sachorientiert und brüsk wahrgenommen.

Auch in unseren Projekten haben wir diese Erfahrung gemacht und daraus gelernt. Der gut gemeinten Satz »so kann es nicht gehen«, wird z. B. als ein Zeichen von Sturheit verstanden. Eine kritische Anmerkung wird in einer Formulierung à la »lass uns noch einmal die Pros und Kontras anschauen« als deutlich konstruktiver wahrgenommen. Es fördert den Projekterfolg, wenn der Beziehungsebene in der Kommunikation größere Aufmerksamkeit geschenkt wird.

Probleme über Probleme – oder?

Wenn Sie einige Grundregeln beachten, kann ein Projekt mit einem Offshore- oder Nearshore-Anteil erfolgreich sein. Einige dieser Randbedingungen sind:

- **Reaktionszeiten einplanen**
  Ein aktives und vorausschauendes Management und Monitoring der ausgelagerten Projektaktivitäten ist notwendig. Achten Sie in jedem Fall auf längere Reaktionszeiten (allein schon wegen der möglichen Zeitverschiebung) und auf direkte Rückmeldung zu den jeweiligen Aufgaben, die Sie übertragen haben. Sie wären nicht der erste Projektmanager, der nach einigen Tagen merkt, dass eine Aufgabe, die eigentlich schon fertig sein sollte, noch gar nicht begonnen wurde.
- **Verantwortlichkeiten festlegen**
  Festgelegte Verantwortlichkeiten für die betreffenden Bereiche sind unabdingbar. In jedem Ihrer Teilprojekte, in dem Aufgaben direkt übergeben werden, und natürlich im PMO müssen Kolleginnen und Kollegen direkt und persönlich für die Kommunikation mit dem Center verantwortlich gemacht werden. Dass das schon irgendjemand macht, hat noch nie funktioniert – in einer Konstellation, in der das Gegenüber einige 1.000 km entfernt sitzt, schon gar nicht. Es ist hilfreich, ausgelagerte Teams fest im Gesamtprojekt zu verankern und, wenn möglich, die Kolleginnen und Kollegen namentlich den Aufgabenbereichen zuordnen – dann fühlen sie sich dem Projekt eher zugehörig und auch verantwortlich für die Ergebnisse.
- **Aufwände einkalkulieren**
  Kommunikation, Dokumentation und Management bedeuten zusätzlichen Aufwand, den Sie einplanen und umsetzen müssen. Vor allem die Kolleg*innen aus Vertrieb oder Einkauf, die die Budgets für SAP-Projekte planen und freigeben, rechnen gern das Gesamtbudget durch den Einsatz von Mitarbeiter*innen aus Offshore- oder Nearshore-Centern herunter und kalkulieren nach dem Motto: Je mehr Personen offshore arbeiten, umso kleiner ist das Budget. Doch die Formel »ein Kollege vor Ort wird durch einen Kollegen offshore ersetzt, und schon haben wir den

Kostensatz für diesen Mitarbeiter um mindestens 50 % gesenkt«, funktioniert so nicht. Sie benötigen zusätzliche Ressourcen auf beiden Seiten zur Organisation, zum Übersetzen, zum Schreiben von Dokumentationen usw.

- **Kritische Bereiche aussparen**
  Aufgaben rund um den Datenschutz (hier sind z. B. die rechtlich bindenden Grundsätze der europäischen Datenschutzrichtlinie zu nennen) sowie arbeitsrechtliche Themen und Bereiche, die die Unternehmenskultur berühren, sollten Sie nur mit Vorsicht outsourcen.

[«]

Projektbesetzung

Wenn Sie ein großes Beratungsunternehmen beauftragen, werden in den meisten Fällen Offshore- und/oder Nearshore-Teams Teil des SAP-Projektteams. Viele Beratungsfirmen haben mittlerweile eigene Unternehmensbereiche oder Landesgesellschaften z. B. in Indien und China gegründet, allein schon wegen der guten Ausbildungsmöglichkeiten und der Anzahl der möglichen Mitarbeiter*innen.

Bei SAP-Projekten werden besonders technische Teilprojekte ausgelagert, wie z. B.:

- Softwareentwicklung (also Reports, Schnittstellen, Konvertierungsprogramme für die Datenmigration, Migrationsprogramme, SAP-Erweiterungen)
- Datenmigration (neben der Entwicklung der Programme auch die Ausführung und das Monitoring der Datenmigration)
- Tests (hier vor allem wiederkehrende Tests oder die Ausführung von automatisierten Testabläufen)
- Betrieb von SAP-Systemen

Auch das Customizing, die Entwicklung von Integrationsarchitekturen, z. B. Schnittstellen, Implementierung von Services, EAI-Systeme (*Enterprise Application Integration*), sowie Aktivitäten im Rahmen der Produktivsetzung (besonders bei globalen Roll-out-Projekten) können offshore realisiert werden. Verschiedene Beratungsunternehmen und Serviceanbieter haben sich auf bestimmte Anwendungen spezialisiert und in zahlreichen Projekten viel Know-how gesammelt. In einigen Beratungsfirmen sind bestimmte Services nur noch off- oder nearshore verfügbar.

Offshore- und Nearshore-Projekte sind in der Regel virtuell organisiert. Für den jeweils ausgelagerten Bereich (in vielen Fällen komplette Teilprojekte) gibt es Teilprojektleiter*innen, ein lokales PMO, ein eigenes Ressourcenmanagement und ein eigenes Controlling im Offshore- oder Nearshore-Center. Abbildung 8.2 zeigt, wie eine Projektorganisation mit einem Offshore-Anteil aussehen könnte.

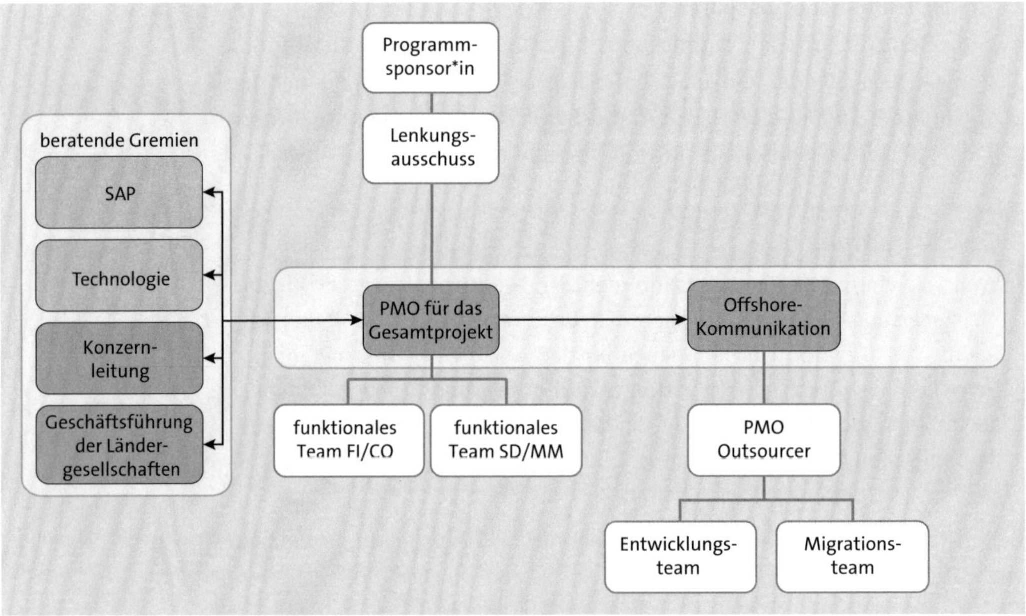

Abbildung 8.2 Projektorganisation mit Offshore-Anteil

Sowohl vor Ort, also bei dem Unternehmen, an das Sie Projektteile ausgelagert haben, als auch im Hauptprojekt sind zusätzliche Projektrollen auszufüllen. Dabei sind die Rollen auf der Seite des Dienstleisters für Sie als Projektleitung nicht in jedem Fall transparent.

Schatten-Projektmanagement

Häufig verfügt der Offshore- oder Nearshore-Partner über eine vollständige und eigenständige Projektorganisation mit allen ihren Facetten. Sie etablieren also eine Art Schatten-Projektmanagement im Offshore-Center, das für Sie unter Umständen undurchsichtig ist. Auch wenn dies auf Ihr Projektmanagement scheinbar keinen großen Einfluss hat, ist seine Bedeutung für den Projekterfolg jedoch nicht zu unterschätzen.

Folgende Aufgaben nimmt der Offshore-Partner vor:

- **Projektmanagement**
  Das Controlling und die Kommunikation werden im Offshore-Center eigenständig geregelt. Eine enge Zusammenarbeit mit dem Projektmanagement vor Ort ist ein Muss.

- **Change Management**
  Alle Änderungen an Geschäftsprozessen und der Systemarchitektur, die das Offshore-Center vornimmt, müssen dokumentiert, freigegeben und budgetiert werden. Das Change Management des Projekts muss somit auf das Offshore-Center ausgedehnt werden.
- **Ressourcenmanagement**
  Da Sie eventuell keinen direkten Zugriff auf das Projektteam im Offshore-Center haben, müssen Sie sich auf dessen Ressourcenmanagement verlassen. Aus diesem Grund ist eine enge Zusammenarbeit zu empfehlen. Oft hilft es, einen Teil des Ressourcenmanagements aus dem Offshore- oder Nearshore-Center in Ihrem PMO anzusiedeln (auch physisch vor Ort). Die Dringlichkeit einer Anfrage wird damit besser als über den telefonischen Kontakt wahrgenommen.

Auch in Ihrem Team sollte es Projektrollen geben, die für die Steuerung des Offshore-Teams zuständig sind. Diese Mitarbeiterinnen und Mitarbeiter sind dafür verantwortlich, Kommunikationsstrukturen in der Zusammenarbeit mit Mitarbeiter*innen der Offshore-Teams zu etablieren. Mitarbeiter*innen im Ressourcenmanagement müssen die Anforderungen der Kolleg*innen, die in den Offshore-Teams arbeiten, umsetzen. Im Idealfall sollten Mitarbeiter*innen in Ihrem Projektteam die zuständigen Kolleg*innen aufseiten des Offshore-Partners persönlich kennen.

Dokumentation – noch wichtiger als sonst

Die Kolleginnen und Kollegen in den Offshore-Teams arbeiten auf Basis der Dokumentation, die von Ihrem Projektteam erstellt wurde. Unterziehen Sie diese Dokumente bereits im zentralen PMO einer Qualitätskontrolle! Dazu brauchen Sie Expert*innen, die sowohl in den verwendeten Sprachen als auch in den funktionalen und technischen Anforderungen versiert sind. Beachten Sie: Jede Rückfrage kann aufgrund von Zeitverschiebung und Sprachproblemen zu einer Verschiebung im Zeitplan führen. Planen Sie also ausreichend Zeit für die Dokumentation ein. Sie wird Ihnen in der Schlussphase des Projekts und auch danach wertvolle Dienste leisten. Eine schlampige Dokumentation kostet jedoch am Ende jedes Projekts zusätzlich Zeit und Geld.

In wohl jedem aktuellen Projekt wird sicherlich darüber nachgedacht, das Team um Mitarbeiter*innen bzw. Teilteams zu erweitern, die nicht mit Ihrem Projektteam in einem Büro sitzen. Die Gründe reichen von fehlenden Skills über fehlendes Personal bis hin zu fehlendem Budget. Diese Form der Teamerweiterung kann für Ihr Projekt sehr sinnvoll sein, aber bedenken Sie, dass hierdurch auch der Aufwand steigt.

Im nächsten Kapitel wenden wir unser Augenmerk von den Mitarbeiterinnen und Mitarbeitern, die Ihr Projekt unterstützen, zu den IT-Werkzeugen, die Sie im Projekt einsetzen können.

Kapitel 9
Werkzeuge zur Projektunterstützung

Die Projektmitarbeiterinnen und -mitarbeiter sind das wichtigste Kapital für den Projekterfolg – das ist und bleibt unbestritten. Darüber hinaus gibt es aber auch nützliche Helfer, also IT-Tools, die Ihnen den Weg zum Projekterfolg erleichtern. In diesem Kapitel geben wir Ihnen einen Überblick über die wichtigsten Werkzeuge.

In den vorangehenden Kapiteln haben wir an unterschiedlichen Stellen bereits erwähnt, dass Ihnen verschiedene Tools zur Verfügung stehen, um Ihr SAP-Projekt zu unterstützen. In diesem Kapitel geben wir einen Überblick über nützliche Werkzeuge, die Ihnen in bestimmten Projektabschnitten helfen können. Wir zeigen Ihnen Werkzeuge für folgende Bereiche:

- für das Projektmanagement
- für das Geschäftsprozessmanagement (Business Process Management)
- für das Testen
- für die Unterstützung im laufenden Betrieb

Dabei erhebt unsere Auswahl keinen Anspruch auf Vollständigkeit: Erfahrene SAP-Projektmanager haben in der Regel ihre Lieblingswerkzeuge – welches Werkzeug wofür besonders geeignet ist, hängt auch vom jeweiligen Projektumfeld ab. Wir richten unser Augenmerk auf bewährte Werkzeuge; darüber hinaus gibt es zahlreiche aktuelle Tools für unterschiedliche Bedürfnisse. Damit Sie auch diese Werkzeuge nutzen können, geben wie Ihnen in diesem Kapitel Empfehlungen für weiterführende Literatur.

Letztlich steht und fällt der erfolgreiche Einsatz eines Werkzeugs jedoch immer mit den Mitarbeiterinnen und Mitarbeitern, die das erforderliche Tool-Wissen mitbringen müssen.

9.1 Werkzeuge für das Projektmanagement

Hilfe für alle Fälle

Das Management von SAP-Projekten ist eine relativ komplexe Aufgabe, zu deren Bewältigung Projektmanagementwerkzeuge hilfreich sind. Jedes

Projekt benötigt Tools, die das Projektmanagement und das Project Management Office (PMO) unterstützen.

Um welche Tools handelt es sich bei komplexen SAP-Projekten? Aus unserer Erfahrung gibt es, was die Häufigkeit der Nutzung angeht, klare Favoriten:

- Microsoft Project
- Microsoft Word
- Microsoft Excel
- Microsoft Outlook/Exchange
- SAP Solution Manager

[»]

Microsoft – und sonst nichts?

Sind Sie überrascht von dieser Auswahl? Wahrscheinlich nicht – und das, obwohl es Projektmanagementsoftware wie Sand am Meer gibt. Viele dieser Werkzeuge bieten Unterstützung bei der Ressourcenplanung, dem Projektcontrolling, dem Risikomanagement, der Termin- und Zeitplanung, dem Qualitätsmanagement, dem Status-Reporting und vielem mehr. Mit Ausnahme von Microsoft Project sind Microsoft-Tools schon überall vorhanden. Alle Projektbeteiligten – von der Abteilungsleitung über Projektmanager, Stakeholder und Berater*innen bis hin zum technischen Experten oder zur technischen Expertin – kennen diese Tools und können mit ihnen umgehen – ein unschlagbarer Vorteil!

Viele Projektmanager machen sich kaum Gedanken darüber, was sie mit den richtigen Tools für ihr Projekt herausholen könnten. Und falls doch, heißt das vielfach, dass in der turbulenten Anfangsphase eines SAP-Projekts ein weiteres neues Werkzeug eingeführt werden müsste – keine Chance!

[»]

Microsoft 365

Microsoft Office heißt jetzt Microsoft 365. Das gute alte Office-Paket hat rigoros den Weg in die Cloud genommen – und das noch nachhaltiger als SAP mit SAP S/4HANA. Ohne Wenn und Aber und nur mit ganz wenigen Ausnahmen gibt es die Office-Programme und Microsoft Project nur noch als Cloud-Versionen. Man kann immer noch eine lokale Kopie auf seinem PC installieren, aber ohne Microsoft-Konto geht nichts mehr. Das hat sicher viele Vorteile (z. B. das leidige Thema von kompatiblen Versionen in großen Projekten). Das ständige Erfragen von Passwörtern und laufend der Vorschlag, die Dateien in der Microsoft Cloud (Microsoft OneDrive) abzulegen, stören jedoch zuweilen. Die vielen neuen Möglichkeiten muss man sich dann von einer Microsoft-365-Expertin oder einem Microsoft-365-Experten erklären lassen ...

Die in diesem Abschnitt bereits kurz genannten Werkzeuge nehmen wir im Folgenden im Einzelnen genauer unter die Lupe.

9.1.1 Microsoft Project

Microsoft und SAP – eine Erfolgsgeschichte?

Microsoft Project ist eine Software zum Planen, Steuern und Überwachen von Projekten. Die Software stellt Funktionen u. a. für das Terminmanagement und das Ressourcenmanagement zur Verfügung und ermöglicht die Projektüberwachung sowie die Erstellung von Berichten.

Microsoft Project ist aus unserer Sicht das Tool der Wahl für die Dokumentation der Projektplanung. Der einfache Grund dafür ist die weite Verbreitung des Werkzeugs. Weil auch eine Serverversion von Microsoft Project verfügbar ist, können verschiedene Planungsstände konsolidiert abgelegt werden und mehrere Planer an der Gesamtplanung arbeiten.

Abbildung 9.1 zeigt einen Ausschnitt aus einer Projektplanung für die Migration der SAP-Datenbank nach Sybase in Microsoft Project.

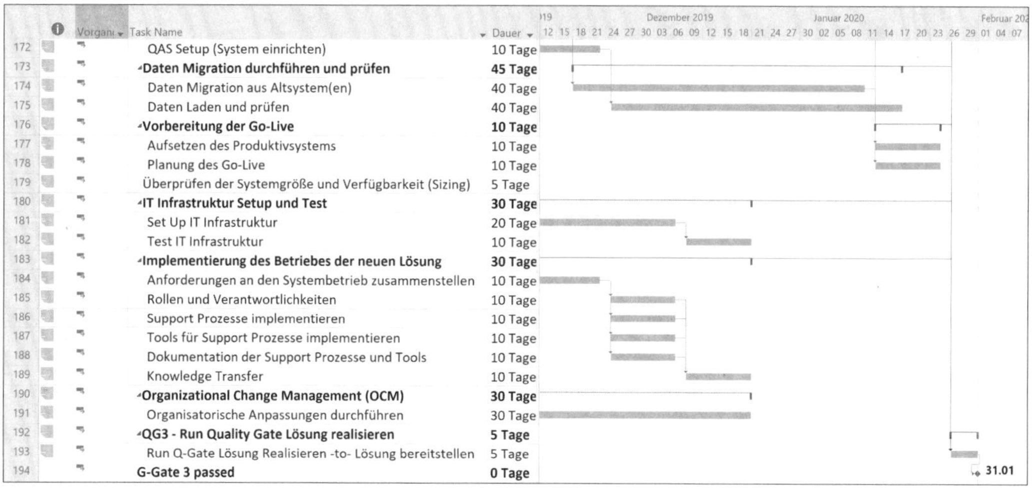

	Task Name	Dauer
172	QAS Setup (System einrichten)	10 Tage
173	**Daten Migration durchführen und prüfen**	**45 Tage**
174	Daten Migration aus Altsystem(en)	40 Tage
175	Daten Laden und prüfen	40 Tage
176	**Vorbereitung der Go-Live**	**10 Tage**
177	Aufsetzen des Produktivsystems	10 Tage
178	Planung des Go-Live	10 Tage
179	Überprüfen der Systemgröße und Verfügbarkeit (Sizing)	5 Tage
180	**IT Infrastruktur Setup und Test**	**30 Tage**
181	Set Up IT Infrastruktur	20 Tage
182	Test IT Infrastruktur	10 Tage
183	**Implementierung des Betriebes der neuen Lösung**	**30 Tage**
184	Anforderungen an den Systembetrieb zusammenstellen	10 Tage
185	Rollen und Verantwortlichkeiten	10 Tage
186	Support Prozesse implementieren	10 Tage
187	Tools für Support Prozesse implementieren	10 Tage
188	Dokumentation der Support Prozesse und Tools	10 Tage
189	Knowledge Transfer	10 Tage
190	**Organizational Change Management (OCM)**	**30 Tage**
191	Organisatorische Anpassungen durchführen	30 Tage
192	**QG3 - Run Quality Gate Lösung realisieren**	**5 Tage**
193	Run Q-Gate Lösung Realisieren -to- Lösung bereitstellen	5 Tage
194	**G-Gate 3 passed**	**0 Tage**

Abbildung 9.1 Beispiel einer Planung in Microsoft Project

Verfügbarkeit der Server

Aber Vorsicht – das Einrichten dieser Serverversion ist nicht ganz einfach, und sollte der Server einmal nicht verfügbar sein (nach dem Motto »ist ja nur ein Projektsystem, Backup und Hochverfügbarkeit benötigen wir dafür nicht«), ist weder das Planen noch das Lesen der Planung möglich – und das wird nach ein paar Stunden zum riesigen Problem. Die Angst vor solchen Fällen dreht den Vorteil leicht ins Gegenteil: Alle haben auf ihren Rechnern eine vermeintlich aktuelle Kopie des Plans – und am Ende kennt niemand den tatsächlich aktuellen Stand der Planung. Da einige Mitarbeiter*innen keine Erfahrung mit Microsoft Project haben, kommt es zur Auslagerung von Teilplanungen in Microsoft Excel. Damit ist eine aktuelle Gesamtplanung nur sehr schwer zu bewerkstelligen. Hier sind Sie als Projektleitung gefordert, auf den richtigen Einsatz des Tools zu achten.

[»]

Projektmanagement mit dem SAP Solution Manager

Im aktuellen SAP Solution Manager gibt es ebenfalls Funktionalitäten zum Planen und Managen von Projekten. Mit Version 7.2 gibt es das SAP Portfolio and Project Management dazu. Damit lassen sich, wie mit Microsoft Project, Projekte definieren, Termine und Ressourcen planen, der Projektstand verfolgen und Ergebnisse darstellen. Ein umfangreiches Reporting ist ebenfalls Bestandteil des SAP Portfolio and Project Managements im SAP Solution Manager. Der große Vorteil ist die tiefe Integration in die anderen Bereiche des SAP Solution Managers (z. B. die Verknüpfung mit der Ergebnisdokumentation aus der SAP-Activate-Methode). Ob in SAP-Projekten der SAP Solution Manager Microsoft Project langfristig als Standard-Tool ersetzen kann, wird sich zeigen.

9.1.2 Microsoft Word

Microsoft Word ist das mit Abstand bekannteste und meistverwendete Textverarbeitungsprogramm der Welt. Im Projekt wird Word vor allem für das Verfassen von Dokumenten wie Prozessbeschreibung, Schnittstellendokumentation und Änderungsmanagement genutzt.

Der große Vorteil von Word ist, dass es sich einfach bedienen lässt und jedem Mitarbeiter bzw. jeder Mitarbeiterin im Projekt bekannt ist. Für Protokolle und Dokumente, die Informationen verteilen, ist Word ebenfalls sehr gut geeignet.

Mehr als das Speichern von Dokumenten

Probleme entstehen häufig durch die dezentrale Erstellung der Dokumente im Team. Eine saubere Dokumentation ist hier nur durch akkurates Arbeiten und die genaue Einhaltung von Regeln möglich. Im harten Projektalltag, gerade zum Ende des Projekts und in kritischen Situationen, hält zuweilen der Schlendrian Einzug. Dann werden mitunter ältere Versionen weiterverarbeitet, lokale Kopien genutzt, die den Kollegen später nicht zur Verfügung stehen, oder es wird parallel an Dokumenten gearbeitet. Wohl jeder (SAP-)Projektleiter und jede (SAP-)Projektleiterin hat ein derartiges Chaos schon erlebt.

An dieser Stelle (Dokumentenmanagement in Projekten) kommt immer häufiger Microsoft SharePoint ins Spiel. Der große Vorteil ist die ziemlich nahtlose Integration mit den anderen Microsoft-365-Produkten. Die Integration mit Outlook erleichtert die Zusammenarbeit und vermindert die Verteilung von Dokumenten und das Versionswirrwarr. Allerdings ist die Bedienung von Microsoft SharePoint nicht wirklich intuitiv, und es bedarf auch mit Microsoft SharePoint großer Disziplin bei der Verwaltung der vielen Dokumente im Projekt.

[+]

Dokumentenmanagement

Nutzen Sie ein strenges Dokumentenmanagement mit entsprechender Versionierung. Ziel sollte es sein, jederzeit die aktuellen Versionen wichtiger Dokumente im PMO finden zu können.

Die einfache Bedienung des Tools und die hohe Verfügbarkeit machen Word trotz aller vorhersehbaren Probleme oft zum Tool der Wahl. Neben Word stehen ähnliche Produkte zur Verfügung, z. B. Tools aus der OpenOffice-Palette oder der Texteditor vi für Unix-Expert*innen. Für eine gründliche Dokumentation eines komplexen SAP-Systems mit Geschäftsprozessen, Architektur und einer entsprechenden Anleitung gibt es noch weitere Tools.

9.1.3 Microsoft Excel

Das Tabellenkalkulationsprogramm Microsoft Excel ist für die Erstellung von Listen die erste Wahl. Besonders häufig wird Microsoft Excel für Listen eingesetzt, z. B. für die Liste der Schnittstellen, die RACI-Matrix oder für einfache Planungen. Auch werden Teile der Gesamtplanung oft in Microsoft Excel entworfen und eventuell später in Microsoft Project überführt. Der Vorteil ist auch in diesem Fall wieder die einfache Bedienung und gute Verfügbarkeit. Microsoft Excel fehlt in fast keinem Projekt. Nachteile sind die lokale Speicherung und der Umstand, dass nicht automatisch Dokumentversionen erstellt werden können.

Microsoft Excel ist mehr als eine reine Tabellenkalkulation: Mithilfe der Makro-Programmiersprache *Visual Basic for Applications* (VBA) können auch komplexere Berechnungen automatisiert werden. Damit lassen sich z. B. Aufwandsabschätzungen für das Design, die Entwicklung, die Dokumentation und den Test von Schnittstellen sehr einfach immer aktuell halten.

9.1.4 Microsoft 365: Outlook/Exchange/Outlook

E-mailen – aber mit Bedacht

Der größte Teil der Kommunikation im Projekt erfolgt über Groupware wie Microsoft Outlook (alternativ über Lotus Notes). Microsoft Outlook wird im SAP-Projekt für die E-Mail- sowie die Terminverwaltung genutzt. Um alle Funktionen von Microsoft Outlook nutzen zu können, ist der Betrieb eines Exchange-Servers notwendig. So können z. B. Besprechungen und andere Termine mit mehreren Teilnehmer*innen geplant werden. Dabei können die Terminkalender aller Teilnehmer*innen verglichen und mögliche Terminüberschneidungen angezeigt werden. Nützlich sind darüber hinaus Smartphones, mit denen man unterwegs Termine eintragen oder sich an Termine erinnern lassen kann.

[+]

10 Tipps zur E-Mail-Kommunikation

E-Mails sind eine tolle Erfindung. Wer jedoch in einem großen Projekt schon einmal einer Flut von teilweise sinnfreien E-Mails ausgesetzt war, wird folgendes Problem kennen: In großen Projekten werden bis zu 500 E-Mails am Tag gezählt. Damit geht nur für das Lesen schnell ein ganzer Arbeitstag drauf. Beachten Sie deshalb beim E-mailen die folgenden goldenen Regeln:

1. Fassen Sie sich kurz, und vermitteln Sie klar verständliche Informationen.
2. Behandeln Sie in einer E-Mail möglichst nur ein Thema.
3. Verwenden Sie aussagekräftige Betreffzeilen, sodass Ihre Nachricht leicht zugeordnet und wiedergefunden werden kann.
4. Setzen Sie nur Personen in CC, die ausdrücklich Kenntnis des E-Mail-Inhalts erlangen sollen oder möchten.
5. Fordern Sie, wenn nötig, eine Reaktion auf Ihre E-Mail explizit ein: »Bitte gebt mir ein Feedback bis zum ...«
6. Bleiben Sie sachlich und freundlich, auch wenn es gerade stressig ist.
7. Reagieren Sie zügig auf wichtige Nachrichten (zur Not mit einem Zwischenstand), und löschen Sie Unwichtiges ebenso zügig.
8. Vermeiden Sie zu große Dateianhänge.
9. Kennzeichnen Sie nur *tatsächlich* dringende E-Mails als wichtig.
10. Manchmal ist der Griff zum Telefonhörer effektiver und schneller. Probleme lassen sich am besten im direkten Gespräch lösen. So kann man ein im E-Mail-Verkehr unlösbar scheinendes Problem oft schnell beenden.

9.1.5 Laufwerke auf dem Filesystem

Wo sind meine Daten?

Ein Laufwerk auf einem Filesystem ist als Ablagesystem nach wie vor weit verbreitet. Das Laufwerk enthält am Ende eines Projekts zuweilen diverse Gigabyte an Informationen und wird irgendwann sehr unübersichtlich.

[+]

Tipps zur Dokumentenverwaltung

Die bessere Alternative zu einfachen Dateiordnern ist ein Dokumentenmanagementsystem (DMS). Hier werden Dokumente in Versionen und zu bestimmten Themen abgelegt. Außerdem ist oft ein Index möglich, was die Suche erleichtert. Ein DMS kostet aber Geld und verlangt zusätzlichen Aufwand für die Bedienung. Also werden uns weiterhin Netzwerklaufwerke (heutzutage auch häufig Ordner in der Cloud) im Projekt begleiten. Wir legen Ihnen folgende Regeln zu deren Nutzung nahe:

1. Legen Sie die Ordnerstruktur zu Beginn des Projekts fest.
2. Stellen Sie feste Regeln dazu auf, wer diese Struktur verändern darf.
3. Aktuelle Versionen von Dokumenten befinden sich immer auf dem Laufwerk.
4. Regeln Sie die Berechtigungen auf dem Laufwerk (wer darf was: lesen, schreiben, ändern, löschen).
5. Achten Sie auf ein regelmäßiges Backup des Laufwerks.
6. Das Laufwerk muss für alle, die es benötigen, verfügbar sein.
7. Dokumente sollten eine Versionsnummer und Informationen zur letzten Änderung enthalten.

Ein großer Vorteil der Tools von Microsoft ist neben ihrer Verbreitung und der einfachen Bedienung die gute Integration in den SAP Solution Manager und in die SAP-Architektur im Allgemeinen.

[«]

Microsoft Office und SAP Solution Manager

»Gute« Projekte nutzen den SAP Solution Manager als Repository für die Office-Dokumente und erleichtern damit die Auffindbarkeit enorm. Anderenfalls können unzählige Versionen verschiedener Dokumente auf lokalen Festplatten oder diversen Netzlaufwerken herumschwirren. (Detaillierte Informationen zum SAP Solution Manager als Projektmanagementwerkzeug finden Sie im folgenden Abschnitt 9.1.6, »SAP Solution Manager«).

Zusammenfassend lässt sich Folgendes sagen: In den meisten Projekten finden wir für die Unterstützung des Projektmanagements (Planung, Dokumentation, Groupware usw.) entweder Produkte aus dem Hause Microsoft oder vergleichbare Produkte wie OpenOffice oder Lotus Notes. Die Ursachen dafür liegen in der guten Verfügbarkeit, Bedienbarkeit und weiten Verbreitung.

Auch wenn es definitiv sinnvoll ist, sich auch in SAP-Projekten mit professionellen Projektmanagementwerkzeugen wie Gantt-Diagrammen oder Projektkalendern zu beschäftigen, wird das leider zu selten getan.

9.1.6 SAP Solution Manager

Dreh- und Angelpunkt im Projekt

Eine zentrale Rolle in jedem SAP-Projekt spielte und spielt der *SAP Solution Manager*. Der SAP Solution Manager wird in SAP-Projekten oft als zentrales Tool für den gesamten Lebenszyklus der SAP-Landschaft eingesetzt (Abbildung 9.2). Mit SAP S/4HANA und der aktuellen Einführungsmethode wird dem SAP Solution Manager noch weitaus größere Bedeutung zukommen. Über den SAP Solution Manager wird der gesamte Content geliefert – also das »Wissen«, das SAP Activate umfasst. Abbildung 9.2 zeigt das »große Ganze«, das SAP Activate und der SAP Solution Manager zum Projekterfolg beitragen können.

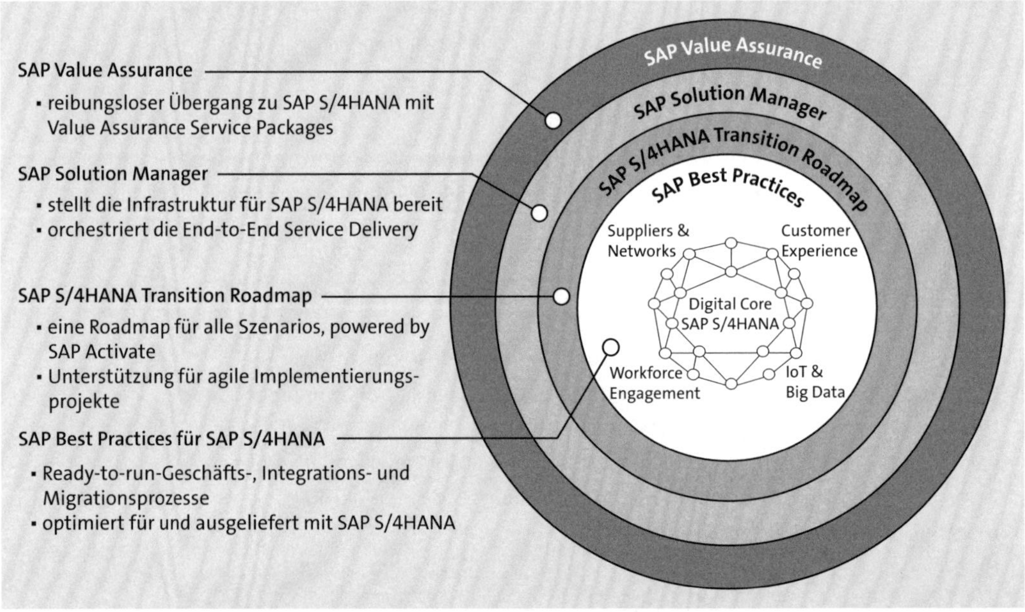

Abbildung 9.2 SAP Solution Manager und SAP Activate

[«]

IT Infrastructure Library

Der SAP Solution Manager hält sich an die Vorgaben der ITIL-Methode. ITIL steht für *IT Infrastructure Library* und ist eine Sammlung von Vorgehensweisen für das IT-Servicemanagement – de facto ein Standard in der IT.

Mit SAP S/4HANA ist die Rolle des SAP Solution Managers im Rahmen eines SAP-Projekts noch einmal gewachsen. Der gesamte Projektlebenszyklus gemäß SAP Activate wird mit dem SAP Solution Manager begleitet. Wir gehen in diesem Abschnitt nur auf die Funktionen des SAP Solution Managers ein, die nach unserer Erfahrung für das Projektmanagement eine wichtige Rolle spielen. Oft wird der SAP Solution Manager auch nur als Integrationspunkt zu anderen Tools bei der Projektdurchführung genutzt, z. B. beim Test und bei der Systemadministration (siehe Kapitel 3, »Das SAP-S/4HANA-Projekt: Wie es sein sollte«). Zunächst möchten wir Ihnen einen kurzen Überblick über das Werkzeug geben.

Abbildung 9.3 zeigt die Bereiche des Lebenszyklus einer SAP-Landschaft, die mit dem SAP Solution Manager unterstützt werden können.

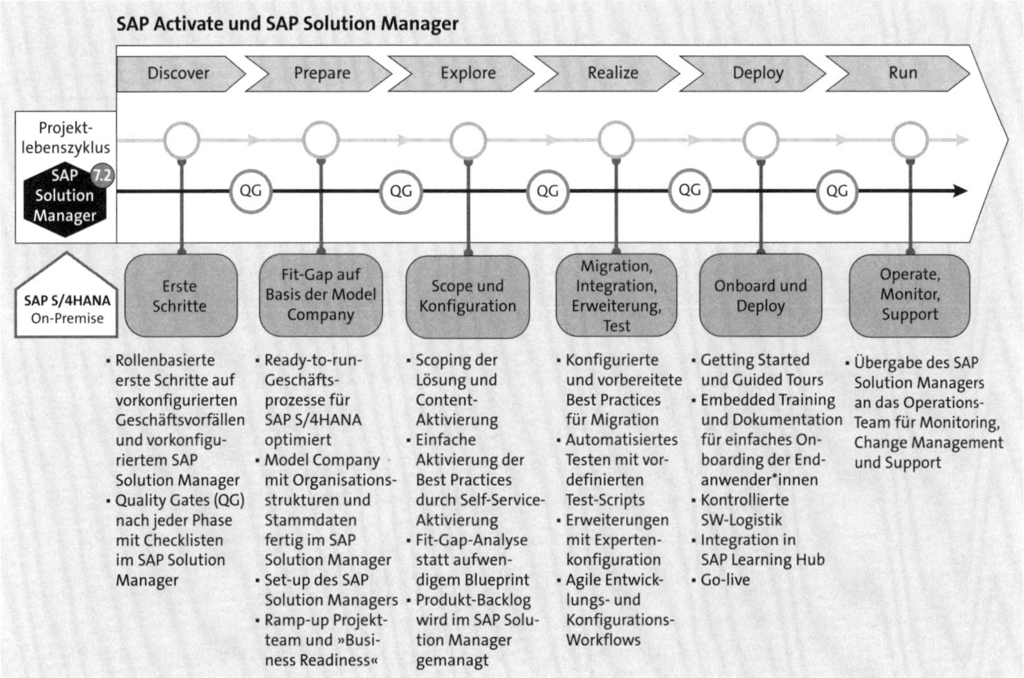

Abbildung 9.3 Unterstützung von SAP Activate durch den SAP Solution Manager

Der SAP Solution Manager ist die zentrale Instanz jeder produktiven SAP-Landschaft und ebenso jedes SAP-Projekts.

Mit der aktuellen Version 7.2 ist der SAP Solution Manager »erwachsener« geworden. Die Integration von Funktionen aus SAP CRM und Weiterentwicklungen in vielen Bereichen (Projektmanagement, Business Process Management, Testen usw.) führen dazu, dass der SAP Solution Manager immer mehr zur Zentrale auch für das SAP-S/4HANA-Projektmanagement werden könnte. Ob Sie sich in Zukunft als Projektmanager, Projektmitarbeiter*in oder Entscheider*in eher auf das Angebot von SAP oder von anderen Anbietern verlassen, wird sich zeigen.

Projektmanagement mit dem SAP Solution Manager

Welche Rolle spielt der SAP Solution Manager für das Projektmanagement? Er bietet zum einen die Möglichkeit, sämtliche externe Tools anzubinden: Unabhängig davon, ob es sich um Microsoft-Word-, Microsoft-Excel- oder Microsoft-PowerPoint-Dokumente, um die *Business Process Hierarchy* aus einem Prozessmanagement-Tool oder um Projektpläne aus Microsoft Project handelt – all diese Dokumente lassen sich zentral und dem richtigen Arbeitspaket zugeordnet ablegen. Zusätzlich kann hier die Dokumentation der Entwicklungsobjekte (Schnittstellen, Datendefinitionen, Erweiterungen) abgelegt und direkt mit dem entsprechenden Programm verlinkt werden. Das kommt einem Dokumentenmanagementsystem ziemlich nahe. Am Projektende liefern diese Informationen eine nützliche Dokumentation.

Der SAP Solution Manager bietet mit der aktuellen Version 7.2, wie bereits in Abschnitt 9.1.1, »Microsoft Project«, erwähnt, selbst Funktionen zur Projektdurchführung. Und schließlich liefert der SAP Solution Manager all die schönen Implementierungshilfen wie SAP Model Company und SAP Best Practices.

[»]

Ein Projekt im Projekt

SAP-Projekte lassen sich mit Matrjoschka-Puppen vergleichen: Im Projekt steckt häufig noch ein Projekt. Die Einführung des SAP Solution Managers bzw. dessen Anpassung an die jeweiligen SAP-Projektbedürfnisse ist so ein eigenes SAP-Projekt. Für dieses Projekt müssen ein angemessener Rahmen, entsprechende Ressourcen, Zeit und Budget bereitgestellt werden.

Der SAP Solution Manager deckt, wie jedes SAP-System, ein breites Spektrum an Einsatzgebieten ab. Auch hier werden Standardszenarien vorgegeben, die je nach Bedarf individuell ausgeprägt werden können. Diese Szenarien sind, ähnlich wie die Geschäftsprozesse in SAP ERP oder in der SAP Business Suite, im SAP Solution Manager vorkonfiguriert und können an die jeweiligen Projekterfordernisse angepasst werden. Die in Tabelle 9.1 gezeigten Szenarien werden in fast jedem SAP-Projekt benötigt.

SAP Solution Manager	Szenarien
Implementierung auf Basis von SAP Activate	▪ SAP Activate – Methode und Accelerators ▪ Unterstützung agiler Entwicklung ▪ Quality Gates und Dokumentenablage
SAP Operations and Monitoring	▪ zentrales System-Monitoring und -Alerting ▪ Monitoring von Geschäftsprozessen und Integration ▪ technische Administration und Fehlerbeseitigung
SAP IT Service Management (SAP ITSM)	▪ IT-Service-Management auf Basis von SAP CRM ▪ Ticket-System integriert mit SAP Services and Support ▪ zentrales IT-Service-Management auf Basis von ITIL
SAP Test Management	▪ Cross-System-Testmöglichkeiten ▪ Testplanung und -ausführung ▪ Testautomatisierung
SAP Business Process Management	▪ Beschreibung und Modellierung von Geschäftsprozessen ▪ Administration von Geschäftsprozessen über Systemgrenzen hinweg
Change Request Management (ChaRM)	▪ kompletter, workflow-basierter Prozess für Changes ▪ benutzer- und rollenbasiert ▪ Synchronisation über Systemlandschaften hinweg

Tabelle 9.1 Vom SAP Solution Manager unterstützte Beispielszenarien

Weiterführende Informationen zum SAP Solution Manager

Weitere Informationen zum SAP Solution Manager finden Sie in folgenden Büchern:

- »SAP Solution Manager. Das Praxishandbuch« von Markus Bechler, Andreas Hömer, Michael Markert, Marco Michel, Jan Rauscher, Timo Steinsberger (SAP PRESS, Bonn 2017)
- »SAP Solution Manager für SAP S/4HANA« von Marc O. Schäfer, Matthias Melich (SAP PRESS, Bonn 2016)

9.2 Werkzeuge für das Geschäftsprozessmanagement

Notwendige Helfer oder überflüssiger Ballast?

Das Thema *Business Process Management* (BPM) spielt in fast jedem SAP-Projekt eine Rolle. Unter Business Process Management verstehen wir die Methoden und Werkzeuge zum Design, zur Umsetzung, zur Implementierung und zum Betrieb von Geschäftsprozessen (Geschäftsprozessmanagement).

Im SAP-Projekt sind das sämtliche Prozesse, die für das Unternehmen im SAP-System implementiert werden, und wir können auch noch einen Schritt weitergehen. In den meisten Fällen besteht die geschäftsprozessunterstützende IT nicht nur aus SAP-Komponenten. Somit könnten wir auch das Gesamtbild unserer Prozesslandschaft im BPM abbilden.

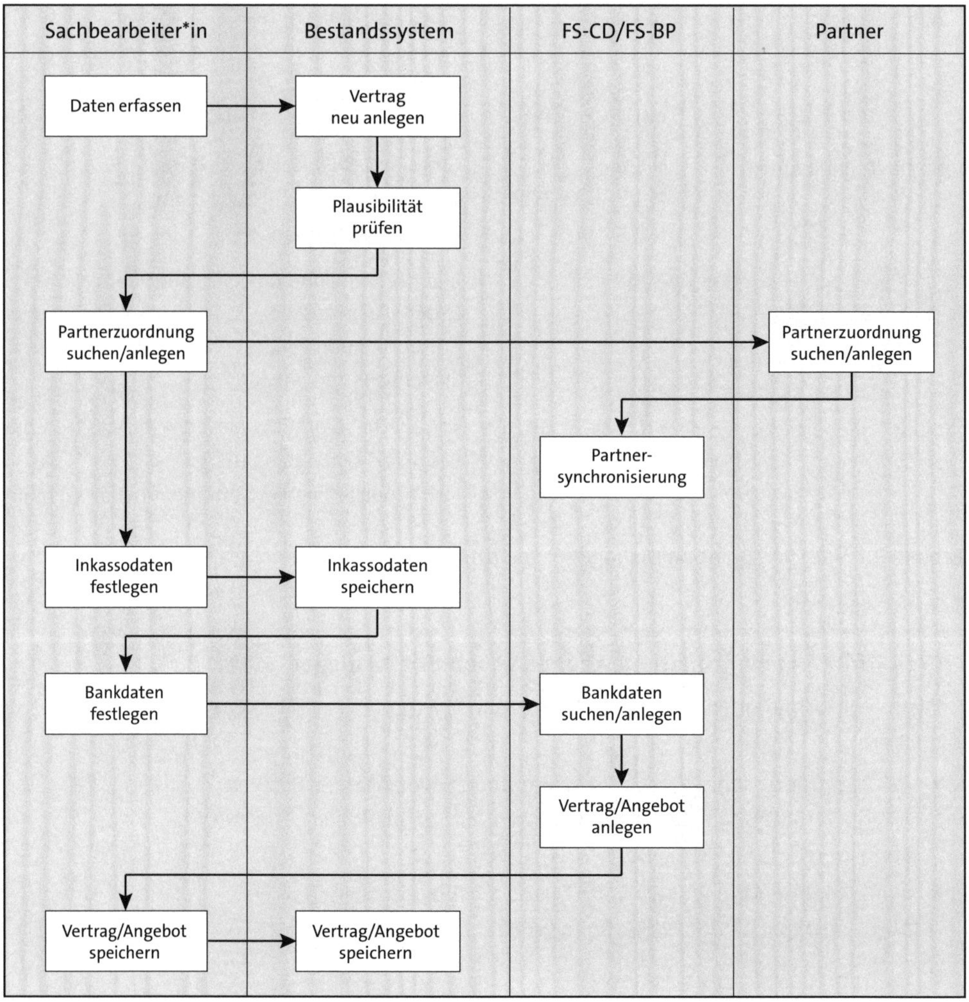

Abbildung 9.4 Mit Microsoft Visio visualisierter Prozess »Vertragsneuanlage«

Die herkömmliche Vorgehensweise beim Geschäftsprozessmanagement beruht auf Werkzeugen wie Microsoft Word, Microsoft PowerPoint oder Microsoft Visio. Die Prozesse werden verbal beschrieben und anschließend visualisiert – meist in einer Übersicht. Abbildung 9.4 zeigt ein Beispiel für einen visualisierten Prozess in Microsoft Visio.

Dieses Vorgehen hat den großen Vorteil, dass diejenigen, die sich die Prozesse ausdenken, sie auch gleich dokumentieren können. Bis zu einem gewissen Grad an Komplexität bleibt dieser Vorteil bestehen, aber ab einer bestimmten Projektgröße wird es unübersichtlich.

Einsatzbereiche für BPM-Tools

Alternativ gibt es die Möglichkeit, ein BPM-Tool einzusetzen. Die Liste der angebotenen BPM-Tools ist lang; sie werden mit folgenden Eigenschaften beworben:

- **Geschäftsprozesse**
  Geschäftsabläufe können mit Echtzeittransparenz der laufenden Arbeit durch ständige Prozessüberwachung und -analyse optimiert werden.
- **Governance**
  Das Änderungsmanagement wird optimiert und die Sicherheit des Betriebs der Prozesslandschaft durch intuitive Governance verbessert.
- **Monitoring**
  Es wird ein kontinuierlicher Einblick in die Betriebsabläufe durch eine nahtlose Kombination der Geschäftsprozesse mit zentralen Unternehmenssystemen ermöglicht.
- **Modellierung**
  Business Process Modeling und die Prozessanalyse sind darauf ausgelegt, dass die verschiedenen, an den kontinuierlichen Verbesserungsmaßnahmen beteiligten Rollen ihre Aufgaben möglichst effizient erledigen.
- **Einfachheit**
  Dank modernster Webtechnologie werden Prozesse im Handumdrehen entworfen. Die Geschäftsprozesse und die IT-Landkarte können schnell und einfach modelliert werden.

[«]

SAP und BPM-Tools – keine einfache Beziehung

Dass Nicht-SAP-Tools für BPM in der Vergangenheit wenig Beachtung fanden, hat aus unserer Sicht folgenden Grund: Der Erfolg der SAP-Software beruht zu einem großen Teil auf der Möglichkeit der Implementierung vorgefertigter Geschäftsszenarien – der Nutzung einer Standardsoftware also. Diese Szenarien sind im Laufe der letzten 30 Jahre von einer Vielzahl von SAP-Softwaredesigner*innen und -entwickler*innen in der SAP Business Suite hinterlegt und in SAP S/4HANA oftmals neu implementiert worden.

Kurz gesagt: Im SAP-System steckt zu viel Wissen, um es einfach mit einem BPM-Tool dokumentieren oder gar modellieren zu können. Wir müssten erst das vorhandene SAP-System (vor allem die voreingestellten Geschäftsprozesse) in ein BPM-Tool überführen, um dieses danach sinnvoll nutzen zu können. Es gibt nicht zwei identische SAP-Implementierungen. Aus unserer Sicht kennt auch niemand die mögliche Gesamtfunktionalität eines SAP-Systems – ohne Veränderungen am Standard-Code. Der Aufwand, die Geschäftsprozessfunktionalität eines gesamten SAP-Systems in ein BPM-Tool zu überführen, wäre riesig, und mehrere Systeme dort unterzubringen schlicht nicht möglich.

Mit dem aktuellen Version 7.2 hat sich der SAP Solution Manager selbst zum Tool für das Prozessmanagement gemausert. Die im SAP-Activate-Framework definierten Prozesse und auch Integrationsarchitekturen werden unterstützt.

[»]

Weiterführende Informationen zu BPM

Es gibt eine ganze Reihe von Büchern, die sich mit dem Thema BPM befassen. Wir empfehlen folgende:

- »SAP Process Orchestration und SAP Cloud Platform Integration« von Marcus Banner, Olaf Glebsattel, Raffael Herrmann, Abdeljalil Labrache, Christian Niermann (SAP PRESS, Bonn 2017)
- »Prozessmanagement mit dem SAP Solution Manager« von Michael Demuth (SAP PRESS, Bonn 2017)

9.3 Werkzeuge für das Testen

Das Testen nimmt in einem SAP-Projekt eine besondere Stellung ein. Wir denken beim Testen nicht nur an die Ausführbarkeit selbst entwickelter Programme, sondern vor allem an die Richtigkeit der implementierten Prozesse und der Daten. Zusätzlich ist die Integration der einzelnen Prozesse innerhalb von SAP und nach außen zu prüfen. Letztlich sind auch die Antwortzeiten des Systems (also die Performance) eine zu testende Eigenschaft – wenn diese unter SAP HANA auch an Bedeutung verliert.

Das Testen ist auch wegen der Komplexität der Lösung, der verschiedenen Daten im System und der vielen Nutzerinnen und Nutzer von besonderer Relevanz. Da unsere SAP-Lösung im Laufe des Projekts stetig wächst und sich verändert, ändern sich auch die Anforderungen an das Testmanagement und an die verwendeten Tools.

Eine besondere Komplexität erreicht das Testen von SAP-S/4HANA-Implementierungen durch den Einsatz agiler Teilprojekte. Im reinen »Wasserfallprojekt« wurde das Testen vor jedem Go-live akribisch geplant und Zeiten für Fehlerbeseitigung und Retest eingeplant. Nicht selten dauerte ein solcher Testzyklus mehrere Wochen, und Test-Teams, bestehend aus IT- und Fachexperten, waren beteiligt. Mit SAP S/4HANA und agileren Implementierungsmethoden sollen Funktionalitäten parallel, unabhängig voneinander und in Sprints mit einer Länge von Tagen (statt Monaten, wie früher) umgesetzt und anschließend getestet werden. Jedem SAP-ECC-Testmanager wachsen allein bei dem Gedanken graue Haare. Denn nach wie vor ist das SAP-System ein Monolith – und die Funktionalitäten innerhalb des Systems sind voneinander abhängig. »Schraubt« jemand an einer Funktionalität, kann das Auswirkungen auf andere Bereiche haben, die eventuell ebenfalls gerade weiterentwickelt werden. Der Testaufwand steigt, während die Zeit zum Testen geringer wird. Hier müssen Lösungen her!

9.3.1 SAP Solution Manager

Test Workbench

Ist der SAP Solution Manager Teil Ihres Projekts, lohnt es sich, beim Thema Testen über den Einsatz der *Test Workbench* nachzudenken. Hier können Sie:

- Testpläne anlegen und verwalten
- Testfälle definieren und verwalten
- Testfälle zu Testpakten zusammenstellen
- Tester*innen zu Testfällen und Testpaketen zuweisen
- Workflows zur Überwachung der Testfälle nutzen
- Statusinformationen verwalten

Das Einstiegsbild der Test Workbench des SAP Solution Managers zeigt Abbildung 9.5.

Die Analyse der Statusinformationen gibt Ihnen einen guten Überblick über den aktuellen Stand der Testaktivitäten, wie z. B. in Abbildung 9.6.

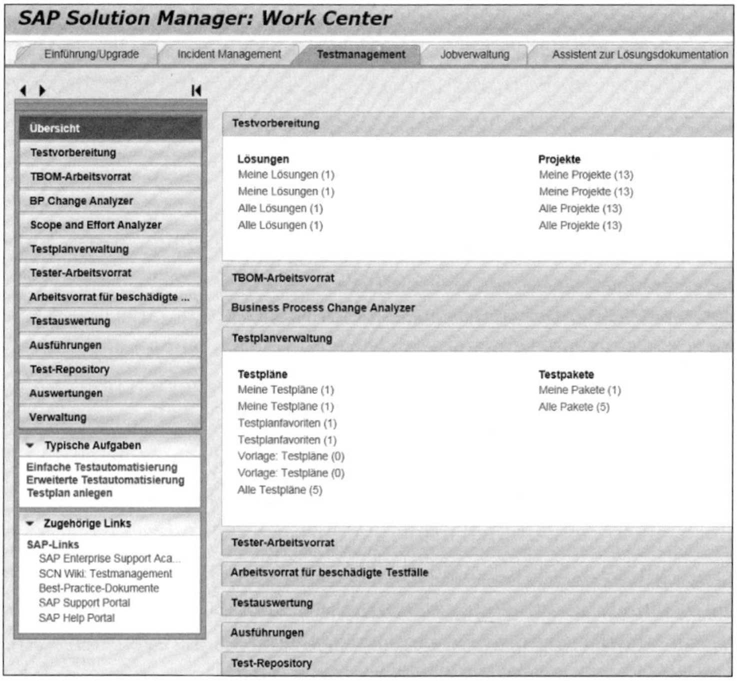

Abbildung 9.5 Test Workbench im SAP Solution Manager

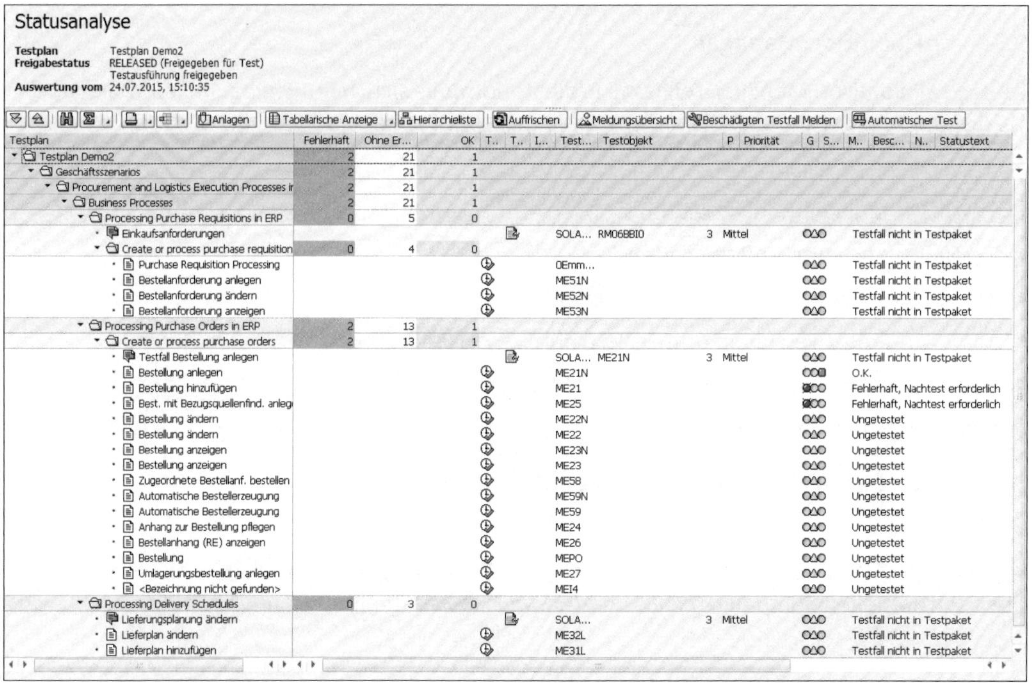

Abbildung 9.6 Statusübersicht für die Testabläufe im SAP Solution Manager

9.3.2 CATTT und eCATT

Computer Aided Test Tool – etwas in die Jahre gekommen

Eines der in der Vergangenheit wichtigsten Test-Tools (und wohl auch eines der bekanntesten) ist *CATT* bzw. *eCATT*. CATT steht für *Computer Aided Test Tool*. Das e bei eCatt steht für *extended*. eCATT und CATT sind in SAP-integrierte Tools zur Automatisierung von Testfällen. Folgende Funktionen sind enthalten:

- Testen von Transaktionen, Berichten und Szenarios
- Aufrufen von BAPIs und Funktionsbausteinen
- Testen von entfernten Systemen
- Überprüfen von Berechtigungen (Benutzerprofilen)
- Testen von Aktualisierungen (Datenbank, Anwendungen, Benutzeroberfläche)
- Testen der Auswirkungen von geänderten Customizing-Einstellungen
- Prüfen von Systemnachrichten

CATT und eCATT lassen sich in die Test Workbench des SAP Solution Managers integrieren. Sie wurden entwickelt, um SAP-Applikationen im SAP-eigenen User Interface (SAP GUI) zu testen. Allerdings sind diese Tools nur zum Testen von SAP-GUI- und Web-Dynpro-Oberflächen geeignet. Im Zeitalter von SAP Fiori, SAPUI5 und SAP S/4HANA reicht dies nicht mehr aus. Da aber gerade bei Upgrade-Projekten auch alte ERP-Funktionalitäten unter dem neuen SAP-S/4HANA-System getestet werden müssen, ist die teilweise Nutzung oft weiterhin sinnvoll – wenn auch nur vorübergehend.

9.3.3 Weitere Werkzeuge

Component-Based Test Automation

Um sowohl browserbasierte Webanwendungen als auch SAP-GUI-Anwendungen automatisiert testen zu können, wurde die *Component-Based Test Automation* (CBTA) im SAP Solution Manager entwickelt. Im Gegensatz zu eCATT werden bei der CBTA komponentenbasierende Testskripts aufgezeichnet, die später die Wartung erheblich vereinfachen. Die CBTA verfolgt einen moderneren Ansatz und ist das von SAP präferierte SAP-eigene Test-Tool. Aber auch an ihm nagt der Zahn der Zeit. Mit der weiteren Verbreitung von modernen Benutzeroberflächen und der tieferen Integration mit den SAP-Cloud-Lösungen neben SAP S/4HANA wird die Nutzung der CBTA eingeschränkt.

Test-Tools von Drittanbietern

Auf dem Markt gibt es verschiedene externe, also nicht SAP-eigene Testwerkzeuge. Diese sind besonders für den automatisierten Test über Systemgrenzen hinweg sinnvoll und spielen beim Testen eine große Rolle.

Vorteil dabei ist, dass diese sowohl für die SAP-Komponenten als auch für die Nicht-SAP-Lösungen benutzt werden können. Für den SAP-Test lassen sich diese Lösungen in den SAP Solution Manager integrieren. Als prominente Beispiele seien *SAP Quality Center by Micro Focus* (früher mal von HP) oder die Tools von *IBM Rational* genannt.

Seit Erscheinen der ersten Ausgabe dieses Buches sind weitere Player hinzugekommen, die durch moderne Technologien Werkzeuge für die Testunterstützung auch im SAP-Umfeld – und hier besonders auch für SAP S/4HANA geschaffen haben. Zwei Tools, die wir selbst in Projekten verwenden, stellen wir Ihnen im Folgenden sehr kurz vor.

Tosca von Tricentis

Ein Tool, das in der Lage ist, kontinuierlich ablaufende Prozesse zu testen, ist *Tosca* von Tricentis. Hiermit lassen sich relativ schnell und einfach systemübergreifende Testszenarien aufbauen, die den Ablauf im Hintergrund scannen und Fehler melden – und das über Systemgrenzen hinweg. Diese Technologie ist besonders bei agilen Projekten als eine Art ständig laufender Regressionstest sehr hilfreich. Häufig ist es anfangs eine Herausforderung, darüber zu entscheiden, was wirklich ein Fehler ist. Wenn ein solches System (*Testautomat*) des Öfteren falschen Alarm schlägt und eher zusätzlichen Aufwand generiert (z. B. weil sich die Systemeinstellungen für die Testintegration ändern), schlägt irgendwann die Lust auf automatisches Testen in Frust um.

Worksoft

Ein weiteres Tool mit einem vergleichbaren Ansatz kommt vom Unternehmen Worksoft. Hiermit lässt sich ein ähnliches Konzept des Continuous Testing umsetzen. In der Praxis haben wir dieses Tool als Teil einer Test-Factory für eine globale SAP-Implementierung eingesetzt.

Diese beiden Werkzeuge sind selbstredend nur ein Auszug aus der Liste sinnvoller und nützlicher Test-Tools. Wie an vielen Stellen in diesem Buch berichten wir aus unseren Projekterfahrungen – und selbst mit zusammen mehr als 100 Jahren PErfahrung hat man sicher nicht alles gesehen, was möglich ist.

[»]

Weitere Informationen zum Testen

Hilfestellung beim Testen bietet Ihnen das Buch »SAP-Testmanagement. Tests planen, entwickeln und durchführen« von Stefan Huber (SAP PRESS, Bonn 2015).

9.4 Werkzeuge zur Betriebsunterstützung und zur Softwarelogistik

Auch für den Betrieb einer SAP-Landschaft ist der SAP Solution Manager meist das zentrale Tool. Da für den späteren produktiven Betrieb der SAP-Lösung eine SAP-Solution-Manager-Installation benötigt wird, ist diese schon dringend bei Projektbeginn zu empfehlen. Im Folgenden zeigen wir Ihnen eine Auswahl von Werkzeugen für die Betriebsunterstützung und für die Softwarelogistik.

9.4.1 Transportwesen/Softwarelogistik

Jeder SAP-Berater und jede SAP-Beraterin kennt das *Korrektur- und Transportwesen* (KTW) bzw. für SAP-Projekte mit einem Java-Anteil das *erweiterte Change and Transport System* (CTS+) als das Werkzeug für die Softwarelogistik (also Verteilen, Customizing und Entwicklungen über Systemgrenzen hinweg). Mit diesem Werkzeug können Sie sämtliche Customizing-Einstellungen und Entwicklungsobjekte verwalten und innerhalb der SAP-Landschaft transportieren.

Change Request Management

In neueren Releases des SAP Solution Managers (ab Release 7.1) kann zusätzlich das ChaRM-Tool genutzt werden. ChaRM steht für *Change Request Management* und bietet neben dem reinen Transport von Programmen und Customizing-Einstellungen auf Basis des KTW umfangreiche Funktionen zur Verwaltung von Änderungen in den beteiligten SAP-Systemen. Darüber hinaus umfasst ChaRM Funktionen für die Qualitätssicherung, inklusive der Verwaltung verschiedener Benutzer für den Change-Prozess und eine Workflow-Anbindung. ChaRM ist dabei so mächtig, dass zu seiner Einführung ein eigenes kleines Projekt im Projekt erforderlich ist. Es ist Teil des SAP Solution Managers und wurde von SAP entwickelt. Ein externes Tool zum Management des Transports, das häufig genutzt wird, ist *REALTECH SmartChange Transport Management*.

[«]

Weiterführende Informationen zum Transport

Mehr zum Thema Transportwesen finden Sie in dem Buch »SAP-Änderungs- und Transportmanagement« von Armin Kösegi und Rainer Nerding (4., aktualisierte und erweiterte Auflage, SAP PRESS, Bonn 2013).

9.4.2 Systembetrieb

Computing Center Management System

Das Thema Systembetrieb verliert mit dem Übergang zu Cloud-Lösungen, aber auch schon mit dem outgesourcten Betrieb in professionellen Rechenzentren, nach und nach an Bedeutung für das Projekt und an Schrecken die SAP-Benutzer*innen.

Große und kleine Anbieter für SAP-S/4HANA-Cloud- und Outsourcing-Lösungen bieten garantierte Verfügbarkeiten, garantierte Antwortzeiten und Datensicherheit an. Da dahinter oft virtuelle Hardware-Cluster stecken, sind Kennzahlen wie die Verfügbarkeit von Prozessen, Auslastung der Datenbank usw. nur noch bedingt aussagekräftig.

Ein weiterer Bereich, den Sie ohne Tool-Unterstützung nur schwer bewältigen können, ist der Betrieb von SAP-Systemen. SAP bietet mit dem *Computing Center Management System* (CCMS) eine in jedem SAP-System vorhandene Konsole zur Systemadministration, die wiederum über den SAP Solution Manager zentralisiert für alle im Projekt (oder später im Unternehmen) beteiligten SAP-Systeme betrieben werden kann. Das CCMS ist für den Betrieb von SAP-Systemen im Projekt meist ausreichend; für den produktiven Betrieb in einem Rechenzentrum, in dem neben SAP auch andere Technologien kontrolliert werden müssen, sind weiterführende Tools im Einsatz.

Monitoring and Alerting Infrastructure

SAP hat den Nachfolger des CCMS im SAP Solution Manager bereits vorgestellt: die *Monitoring and Alerting Infrastructure* (MAI). Dieses Tool soll einen stabilen und zuverlässigen Betrieb von komplexen und heterogenen Systemlandschaften sicherstellen. Es enthält verschiedene Metriken und Alert-Typen sowie eine Reihe von Anwendungen, die Sie über Probleme informieren. Abbildung 9.7 zeigt das Monitoring von SAP-Systemen in der Monitoring and Alerting Infrastructure. Das CCMS wird von SAP zwar weiter unterstützt, aber nicht mehr weiterentwickelt.

[»]

Weiterführende Informationen zum Systembetrieb

Wenn Sie sich intensiver mit dem Betrieb von SAP-Systemen befassen möchten, empfehlen wir Ihnen das Buch »Monitoring und Betrieb mit dem SAP Solution Manager« von Lars Teuber, Corina Weidmann und Liane Will (SAP PRESS, Bonn 2013).

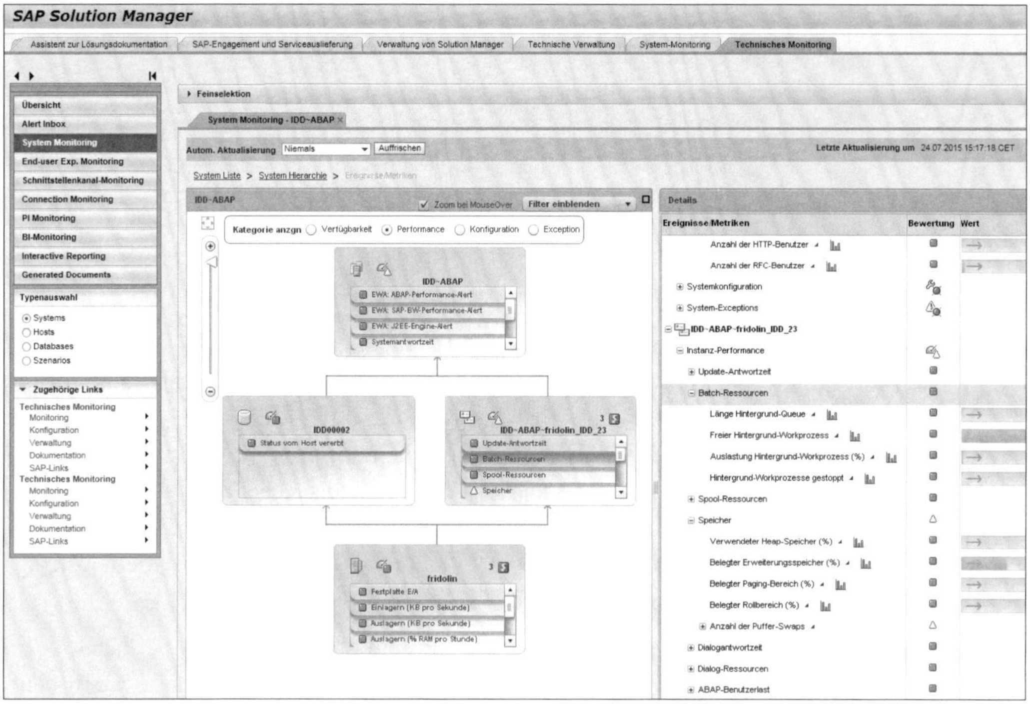

Abbildung 9.7 Monitoring and Alerting Infrastructure im SAP Solution Manager

9.4.3 Stammdatenmanagement

SAP Master Data Governance

Die Bedeutung der Daten in SAP-Projekten haben wir in diesem Buch immer wieder betont. SAP bietet ein eigenes Werkzeug für das Management von Daten an: *SAP Master Data Governance*. SAP Master Data Governance ist als Add-on zu SAP ERP in das SAP-System integriert und bietet unter Nutzung von SAP Business Workflow und SAP Business Rules Management (SAP BRM) Standardprozesse auf der Basis vordefinierter Workflows. Damit sind die Modellierung von Prozessen zum Datenmanagement und deren Ausführung innerhalb der SAP-Systemlandschaft möglich. Auch die Pflege der Objekte ist mit dem Change Request Management möglich. Für die Kontrolle der Eingabe von Daten können Sie das SAP-Berechtigungskonzept und spezielle Eingabehilfen nutzen.

Andere Werkzeuge, z. B. die Plattform *IBM InfoSphere Information Server*, bieten einen größeren Funktionsumfang (z. B. Regeln zur Datenbereinigung), und lassen sich ebenfalls in die SAP-Landschaft integrieren. Die Bedienung der Werkzeuge fügt sich allerdings nicht so nahtlos in das SAP-System ein.

[»]

Weiterführende Informationen zum Datenmanagement

Wenn Sie sich intensiver mit dem Datenmanagement in SAP-Systemlandschaften befassen möchten, empfehlen wir Ihnen das Buch »Stammdatenmanagement mit SAP Master Data Governance« von Oliver Lauffer, Jan Rauscher und René Zimmermann (SAP PRESS, Bonn 2016).

9.5 Minimized Downtime Services

Ausfallzeit minimieren

In jedem SAP-Projekt lautet eine wichtige Forderung der Geschäftsprozessverantwortlichen, die Ausfallzeit während der Umstellung so gering wie möglich zu halten. Bei einer Neuimplementierung können die Ausfallzeiten, je nach Größe des Projekts, einige Tage bis zu ein paar Wochen dauern. Für kritische und eilige Geschäftsvorfälle wird für diese Situation in der Regel ein *Emergency Process* (Notfallprozess) eingesetzt, mit dem Aufträge manuell administriert werden können.

Aber auch im laufenden Betrieb können größere Support Packages (sogenannte *OCS Packages*) zu Ausfallzeiten führen. Obwohl das System beim Einspielen dieser Packages nicht neu gestartet werden muss, kann es auch nicht produktiv genutzt werden.

Mit den von SAP entwickelten *Minimized Downtime Services* kann die Ausfallzeit während des Einspielens bestimmter Packages verringert werden, und zwar für solche mit einem hohen Anteil von Programm-Coding und Programmtexten. Diese Objekte werden nicht sofort im Produktivsystem aktiviert, wodurch das Produktivsystem während des Einspielvorgangs weiter benutzt werden kann. Dabei ist es sinnvoll, die Packages in größeren Queues (»Warteschlangen«) oder – wenn möglich – in einer einzigen Queue einzuspielen.

Der Einsatz der Minimized Downtime Services ist in erster Linie für Produktivsysteme vorgesehen. SIe eignen sich aber auch für den Einsatz in Testsystemen, um die Ausfallzeit des Produktivsystems vorab zu testen. Wichtig ist dabei, dass das Testsystem in diesem Fall wie das Produktivsystem beim Einspielprozess zu behandeln ist, d. h., dass es keine manuellen Änderungen an Programmobjekten und keine Importe von Transportaufträgen gibt. Zu berücksichtigen ist auch, dass für die parallel in der Datenbank liegenden inaktiven und aktiven Objekte mehr Speicherplatz benötigt wird. Dieser sollte ca. dem 1,5-fachen der Größe der einzuspielenden Packages entsprechen.

Für Entwicklungssysteme und Systeme, bei denen laufend viele Transporte eingespielt werden, wie z. B. QA-Systeme (Quality Assurance), ist der Einsatz der Services wegen des Risikos einer Systeminkonsistenz nicht vorgesehen. Dies gilt ebenso für den Einspielprozess von Support Packages in BBP-Systemen (Business-to-Business Procurement) oder CRM-Systemen (Customer Relationship Management), bei dem die manuellen vor- und nachgelagerten Aktivitäten in der Ausfallzeit stattfinden müssen.

9.6 SAP S/4HANA Migration Cockpit

Mit dem SAP S/4HANA Migration Cockpit haben wir uns bereits in Abschnitt 2.5.3, »SAP-S/4HANA-Nutzungsmodelle«, kurz beschäftigt. In diesem Abschnitt wollen wir etwas näher auf die praktischen Einsatzmöglichkeiten der Datenübernahme eingehen. Das SAP S/4HANA Migration Cockpit unterstützt den Prozess der Übernahme von Stamm- und Bewegungsdaten von einem SAP-ERP- oder auch Nicht-SAP-System in das SAP-S/4HANA-System für die Cloud- und On-Premise-Version.

Anforderungen an die Datenmigration

Befassen wir uns aber zunächst mit den Anforderungen an ein modernes Datenmigrations-Tool:

- Die manuelle Erstellung von Extraktprogrammen in den Legacy-Systemen sollte vermieden werden.
- Ein weitgehend automatisiertes Mapping der Datenstrukturen zwischen Quell- und Zielsystemen ist wünschenswert.
- Die Integration von kundenspezifischen Objekten sollte einfach möglich sein.
- Der Testaufwand sollte durch Simulationsmöglichkeiten reduziert werden. Daten sollten nicht bei jedem Testlauf in das System transferiert werden. So vermeidet man aufwendiges Resetting nach jedem Testlauf. Das erspart Zeit und damit auch Geld.
- Es gilt, die Blackout-Periode während des finalen Datentransfers in das Produktionssystem so kurz wie möglich zu halten.
- Für die Projektmitarbeiter und -mitarbeiterinnen sollte ein Benutzerhandbuch für die Vorgehensweise der einzelnen Projektaktivitäten zur Verfügung stehen.
- Eine Datenselektion und Datentransformation, auch zwischen zusammenhängenden Objekten, sollte möglich sein.
- Eine umfangreiche revisionssichere Dokumentation über alle durchgeführten Aktivitäten muss sichergestellt sein.

Es dürfte inzwischen keine Überraschung mehr für Sie sein, dass das SAP S/4HANA Migration Cockpit die meisten dieser Anforderungen erfüllt. Die Übertragung der Daten erfolgt entweder mithilfe von Dateien oder bei größeren Datenvolumen, z. B. Materialstamm- oder auch Kundenstammdaten, auch mithilfe von Staging-Tabellen.

Dateien im Microsoft-Excel-XML-Format

Bei den Dateien handelt es sich um von SAP zur Verfügung gestellte Microsoft-Excel-XML-Dateien für jedes einzelne Migrationsobjekt. Die Datei für das Migrationsobjekt wird heruntergeladen, die relevanten Daten werden angereichert und danach wieder hochgeladen. Dieser Ansatz eignet sich besonders für die Übertragung von kleineren Datenvolumen, die manuell geladen werden sollen.

Das Limit für die Größe der Dateien für den Upload im SAP S/4HANA Migration Cockpit liegt bei 100 MB. Als ZIP-Dateien können allerdings auch mehrere Dateien gleichzeitig hochgeladen werden. (Achtung: Alle Dateien, die der ZIP-Datei hinzugefügt werden, dürfen zusammen nicht größer als 160 MB sein.) Bei der On-Premise-Version kann die Dateigröße jedoch auf 200 MB angehoben werden.

Einsatz von Staging-Tabellen

Beim Einsatz von Staging-Tabellen in der Cloud legt das SAP S/4HANA Migration Cockpit automatisch Tabellen für jedes relevante Migrationsobjekt in einem Staging-System an. Die Daten können dann entweder manuell oder mit Unterstützung von Tools (wie z. B. SAP Agile Data Preparation) in die Staging-Tabellen eingetragen werden. Voraussetzung für die Anlage eines Staging-Projekts ist die Anlage einer Datenbankverbindung zu einem SAP-HANA-Datenbanksystem. Ein Remote-System ist als Staging-System verfügbar. Bei Verwendung der Datenverbindung **Standard** befinden sich die Staging-Tabellen im lokalen ABAP-Schema des SAP-S/4HANA-Systems, oder es kann eine Datenbankverbindung zu einem SAP-HANA-Datenbanksystem angegeben werden, wobei die Staging-Tabellen dort verwendet werden können.

Beim Staging-Ansatz muss der Kunde weiterhin Extraktionsprogramme für das Auslesen der Daten aus den Legacy-Systemen erstellen. Es gibt aber leere Templates (Migrationsvorlagen) in Form von XML-Dateien. Diese können über Microsoft Excel gepflegt und vom Kunden gefüllt werden.

[»]

Status-App

In SAP S/4HANA Cloud steht für die Überprüfung des Status die SAP-S/4HANA-Data-Migration-Status-App zur Verfügung. Es werden erfolgreich und nicht erfolgreich geladene Sätze angezeigt, Simulationen hingegen nicht.

Direkte Übertragung über eine RFC-Verbindung

Bei der direkten Übertragung der Daten aus einem SAP-System wird das SAP S/4HANA Migration Cockpit über eine RFC-Verbindung mit SAP ERP oder einem anderen SAP-unterstützten System verbunden. Die Auswahl der Daten nach bestimmen Kriterien erfolgt mithilfe des SAP S/4HANA Migration Cockpits.

Ein großer Vorteil des Tools liegt darin, dass man mit bereits vorkonfigurierten Objekten beginnen kann. Für jedes Migrationsobjekt stehen im Cockpit vordefinierte Templates im Microsoft-Excel-XML-File-Format zur Verfügung, die immer auf dem neuesten Stand sind. Das Mapping erfolgt für das Template und die API-Target-Struktur für die On-Premise- und die Cloud-Version. Wie schon erwähnt, werden für das Laden der Daten Migrationsprogramme erstellt, sodass keine eigene Programmentwicklung notwendig ist, außer natürlich bei kundenspezifischen Objekten. Das Tool zeigt nach Simulationsläufen die Felder, die korrigiert werden müssen.

SAP S/4HANA Migration Object Modeler

Ebenso können kundenspezifische Objekte integriert und mit dem *SAP S/4HANA Migration Object Modeler* angepasst werden. Der Modeler ist Bestandteil des SAP S/4HANA Migration Cockpits und in der On-Premise-Version verfügbar. Kundenspezifische Objekte lassen sich damit einfach integrieren, ebenso SAP-Standardobjekte, die noch nicht im SAP-S/4HANA-Scope des SAP S/4HANA Migration Cockpits sind. Falls erforderlich, können kundenspezifische Felder mit dem Modeler hinzugefügt werden, sofern die Felder im API (Application Programming Interface) vorhanden sind. Die Basis sind *Best Practice Fields*, also Felder, die im System am meisten genutzt werden. In der Cloud erledigt SAP diese Aufgabe für die Kunden. Das Laden der Daten geht nur über Funktionsbausteine bzw. BAPIs (Business Application Programming Interfaces), die mit dem SAP S/4HANA Migration Cockpit kompatibel sind. Die APIs sind im Migration Cockpit entsprechend den SAP-S/4HANA-Feldinhalten selektiert. Die XML-Dateien werden immer aus dem Cockpit heraus generiert und sind damit auch nach Upgrades und Updates immer auf dem neuesten Stand.

Vorteile des Tools

Grundsätzlich kann man festhalten, dass es, wann immer Migrationsaktivitäten anstehen, sinnvoll ist, sich mit den Möglichkeiten des Tools zu beschäftigen:

- Mit dem *Preconfigured Migration Content* sind die Inhalte spezifisch für SAP S/4HANA bereits vorhanden, und es kann sofort losgelegt werden. Das automatische Mapping gibt es beim File- bzw. Staging-Ansatz zwischen Template und Zielsystem bzw. beim Direkt-Transfer-Ansatz zwischen SAP-System und Zielsystem.

- Alle Aktivitäten des SAP S/4HANA Migration Cockpits sind bereits in die SAP-Activate-Implementierungsmethodik integriert.
- Über einen Bedienungsleitfaden wird das Projektteam Schritt für Schritt angeleitet.
- Mit dem SAP S/4HANA Migration Cockpit Modeler ist das Tool flexibel erweiterbar.

[»]

Weiterführende Informationen

Weitere Informationen zum Thema SAP S/4HANA Migration Cockpit finden Sie im Buch »Migration nach SAP S/4HANA« von Frank Densborn, Frank Finkbohner, Jochen Freudenberg, Kim Mathäß und Frank Wagner (2., aktualisierte und erweiterte Auflage, SAP PRESS, Bonn 2018).

9.7 SAP Data Services

ETL (Extract, Transform, Load)

Zur Unterstützung für die Lösung von Datenmigrationsproblemen finden wir im SAP-Portfolio zum Enterprise Information Management (EIM) mehrere hilfreiche Tools. Sehr gute Erfahrungen haben wir mit *SAP Data Services* gemacht, einem ETL-Tool (*Extract, Transform, Load*), das den Prozess der Datenextraktion aus Quellensystemen, das Mapping und das Laden der Daten unterstützt. Das Tool ist außerhalb des SAP-S/4HANA-Systems angesiedelt und kann nur in der On-Premise-Version von SAP S/4HANA eingesetzt werden. In der Cloud nutzen wir das in SAP S/4HANA integrierte Migration Cockpit, dessen Funktionen wir in Abschnitt 9.6, »SAP S/4HANA Migration Cockpit«, bereits beschrieben haben.

Rapid Data Migration

Ebenso Teil von SAP Data Services ist die Lösung *Rapid Data Migration* (siehe Abbildung 9.8). Die Basis für die einzelnen Prozessschritte ist das ETL-Tool SAP Data Services. Der Prozess beginnt mit der Analyse der Datenbestände in den Legacy-Systemen. Korrekturen können bereits in dieser Phase vorgenommen werden. Nach der Extraktion der Daten folgt das eigentliche *Cleansing*. So können doppelte Datensätze gelöscht und weitere Korrekturen vorgenommen werden. Im nächsten Schritt erfolgt die Validierung bzw. der Abgleich mit der Konfiguration des Zielsystems SAP S/4HANA. Erst danach stehen die Daten für den Ladeprozess bereit. Zu diesem Zeitpunkt können wir davon ausgehen, dass die zu übertragenden

Daten zu einem hohen Prozentsatz korrekt sind. Der Prozess endet mit dem Abgleich der Daten (*Reconciliation*) auf Vollständigkeit zwischen Legacy- und Zielsystem im SAP Data Services Repository.

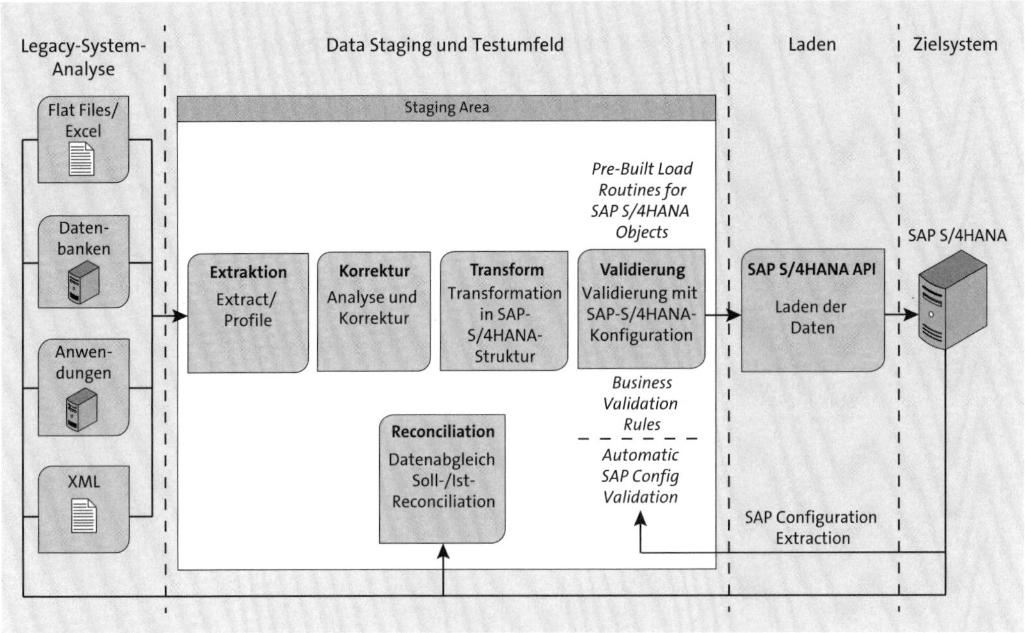

Abbildung 9.8 Rapid Data Migration – Architektur

Rapid Data Migration

Weitere Informationen zu Rapid Data Migration finden Sie im SAP Best Practices Explorer unter *rapid.sap.com/bp*.

SAP Information Steward und SAP Agile Data Preparation

Weitere Unterstützungs-Tools aus dem EIM-Portfolio sind für die On-Premise-Version der *SAP Information Steward*, der den Datenkorrekturprozess mit einer webbasierten Anwendung unterstützt, und *SAP Agile Data Preparation*, mit dessen Hilfe Daten aus verschiedenen Quellsystemen für das SAP S/4HANA Migration Cockpit aufbereitet werden.

Microservices in der Cloud

In der Cloud-Version von SAP Data Services steht darüber hinaus noch das Datenqualitätsmanagement-Tool *Microservices* zur Verfügung. Damit können z. B. Kundendaten mit Informationen aus einem Branchenbuch abgeglichen und korrigiert bzw. angereichert werden.

[»]

Weiterführende Literatur

Weitere Informationen zu den Themen *SAP Data Services* und *Rapid Data Migration* finden Sie in den folgenden Büchern:

- »Enterprise Information Management with SAP« von Corrie Brague, David Dichmann, George Keller, Markus Kuppe und Philip On (2., aktualisierte und erweiterte Auflage, SAP PRESS, Boston 2014)
- »Migration nach SAP S/4HANA« von Frank Densborn, Frank Finkbohner, Jochen Freudenberg, Kim Mathäß und Frank Wagner (2., aktualisierte und erweiterte Auflage, SAP PRESS, Bonn 2018)

Kapitel 10
12 Gebote für ein erfolgreiches SAP-Projekt

Wir wollen nicht anmaßend sein und behaupten, dass die Komplexität eines Transformationsprojektes die Komplexität göttlicher Weisungen übersteigt. Dennoch sind wir mit nur zehn Geboten nicht ganz ausgekommen. In diesem Kapitel finden Sie also zwölf Gebote für ein erfolgreiches SAP-Projekt – zugegebenermaßen eine vollmundige Ankündigung. Wir möchten hier die Quintessenz unserer Erfahrungen zur Diskussion stellen – nicht mehr, aber auch nicht weniger.

Als wir uns zusammengesetzt haben, um die wesentlichen Erfolgsfaktoren für ein SAP-Projekt im Allgemeinen und für ein SAP-S/4-HANA-Projekt im Speziellen aus der Fülle von Möglichkeiten herauszudestillieren, haben wir lebhaft diskutiert. Was die Menschen, die an der SAP-Einführung beteiligt sind, als das Wichtigste ansehen, ist höchst unterschiedlich und auch durchaus individuell. Je nachdem, ob Sie Abteilungsleiterin, Programm- und Projektleiter, Trainer, Beraterin oder Anwender sind, haben Sie eine andere Sichtweise auf das Projekt.

Weil wir wahrscheinlich anderenfalls heute noch diskutieren würden, welches Gebot das wichtigste ist und warum, haben wir uns eine Priorisierung in Form einer Nummerierung der hier vorgestellten Gebote gespart. Die Reihenfolge dieser Empfehlungen ist also rein zufällig. Verstehen Sie unsere zwölf Gebote als unsere gemeinsame und durchaus auch persönliche Sammlung von Wissenswertem aus zusammengenommen mehr als 100 Jahren Projekterfahrung.

Natürlich könnte es auch ein 13., 14. oder 15. Gebot geben – unsere Liste war zunächst bedeutend länger. Und letztlich gilt: Kein SAP-Projekt ist wie das andere! Wie Sie unsere Gebote gewichten, ist von Ihnen selbst und von Ihrem Projekt abhängig. Sie werden in Ihrem SAP-Projekt Ihre eigenen Erfahrungen machen – wir hoffen, dass diese zwölf Gebote und unser Buch Sie unterstützen können, damit es positive Erfahrungen werden.

Feedback

Bestimmt entwickeln Sie in Ihrem Projekt neue gewinnbringende Gebote. Wir würden uns sehr freuen, davon zu erfahren, damit wir auch von Ihnen lernen können. Senden Sie Ihre Ergänzungen und Ihr Feedback zu den wichtigsten Geboten für ein erfolgreiches SAP-(S/4HANA-)Projekt einfach an *maike.luebbers@rheinwerk-verlag.de*.

Stellen Sie sicher, dass alle den Wandel als Chance sehen!

Die Geschäftsprozesse in Ihrem Unternehmen sollen die Unternehmensziele unterstützen, und Ihr Projekt muss der Verbesserung dieser Geschäftsprozesse dienen. Die dadurch notwendigen Änderungen im Unternehmen müssen von der Unternehmensleitung unterstützt und von allen Beteiligten akzeptiert werden. Ein durchdachtes Change-Management-Konzept ist somit eine wichtige Voraussetzung für die erfolgreiche Implementierung eines SAP-Systems.

Kennen Sie Ihre Stakeholder!

Alle, die das Projekt begünstigen oder auch negativ beeinflussen, sind Stakeholder! Identifizieren Sie Ihre Stakeholder, und binden Sie sie so früh wie möglich in Ihr Projekt ein.

Merke: Die Projektmitarbeiter*innen sind das wichtigste Kapital!

Halten Sie sich Folgendes vor Augen: Die Menschen, die an Ihrem Projekt mitarbeiten, werden erst zum Erfolgsfaktor, wenn sie als wichtige Ressource behandelt und wertgeschätzt werden. Tragen Sie Sorge dafür, dass alle Projektmitarbeiter und Projektmitarbeiterinnen ihre Rollen ausfüllen und ihren Beitrag zum Erfolg erkennen und ausfüllen können.

Begreifen Sie die Projektleitung als Schlüsselfigur!

Die Auswahl der fachlich und menschlich richtigen Projektleitung ist entscheidend für den Erfolg des SAP-Projekts. Ihre Projektleiterin oder Ihr Projektleiter muss Erfahrung mit SAP-Projekten, Überzeugungsfähigkeit, Führungskompetenz und einen Blick für das Ganze mitbringen. Sie bzw. er sollte bei Stress einen kühlen Kopf behalten können und es verstehen, im Unternehmen eine gute Projektmanagementkultur zu schaffen. Außerdem muss sie bzw. er ein Händchen für die richtigen Werkzeuge und ihren Einsatz haben.

Stellen Sie ein starkes Team zusammen!

Stellen Sie die Qualität und die durchgängige Verfügbarkeit des benötigten Know-hows und der nötigen Arbeitskraft sicher. Die richtige Besetzung des Projektteams ist eine Leitungsaufgabe mit höchster Priorität. Die Qualifikation und Erfahrung der Menschen im Projekt im Hinblick auf das SAP-System, die betriebswirtschaftlichen Prozesse, die Eigenheiten Ihrer Branche, das Projektmanagement sowie die Führungskompetenz sind wichtige Bausteine für den Projekterfolg. Vergessen Sie dabei nicht: Motivation und Zusammenarbeit im Team sind ein wichtiger Erfolgsfaktor!

Trennen Sie sich vom alten Eisen!

Die Entscheidung für eine SAP-Einführung beinhaltet gleichzeitig die Entscheidung, sich von individuellen Unternehmenslösungen zu trennen, um von den Vorteilen des SAP-Standards zu profitieren. Ein wichtiger Faktor für den Erfolg im SAP-Projekt: Nehmen Sie nur so wenige Anpassungen wie nötig am SAP-Standard vor.

Schaffen Sie Strukturen, und zwar die richtigen!

Sorgen Sie dafür, dass eine belastbare Projektinfrastruktur vorhanden ist, die den Anforderungen eines SAP-Projekts entspricht. Wählen Sie die richtigen Methoden und Tools für die SAP-Einführung aus, bevor Ihr Projekt an den Start geht. Gewährleisten Sie des Weiteren ein kontinuierliches Projekt-Controlling, z. B. in Form von Reviews und ein proaktives Risikomanagement.

Legen Sie ein stabiles Fundament für Ihr Projekt!

Planen Sie ausreichend Zeit für die Konzeption des Projekts ein. Nur eine gründliche Evaluierung und Nutzung der Möglichkeiten des SAP-Systems kann ein gelungenes Projekt sicherstellen. Eine Minimierung des Entwicklungsaufwands spart Zeit und Geld.

Prüfen Sie Änderungen auf Herz und Nieren!

Der Projektinhalt (Scope) und die zu implementierenden Prozesse müssen eindeutig definiert und von allen Beteiligten akzeptiert worden sein. Änderungen dürfen nur nach einer sorgfältigen wirtschaftlichen Abwägung mit einer Kosten-Nutzen-Betrachtung durchgeführt werden. Ein durchgängiges und striktes Anforderungsmanagement ist ein Muss.

Bauen Sie keine Luftschlösser!

Die Termine für die Projekteinführung sind realistisch und für jede Projektphase nachvollziehbar. Regelmäßige, standardisierte Plan-Ist-Vergleiche lassen Projektfortschritte nachvollziehbar werden und helfen Ihnen dabei, Abweichungen vom Plan rechtzeitig zu erkennen.

Nutzen Sie so weit wie möglich die SAP-S/4-HANA-Standardsoftware!

Die neue SAP-S/4-HANA-Business-Software entwickelt sich ständig weiter. Aktuell kommt in der Cloud dreimal jährlich ein Update, für die On-Premise-Version einmal im Jahr ein neues Release heraus. Damit Sie sich nicht von den Innovationen abhängen, sollten Sie so nah wie möglich am Standard bleiben.

Suchen Sie sich die richtigen Partner!

Eines der Erfolgsrezepte von SAP war und ist die Community – Fachexpert*innen in den Unternehmen, Berater*innen, Entwickler*innen und Projektfachleute überall und für jedes Thema. Die breit gesäte Expertise ist für SAP S/4HANA so noch nicht vorhanden. Achten Sie darauf, dass Sie die richtigen (und buchstäblich ausgewiesenen) Expert*innen im Projekt haben.

Anhang A
Glossar

ABAP Advanced Business Application Programming. Die SAP-eigene Programmiersprache.

ABAP Workbench Entwicklungsumgebung für Software in SAP-Systemen.

Ablauforganisation Ermittlung und Definition von Arbeitsprozessen unter Berücksichtigung von Raum und Zeit.

Ablaufplan/Terminplan Planung der Arbeitspakete in logischer Abfolge mit Zieldatum.

Add-on Zusätzliche Funktionalität, die nicht zum SAP-Standard gehört, die von anderen Softwareanbietern als SAP entwickelt und vertrieben wird.

Agile Data Preparation Tool Unterstützt die Aufbereitung von Daten aus Quellensystemen für das SAP S/4HANA Migration Cockpit.

Agile Projektmanagementmethoden Methoden zur Erhöhung der Veränderungsgeschwindigkeiten im Projektmanagement, was zu einer schnelleren Einführung von Systemen führen soll.

Analytische Kompetenz Fähigkeiten, die es ermöglichen, komplexe Situationen zu verstehen, Lösungsmodelle zu entwickeln, zu verbessern, anzuwenden und die aktuelle (Projekt)-Situation entsprechend dieser Modelle zu strukturieren.

Analytische Maßnahmen zur Qualitätssicherung Qualitäts-Reviews, Prozess-Walk-throughs, Programminspektionen, Audits, Tests.

Anfangs-Review Qualitäts-Review ca. zwei bis vier Wochen vor dem offiziellen Projektstart.

API-Target-Struktur API = Application Programming Interface. Technologie aus dem Schnittstellenmanagement. Ermöglicht die Verbindung von mindestens zwei Systemen oder Programmen.

Application Link Enabling (ALE) Middleware-Technologie in SAP-Systemen.

Arbeitnehmerüberlassung Zeitarbeit, Leiharbeit oder Arbeitnehmerüberlassung bedeutet, dass eine Arbeitnehmerin oder ein Arbeitnehmer von einer Arbeitgeberin oder einem Arbeitgeber einem Dritten gegen Entgelt und für eine begrenzte Zeit überlassen wird. Die Arbeitgeberin bzw. der Arbeitgeber wird dabei zum Verleiher, der Dritte zum Entleiher (vgl. Bundesagentur für Arbeit).

Arbeitspaket Eine Entwicklungsaktivität (Design, Customizing, Programmierung).

ARIS Tool Set oder ARIS-Plattform Werkzeuge zum Entwerfen/Modellieren von Geschäftsprozessen und der dazugehörigen IT-Architektur. Vertrieben von der Software AG.

ASAP Accelerated SAP: Standard-Einführungsmethode von SAP.

Aufbauorganisation Strukturierung eines Unternehmens in organisatorische Einheiten.

Authentifizierung Vorgang, bei dem die Identität eines Computerbenutzers bzw.

einer Computerbenutzerin überprüft wird, um den System- oder Datenzugriff zuzulassen.

Baseline Konfiguration Initiale Konfiguration eines SAP-Systems. Voraussetzung für jedes SAP-Einführungsprojekt. Teil der ASAP-Methode.

Best-of-Breed-Systeme Spezialanwendungen für einzelne Unternehmensbereiche.

Best Practices Hier: bewährte Funktionalität eines SAP-Systems. Summe der Erfahrungen verschiedener ähnlicher SAP-Projekte.

Bewegungsdaten Veränderliche Daten, die für einen festgelegten Zeitraum und für einen bestimmten Geschäftsvorfall gültig sind. Sie fallen in Geschäftsabläufen an und werden in einem begrenzten Zeitraum von Anwendern oder dem SAP-System bearbeitet. → *Stammdaten*.

Big Bang Sofortige Ablösung der Altsysteme bei der Produktivsetzung des neuen Systems.

Big Data Verarbeitung von großen und komplexen Datenmengen.

Bottom-up-Ansatz Hier: Planung vom Detail zum Gesamten (induktiver Weg).

Blackout-Periode Ausfallzeit während einer SAP-Implementierung.

Bottom-up-Schätzung Schätzung des Gesamtaufwands durch Addition der bewerteten Arbeitspakete.

Brownfield Migration einer bestehenden ERP-Business-Suite auf ein SAP-S/4HANA-System (System Conversion).

Business Add-In (BAdI) SAP-Erweiterungstechnologie. Von SAP vordefinierte Stellen, an die man Eigenentwicklungen (eigenen Programmcode) anknüpfen kann → *User-Exit*.

Business Application Programming Interface (BAPI) Schnittstelle im SAP-System, an die bestimmte Geschäftsregeln geknüpft sind.

Business Blueprint Phase 2 der ASAP-Methode. Verbale Beschreibung der einzuführenden Geschäftsprozesse und der dazugehörigen Architektur. Grundlage für die zu realisierende IT-Lösung.

Business Intelligence (BI) Sammelbegriff für Abläufe, die zur Auswertung von unternehmensweit verfügbaren Daten eingesetzt werden. Diese Auswertungen werden Anwender*innen für die Unterstützung von Entscheidungen bereitgestellt. Die BI-Daten werden häufig in einem → *Data Warehouse* gespeichert.

Business Process Management (BPM) Beschäftigt sich mit Design, Modellierung, Dokumentation, Implementierung und Verbesserung von Geschäftsprozessen. Hier auch als Methode zur Optimierung der Geschäftsprozesse in der IT.

Business Technology Platform Kontrollzentrum und technischer Unterbau für die Intelligent Suite.

CATT/eCATT (extended) Computer-Aided Test Tool. SAP-Tool zur Ausführung von Testfällen.

Central Processing Unit (CPU) Prozessor eines Computers.

Change Control Hier: Anforderungsmanagement während der Projektlaufzeit.

Change Request Management (ChaRM) SAP-Werkzeug, das bei der Implementierung von Änderungen (Software und Customizing) in SAP-Systemen unterstützt. Teil des SAP Solution Managers.

Chief Information Officer (CIO) IT-Vorstand.

Cloud Computing IT-Infrastruktur, die über das Internet verfügbar gemacht wird.

Composite Application Framework (CAF) Tool zur Implementierung von SOA-Funktionalität.

Computing Center Management System (CCMS) SAP-eigenes Tool zum Betrieb von SAP-Systemen.

Computer-Based Test Automation (CBTA) SAP-eigenes Testtool (Nachfolger von (e)CATT).

Custom-Code-Analyse Untersucht Kundenentwicklungen, die nicht SAP-S/4HANA-kompatibel sind.

Customizing Anpassung der SAP-Standardsoftware an die Bedürfnisse des Kunden. Im Customizing wird (im Gegensatz zu Eigenentwicklungen) die Software ohne Programmierung an die Prozesse des Unternehmens angepasst. → *Implementation Guide.*

Data Warehouse »Datenlager«; eine zentralisierte Datenbank, deren Daten aus unterschiedlichen Quellen (z. B. SAP ERP) stammen und für Analyse und Reporting bereitgestellt werden können. Auch historische Daten sind darin enthalten. Das Data Warehouse im SAP-System heißt SAP BW.

Datenarchivierung Auslagerung von derzeit nicht mehr benötigten Daten aus der relationalen Datenbank in Archive.

Datenbank System zur elektronischen Datenverwaltung, in dem große Datenmengen gespeichert und benötigte Daten in der richtigen Darstellungsform für Benutzer*innen und Anwendungsprogramme bereitgestellt werden. Datenbanken für SAP-Systeme sind MaxDB von SAP und SAP HANA.

Datenmigration Übertragen von Daten aus einem System (Legacy-System) in ein anderes. Die Daten werden extrahiert, so transformiert, dass sie zum Datenmodell des Zielsystems passen, und schließlich ins Zielsystem geladen.

Der blinde Fleck Hier: übersehene oder bewusst ausgeblendete Projektaktivitäten/-risiken.

Digitalisierung Umwandlung von analogen Werten in digitale Formate und ihre Verarbeitung und Speicherung in digitaltechnischen Systemen

Dokumentenmanagementsystem (DMS) System zur Unterstützung bei der Verwaltung und Kontrolle von Dokumenten.

Electronic Data Interchange (EDI) Verfahren zum elektronischen Datenaustausch.

Embrace-Programm Einsatz von SAP-Software auf der Microsoft-Azure-Hyperscaler-Infrastruktur.

Emergency Prozess Administrativer Ausnahmeprozess während der Ausfallzeit einer SAP-Implementierung.

End-to-End-Prozess Betriebswirtschaftlicher Prozesse von der Kundenanfrage bis zur Leistungserbringung.

Enhancement Framework Erweiterungskonzept der ABAP Workbench.

Enterprise Application Integration (EAI) Gruppe von Applikationen, die die Integration von IT-Systemen und den darin implementierten Geschäftsprozessen unterstützt.

Enterprise Service Bus (ESB) Integrationsplattform für IT-Anwendungen.

Ergebnistrend-Analyse (ETA) Analyse des Fortschritts und die prognostizierte Entwicklung für die im Plan definierten Arbeitspakete.

Experience Management (XM) Experience Management führt als Plattform X-Daten und O-Daten zusammen und versetzt Organisationen in die Lage, vier Bereiche im Blick zu behalten: Kunden, Mitarbeitende, Produkt und Marke.

Extensible Markup Language (XML) Beschreibungssprache für Daten.

eXtreme Programming Iterative Programmiermethode; Näherung der Anforderungen in kleinen Schritten, weniger formalisierte Vorgehensweise.

Extrinsische Motivation Motivation, die von außen kommt oder extern angeregt wird, nicht aus innerem Antrieb.

Fachkompetenz Fähigkeit, fachbezogenes und fachübergreifendes Wissen zu verknüpfen, zu vertiefen und anzuwenden, um berufstypische Aufgaben selbstständig zu bewältigen.

Geschäftsprozess Eine Reihe miteinander verbundener Schritte, die zu einem definierten Ergebnis führen sollen und in einer Geschäftsumgebung ausgeführt werden. SAP-Anwendungen unterstützen typische Geschäftsprozesse.

Geschäftsprozessmanagement Business Process Management; Gestaltung sowie Dokumentation von Geschäftsprozessen eines Unternehmens.

Gewaltfreie Kommunikation Konzept von Marshall B. Rosenberg zur Förderung wertschätzender, kooperativer Kommunikation, die Menschen verbinden und zu einem friedlichen und vertrauensvollen Umgang führen soll.

Go-live Produktivsetzung des Systems.

Greenfield Neuimplementierung eines SAP-S/4HANA-Systems mit Process Reengineering.

Grobplanung Hier: erster Planungsschritt in der Projektvorbereitungsphase.

Health Checks Qualitäts-Review/-Audit.

High-Performance-Projektteams Teams oder virtuelle Gruppen, die hochfokussiert auf ein gemeinsames Ziel hinarbeiten und dadurch hervorragende Projekt- bzw. Geschäftsergebnisse erzielen.

Human Capital Management (HCM) Personalwirtschaft. Verwaltung von Personalangelegenheiten wie Personaladministration, Zeitwirtschaft, Personalabrechnung, Reisemanagement

Hybride Projektmanagementmethoden Hybride Projektmanagementmethoden sind Kombinationen von klassischen (Wasserfall-) und agilen Methoden.

Hybride Systemlandschaften Teilweise on-premise, teilweise in der Cloud befindliche Systemlandschaft.

IDoc Intermediate Document. Standardformat für den Datenaustauch zwischen SAP-Systemen.

Implementation Guide (IMG) Einführungsleitfaden; Menü für das → *Customizing* des SAP-Systems. Der Leitfaden ist hierarchisch strukturiert und orientiert sich im Aufbau an der Hierarchie der SAP-Komponenten.

Infrastructure as a Service (IaaS) Infrastructure as a Service ist ein Servicemodell des Cloud-Computings, das Rechenzentrumsleistungen zur Verfügung stellt.

IPMA International Project Management Associaton. Europäischer Projektmanagementverband.

In-Memory-Datenbanktechnologie Sämtliche Daten werden im Arbeitsspeicher statt auf einer Festplatte vorgehalten. Dadurch können extrem leistungsfähige Auswertungen und Berechnungen durchgeführt werden.

InfoSphere Platform Werkzeug von IBM für das Datenmanagement.

Intelligent Suite Umfasst Enterprise Resource Planning (ERP), Digital Supply Chain Management, Customer Experience, Intelligent Spend Management und Human Experience Management.

Intrinsische Motivation Motivation, die aus innerem Antrieb kommt und keinen externen Auslöser hat.

IT Infrastructure Library (ITIL) Sammlung von Best Practices zur Umsetzung eines IT-Service-Managements.

Jo-Jo-Verfahren Abwechselnde, iterative Anwendung der Top-down- und der Bottom-up-Planungsmethode zur Nutzung der Vorteile aus beiden.

Kanban Unterstützung/Beschleunigung des Projektmanagements durch Visualisierung und Metriken.

Kennzahl Engl.: Key Performance Indicator, kurz KPI; quantitative (in Zahlen messbare) Informationen, die komprimiert (verdichtet) dargestellt werden und die unternehmerischen Erfolge oder Misserfolge widerspiegeln.

Key-User Prozessexpert*innen, die die fachlichen Interessen des Fachbereichs im Projektteam und später in der Fachabteilung vertreten.

Kommunikationsfähigkeit Die Fähigkeit, zielgerichtet, konstruktiv, effektiv und bewusst zu kommunizieren.

Kommunikationsplan Der Kommunikationsplan enthält die Termine/Frequenzen für Statusmeetings, für übergeordnete Meetings (Lenkungsausschuss, Stakeholder) sowie die Termine und Adressaten für die Statusberichte.

Kommunikationsstruktur Die Struktur des Informationsaustausches innerhalb eines Systems (Team, Organisation).

Konstruktive Maßnahmen der Qualitätssicherung Qualitätssicherung durch methodische Vorgehensweisen, Richtlinien, Standards, Checklisten. → *Qualitätssicherung*.

Kostenplan Geschätzte Entwicklungskosten pro Arbeitspaket und sonstige Kosten (Hardware, Software, Reisekosten usw.).

Kostentrend-Analyse Gegenüberstellung der tatsächlichen und geplanten Kosten sowie die Hochrechnung der zu erwartenden Kosten bis zum Projektende.

Kritischer Pfad Spezielle Netzplantechnik, um Projekte systematisch zu planen und zu überwachen.

KTW Korrektur- und Transportwesen, auch Änderungs- und Transportwesen. Funktionalität in SAP-Systemen zur konsistenten Verteilung von Software und Customizing.

Legacy System Migration Workbench (LSMW) SAP-Werkzeug zur Unterstützung der Datenmigration.

Legacy-System Altsystem.

Lenkungsausschuss (Steering Committee) Das oberste beschlussfassende Gremium einer Projektorganisation.

Lessons Learned Aufzeichnung der Erfahrungen aus früheren Projekten (Projekt-Retrospektive).

LoadRunner by HP Werkzeuge zur Messung der Systemperformance.

Master Data Management (MDM) Vorgehensweise und Werkzeuge zur Administration, Verteilung und Governance von → *Stammdaten*.

Maturity Matrix Möglichkeit der Darstellung der Nutzbarkeit von Softwarekomponenten.

Meilensteintrend-Analyse Verfahren zur Ermittlung des Projektfortschritts auf Basis der geplanten Meilensteine und Bewertung des noch zu erbringenden Aufwands zum Erreichen der Meilensteine.

Methodenkompetenz Fähigkeit, geeignete Arbeitstechniken, Verfahrensweisen und Lernstrategien zielorientiert anzuwenden.

Methoden-Mix Hier: Mischung der Top-down- und Bottom-up-Methoden bei der Aufwandsschätzung (iterativer Prozess).

Migration Cockpit Tool zur Unterstützung der Datenmigration.

Monitoring and Alerting Infrastructure Analysis Tool (MAI) SAP-Werkzeug zur Systemüberwachung (ehemals → *CCMS*).

Nearshoring (Nahverlagerung) Einsatz von (IT-)Experten und Expertinnen aus Ländern (desselben Kontinents) mit niedrigerem Lohnniveau und guter IT-Infrastruktur.

Offshoring (Auslandsverlagerung) Verlagerung unternehmerischer Aufgaben ins Ausland. Grund sind wie beim → *Nearshoring* die Verfügbarkeit von Expertise und ein niedriges Lohnniveau.

On-Premise Der operative Betrieb einer Softwarelösung läuft im eigenen Rechenzentrum.

Operative Führungsfähigkeit Fähigkeit, Mitarbeiterinnen und Mitarbeiter so einzusetzen und zu führen, dass die Strategie einer Organisation umgesetzt wird, um die gewünschten Ergebnisse zu erzielen.

Operatives Management Ebene des Managements, in dem die im strategischen Entwicklungsprozess erarbeiteten Inhalte in Handlungen abgeleitet und umgesetzt werden.

Performance Hier: Gesamtheit der Systemeigenschaften in Bezug auf Systemantwortzeiten und Geschwindigkeit der Verarbeitung.

Periodischer Review Regelmäßiger Qualitäts-Review.

Personal-/Ressourcenplan Planung des Einsatzes von Mitarbeiterinnen und Mitarbeitern und der technischen Voraussetzungen.

Platform as a Service (PaaS) Dienstleistung, die eine Computerplattform für Webanwendungen und Entwickler*innen in der Cloud zur Verfügung stellt.

PMBOK Guide Guide to the Project Management Body of Knowledge. Weit verbreiteter Projektmanagementstandard, herausgegeben durch das → *Project Management Institute (PMI)*.

PM-ZERT Zertifizierungsstelle der Deutschen Gesellschaft für Projektmanagement e.V. (GPM), die vier Zertifikatstypen vergibt: »Zertifizierte/r Projektmanagement-Fachmann/-frau«, »Zertifizierter Projektmanager«, »Zertifizierter Senior-Projektmanager« und »Zertifizierter Projektdirektor«.

Point of no Return Zeitpunkt bei der Einführung eines Systems, an dem ein Zurücksetzen auf die Altsysteme nicht mehr oder nur noch mit gravierenden Auswirkungen auf die Geschäftsprozesse möglich ist.

Portal Konfigurierbare Einstiegsoberfläche für Kunden.

Post-Review Überprüfung des Produktivbetriebs: des technischen Systembetriebs, der Prozessqualität, des Produktionsmanagement-Systems, der Effizienz der Support-Strukturen.

Project Lifecycle Management Methode zum Management von Projekten von der Idee bis zur Übergabe an die Produktion.

Project Management Institute (PMI) Amerikanischer weltweit tätiger Projektmanagementverband. Herausgeber des → *PMBOK Guide* und anderer Standards für Projekt-, Programm- und Portfoliomanagement.

Project Management Office (PMO) Projektbüro mit erweiterten Aufgaben/Kompetenzen (über die administrativen Aufgaben hinaus).

Project Office (PO) Projektbüro mit administrativen Aufgaben.

Projektstrukturplan Beschreibung der Gesamtprojektaufgaben, Teilprojektaufgaben, Aufgaben/Arbeitspakete in den Teilprojekten als Grundlage für die nachgelagerten Planungen.

Prototyp Abbildung ausgewählter Prozesse im SAP-System zur Demonstration der Funktionalität und der Möglichkeiten, die das neue System bietet.

Qualitätsplan Zeigt, wann und durch wen regelmäßige Walk-throughs, Inspektionen, Audits, Projekt-Reviews durchgeführt werden.

Qualitätssicherung Gesamtheit aller konstruktiven und analytischen Maßnahmen zur Sicherstellung der Qualität im Projekt.

Quality Gate Formaler Check, ob die Projektergebnisse den Standards und Plänen entsprechen.

RACI-Matrix Festlegung der Verantwortlichkeiten für die Projektaufgaben (RACI = Responsible, Accountable, Consulted, Informed).

Random Access Memory (RAM) »Flüchtiger« Speicher in IT-Systemen.

Readiness-Review Überprüfung, ob alle Voraussetzungen für eine erfolgreiche Einführung erfüllt sind.

Redesign Hier: Neugestaltung/Anpassung von bereits definierten Prozessen.

Ressourcenauswahl Identifikation der notwendigen und geeigneten Mitarbeiter und Mitarbeiterinnen sowie ihre Zuordnung zu den entsprechenden Stellen in der (Projekt-)Organisation.

Ressourcenverfügbarkeit Beschreibung des Grads, zu dem ein Mitarbeiter oder eine Mitarbeiterin in Bezug auf Zeit, Ort und Kapazität frei ist und eingesetzt werden kann.

Return on Investment (ROI) Kennzahl, die es ermöglicht, die Rendite des eingesetzten Kapitals zu messen.

RFC-Verbindung Remote Function Call. Bezeichnet Verfahren, mit denen Funktionen in einem anderen System aufgerufen werden können.

Risikomanagement Die aktive Überwachung von Projektrisiken, um frühzeitig Risiken zu identifizieren und Gegenmaßnahmen einzuleiten.

Risikoprofil Visualisierung der Risiken (z. B. nach Eintrittswahrscheinlichkeit und Schadenspotenzial).

Roll-out Hier: Transformation weiterer Geschäftsbereiche, Länder auf das neue System (nach der Pilotinstallation).

Run Once Ein Produktivsystem für alle Teilbereiche oder Ländergesellschaften eines Unternehmens.

SAP Activate Einführungsmethode für SAP S/4HANA mit den Phasen Discover, Prepare, Explore, Realize, Deploy und Run. Nachfolger von → *ASAP*.

SAP Advanced Deployment Serviceangebot von SAP zur Unterstützung bei der SAP-S/4HANA-Implementierung. So kann die Umstellung beschleunigt und Kosten sowie Risiken können minimiert werden.

SAP Best Practices Explorer SAP Best Practices beinhalten alle notwendigen Informationen, um Standard-Geschäftsprozesse in SAP zu modellieren und zu nutzen.

SAP Business Suite Umfassende Unternehmenslösung von SAP, die folgende Lösungen beinhaltet: SAP ERP, SAP Customer Relationship Management, SAP Product Lifecycle Management, SAP Supply Chain Management, SAP Supplier Relationship Management.

SAP Business Workflow SAP-Komponente, die eingesetzt wird, um Geschäftsabläufe zu erleichtern. Ein Workflow steuert den Fluss von Dokumenten oder Belegen im SAP-System, an deren Bearbeitung in der Regel mehrere Personen beteiligt sind und die nach einem festgelegten Muster ablaufen müssen.

SAP Community Network (SCN) Community der SAP-Entwickler*innen. Austauschplattform für SAP-Expert*innen.

SAP Data Information Steward Unterstützung des Datenkorrekturprozesses mit einer webbasierten Anwendung.

SAP Data Services ETL-Tool (Extract, Transform, Load), das den Prozess der Datenextraktion aus den Quellensystemen, das Mapping und das Laden der Daten unterstützt.

SAP ERP Softwarelösung, die die Kerngeschäftsanforderungen von mittelständischen und großen Unternehmen abdeckt, darunter die Bereiche Personalwirtschaft (SAP ERP HCM), Finanzwesen (SAP ERP Financials), Vertrieb und Logistik (SAP ERP Operations).

SAP Fiori Benutzeroberfläche im SAP-S/4HANA-System.

SAP Focused Build Add-on-Tool mit vorkonfigurierten Lösungen für individuelle Situationen im Unternehmen.

SAP GUI (SAP Graphical User Interface) Grafische Benutzeroberfläche eines SAP-Systems sowie das Programm, das diese Oberfläche bereitstellt.

SAP Launch Einführungsmethodik für SAP-Cloudprodukte.

SAP Master Data Governance (MDG) SAP-Werkzeug, mit dem Stammdaten entsprechend den Geschäftsregeln und Prozessen des Unternehmens verwaltet werden können.

SAP Model Company Kombination aus SAP Best Practices, die gemeinsam die meisten Standardprozesse eines »Modellunternehmens« abdecken.

SAP Process Integration SAP-Werkzeug für Enterprise Application Integration, also zur Integration von Geschäftsfunktionen, die über verschiedene Applikationen auf unterschiedlichen Plattformen verteilt sind. Alter Name: SAP Exchange Infrastructure (XI).

SAP Process Orchestration Infrastruktur von SAP, die zur Gestaltung von Geschäftsprozessen genutzt wird (Abläufe und Schnittstellen, die zur Integration von SAP-Systemen und Fremdsystemen benötigt werden).

SAP R/3 Auf der Client-Server-Architektur von SAP basierende Software, die 1992 eingeführt wurde und Vorgänger von SAP ERP war.

SAP Roadmap Viewer Bietet sogenannte Implementation Roadmaps, die nach Kategorien und nach Lösungen angeordnet sind

SAPscript Scriptsprache zur Erstellung von Formularen in SAP-Systemen.

SAP S/4HANA Nachfolger der bestehenden SAP-ERP-Produktlinie. ›S‹ steht für *simple*, ›4‹ für die vierte Produktgeneration und ›HANA‹ für die neue moderne → *In-Memory-Datenbanktechnologie*.

SAP S/4HANA Implementation Road Map Beschreibung der Implementierungsmethode über den kompletten Lebenszyklus eines Projekts.

SAP S/4HANA Migration Object Modeler Bestandteil des SAP S/4HANA Migration Cockpits in der On-Premise-Version. Unterstützt bei der Integration von kundenspezifischen Objekten oder SAP-Standardobjekten, die noch nicht zum SAP-S/4HANA-Scope des Migration Cockpits gehören.

SAP Solution Manager Support-Werkzeug von SAP, das SAP-Kunden bei der Implementierung und dem Betrieb von SAP-Software unterstützt.

SAP Value Assurance Serviceangebot von SAP zur Unterstützung bei der Implementierung von SAP S/4HANA.

Scope Projektumfang.

Scrum Agile Projektmanagementmethode in der Softwareentwicklung.

Serviceorientierte Architektur (SOA) Softwarearchitektur, die die Nutzung von austauschbaren Webservices zum Erstellen von Geschäftsprozessen ermöglicht.

Simplification List Von SAP bereitgestellte Liste mit der Sammlung aller Neuerungen eines neues SAP-S/4HANA-Releases. Wird gewöhnlich einmal pro Jahr veröffentlicht.

Situations-Review Individueller Review bei schwerwiegenden Projektproblemen.

Skalierbarkeit Die Eigenschaft eines Systems, problemlos erweitert und ausgebaut werden zu können.

Software as a Service (SaaS) Mit SaaS können Kunden über das Internet auf Angebote von externen Dienstleistern (z. B. Software und die Infrastruktur) zugreifen.

Sozialkompetenz Fähigkeit, mit anderen Menschen umzugehen und konstruktiv zu arbeiten sowie ein realistisches Selbstbild zu entwickeln.

Staging-Tabellen Tabellen für Datenmigrationsobjekte zur Unterstützung der Datenmigration.

Stakeholder Person/Personengruppe, die ein Interesse am Erfolg des Projekts hat/haben (Geschäftsführung/Bereichsleiter*innen eines Unternehmens).

Stammdaten Engl.: Master Data; Informationen, die über einen längeren Zeitraum unverändert bleiben und immer wieder in den Geschäftsabläufen benötigt werden. Name, Adresse und Geburtsdatum eines Mitarbeiters oder einer Mitarbeiterin sind Stammdaten.

Statement of Work (SOW) Dokument über den Inhalt, Umfang, die Laufzeit des Projekts und das notwendige Budget.

Subscription-Modell Beinhaltet die Nutzungsgebühr einer Lizenz, Infrastruktur- und Betriebskosten und die Softwarewartung.

System Landscape Directory (SLD) Funktionalität des → *SAP Solution Managers* zur Administration und Dokumentation von SAP-Systemlandschaften.

Systemlandschaft Installierte Systemkonstellation (z. B. Entwicklungssystem, Testsystem, Schulungssystem und Produktivsystem).

Technical Quality Manager (TQM) Hilft der Projektleitung, kritische Situationen rechtzeitig zu erkennen und zu lösen.

Template Dokumentenvorlage, hier auch Vorlage einer Softwarelösung zum späteren Roll-out.

Tipco Nicht-SAP-Werkzeug für Enterprise Application Integration (EAI).

Top-down-Ansatz Planung vom großen Ganzen zum Detail (deduktiver Weg).

Top-down-Schätzung Ableitung der Aufwände (Budgets) der Teilprojekte und Arbeitspakete aus einem Gesamtaufwand (Gesamtbudget).

Upgrade Hier: Wechsel auf einen höheren Software-Release-Stand.

User-Exit Vorgefertigte Andockstellen im SAP-System für Eigenentwicklungen (eigenen Programmcode), ähnlich wie das → *Business Add-in*.

Value-Discovery-Workshop Workshop für eine Kosten- und Nutzenbetrachtung für ein SAP-S/4HANA-System.

Visual Basic for Applications (VBA) Programmiersprache, eine zu den Microsoft-Office-Programmen gehörende Skriptsprache.

War Room Kommandozentrale, die dazu dient, Vorgänge im Projekt zentral zu steuern und zu koordinieren.

Wasserfallmethoden Lineare Vorgehensmodelle, insbesondere bei der Softwareentwicklung, die Entwicklungsprozesse in aufeinanderfolgende Projektphasen (Projektstufen) unterteilen.

Webservice Baustein aus Programmcode, der eine betriebswirtschaftliche Funktion zur Verfügung stellt und über das Internet bereitgestellt wird. Er ist meist mit anderen Webservices zu einem Geschäftsprozess verknüpft und kann, einmal erstellt, in anderen Geschäftsprozessen wiederverwendet werden.

Wir-Gefühl Ein Gefühl der Verbundenheit unter Gruppenmitgliedern (auch Organisationen) auf der Basis der Verfolgung eines gemeinsamen Ziels.

WRICEF-Dokument (oder auch: RICEFW) Dokument, in dem alle kundeneigenen Entwicklungen, Schnittstellen usw. beschrieben werden (WRICEF = Workflows, Reports, Interfaces, Conversions, Enhancements, Forms).

Anhang B
Literaturverzeichnis

- »Agiles Projektmanagement für SAP-Projekte?!« Interview mit Prof. Dr. Komus, Professor für Organisation und Wirtschaftsinformatik an der HS Koblenz, über die Nutzung agiler Projektmanagement-Methoden in SAP-Projekten (Redaktion IT-Onlinemagazin, *https://it-onlinemagazin.de/interview-agiles-projektmanagement-fur-sap-projekte/*, 15.8.2020).
- »Agiles Projektmanagement: Sicher planen mit Methoden und Prozessen« (Blogbeitrag unter *https://www.brightsolutions.de/blog/agile-projekte-sicher-planen/*, 15.8.2020).
- Alpar, Paul; Bensberg, Frank; Weimann, Peter et al.: *Anwendungsorientierte Wirtschaftsinformatik. Strategische Planung, Entwicklung und Nutzung von Informationssystemen* (Springer Vieweg 2016).
- Baumann, Markus; Schumacher, Torsten: *Kein Bullshit. Was Manager heute wirklich kennen müssen* (Murmann Verlag 2014).
- Baumgartl, Axel; Mebus Frank; Volker Seemann: *Das SOA-Praxisbuch für SAP* (SAP PRESS 2012).
- Bick, Markus: »Einführungsstrategien des Wissensmanagements«. In: *https://www.enzyklopaedie-der-wirtschaftsinformatik.de/wi-enzyklopaedie/lexikon/daten-wissen/Wissensmanagement/Wissensmanagement--Strategien-des/Wissensmanagement--Einfuhrungsstrategien-des* (15.8.2020).
- Borgert, Stephanie: *Resilienz im Projektmanagement. Bitte anschnallen, Turbulenzen! Erfolgskonzepte adaptiver Projekte* (Springer Gabler 2013).
- Brague, Corrie; Champlin, Ryan; Densborn, Frank; Dichmann, David; Felsheim, Ina; Keller, George; Kuppe, Markus; On, Philip; Stefani, Helmut: *Enterprise Information Management with SAP.* (SAP PRESS, 2. Auflage 2014).
- Burchard, Brendon: *High Performance Habits: How Extraordinary People Become That Way* (Hay House, 2017).

- »Chaos Manifesto 2013. Think Big, Act Small«. The Standish Group (*https://larlet.fr/static/david/stream/ChaosManifesto2013.pdf*, 15.8.2020).
- »CHAOS Report 2015«. The Standish Group (*https://www.standish-group.com/sample_research_files/CHAOSReport2015-Final.pdf*, 15.8.2020).
- Daniel, Christoph: »Digitalisierung im Projektmanagement« (Blogbeitrag unter *https://www.projektassistenz-blog.de/digitalisierung-neue-heraus-forderungen-fuer-das-projekt-management*, 15.8.2020).
- Densborn, Frank: »Data Migration to SAP S/4HANA« (Open SAP Course 2018, *https://open.sap.com/courses/s4h8*).
- Densborn, Frank; Finkbohner, Frank; Freudenberg, Jochen; Mathäß, Kim; Wagner, Frank: *Migration nach SAP S/4HANA* (SAP PRESS, 2. aktualisierte und erweiterte Auflage 2018).
- Densborn, Frank; Finkbohner, Frank; Gradl, Johann; Roth, Michael; Willinger, Michael: *Datenmigration in SAP* (SAP PRESS, 4. aktualisierte und erweiterte Auflage 2015).
- Dietzel, Erik: »SAP Solution Manager 7.2 & Focused Solutions Demo System with SAP S/4HANA on SAP CAL« (Blogbeitrag unter *https://blogs.sap.com/2017/09/22/sap-solution-manager-7.2-focused-solutions-demo-system-with-sap-s4hana-on-sap-cal/*, 15.8.2020).
- Dörner, Dietrich: *Die Logik des Mißlingens. Strategisches Denken in komplexen Situationen* (Rowohlt Taschenbuch Verlag 1992).
- »Die Wahl der passenden ERP-Software – Auswahlkriterien« (Beitrag unter *https://www.meinerpfinden.de/auswahl-erp-system*, 15.8.2020).
- Facchinetti, Mario; Baumann, Daniel: »Führungs- und Organisationskompetenzen als zentrale Motivationsfaktoren«. In: projektMANAGEMENT aktuell, 1/2015. GPM Deutsche Gesellschaft für Projektmanagement e.V.
- Gronau, Norbert: *Handbuch der ERP-Auswahl* (GITO 2012).
- Hakanen, Mila; Soudunsaari, Aki: »Building Trust in High-Performing Teams«. Technology Innovation Review 2012. In: *http://timreview.ca/article/567* (15.8.2020).
- Heilig, Birgit; Möller, Martin: *Business Process Management mit SAP NetWeaver BPM* (SAP PRESS 2014).
- Heinrich, Lutz Jürgen; Lehner, Franz: »Informationsmanagement: Planung, Überwachung und Steuerung der Informationsinfrastruktur«. In: *Wirtschaftsinformatik* (Oldenbourg Wissenschafts-Verlag, 8. Auflage 2005).

- Herrmann, Raffael: »Was ist ein Projektstrukturplan?« DER WINF 2015 (*http://derwirtschaftsinformatiker.de/2013/11/03/projektmanagement/was-ist-ein-projektstrukturplan/*, 15.8.2020).
- Hesseler, Martin; Görtz, Marcus: *Basiswissen ERP-Systeme. Auswahl, Einführung und Einsatz betriebswirtschaftlicher Standardsoftware* (W3l 2007).
- Hochschule Bremen, Hochschule Bremerhaven, Fachhochschule Köln, ANECON Software Design und Beratung GmbH., German Testing Board (GTB), Swiss Testing Board (STB): »Umfrage zur Software-Qualitätssicherung im deutschsprachigen Raum«, 2011 (*http://www.anecon.com/wp-content/uploads/2015/09/110914_PA_Softwaretest-in-der-Praxis.pdf*, 15.8.2020).
- Huber, Stefan: *SAP-Testmanagement: Tests planen, entwickeln und durchführen* (SAP PRESS 2016).
- Gonçalves, Jarlei Nascimento: »SAP Activate – with Agile, really works and save time?« (Blogbeitrag unter *https://blogs.sap.com/2017/08/12/sap-activate-with-agile-really-works-and-save-time/*, 15.8.2020)
- Kahle, Charly: »Burn-out«. Informationsseite der Medizinischen Medien Informations GmbH (*https://www.meine-gesundheit.de/krankheit/krankheiten/burnout*, 17.8.2020).
- Karavul, Berekat: »Aufwandsschätzung und Schätzverfahren«. In: *Projektmanagement-Handbuch der Truecare GmbH.* (*http://www.projektmanagementhandbuch.de/projektplanung/aufwandsschaetzung-und-schaetzverfahren/*, 15.8.2020).
- Kloos, Bernd; Steffan, Peter: »Boykotteure, Saboteure, Intriganten – Die besten Freunde des Projektmanagers«. Vortrag am 30.3.2011 im Arbeitskreis Forum Hessen-IT (Transkript unter *https://docplayer.org/20448485-Boykotteure-saboteure-intriganten-die-besten-freunde-des-projektmanagers-bernd-kloos-und-peter-steffan-frankfurt-30.html*, 15.8.2020).
- Köhler, Jens: »Der blinde Fleck – ein unsichtbarer Begleiter mit ungeahnten Nebenwirkungen.« projektMANAGEMENT aktuell 5/2014. GPM Deutsche Gesellschaft für Projektmanagement e.V.
- Kohnke, Oliver; Bungard, Walter: »Change Management als strategischer Erfolgsfaktor bei ERP-Implementierungsprojekten«. (*http://www-1v75.rz.uni-mannheim.de/Publikationen/MA%20Beitraege/05-01/2005-01_Beitrag02_Kohnke.pdf*, 15.8.2020).
- Korn, Hans-Peter: »Das ›agile‹ Vorgehen: Neuer Wein in alte Schläuche – oder ein ›Deja-vu‹?« 37. WI-MAW Rundbrief des GI-Fachausschusses »Management der Anwendungsentwicklung«, April 2014.

- Kösegi, Armin: *SAP-Änderungs- und Transportmanagement* (SAP PRESS, 4. Auflage 2013).
- Kuster, Jürg: *Handbuch Projektmanagement* (Springer, 3. Auflage 2008).
- Lange, Maik: »Digitalisierung im Projektmanagement: Was sich im Projektalltag ändern wird« (*https://www.management-circle.de/blog/digitalisierung-im-projektmanagement-was-sich-im-projektalltag-aendern-wird/*, 17.8.2020).
- Laudon, Jane P.; Laudon, Kenneth C.; Schoder, Detlef: *Wirtschaftsinformatik* (Pearson Studium, 2. Auflage 2015).
- Lehner, Franz; Hildebrand, Knut; Maier, Ronald: *Wirtschaftsinformatik* (Hanser 1995).
- Lohmann-Haislah, Andrea: »Stressreport Deutschland 2012: Psychische Anforderungen, Ressourcen und Befinden«. Bundesanstalt für Arbeitsschutz und Arbeitsmedizin (*http://www.baua.de/de/Publikationen/Fachbeitraege/Gd68.pdf*, 15.8.2020).
- Meier, Andreas; Kropp, Martin: »3. Swiss Agile Study. Agile und hybride Software-Entwicklung in der Schweiz«, Swiss Agile Research Network 2017 (*http://blogs.fhnw.ch/swissagilestudy/files/2017/09/3.SwissAgileStudy.pdf*, 15.8.2020).
- Meissner, Gerd: *SAP, die heimliche Software-Macht. Wie ein mittelständisches Unternehmen den Weltmarkt eroberte* (Heyne 1997).
- Meyer, Mark: »Microsoft Project 1.0: Endlich Schluss mit Tabellenkalkulationen«. projektMANAGEMENT aktuell 5/2014. GPM Deutsche Gesellschaft für Projektmanagement e.V.
- Morieux, Yves: »Bringing Managers Back to Work« (*https://www.bcg.com/de-de/publications/2018/bringing-managers-back-to-work*, 15.8.2020).
- Murphy, John: *Pulling Together – 10 Rules for High Performance Teamwork* (Simple Truths 2010).
- Naumann, Rilo: »Keine Angst vor SAP S/4HANA – ein kleiner Wegweiser für einen sicheren Wechsel« (Blogbeitrag unter *https://blogs.sap.com/2019/06/05/keine-angst-vor-sap-s4hana-ein-kleiner-wegweiser-fur-einen-sicheren-wechsel/*, 15.8.2020).
- Neffinger John; Kohut, Matthew: *Compelling People: The Hidden Qualities That Make Us Influential* (Hudson Street Press 2013).
- »Nutzwertanalyse zur Software-Auswahl« (*http://www.softselect.de/wissenspool/nutzwertanalyse-zur-software-auswahl*, 15.8.2020).

- Pentland, Alex: »The New Science of Building Great Teams« (*https://hbr.org/2012/04/the-new-science-of-building-great-teams*, 15.8.2020).
- Pink, Daniel H.: *Drive: The Surprising Truth About What Motivates Us* (Riverhead Books 2009).
- PMI: *A Guide to the Project Management Body of Knowledge (Pmbok Guide)* (Project Management Institute, 6. Auflage 2017).
- Pütter, Christiane: »Misserfolgsfaktoren bei Projekten: Studie der deutschen Gesellschaft für Projektmanagement«. CIO (*http://www.cio.de/a/misserfolgsfaktoren-bei-projekten,2911199*, 15.8.2020).
- Quadbeck-Seeger, Hans-Jürgen: *Der Wechsel ist das Beständige*. (Wiley-VCH 2008).
- Reinhaus, David: »Erfolgsfaktor Motivation. Wie Projektleiter Projektmitarbeiter wirklich motivieren und Projekte damit erfolgreich machen«. projektMANAGEMENT aktuell 3/2014. GPM Deutsche Gesellschaft für Projektmanagement e.V.
- Rosenberg, Marshall: *Nonviolent Communication – A Language of Life* (Puddle Dancer Press, 2. Auflage 2003).
- Rozovsky, Julia: »Five Key to a Successful Google Team« (Blogbeitrag unter *https://rework.withgoogle.com/blog/five-keys-to-a-successful-google-team/*, 15.8.2020).
- SAP Business Consulting: »Template Rollout: IT Strategy Details, Hypothesis-Based Development of the Implementation Approach and Roadmap« (SAP AG 2004).
- »SAP: A 48-year history of success« (*https://www.sap.com/corporate/en/company/history.html*, 17.8.2020).
- Schäfer, Marc O., Melich, Matthias: *SAP Solution Manager* (SAP PRESS 2011).
- Schäfer, Marc O., Melich, Matthias: *SAP Solution Manager für SAP S/4HANA* (SAP PRESS 2016).
- Schöttel, Katrin: »Können SAP-Projekte agile sein?« (*https://acent.de/koennen-sap-projekte-agile-sein/*, 15.8.2020).
- Schreiber, Dominik: »Unternehmensplanung mit ›SAP BPC optimized for S/4HANA‹: Vorstellung und Projekterfahrung« (*https://www.verovis.de/fachbeitraege/news/unternehmensplanung-mit-sap-bpc-optimized-for-s4hana-vorstellung-und-projekterfahrung-35/*, 15.8.2020).
- Scott, Susan: *Fierce Conversations: Achieving Success at Work and in Life One Conversation at a Time* (Berkeley Publishing 2004).

- Stanley, Michael: »The Hybrid/Agile Project Management Process« (*https://bia.ca/the-hybrid-agile-project-management-process/*, 17.8.2020).
- Steeger, Oliver: »PMOs mit überwältigender Akzeptanz im Unternehmen«. projektMANAGEMENT aktuell 4/2014. GPM Deutsche Gesellschaft für Projektmanagement e.V.
- Strasser, Johann: »Hybrides Projektmanagement – Wie Sie agile und klassische Methoden verbinden« (*https://www.theprojectgroup.com/blog/hybrides-projektmanagement-so-gehts/*, 15.8.2020).
- Suter, Andreas; Höning, Frank: »Die 5 Gründe, warum ERP-Projekte scheitern«. Computerwoche (*http://www.computerwoche.de/a/die-5-gruende-warum-erp-projekte-scheitern,1906344*, 15.8.2020).
- Teuber, Lars; Weidmann, Corina; Will, Liane: *Monitoring und Betrieb mit dem SAP Solution Manager* (SAP PRESS 2013).
- Tiemeyer, Ernst: »Kennzahlengestütztes IT-Projektcontrolling: Projekt-Scorecards einführen und erfolgreich nutzen«. SIMAT-Arbeitspapiere 03-11-010, Fachhochschule Stralsund 2011 (*http://www.econstor.eu/bitstream/10419/60093/1/719933110.pdf*, 15.8.2020).
- Töper, Achim: »Es geht um die Kultur: Wie Sie mit den richtigen DevOps-Prinzipien agile SAP-Projekte stemmen« (*https://www.salt-solutions.de/solutions/detail/es-geht-um-die-kultur-wie-sie-mit-den-richtigen-devops-prinzipien-agile-sap-projekte-stemmen.html*, 15.8.2020).
- Tran-Gia, Phuoc: »Professionelles Projektmanagement in der Praxis. Projektplanung 2: Projektstrukturplan, Arbeitspakete, Aufwandsschätzung«. Vorlesung von Prof. Dr. Harald Wehnes an der Universität Würzburg (Transkript unter *https://wuecampus2.uni-wuerzburg.de/moodle/pluginfile.php/547919/mod_resource/content/1/2015-05-04-2-Planung2x.pdf*, 15.8.2020).
- Viana, Roberto; Mutumba, John: *SAP Process Orchestration* (SAP PRESS 2015).
- Wissing, Martin: »Projektorganisation«. Vorlesung an der Ludwig-Maximilian-Universität München (WS 2006/2007).
- Zak, Paul J.: *Trust Factor. The Science of Creating High-Performance Companies* (AMACOM 2017).
- Zillmann, Mario; Ganowski, Tobias: »Lünendonk-Studie: Mit S/4HANA in die digitale Zukunft«, Lünendonk & Hossenfelder GmbH 2019 (*https://www.luenendonk.de/produkte/studien-publikationen/luenendonk-studie-2019-mit-s-4hana-in-die-digitale-zukunft/*, 17.8.2020).

Anhang C
Das Autorenteam

Denise Banks-Grasedyck ist als zertifizierte Coach und Trainerin auf die Weiterentwicklung von Fach- und Führungskräften spezialisiert. Durch ihre langjährige Tätigkeit in einer global agierenden Beratungs- und Wirtschaftsprüfungsgesellschaft sammelte sie umfassende Erfahrung u. a. in der Projektorganisation und -leitung. Ihre Ausbildung zum Certified Professional Coach absolvierte Denise Banks-Grasedyck am Institute for Professional Excellence in Coaching (iPEC) in Boston (USA). Darüber hinaus ist sie sowohl zertifizierte Coach für Führungskräfte (Marshall Goldsmith Certified Executive Coach) als auch zertifizierte Coach für Teams (Marshall Goldsmith Certified Team Coach) und als solche ausgebildet im Umgang mit dem weltweit anerkannten Stakeholder-Centered Coaching nach dem Ansatz von Marshall Goldsmith. Denise Banks-Grasedyck hat ihren MBA im internationalen dualen Studium an der Hochschule für Recht und Wirtschaft in Berlin und der Anglia Ruskin University in Cambridge und Chelmsford (UK) erworben. Zuvor hat sie ihr Studium an der University of Maryland mit einem BA in Management und Technologie abgeschlossen.

Eckhard Lippke verfügt über mehr als 20 Jahre SAP-Erfahrung in den Bereichen SAP-Projektmanagement, SAP-Technologien, Migration und Private Cloud. Nach fünf Jahren Tätigkeit als Technologieberater war er anschließend ebenfalls fünf Jahre als SAP-Projektleiter für internationale SAP-Einführungsprojekte in Deutschland und den USA verantwortlich. 2010 übernahm er die Leitung eines Teams aus Beraterinnen und Beratern in der SAP-Technologieberatung und wechselte 2015 zur SAP HANA Enterprise Cloud. Mit seinem Team betreut er ca. 100 SAP-HANA-Enterprise-Cloud-Kunden in der Region MEE (Mittel- und Osteuropa).

Hans Oelfin ist seit 2014 Geschäftsführer von SOP Schwaiger & Oelfin Project Consulting in Waldenbuch. SOP ist spezialisiert auf IT-Projektmanagement, Qualitätssicherung im Projekt sowie auf Unternehmensschulungen im Projektmanagement. Zuvor leitete Hans Oelfin mehr als 20 Jahre lokale und globale IT-Projekte in einem weltweit aufgestellten IT-Konzern. Davon war er 15 Jahre als Development und Deployment Manager im SAP-Umfeld tätig. Er hat an der Fachhochschule Ludwigshafen/Rhein Betriebswirtschaft studiert und als Diplom-Betriebswirt FH abgeschlossen. Seit einigen Jahren ist er an der Hochschule für Wirtschaft und Umwelt, Nürtingen-Geislingen, als Lehrbeauftragter tätig.

Reinhold Schwaiger ist seit 2014 Geschäftsführer der SOP Schwaiger & Oelfin Project Consulting in Waldenbuch. SOP ist spezialisiert auf IT-Projektmanagement, Qualitätssicherung im Projekt sowie auf Unternehmensschulungen im Projektmanagement. Zuvor war Reinhold Schwaiger viele Jahre im Management eines global aufgestellten IT-Konzerns tätig. Davon war er 15 Jahre für Pilotinstallationen und weltweite Roll-outs im SAP-Umfeld verantwortlich. Er hat an der Universität Graz/Österreich Sozial- und Wirtschaftswissenschaften studiert und mit Diplom abgeschlossen.

Dr. Volker Seemann ist seit 2014 Geschäftsführer der REBASE3 GmbH in Potsdam, die Beratung, Interimsmanagement und Softwareentwicklung für Unternehmen aus verschiedenen Branchen anbietet. Zuvor war er bei verschiedenen globalen Beratungsunternehmen als Projekt- und Programmmanager und als IT-Architekt tätig. Dr. Volker Seemann arbeitet seit 1994 im SAP-Umfeld. Er hat an der Humboldt-Universität zu Berlin Elektrotechnik studiert und dort im Fachbereich Elektrotechnik promoviert. Er war mehrere Jahre als Gastdozent an der Technischen Hochschule Brandenburg tätig.

Index

C

D

E

F

G

J

K

L

M

N

O

P

Q

R

S

T

U

V

W

X

Z

SAP PRESS
SAP S/4HANA
Voraussetzungen – Nutzen – Erfolgsfaktoren
Inkl. Erfolgsfaktoren für die Migration
› Was kann der Nachfolger von SAP ERP?
› Welche Geschäftsprozesse werden unterstützt?
› Welche Technologien liegen zugrunde?
3., aktualisierte und erweiterte Auflage
Ulf Koglin
Rheinwerk Publishing
SAP S/4HANA